초등 수해력

도형·측정

다음 학년 수학이 쉬워지는

4단계

| 초등 4학년 권장 |

정답과 풀이는 EBS 초등사이트(primary.ebs.co.kr)에서 다운로드 받으실 수 있습니다.

교재 내용 문의 교재 내용 문의는 EBS 초등사이트 (primary.ebs.co.kr)의 교재 Q&A 서비스를 활용하시기 바랍니다.

교재 정오표 공지 발행 이후 발견된 정오 사항을 EBS 초등사이트 정오표 코너에서 알려 드립니다. 강좌/교재 → 교재 로드맵 → 교재 선택 → 정오표

교재 정정 신청 공지된 정오 내용 외에 발견된 정오 사항이 있다면 EBS 초등사이트를 통해 알려 주세요. 강좌/교재 → 교재 로드맵 → 교재 선택 → 교재 Q&A

강화 단원으로 키우는

초등 수해력

수학 교육과정에서의 **중요도와 영향력**, 학생들이 특히 **어려워하는 내용을 분석**하여
다음 학년 수학이 더 쉬워지도록 선정하였습니다.

향후 수학 학습에 **영향력이 큰 개념 요소를 선정**했습니다.
탄탄한 개념 이해가 가능하도록 꼭 집중하여 학습해 주세요.

무엇보다 문제 풀이를 반복하는 것이 중요한 단원을 의미합니다.
충분한 반복 연습으로 계산 실수를 줄이도록 학습해 주세요.

실생활 활용 문제가 자주 나오는, **응용 실력**을 길러야 하는 단원입니다.
다양한 유형으로 **문제 해결 능력**을 길러 보세요.

수·연산과 도형·측정을 함께 학습하면 학습 효과 상승!

수·연산

수의 특성과 연산을 학습하는 영역으로 자연수, 분수, 소수 등
수의 체계 확장에 따라 수와 사칙 연산을 익히며
수학의 기본기와 응용력을 다져야 합니다.

수와 연산은 학년마다 개념이 점진적으로 확장되므로
개념 연결 구조를 이용하여 사고를 확장하며 나아가는 나선형 학습이 필요합니다.

도형·측정

여러 범주의 도형이 갖는 성질을 탐구하고, 양을 비교하거나 단위를 이용하여
수치화하는 학습 영역입니다.
논리적인 사고력과 현상을 해석하는 능력을 길러야 합니다.

도형과 측정은 여러 학년에서 조금씩 배워 휘발성이 강하므로 도출되는 원리
이해를 추구하고, 충분한 연습으로 익숙해지는 과정이 필요합니다.

4단계

| 초등 4학년 권장 |

수학은 왜 어렵게 느껴질까요?

가장 큰 이유는 수학 학습의 특성 때문입니다.
수학은 내용들이 유기적으로 연결되어 학습이 누적된다는 특징을 갖고 있습니다.
내용 간의 위계가 확실하고 학년마다 개념이 점진적으로 확장되어 나선형 구조라고도 합니다.
이 때문에 작은 부분에서도 이해를 제대로 하지 못하고 넘어가면,
작은 구멍들이 모여 커다란 학습 공백을 만들게 됩니다.
이로 인해 수학에 대한 흥미와 자신감까지 잃을 수 있습니다.

수학 실력은 한 번에 길러지는 것이 아니라 꾸준한 학습을 통해 향상됩니다.
하지만 단순히 문제를 반복적으로 풀기만 한다면 사고의 폭이 제한될 수 있습니다.
따라서 올바른 방법으로 수학을 학습하는 것이 중요합니다.

EBS 초등 수해력 교재를 통해 학습 효과를 극대화할 수 있는 올바른 수학 학습을 안내하겠습니다.

1 걸려 넘어지기 쉬운 내용 요소를 알고 대비해야 합니다.

학습은 효율이 중요합니다. 무턱대고 시작하면 힘만 들 뿐 실력은 크게 늘지 않습니다.
쉬운 내용은 간결하게 넘기고, 중요한 부분은 강화 단원의 안내에 따라 집중 학습하세요.

* 학교 선생님들이 모여 학생들이 자주 걸려 넘어지는 내용을 선별하고, 개념 강화/연습 강화/응용 강화 단원으로 구성했습니다.

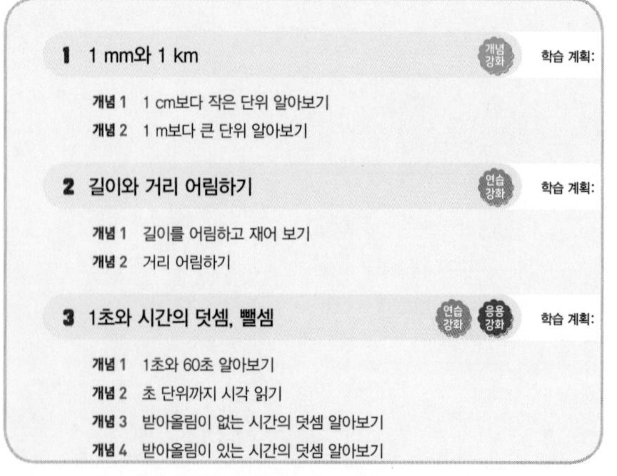

2 새로운 개념은 이미 아는 것과 연결하여 익혀야 합니다.

학년이 올라갈수록 수학의 개념은 점차 확장되고 깊어집니다. 아는 것과 모르는 것을 비교하여 학습하면 새로운 것이 더 쉬워지고, 개념의 핵심 원리를 이해할 수 있습니다.

개념 1 길이의 합을 구해 볼까요

알고 있어요!

• 몇 m 몇 cm로 나타내기
127 cm=1 m 27 cm

• 받아올림이 있는
(두 자리 수)+(두 자리 수)

	3	5
+	5	9
	9	4

길이의 덧셈도 할 수 있을까요?

알고 싶어요!

두 길이의 합을 구해 보아요

m는 m끼리, cm는 cm끼리 더하여 구해요.

	1 m	30 cm
+		40 cm
	1 m	70 cm

	1 m	20 cm
+	1 m	35 cm
	2 m	55 cm

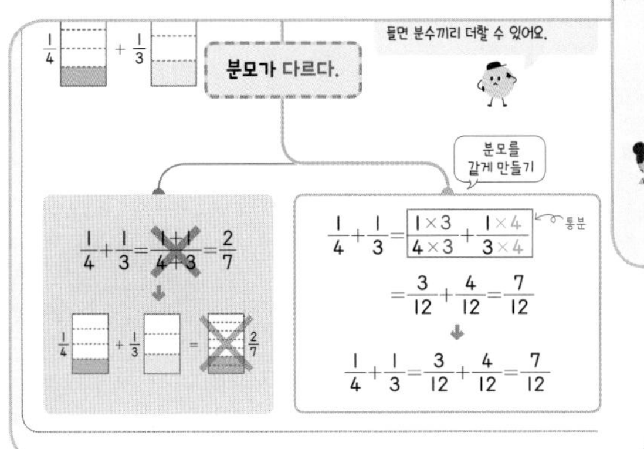

특히, 오개념을 형성하기 쉬운 개념은 잘못된 풀이와 올바른 풀이를 비교하며 확실하게 이해하고 넘어가세요.

3 문제 적응력을 길러 기억에 오래 남도록 학습해야 합니다.

단계별 문제를 통해 기초부터 응용까지 체계적으로 학습하며 문제 해결 능력까지 함께 키울 수 있습니다.

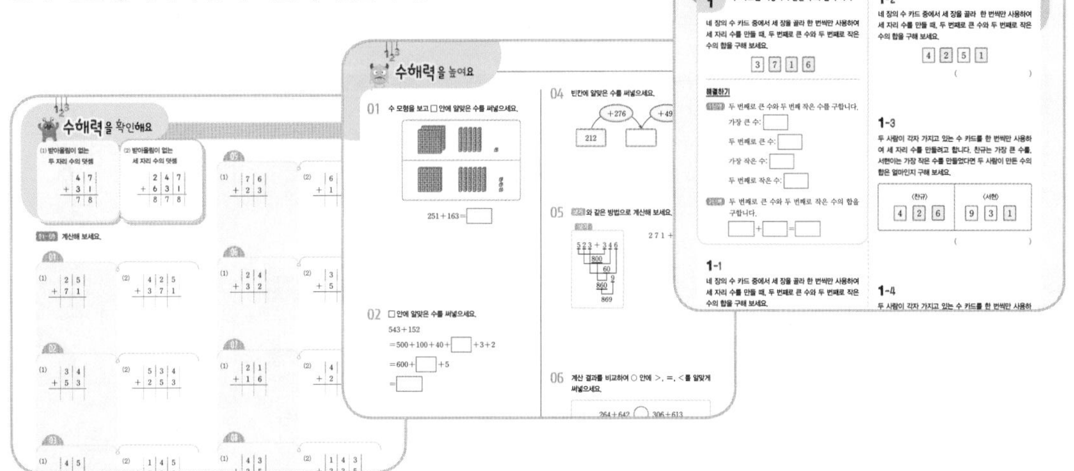

넘어지지 않는 것보다 중요한 것은, 넘어졌을 때 포기하지 않고 다시 나아가는 힘입니다.
EBS 초등 수해력과 함께 꾸준한 학습으로 수학의 기초 체력을 튼튼하게 길러 보세요.
어느 순간 수학이 쉬워지는 경험을 할 수 있을 거예요.

이 책의 구성과 특징

단원 열기

이번 단원에서 배울 내용을 만화를 통해 확인할 수 있습니다.

단원에서 등장하는 주요 수학 어휘를 살펴볼 수 있습니다.

중단원별로 강화된 부분을 확인할 수 있습니다.

학습 계획 날짜를 체크하며 과정을 스스로 관리할 수 있습니다.

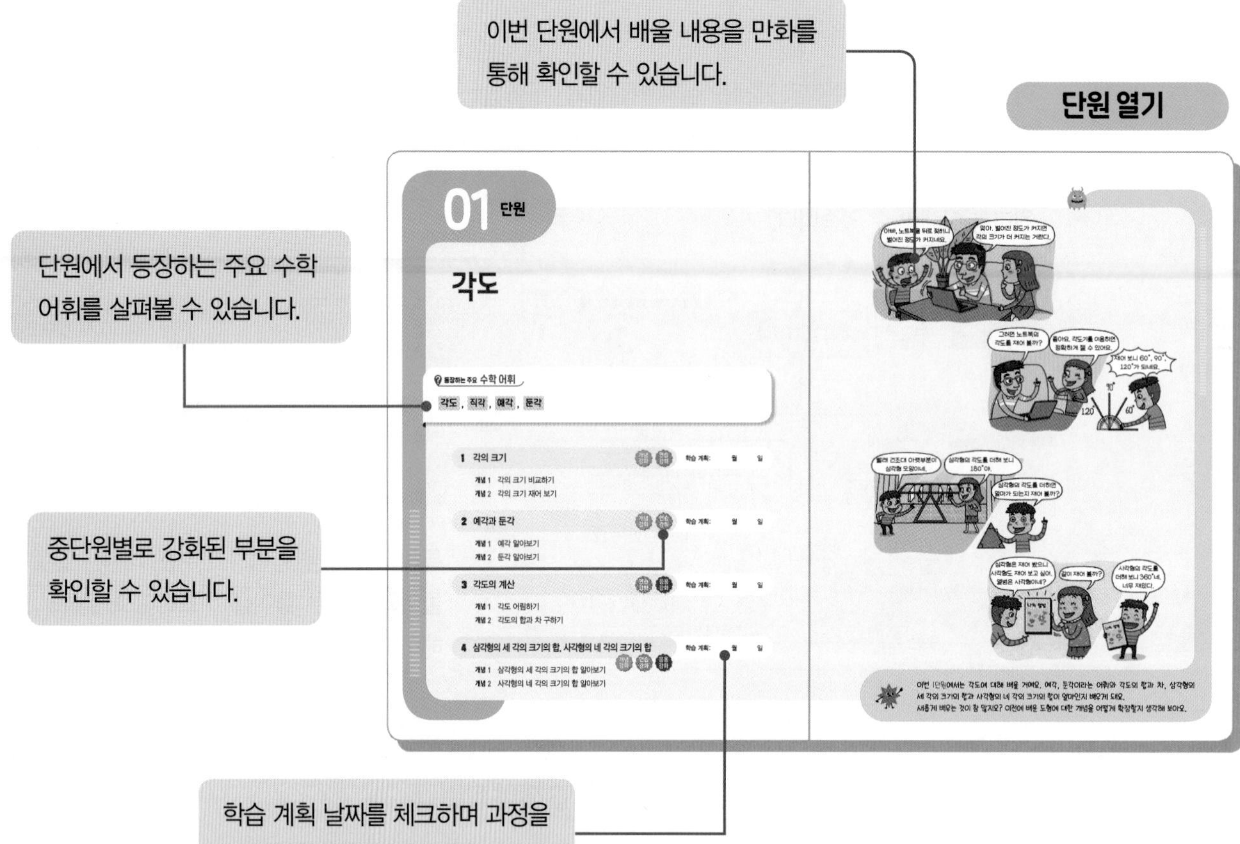

개념 학습

이전에 배운 내용과 새로 배울 내용을 한눈에 보면서 개념을 확장할 수 있습니다.

개념의 구조와 핵심 내용을 시각적으로 파악할 수 있습니다.

보조 설명을 통해 혼자서도 충분히 이해하며 학습할 수 있습니다.

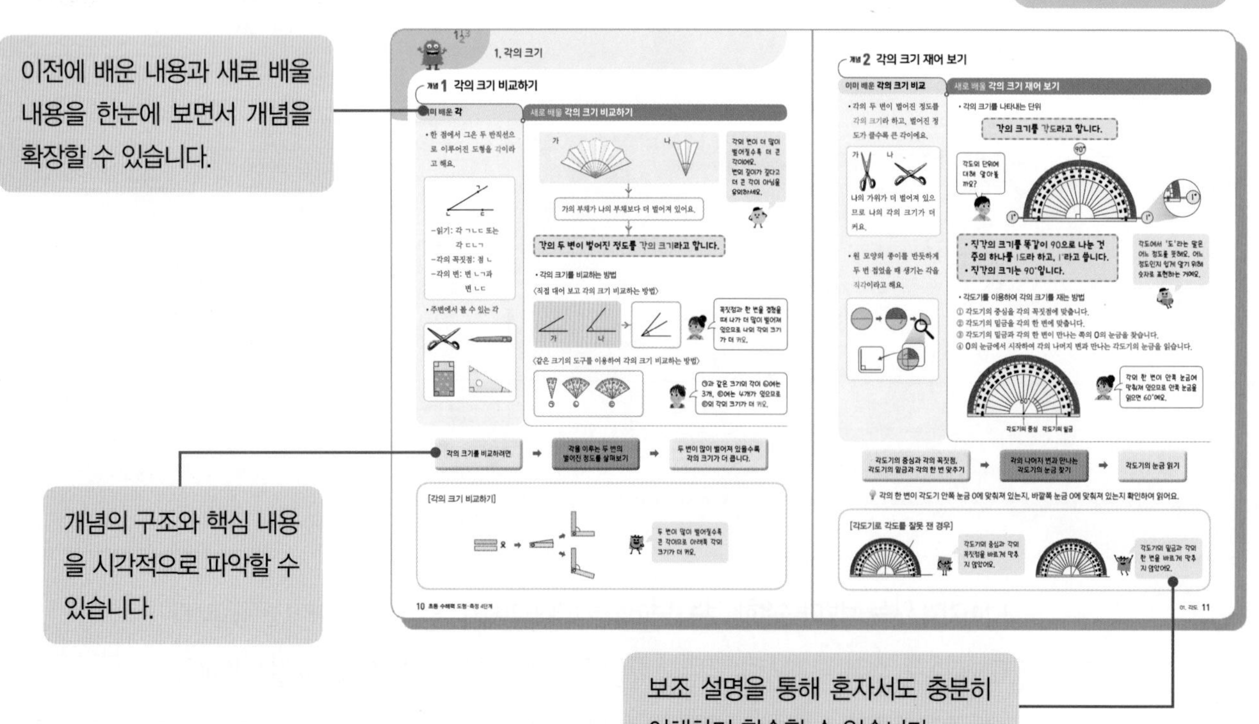

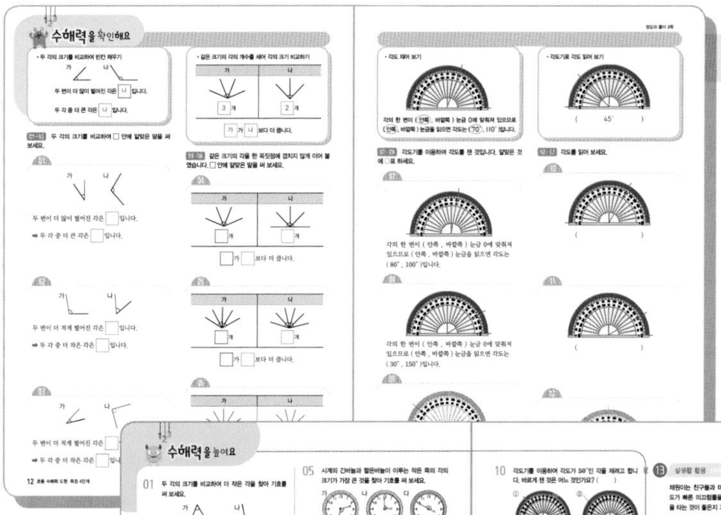

수해력을 확인해요

원리를 담은 문제를 통해 앞에서 배운 개념을 확실하게 이해할 수 있습니다.

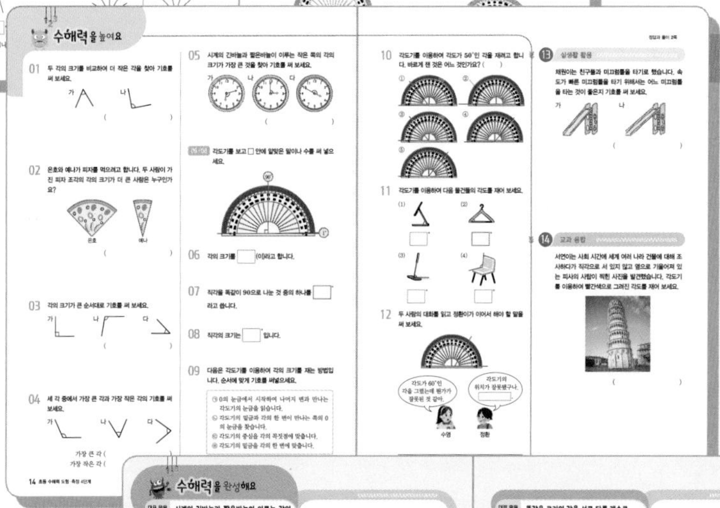

수해력을 높여요

실생활 활용, 교과 융합을 포함한 다양한 유형의 문제를 풀어 보면서 문제 해결 능력을 키울 수 있습니다.

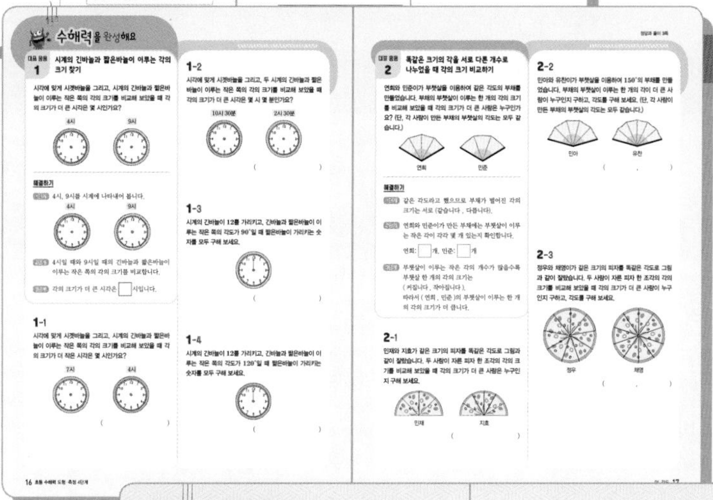

수해력을 완성해요

대표 응용 예제와 유제를 통해 응용력뿐만 아니라 고난도 문제에 대한 자신감까지 키울 수 있습니다.

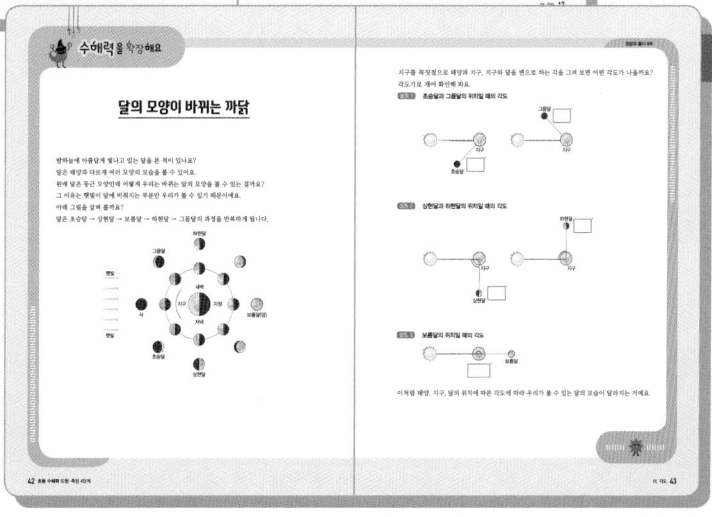

수해력을 확장해요

사고력을 확장할 수 있는 다양한 활동에 학습한 내용을 적용해 보면서 단원을 마무리할 수 있습니다.

EBS 초등 수해력은 '수·연산', '도형·측정'의 두 갈래의 영역으로 나누어져 있으며,
각 영역별로 예비 초등학생을 위한 P단계부터 6단계까지 총 7단계로 구성했습니다.
총 14권의 체계적인 교재 구성으로 꾸준하게 학습을 진행할 수 있습니다.

수·연산

	1단원	2단원	3단원	4단원	5단원
P단계	수 알기 →	모으기와 가르기 →	더하기와 빼기		
1단계	9까지의 수 →	한 자리 수의 덧셈과 뺄셈 →	100까지의 수 →	받아올림과 받아내림이 없는 두 자리 수의 덧셈과 뺄셈 →	세 수의 덧셈과 뺄셈
2단계	세 자리 수 →	네 자리 수 →	덧셈과 뺄셈 →	곱셈 →	곱셈구구
3단계	덧셈과 뺄셈 →	곱셈 →	나눗셈 →	분수와 소수	
4단계	큰 수 →	곱셈과 나눗셈 →	규칙과 관계 →	분수의 덧셈과 뺄셈 →	소수의 덧셈과 뺄셈
5단계	자연수의 혼합 계산 →	약수와 배수, 약분과 통분 →	분수의 덧셈과 뺄셈 →	수의 범위와 어림하기, 평균 →	분수와 소수의 곱셈
6단계	분수의 나눗셈 →	소수의 나눗셈 →	비와 비율 →	비례식과 비례배분	

도형·측정

	1단원	2단원	3단원	4단원	5단원
P단계	위치 알기 →	여러 가지 모양 →	비교하기 →	분류하기	
1단계	여러 가지 모양 →	비교하기 →	시계 보기		
2단계	여러 가지 도형 →	길이 재기 →	분류하기 →	시각과 시간	
3단계	평면도형 →	길이와 시간 →	원 →	들이와 무게	
4단계	각도 →	평면도형의 이동 →	삼각형 →	사각형 →	다각형
5단계	다각형의 둘레와 넓이 →	합동과 대칭 →	직육면체		
6단계	각기둥과 각뿔 →	직육면체의 부피와 겉넓이 →	공간과 입체 →	원의 넓이 →	원기둥, 원뿔, 구

이 책의 차례

01 단원

각도

등장하는 주요 수학 어휘

각도, **직각**, **예각**, **둔각**

1 각의 크기

개념 강화 연습 강화 학습 계획: 월 일

개념 1 각의 크기 비교하기

개념 2 각의 크기 재어 보기

2 예각과 둔각

개념 강화  연습 강화 학습 계획: 월 일

개념 1 예각 알아보기

개념 2 둔각 알아보기

3 각도의 계산

연습 강화  응용 강화 학습 계획: 월 일

개념 1 각도 어림하기

개념 2 각도의 합과 차 구하기

4 삼각형의 세 각의 크기의 합, 사각형의 네 각의 크기의 합

학습 계획: 월 일

개념 강화 연습 강화 응용 강화

개념 1 삼각형의 세 각의 크기의 합 알아보기

개념 2 사각형의 네 각의 크기의 합 알아보기

이번 1단원에서는 각도에 대해 배울 거예요. 예각, 둔각이라는 어휘와 각도의 합과 차, 삼각형의 세 각의 크기의 합과 사각형의 네 각의 크기의 합이 얼마인지 배우게 돼요.
새롭게 배우는 것이 참 많지요? 이전에 배운 도형에 대한 개념을 어떻게 확장할지 생각해 보아요.

개념 1 각의 크기 비교하기

이미 배운 각

• 한 점에서 그은 두 반직선으로 이루어진 도형을 각이라고 해요.

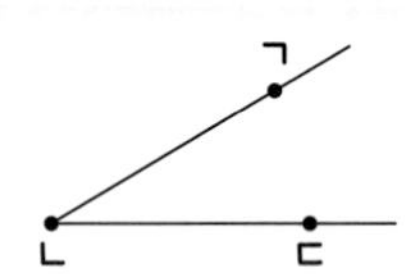

–읽기: 각 ㄱㄴㄷ 또는 각 ㄷㄴㄱ

–각의 꼭짓점: 점 ㄴ

–각의 변: 변 ㄴㄱ과 변 ㄴㄷ

• 주변에서 볼 수 있는 각

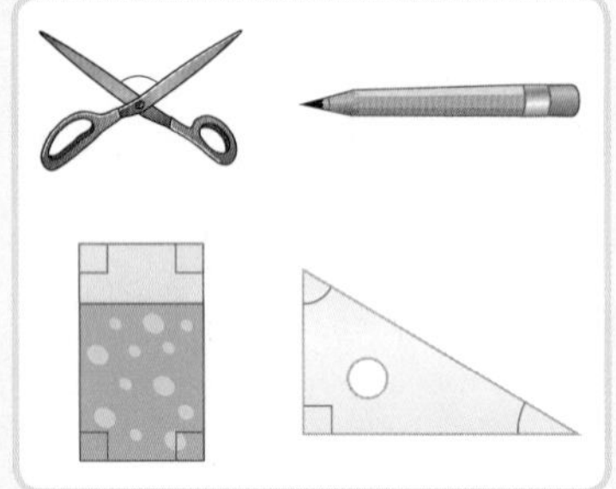

새로 배울 각의 크기 비교하기

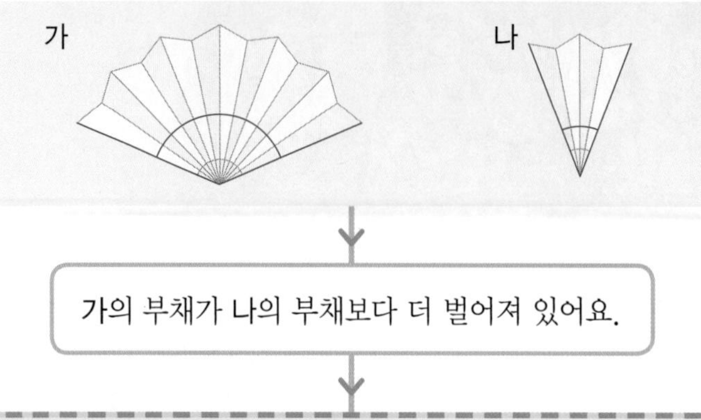

가의 부채가 나의 부채보다 더 벌어져 있어요.

각의 변이 더 많이 벌어질수록 더 큰 각이에요.
변의 길이가 길다고 더 큰 각이 아님을 유의하세요.

각의 두 변이 벌어진 정도를 각의 크기라고 합니다.

• 각의 크기를 비교하는 방법

〈직접 대어 보고 각의 크기 비교하는 방법〉

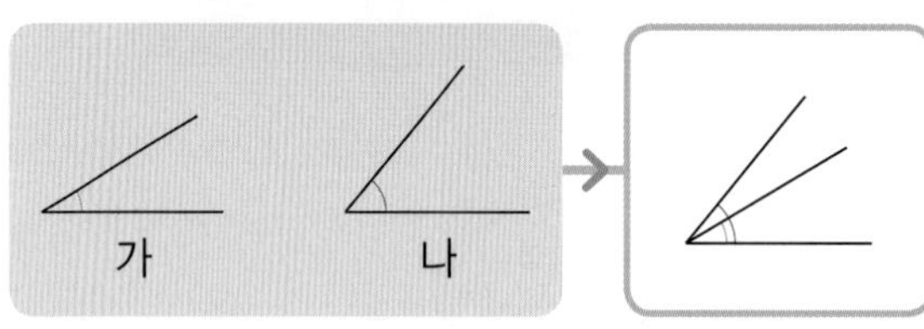

꼭짓점과 한 변을 겹쳤을 때 나가 더 많이 벌어져 있으므로 나의 각의 크기가 더 커요.

〈같은 크기의 도구를 이용하여 각의 크기 비교하는 방법〉

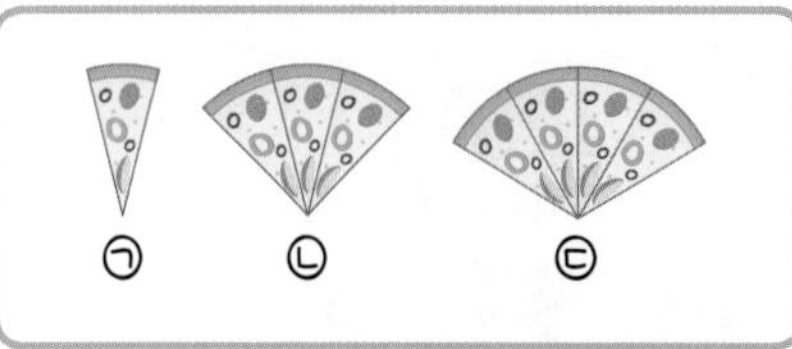

㉠과 같은 크기의 각이 ㉡에는 3개, ㉢에는 4개가 있으므로 ㉢의 각의 크기가 더 커요.

각의 크기를 비교하려면 ➡ 각을 이루는 두 변의 벌어진 정도를 살펴보기 ➡ 두 변이 많이 벌어져 있을수록 각의 크기가 더 큽니다.

[각의 크기 비교하기]

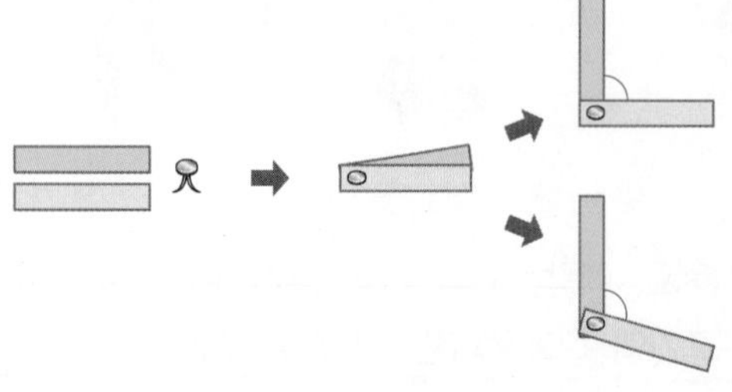

두 변이 많이 벌어질수록 큰 각이므로 아래쪽 각의 크기가 더 커요.

개념 2 각의 크기 재어 보기

이미 배운 각의 크기 비교

• 각의 두 변이 벌어진 정도를 각의 크기라 하고, 벌어진 정도가 클수록 큰 각이에요.

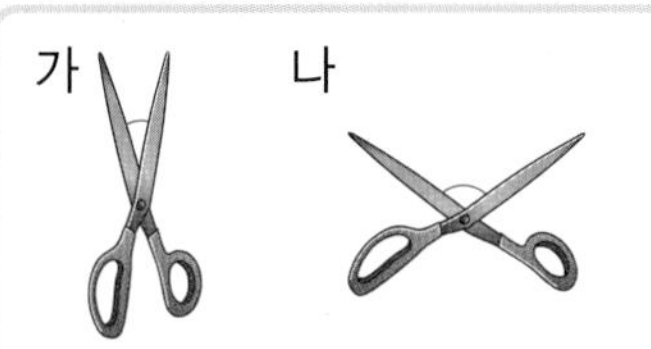

나의 가위가 더 벌어져 있으므로 나의 각의 크기가 더 커요.

• 원 모양의 종이를 반듯하게 두 번 접었을 때 생기는 각을 직각이라고 해요.

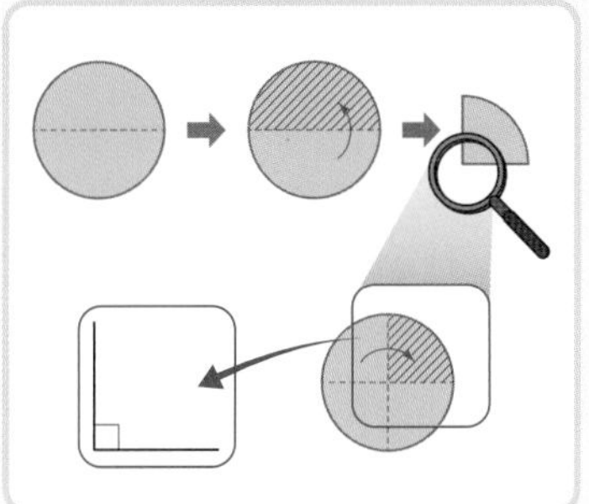

새로 배울 각의 크기 재어 보기

• 각의 크기를 나타내는 단위

각의 크기를 각도라고 합니다.

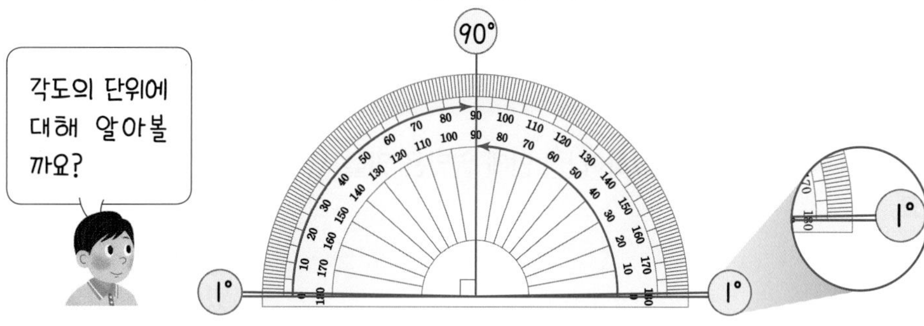

• **직각의 크기를 똑같이 90으로 나눈 것 중의 하나를 1도라 하고, 1°라고 씁니다.**
• **직각의 크기는 90°입니다.**

각도에서 '도'라는 말은 어느 정도를 뜻해요. 어느 정도인지 쉽게 알기 위해 숫자로 표현하는 거예요.

• 각도기를 이용하여 각의 크기를 재는 방법

① 각도기의 중심을 각의 꼭짓점에 맞춥니다.
② 각도기의 밑금을 각의 한 변에 맞춥니다.
③ 각도기의 밑금과 각의 한 변이 만나는 쪽의 0의 눈금을 찾습니다.
④ 0의 눈금에서 시작하여 각의 나머지 변과 만나는 각도기의 눈금을 읽습니다.

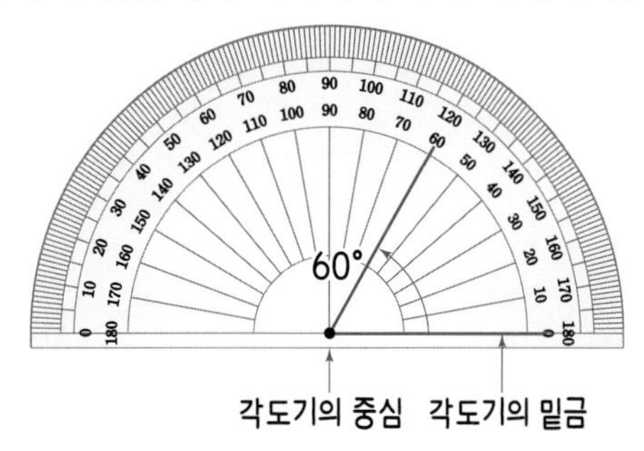

각의 한 변이 안쪽 눈금에 맞춰져 있으므로 안쪽 눈금을 읽으면 60°예요.

각도기의 중심과 각의 꼭짓점, 각도기의 밑금과 각의 한 변 맞추기 → 각의 나머지 변과 만나는 각도기의 눈금 찾기 → 각도기의 눈금 읽기

각의 한 변이 각도기 안쪽 눈금 0에 맞춰져 있는지, 바깥쪽 눈금 0에 맞춰져 있는지 확인하여 읽어요.

[각도기로 각도를 잘못 잰 경우]

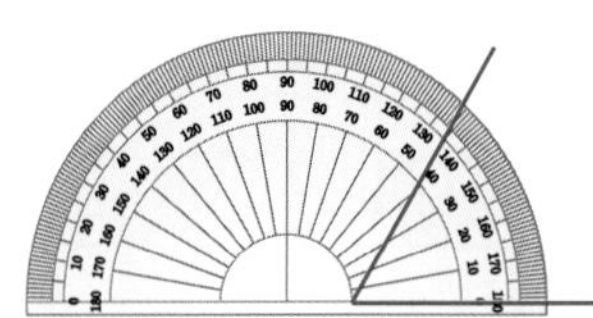

각도기의 중심과 각의 꼭짓점을 바르게 맞추지 않았어요.

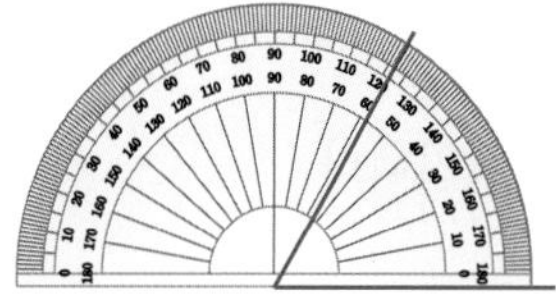

각도기의 밑금과 각의 한 변을 바르게 맞추지 않았어요.

수해력을 확인해요

• 두 각의 크기를 비교하여 빈칸 채우기

가　　　나

두 변이 더 많이 벌어진 각은 [나] 입니다.

두 각 중 더 큰 각은 [나] 입니다.

01~03 두 각의 크기를 비교하여 □ 안에 알맞은 말을 써 보세요.

01

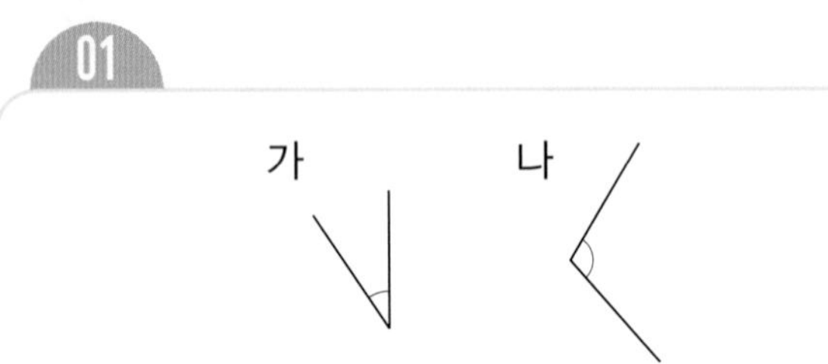

두 변이 더 많이 벌어진 각은 □ 입니다.

➡ 두 각 중 더 큰 각은 □ 입니다.

02

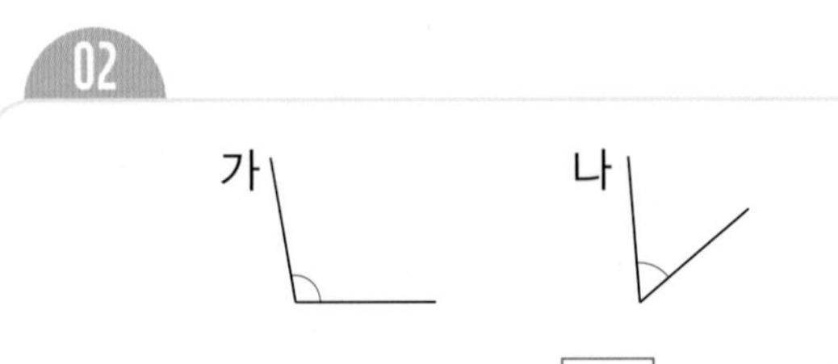

두 변이 더 적게 벌어진 각은 □ 입니다.

➡ 두 각 중 더 작은 각은 □ 입니다.

03

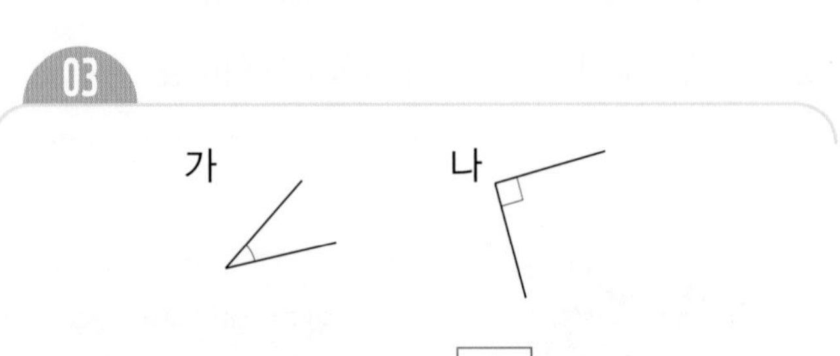

두 변이 더 적게 벌어진 각은 □ 입니다.

➡ 두 각 중 더 작은 각은 □ 입니다.

• 같은 크기의 각의 개수를 세어 각의 크기 비교하기

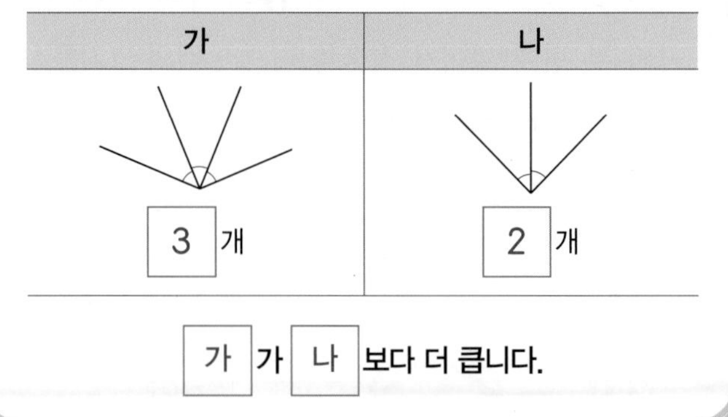

[가] 가 [나] 보다 더 큽니다.

04~06 같은 크기의 각을 한 꼭짓점에 겹치지 않게 이어 붙였습니다. □ 안에 알맞은 말을 써 보세요.

04

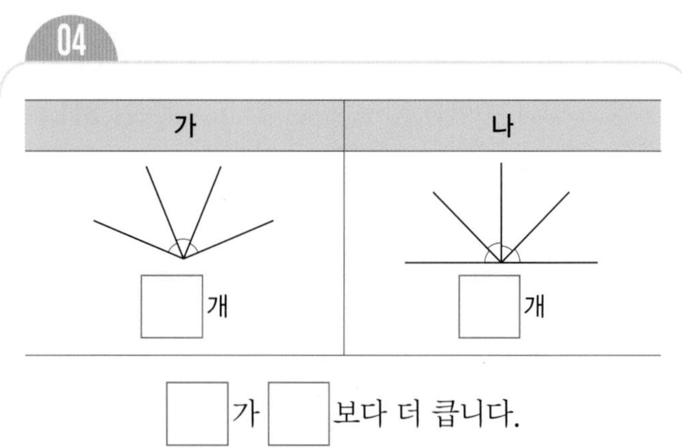

□ 가 □ 보다 더 큽니다.

05

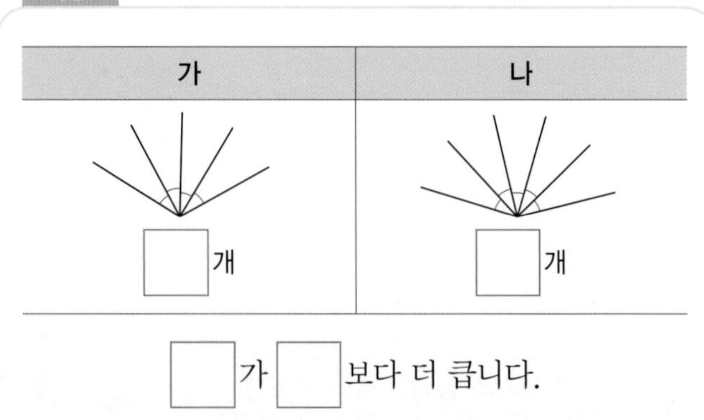

□ 가 □ 보다 더 큽니다.

06

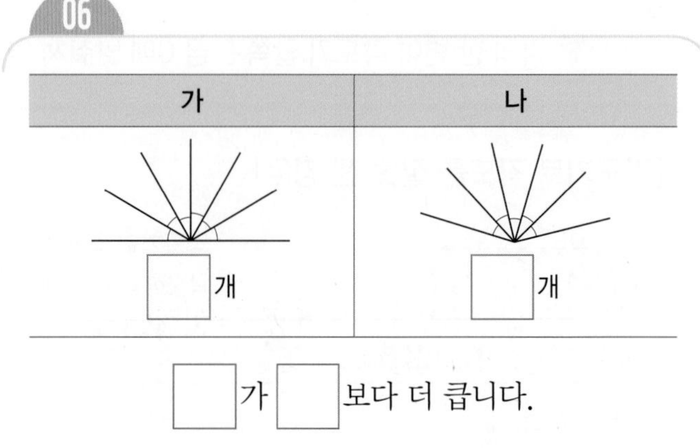

□ 가 □ 보다 더 큽니다.

• 각도 재어 보기

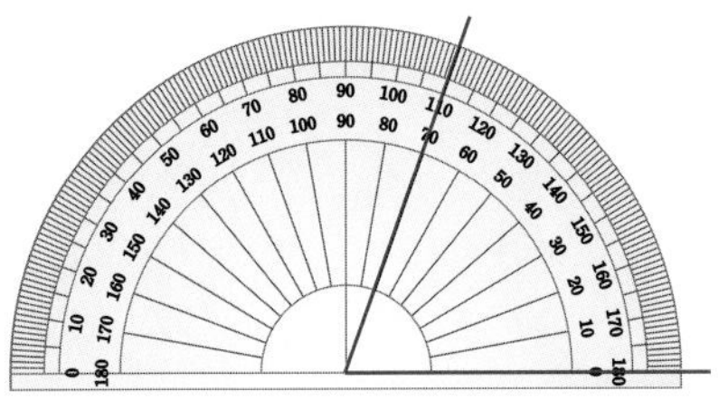

각의 한 변이 ((안쪽), 바깥쪽) 눈금 0에 맞춰져 있으므로 ((안쪽), 바깥쪽) 눈금을 읽으면 각도는 ((70°), 110°)입니다.

07~09 각도기를 이용하여 각도를 잰 것입니다. 알맞은 것에 ○표 하세요.

07

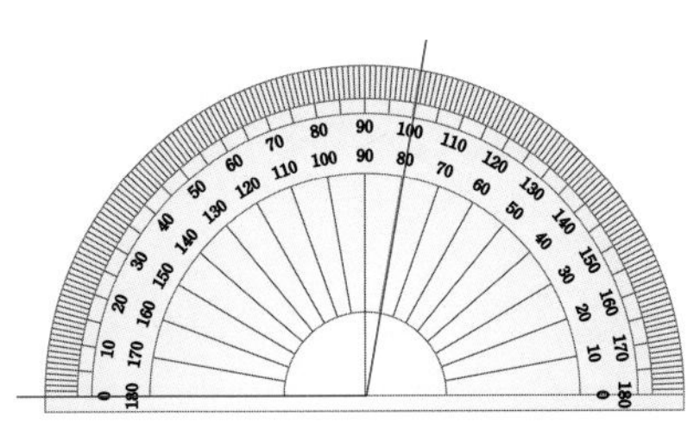

각의 한 변이 (안쪽 , 바깥쪽) 눈금 0에 맞춰져 있으므로 (안쪽 , 바깥쪽) 눈금을 읽으면 각도는 (80° , 100°)입니다.

08

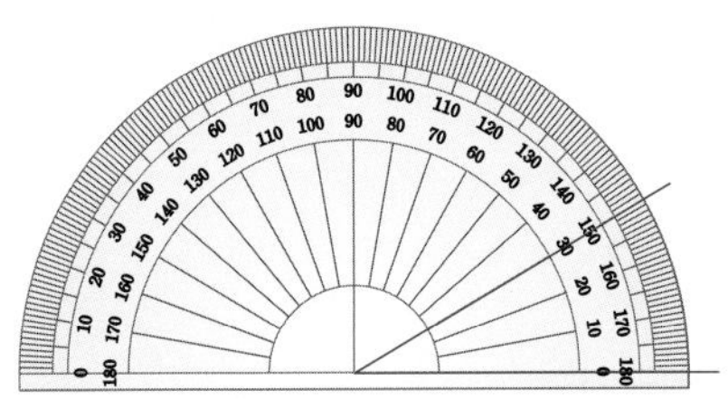

각의 한 변이 (안쪽 , 바깥쪽) 눈금 0에 맞춰져 있으므로 (안쪽 , 바깥쪽) 눈금을 읽으면 각도는 (30° , 150°)입니다.

09

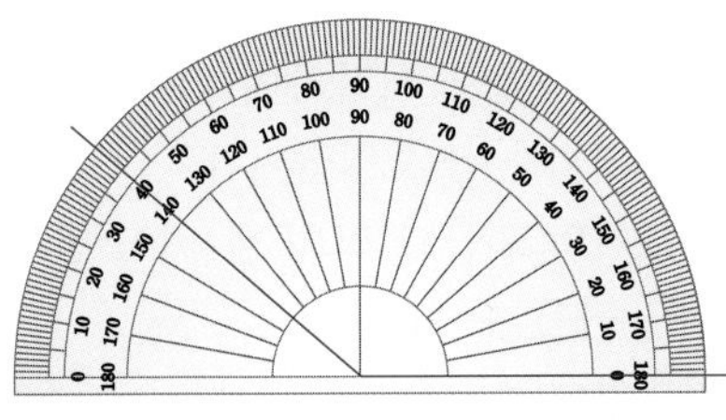

각의 한 변이 (안쪽 , 바깥쪽) 눈금 0에 맞춰져 있으므로 (안쪽 , 바깥쪽) 눈금을 읽으면 각도는 (40° , 140°)입니다.

• 각도기로 각도 읽어 보기

(45°)

10~12 각도를 읽어 보세요.

10

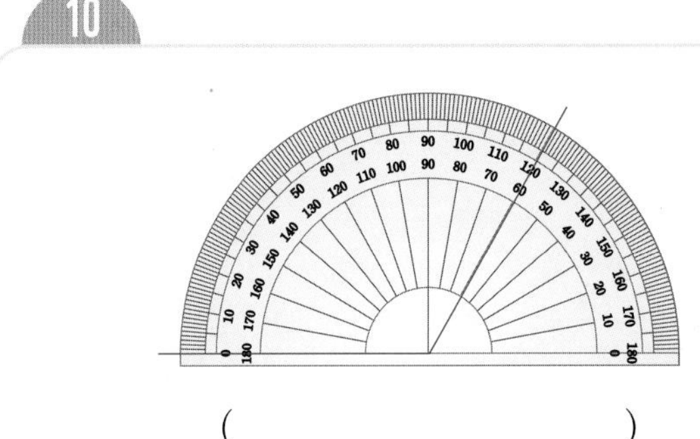

( )

11

( )

12

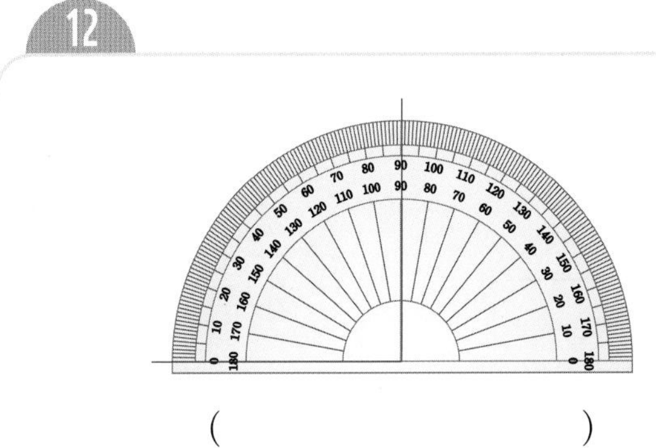

( )

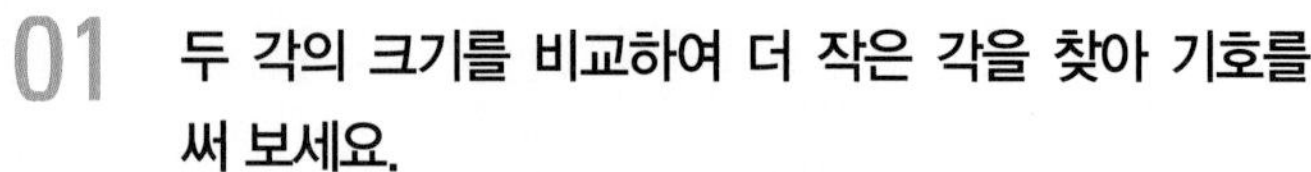

01 두 각의 크기를 비교하여 더 작은 각을 찾아 기호를 써 보세요.

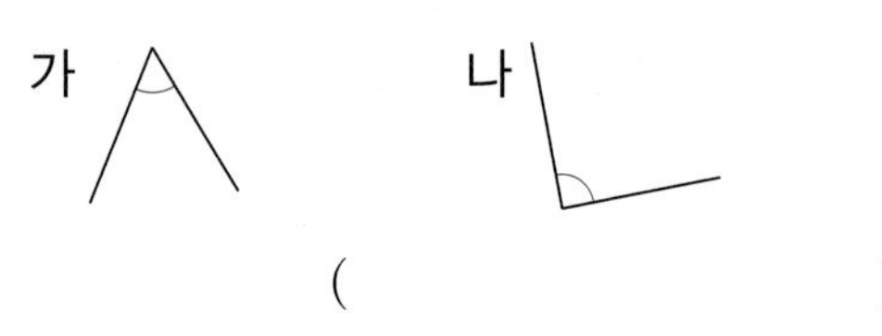

( )

02 은호와 예나가 피자를 먹으려고 합니다. 두 사람이 가진 피자 조각의 각의 크기가 더 큰 사람은 누구인가요?

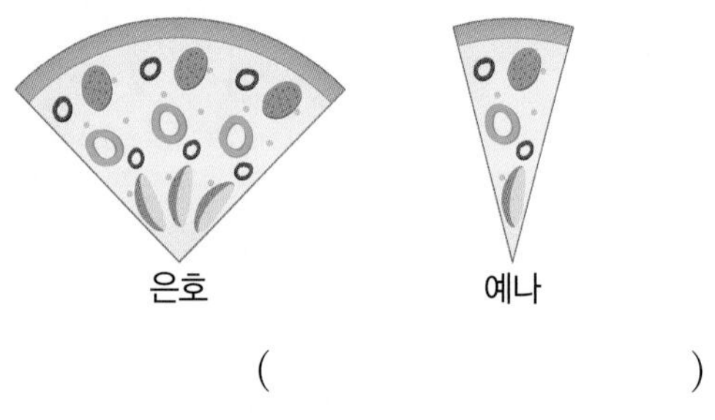

( )

03 각의 크기가 큰 순서대로 기호를 써 보세요.

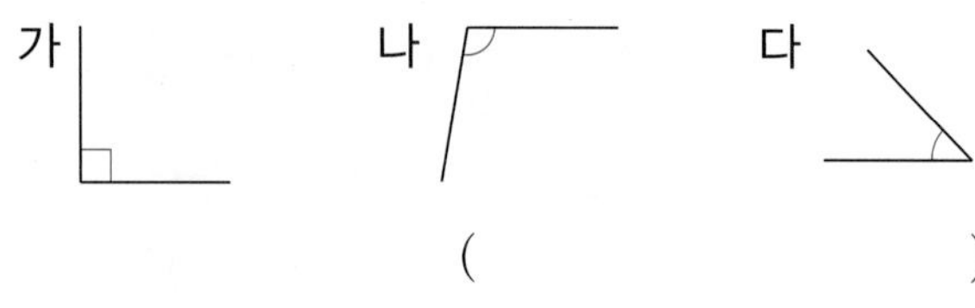

( )

04 세 각 중에서 가장 큰 각과 가장 작은 각의 기호를 써 보세요.

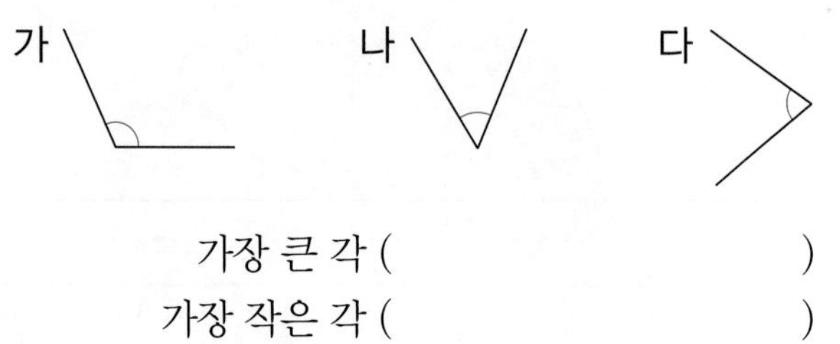

가장 큰 각 ( )

가장 작은 각 ( )

05 시계의 긴바늘과 짧은바늘이 이루는 작은 쪽의 각의 크기가 가장 큰 것을 찾아 기호를 써 보세요.

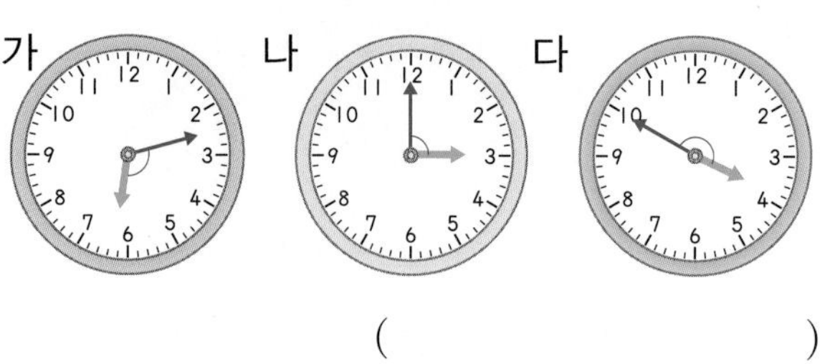

( )

06~08 각도기를 보고 □ 안에 알맞은 말이나 수를 써 넣으세요.

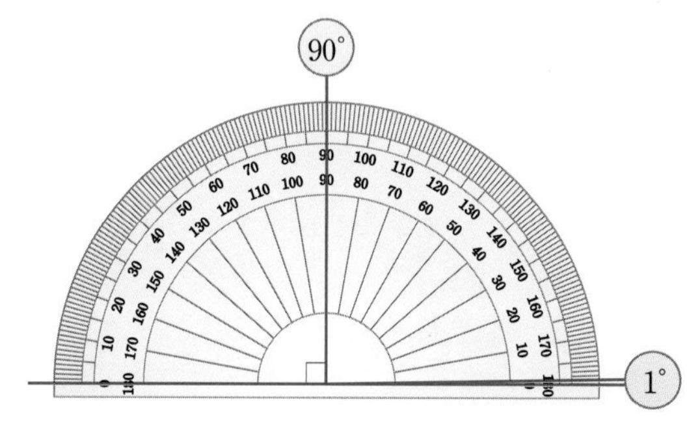

06 각의 크기를 □(이)라고 합니다.

07 직각을 똑같이 90으로 나눈 것 중의 하나를 □° 라고 씁니다.

08 직각의 크기는 □° 입니다.

09 다음은 각도기를 이용하여 각의 크기를 재는 방법입니다. 순서에 맞게 기호를 써넣으세요.

㉠ 0의 눈금에서 시작하여 나머지 변과 만나는 각도기의 눈금을 읽습니다. ㉡ 각도기의 밑금과 각의 한 변이 만나는 쪽의 0의 눈금을 찾습니다. ㉢ 각도기의 중심을 각의 꼭짓점에 맞춥니다. ㉣ 각도기의 밑금을 각의 한 변에 맞춥니다.

( )–( )–( )–( )

10 각도기를 이용하여 각도가 50°인 각을 재려고 합니다. 바르게 잰 것은 어느 것인가요? (　　　)

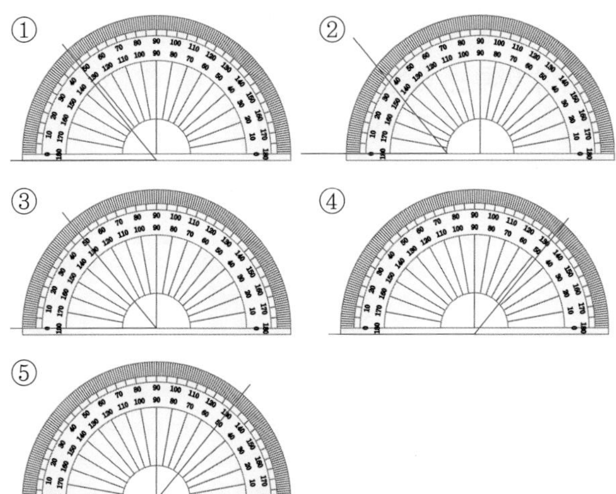

11 각도기를 이용하여 다음 물건들의 각도를 재어 보세요.

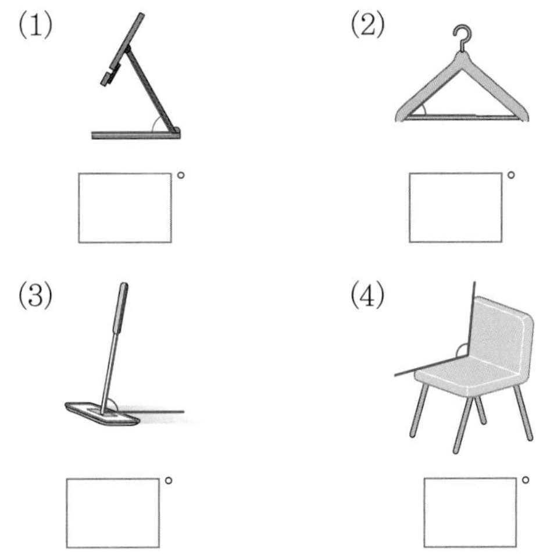

12 두 사람의 대화를 읽고 정환이가 이어서 해야 할 말을 써 보세요.

---

13 실생활 활용

채원이는 친구들과 미끄럼틀을 타기로 했습니다. 속도가 빠른 미끄럼틀을 타기 위해서는 어느 미끄럼틀을 타는 것이 좋은지 기호를 써 보세요.

가　　　　나

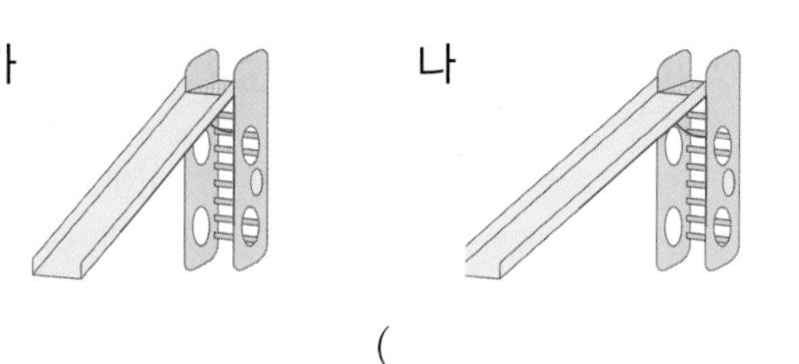

(　　　　　　　　　)

14 교과 융합

서연이는 사회 시간에 세계 여러 나라 건물에 대해 조사하다가 직각으로 서 있지 않고 옆으로 기울어져 있는 피사의 사탑이 찍힌 사진을 발견했습니다. 각도기를 이용하여 빨간색으로 그려진 각도를 재어 보세요.

(　　　　　　　　　)

수해력을 완성해요

대표 응용 1 시계의 긴바늘과 짧은바늘이 이루는 각의 크기 찾기

시각에 맞게 시곗바늘을 그리고, 시계의 긴바늘과 짧은바늘이 이루는 작은 쪽의 각의 크기를 비교해 보았을 때 각의 크기가 더 큰 시각은 몇 시인가요?

해결하기

1단계 4시, 9시를 시계에 나타내어 봅니다.

4시  9시 

2단계 4시일 때와 9시일 때의 긴바늘과 짧은바늘이 이루는 작은 쪽의 각의 크기를 비교합니다.

3단계 각의 크기가 더 큰 시각은 □ 시입니다.

1-1

시각에 맞게 시곗바늘을 그리고, 시계의 긴바늘과 짧은바늘이 이루는 작은 쪽의 각의 크기를 비교해 보았을 때 각의 크기가 더 작은 시각은 몇 시인가요?

7시 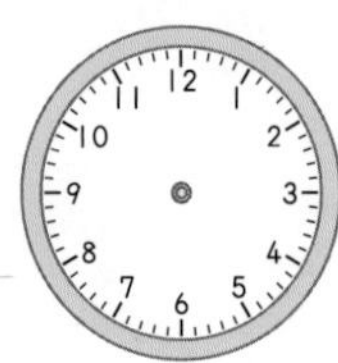 4시 

( )

1-2

시각에 맞게 시곗바늘을 그리고, 두 시계의 긴바늘과 짧은바늘이 이루는 작은 쪽의 각의 크기를 비교해 보았을 때 각의 크기가 더 큰 시각은 몇 시 몇 분인가요?

10시 30분  2시 30분 

( )

1-3

시계의 긴바늘이 12를 가리키고, 긴바늘과 짧은바늘이 이루는 작은 쪽의 각도가 90°일 때 짧은바늘이 가리키는 숫자를 모두 구해 보세요.

( )

1-4

시계의 긴바늘이 12를 가리키고, 긴바늘과 짧은바늘이 이루는 작은 쪽의 각도가 120°일 때 짧은바늘이 가리키는 숫자를 모두 구해 보세요.

( )

대표 응용 2 똑같은 크기의 각을 서로 다른 개수로 나누었을 때 각의 크기 비교하기

연희와 민준이가 부챗살을 이용하여 같은 각도의 부채를 만들었습니다. 부채의 부챗살이 이루는 한 개의 각의 크기를 비교해 보았을 때 각의 크기가 더 큰 사람은 누구인가요? (단, 각 사람이 만든 부채의 부챗살의 각도는 모두 같습니다.)

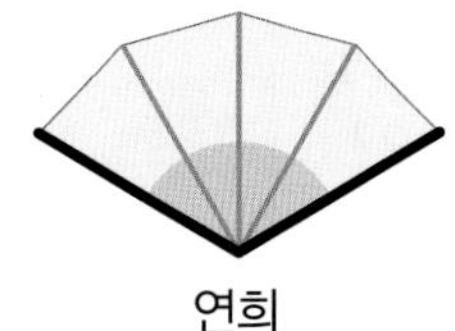
연희

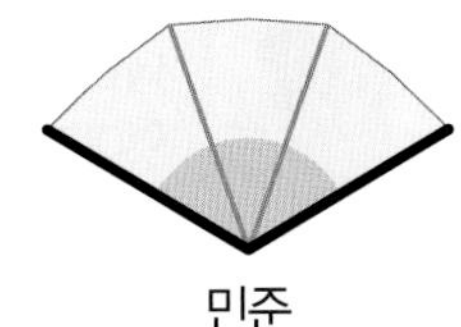
민준

해결하기

1단계 같은 각도라고 했으므로 부채가 벌어진 각의 크기는 서로 (같습니다 , 다릅니다).

2단계 연희와 민준이가 만든 부채에는 부챗살이 이루는 작은 각이 각각 몇 개 있는지 확인합니다.

연희: □개, 민준: □개

3단계 부챗살이 이루는 작은 각의 개수가 많을수록 부챗살 한 개의 각의 크기는 (커집니다 , 작아집니다).
따라서 (연희 , 민준)의 부챗살이 이루는 한 개의 각의 크기가 더 큽니다.

2-1

민재와 지효가 같은 크기의 피자를 똑같은 각도로 그림과 같이 잘랐습니다. 두 사람이 자른 피자 한 조각의 각의 크기를 비교해 보았을 때 각의 크기가 더 큰 사람은 누구인지 구해 보세요.

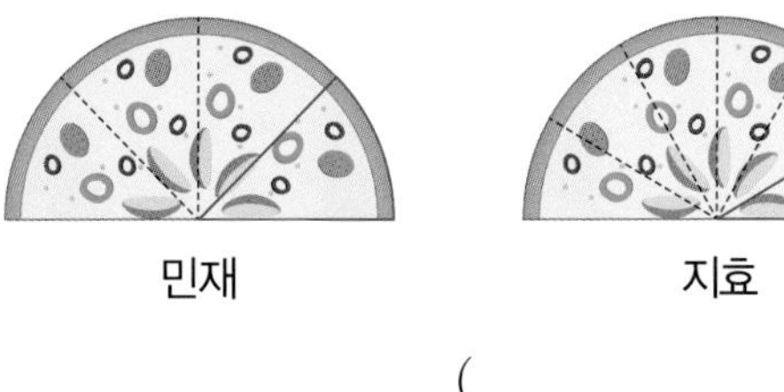
민재 지효

(　　　　　　　)

2-2

민아와 유찬이가 부챗살을 이용하여 150°의 부채를 만들었습니다. 부채의 부챗살이 이루는 한 개의 각이 더 큰 사람이 누구인지 구하고, 각도를 구해 보세요. (단, 각 사람이 만든 부채의 부챗살의 각도는 모두 같습니다.)

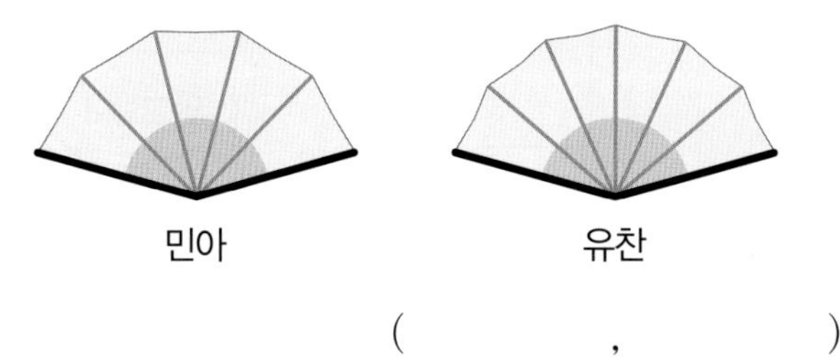
민아 유찬

(　　　　　,　　　　　)

2-3

정우와 채영이가 같은 크기의 피자를 똑같은 각도로 그림과 같이 잘랐습니다. 두 사람이 자른 피자 한 조각의 각의 크기를 비교해 보았을 때 각의 크기가 더 큰 사람이 누구인지 구하고, 각도를 구해 보세요.

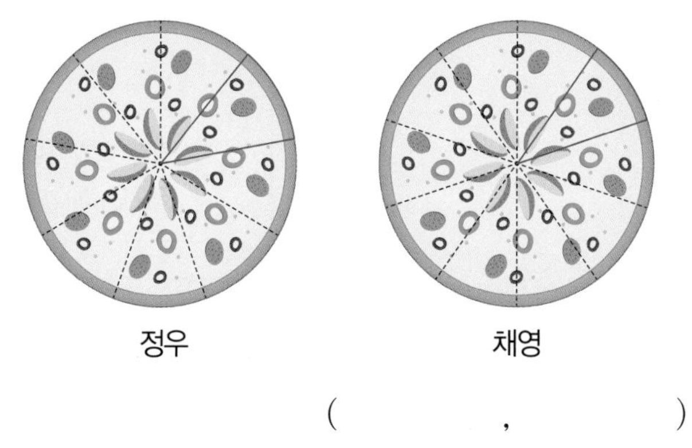
정우 채영

(　　　　　,　　　　　)

2. 예각과 둔각

개념 1 예각 알아보기

이미 배운 직각

• 직각과 직각이 아닌 각으로 분류하기

직각	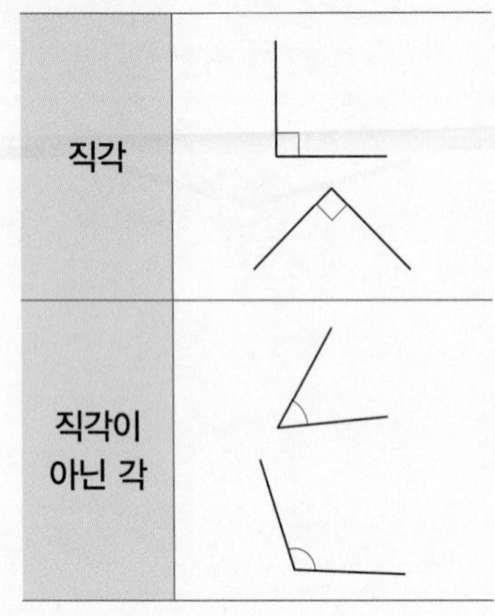
직각이 아닌 각	

새로 배울 예각

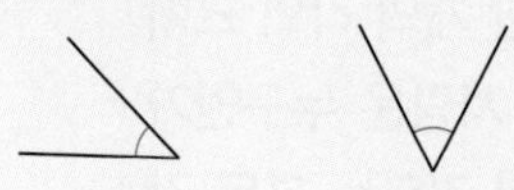

위 그림의 각들의 공통점은 무엇일까요?

직각보다 작은 각들이 네요. 이런 각들을 무엇이라고 부를까요?

예각에서의 '예'라는 글자는 한자로 날카로울 예(銳)를 써요.

0°보다 크고 직각보다 작은 각을 예각이라고 합니다.
(0° < 예각 < 90°)

각도가 예각인지 확인할 수 있는 방법은 어떤 것이 있을까요?

직각 삼각자의 직각 부분을 대어 보거나 각도기를 이용하여 재는 방법이 있어요.

〈직각 삼각자의 직각 대어보기〉

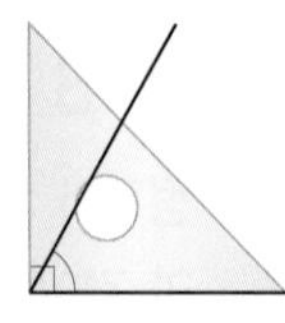

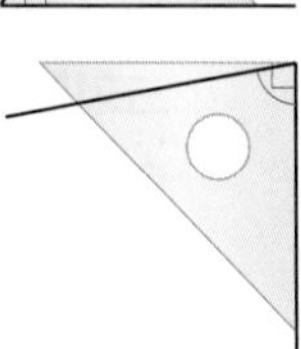

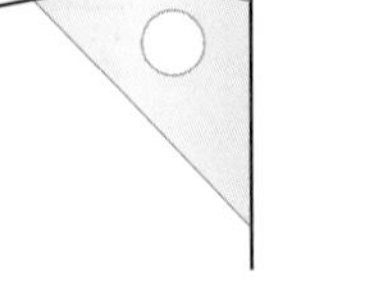

〈각도기로 재기〉

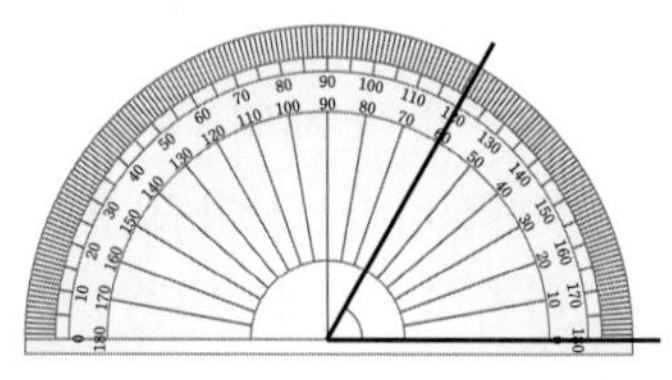

직각 삼각자의 직각보다 작으면 예각이에요.

각도기로 재어 0°보다 크고 직각보다 작으면 예각이에요.

직각 삼각자나 각도기로 확인 ➡ 0°보다 크고 90°보다 작은 각 ➡ 예각

[예각을 그려 보고 확인하기]

① 점과 반직선 한 개 표시하기

② 직각보다 작은 반직선 한 개 긋기

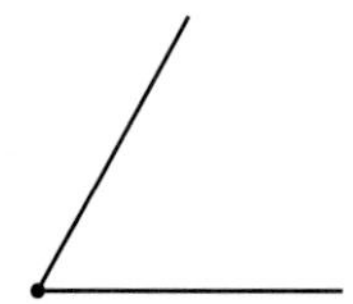

③ 각도기로 재어 확인하기

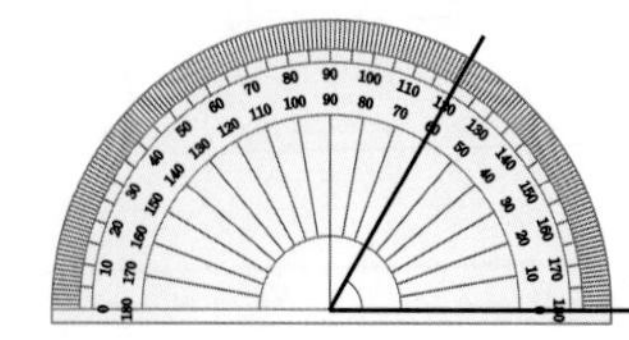

개념 2 둔각 알아보기

이미 배운 직각, 예각

• 직각보다 큰 각과 직각, 직각보다 작은 각으로 분류하기

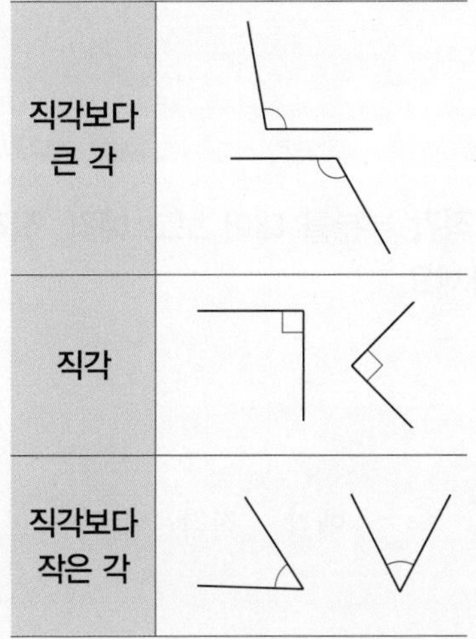

새로 배울 둔각

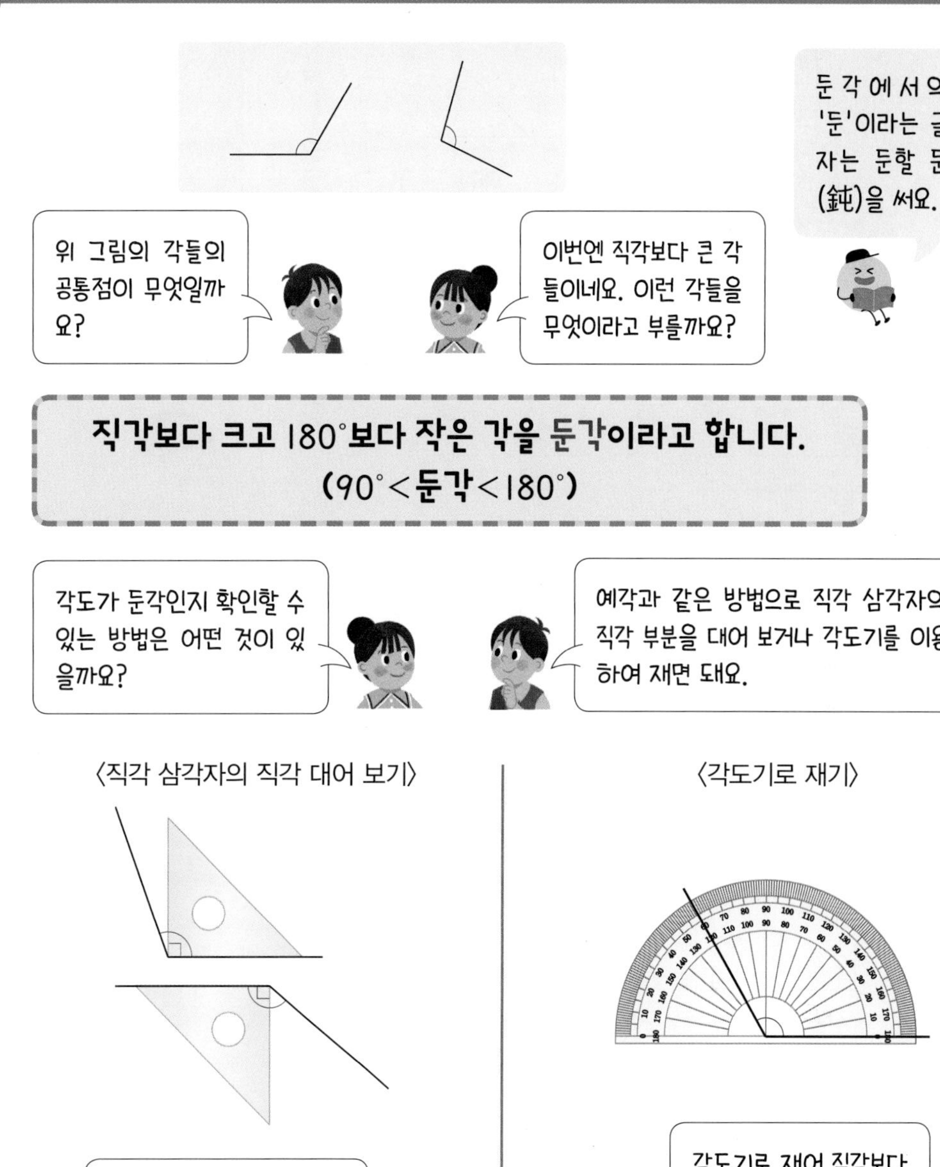

직각보다 크고 180°보다 작은 각을 둔각이라고 합니다.
(90° < 둔각 < 180°)

직각 삼각자나 각도기로 확인  90°보다 크고 180°보다 작은 각  둔각

[둔각 그려 보고 확인하기]

① 점과 반직선 한 개 표시하기 ② 직각보다 큰 반직선 한 개 긋기 ③ 각도기로 재어 확인하기

수해력을 확인해요

• 직각과 비교하여 예각, 둔각으로 분류하기

〈직각〉

(예각)

• 직각 삼각자로 예각, 직각, 둔각으로 분류하기

예각 직각 (둔각)

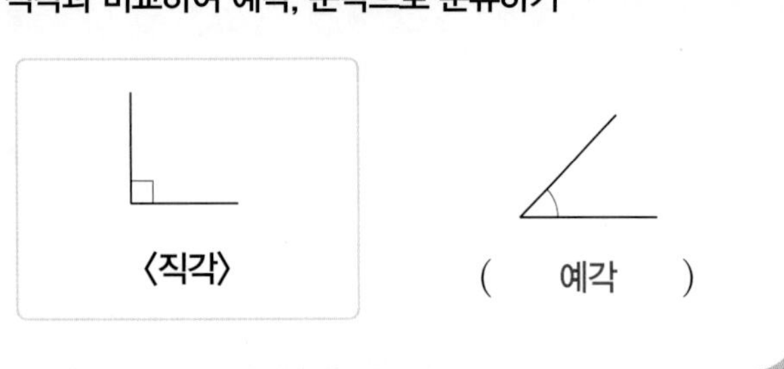

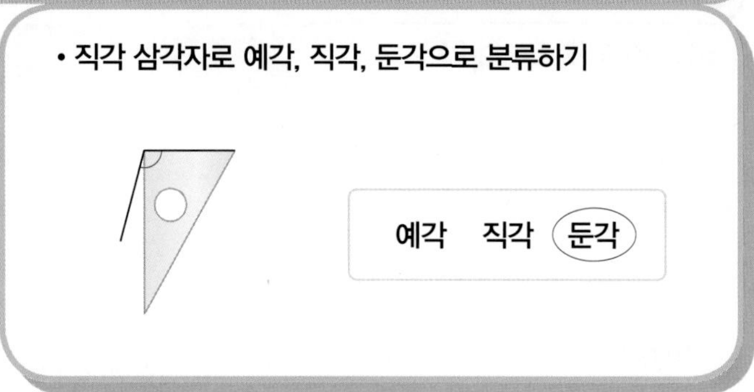

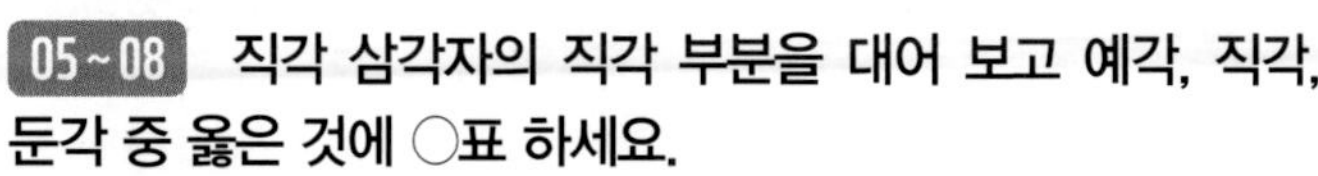

01~04 직각과 주어진 각을 비교하여 직각보다 작으면 '예각', 직각보다 크면 '둔각'이라고 쓰세요.

01

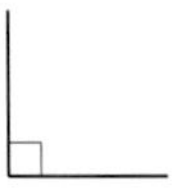

〈직각〉

( )

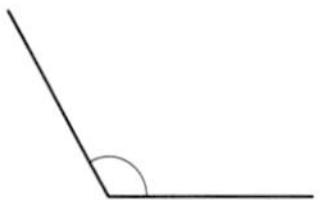

02

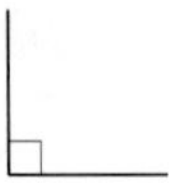

〈직각〉

( )

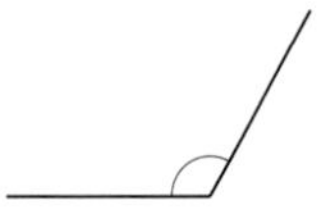

03

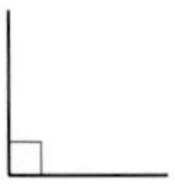

〈직각〉

( )

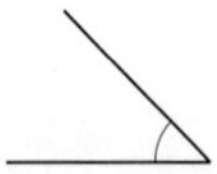

04

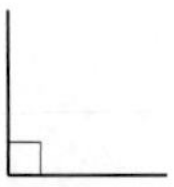

〈직각〉

( )

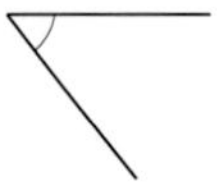

05~08 직각 삼각자의 직각 부분을 대어 보고 예각, 직각, 둔각 중 옳은 것에 ○표 하세요.

05

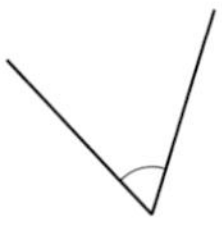

예각 직각 둔각

06

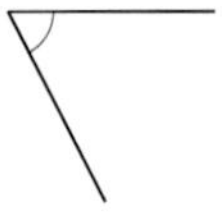

예각 직각 둔각

07

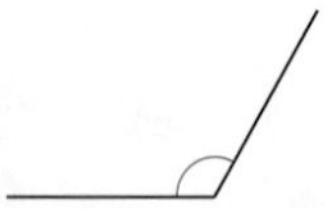

예각 직각 둔각

08

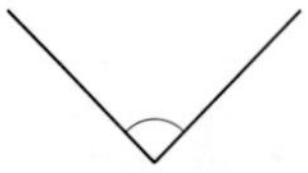

예각 직각 둔각

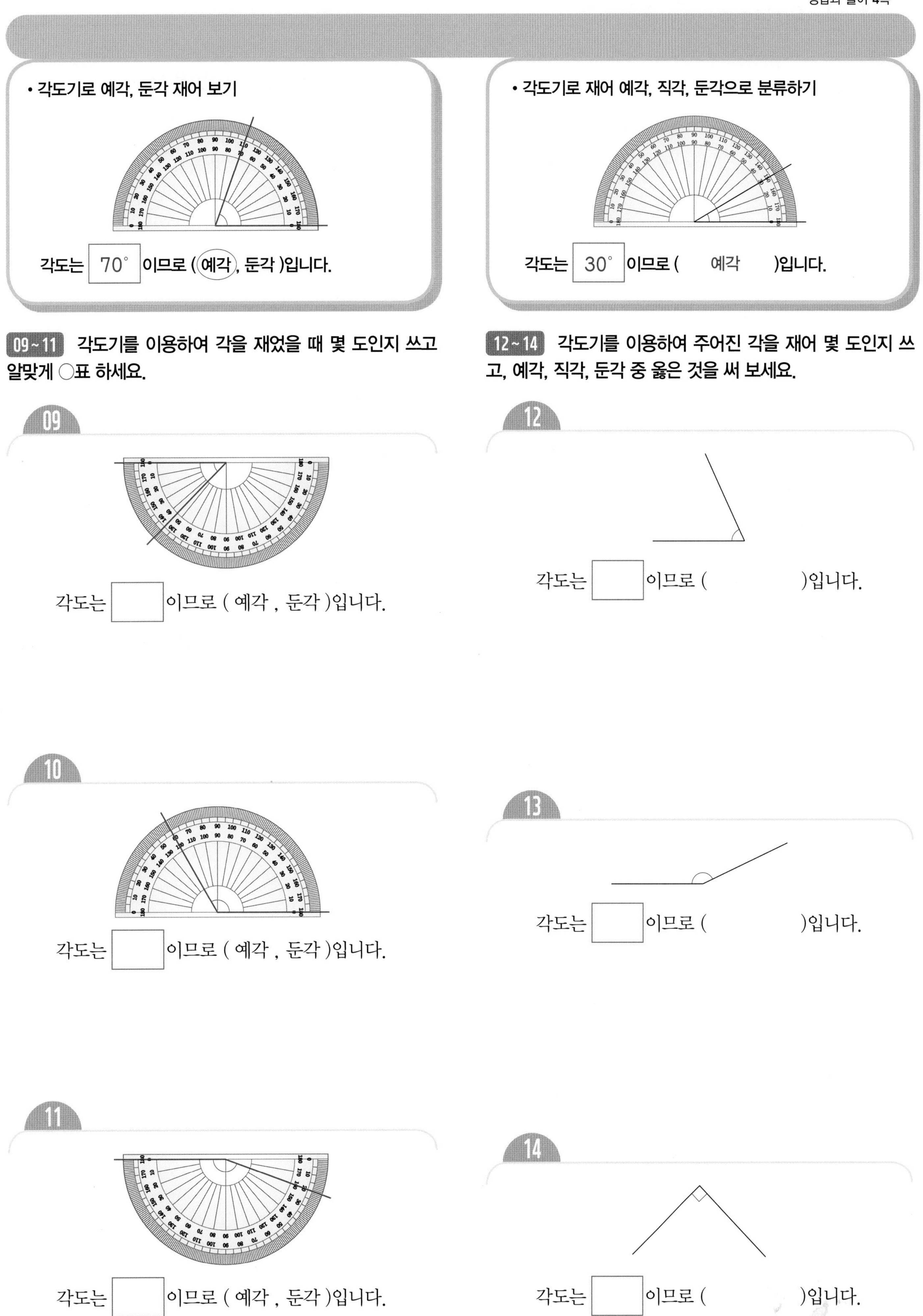

• 각도기로 예각, 둔각 재어 보기

각도는 70° 이므로 (예각 , 둔각)입니다.

• 각도기로 재어 예각, 직각, 둔각으로 분류하기

각도는 30° 이므로 (예각)입니다.

09~11 각도기를 이용하여 각을 재었을 때 몇 도인지 쓰고 알맞게 ○표 하세요.

09

각도는 ☐ 이므로 (예각 , 둔각)입니다.

10

각도는 ☐ 이므로 (예각 , 둔각)입니다.

11

각도는 ☐ 이므로 (예각 , 둔각)입니다.

12~14 각도기를 이용하여 주어진 각을 재어 몇 도인지 쓰고, 예각, 직각, 둔각 중 옳은 것을 써 보세요.

12

각도는 ☐ 이므로 (　　　　)입니다.

13

각도는 ☐ 이므로 (　　　　)입니다.

14

각도는 ☐ 이므로 (　　　　)입니다.

01 관계있는 것끼리 선으로 이어 보세요.

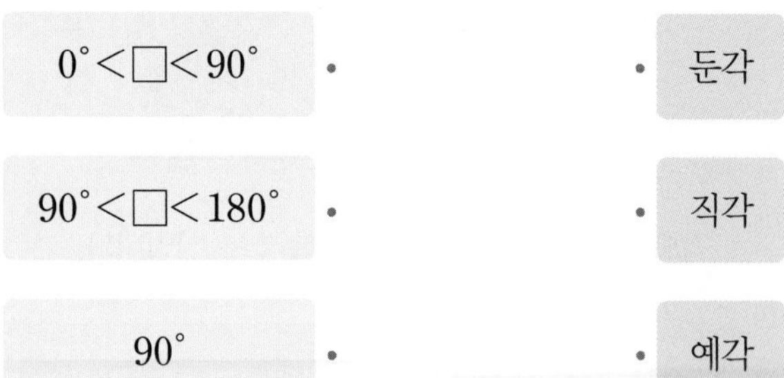

02~03 도형을 보고 물음에 답해 보세요.

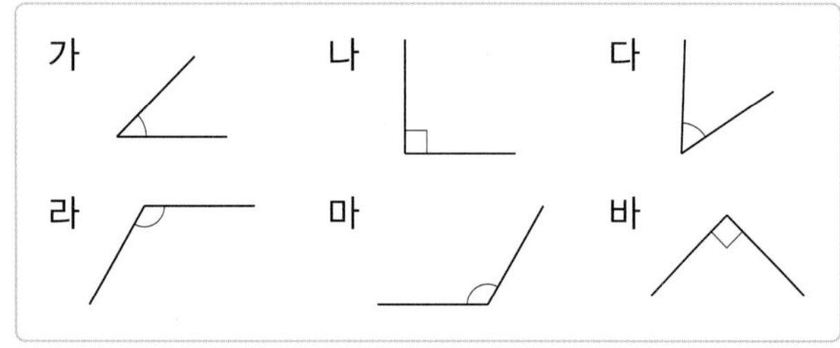

02 0°보다 크고 90°보다 작은 각을 모두 찾아 기호를 써 보세요.

( )

03 90°보다 크고 180°보다 작은 각을 모두 찾아 기호를 써 보세요.

( )

04 다음 중 예각은 모두 몇 개인지 구해 보세요.

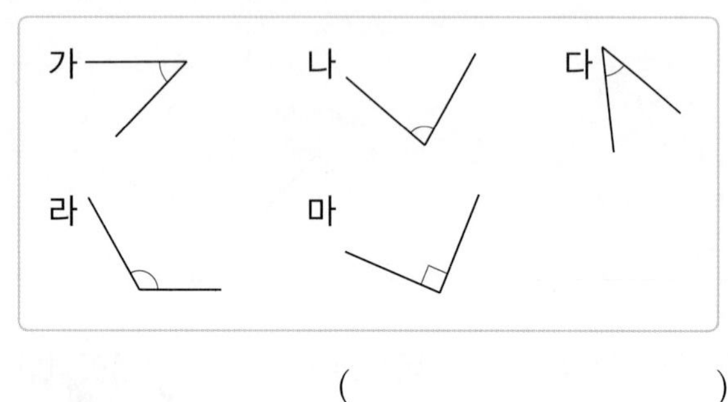

( )

05 둔각인 것을 모두 찾아 기호를 써 보세요.

㉠ 90°	㉡ 60°	㉢ 150°
㉣ 120°	㉤ 180°	

( )

06 민희, 진호가 펼친 부채의 각이 예각이면 '예'를, 둔각이면 '둔'이라고 써넣으세요.

( ) ( )

07 두 도형에서 찾을 수 있는 둔각은 모두 몇 개인지 구해 보세요.

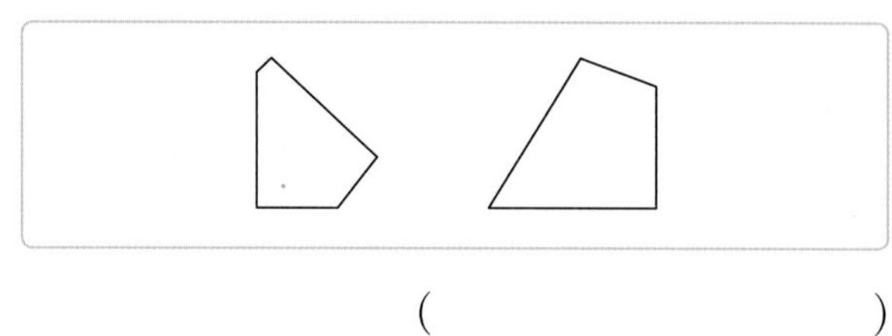

( )

08 동현이와 민서의 대화를 읽고 민서가 이어서 할 말을 써 보세요.

09 시계의 긴바늘과 짧은바늘이 이루는 작은 쪽의 각이 예각인 것을 모두 찾아 기호를 써 보세요.

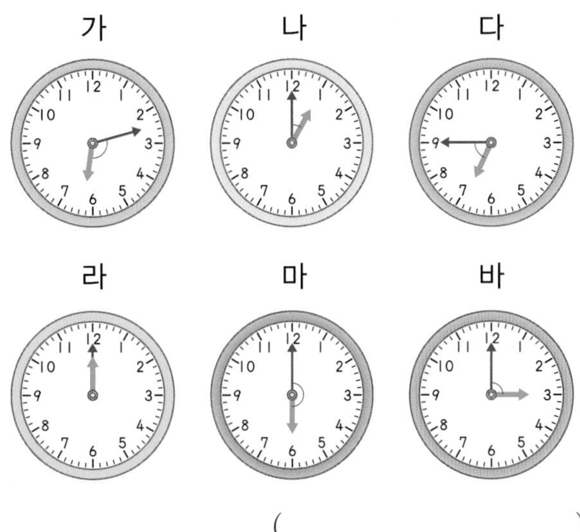

( )

10 주어진 점을 이용하여 서로 다른 예각을 두 개 그려 보세요.

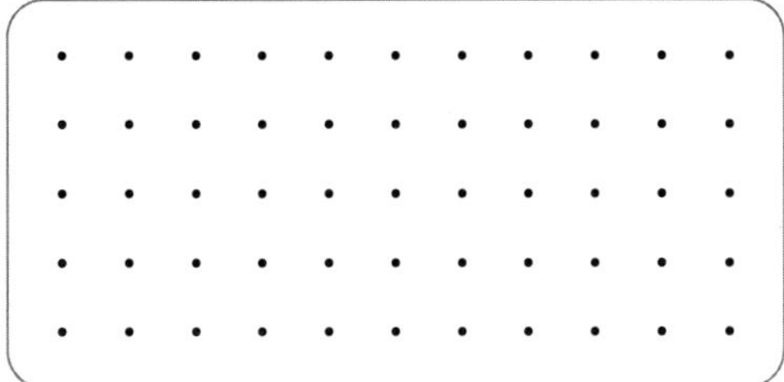

11 주어진 선분을 한 변으로 하는 각을 그리려고 합니다. 점 ㅇ과 이었을 때 둔각이 될 수 있는 점을 모두 찾아 기호로 써 보세요.

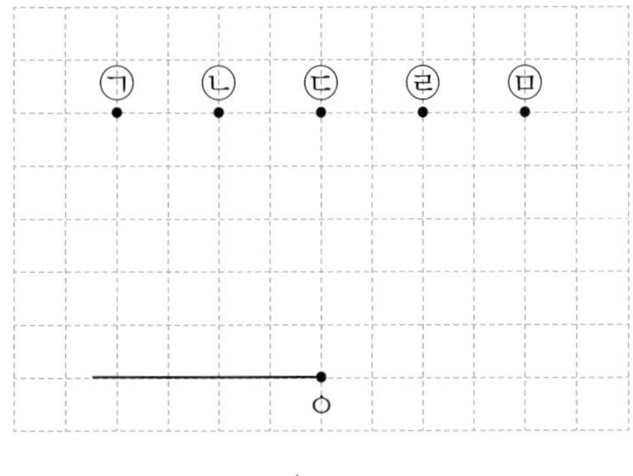

( )

12 실생활 활용

TV로 수영 경기를 보고 있습니다. 몸의 안쪽과 물을 변으로 하는 각이 예각, 둔각 중 어느 것인지 써 보세요.

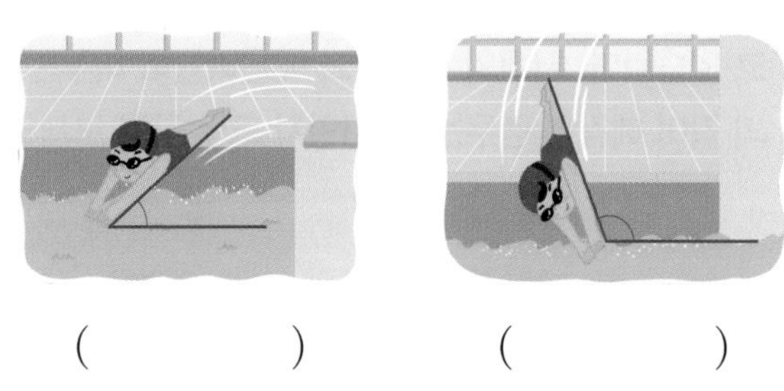

( ) ( )

13 교과 융합

쇼트트랙 선수들은 짧은 트랙을 돌아야 하는 경기이기 때문에 곡선 구간을 빨리 도는 것이 중요합니다. 그림에 표시된 부분의 각의 크기만큼 몸을 기울일 때 각도기를 이용하여 몇 도 기울여야 하는지 재어 보고, 예각, 둔각 중 어느 것인지 써 보세요.

(,)

대표 응용 **1**

시계의 긴바늘과 짧은바늘이 이루는 작은 쪽의 각에서 예각과 둔각 찾기

도희는 낮 12시부터 오후 9시까지 정시에 시계를 확인하고 있습니다. 시계의 긴바늘과 짧은바늘이 이루는 작은 쪽의 각이 예각인 경우는 몇 시인지 모두 구해 보세요.

낮 12시

오후 9시

해결하기

1단계 정시에 시계를 확인했으므로 긴바늘은 시계의 12를 가리킵니다.

2단계 낮 12시부터 오후 9시까지 각을 그려 보면 예각인 경우는 짧은바늘이 ☐, ☐(을)를 가리킬 때입니다.

3단계 시계의 긴바늘과 짧은바늘이 이루는 작은 쪽의 각이 예각인 경우는 ☐시, ☐시입니다.

1-1

진호는 낮 12시부터 오후 9시까지 정시에 시계를 확인하고 있습니다. 시계의 긴바늘과 짧은바늘이 이루는 작은 쪽의 각이 둔각인 경우는 몇 시인지 모두 구해 보세요.

(　　　　　　　　　　)

1-2

정아는 오후 6시부터 밤 12시까지 매시 30분에 시계를 확인하고 있습니다. 시계의 긴바늘과 짧은바늘이 이루는 작은 쪽의 각이 예각인 경우는 몇 시 몇 분인지 모두 구해 보세요.

(　　　　　　　　　　)

1-3

민찬이는 오후 2시부터 오후 10시까지 매시 30분에 시계를 확인하고 있습니다. 시계의 긴바늘과 짧은바늘이 이루는 작은 쪽의 각이 예각인 경우의 수와 둔각인 경우의 수의 차를 구해 보세요.

(　　　　　　)

대표 응용 2 크기가 같은 각으로 나눈 각에서 예각의 개수 찾기

그림과 같이 직선을 크기가 같은 각 6개로 나누었습니다. 그림에서 찾을 수 있는 크고 작은 예각은 모두 몇 개인지 구해 보세요.

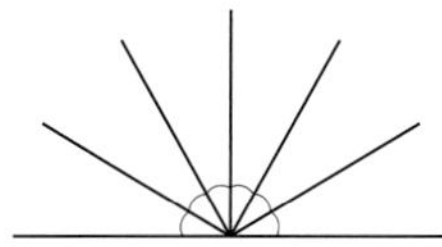

해결하기

1단계 직선은 180°이고 크기가 같은 각 6개로 나누었으므로 작은 각 한 개의 크기는 □입니다.

2단계 작은 각이 3개이거나 그보다 많은 경우는 예각이 되지 않으므로 작은 각을 1개만 포함하는 경우, 2개 포함하는 경우로 나누어 각각의 개수를 찾습니다.

1개만 포함하는 경우: □개

2개를 포함하는 경우: □개

두 경우를 합하면 □+□=□입니다.

3단계 그림에서 찾을 수 있는 크고 작은 예각은 모두 □개입니다.

2-1

직선을 그림과 같이 크기가 같은 각 5개로 나누었습니다. 그림에서 찾을 수 있는 크고 작은 예각은 모두 몇 개인지 구해 보세요.

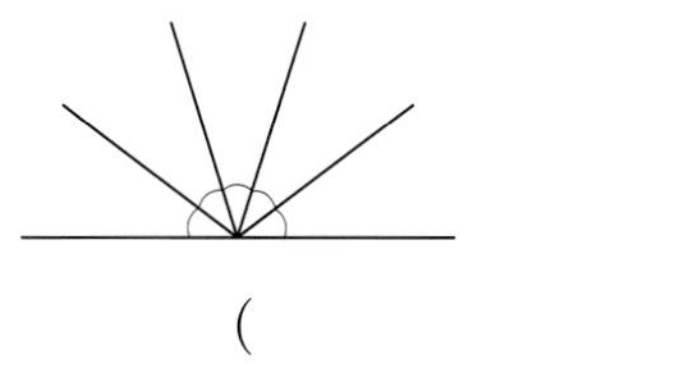

(　　　　　　　　　　)

2-2

직선을 그림과 같이 크기가 같은 각 6개로 나누었습니다. 그림에서 찾을 수 있는 크고 작은 둔각은 모두 몇 개인지 구해 보세요.

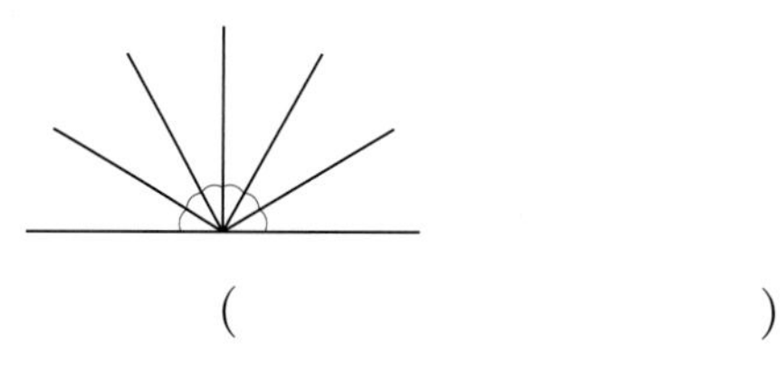

(　　　　　　　　　　)

2-3

직선을 그림과 같이 크기가 같은 각 4개로 나누었습니다. 그림에서 찾을 수 있는 크고 작은 예각의 수와 둔각의 수의 차는 몇 개인지 구해 보세요.

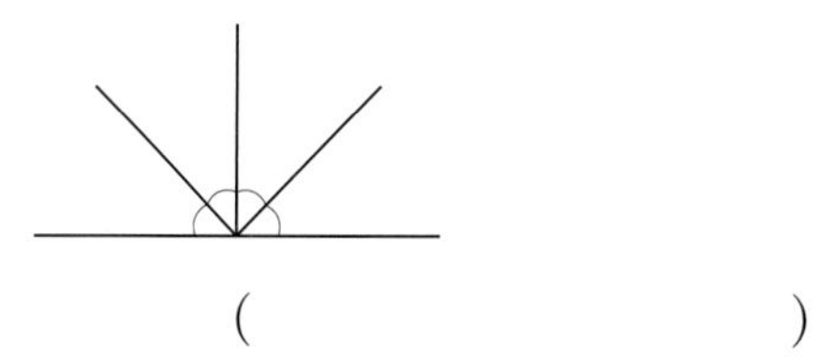

(　　　　　　　　　　)

3. 각도의 계산

개념 1 각도 어림하기

이미 배운 예각, 직각, 둔각

예각	
직각	
둔각	

새로 배울 각도 어림하기

각의 크기가 얼마일지 짐작해 보는 것을 **각을 어림한다**고 합니다.

어림은 내가 알고 있는 지식으로 정확하지 않지만 어느 정도인지 짐작(예측)하는 거예요. 수학적 능력을 키우는 방법 중 하나랍니다.

어떻게 하면 쉽게 각도를 어림할 수 있을까요?

직각 삼각자의 30°, 45°, 60°, 90°를 기준으로 각의 크기를 비교하여 각도를 어림하면 보다 쉽게 어림할 수 있어요.

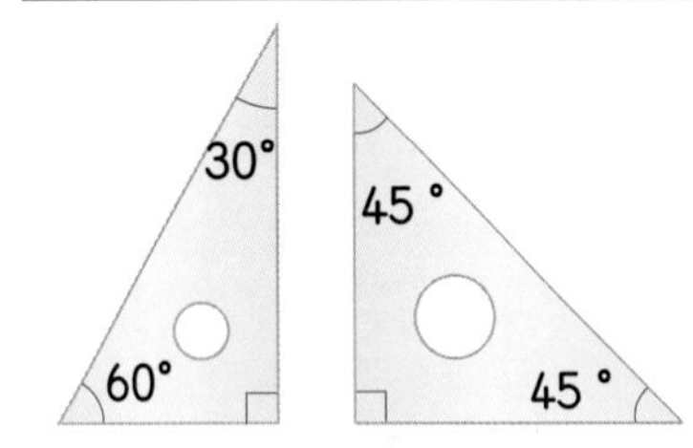 	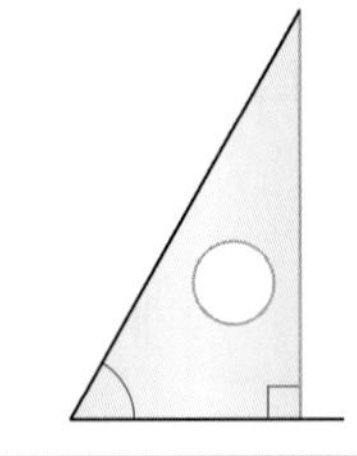	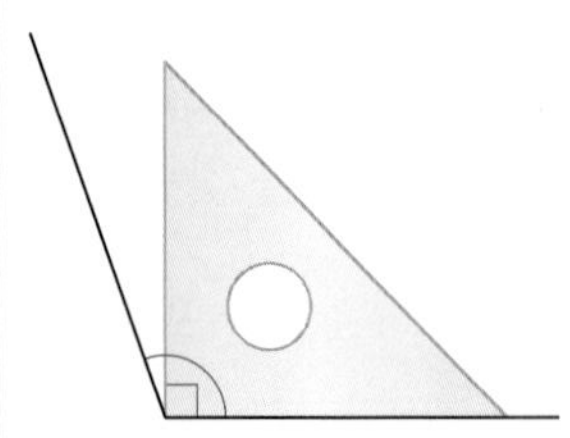
직각 삼각자의 각도	직각 삼각자의 60°와 비슷해 보이므로 약 60°라고 어림할 수 있어요.	직각 삼각자의 90°보다 조금 더 커 보이므로 약 100°라고 어림할 수 있어요.

각의 크기 어림하기 ➡ 직각 삼각자의 각을 생각하면서 어림해 보기 ➡ 각도기를 재어 확인하기

어림한 각도가 각도기로 잰 각도에 가까울수록 어림을 잘 한 거예요.

[많이 쓰이는 각도 기억해 두기]

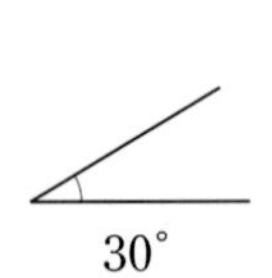

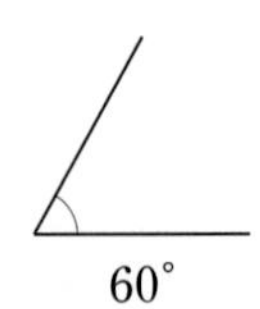

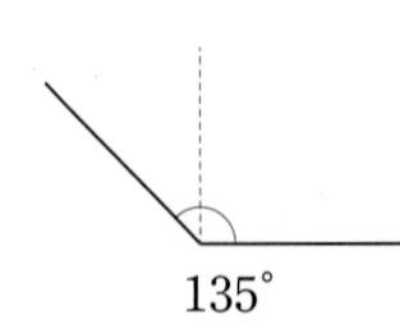

어느 정도의 크기인지 어림할 수 있도록 많이 연습해야 해요.

개념 2 각도의 합과 차 구하기

이미 배운 많이 쓰이는 각도

30°	45°
60°	90°
135°	180°

각의 두 변이 많이 벌어질수록 각도는 커지고, 각의 두 변이 좁아질수록 각도는 작아져요.

새로 배울 각도의 합과 차

각도의 합을 구하려면 각각의 각도를 더합니다.
➡ 각의 두 변이 벌어진 정도가 더 커집니다.

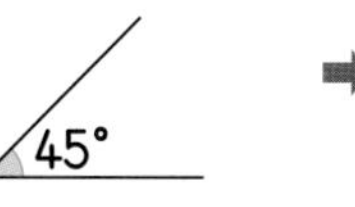

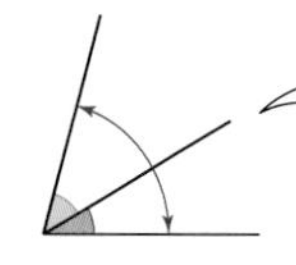

두 각을 겹치지 않게 이어 붙였을 때의 각도와 같아요.

$30^\circ + 45^\circ = 75^\circ$

각도의 차를 구하려면 큰 각도에서 작은 각도를 뺍니다.
➡ 각의 두 변이 벌어진 정도가 줄어 듭니다.

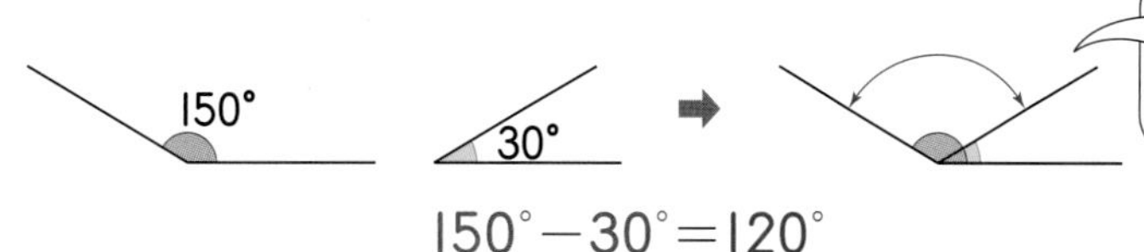

두 각을 겹치게 놓았을 때 겹쳐지지 않은 부분의 각도와 같아요.

$150^\circ - 30^\circ = 120^\circ$

각도의 합과 차 ➡ 자연수의 덧셈, 뺄셈과 같은 방법으로 계산 ➡ 계산 결과에 단위(°)를 붙입니다.

[직각의 개수에 따른 각의 크기]

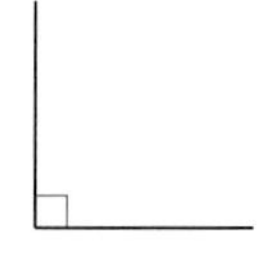

직각 1개: 90°

직각 2개: 180°

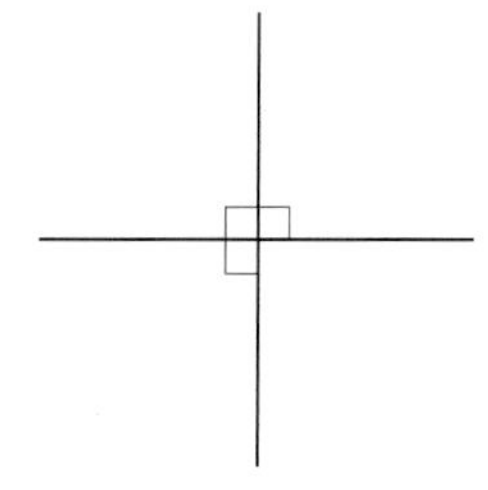

직각 3개: 270°

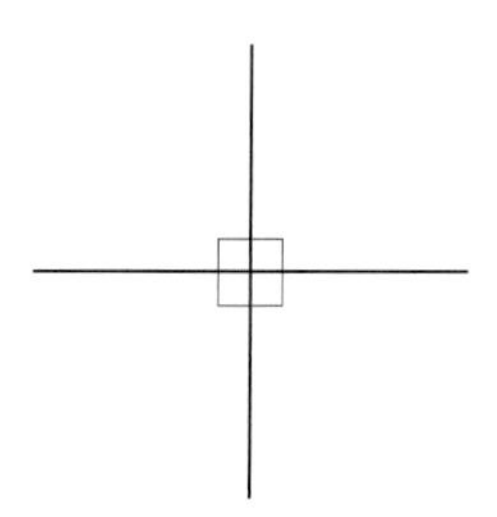

직각 4개: 360°

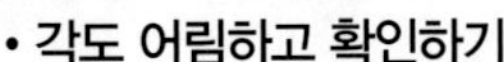

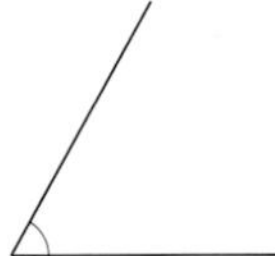

수해력을 확인해요

• 각도 어림하고 확인하기

어림한 각도: 약 55°

잰 각도: 60°

• 각도 어림하기

01~04 각도를 어림해 보고 각도기로 재어 확인해 보세요.

01

어림한 각도: 약 ☐

잰 각도: ☐

02

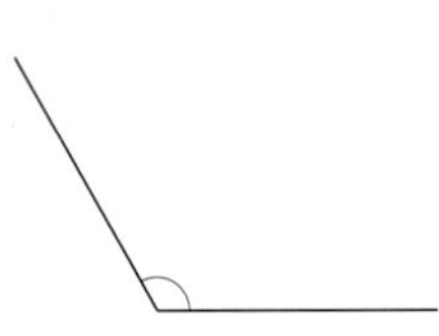

어림한 각도: 약 ☐

잰 각도: ☐

03

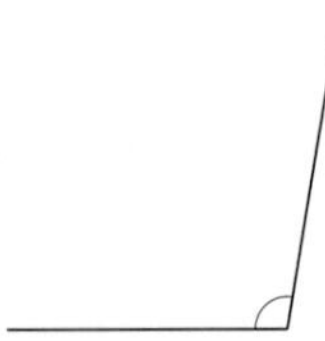

어림한 각도: 약 ☐

잰 각도: ☐

04

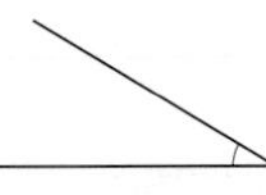

어림한 각도: 약 ☐

잰 각도: ☐

05~08 두 학생이 각도를 어림하였습니다. 각도를 더 잘 어림한 학생에게 ○표 하세요.

05

약 20°쯤 인 것 같아. ( )

약 50°쯤 인 것 같아. ( )

06

( ) ( )

07

( ) ( )

08

약 140°인 것 같아.

약 160°인 것 같아.

( ) ( )

• 각도의 합 구하기

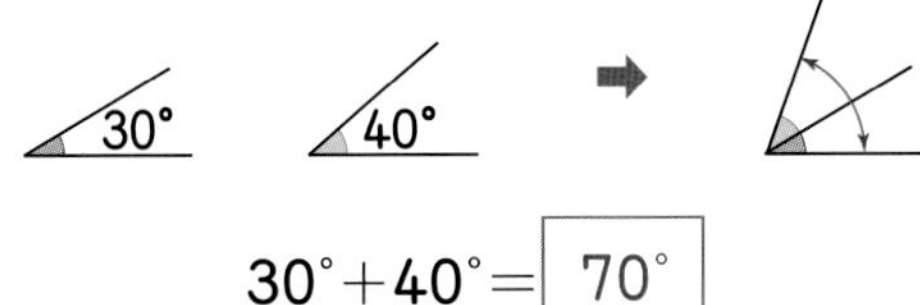

30° + 40° = 70°

• 각도의 차 구하기

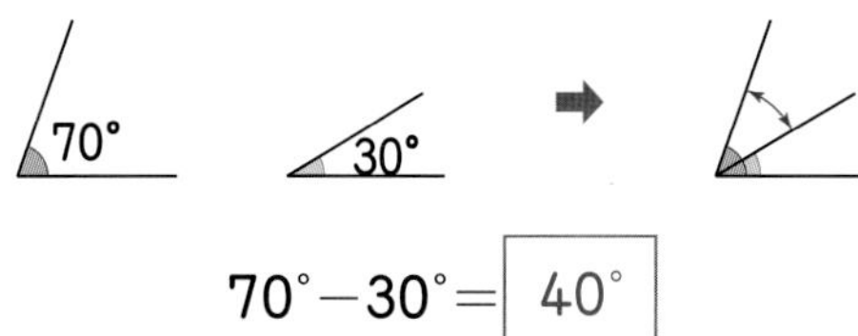

70° − 30° = 40°

09~12 두 각도의 합을 구해 보세요.

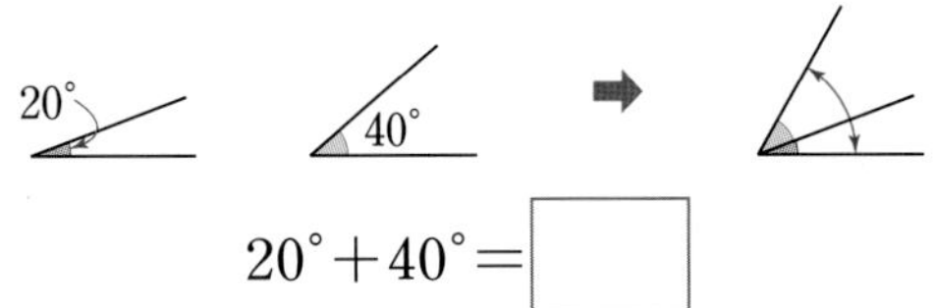

20° + 40° = ☐

10

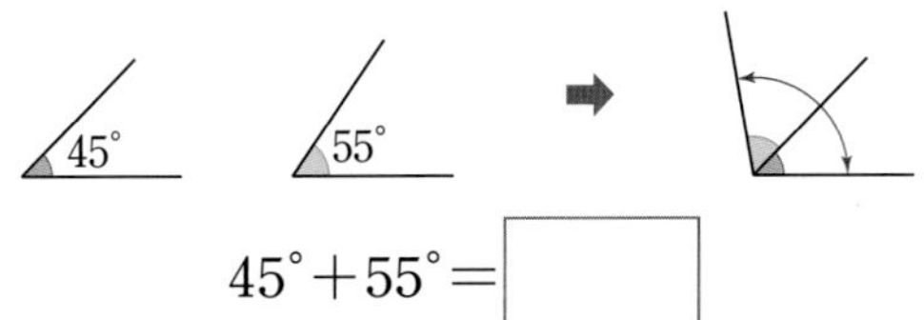

45° + 55° = ☐

11

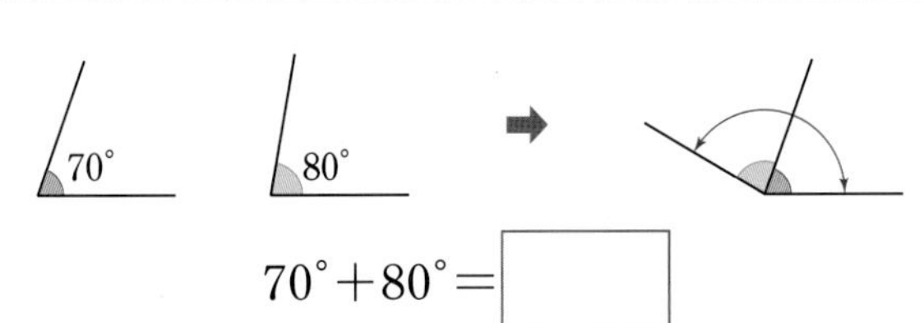

70° + 80° = ☐

12

(1) 75° + 48° = ☐

(2) 90° + 55° = ☐

13~16 두 각도의 차를 구해 보세요.

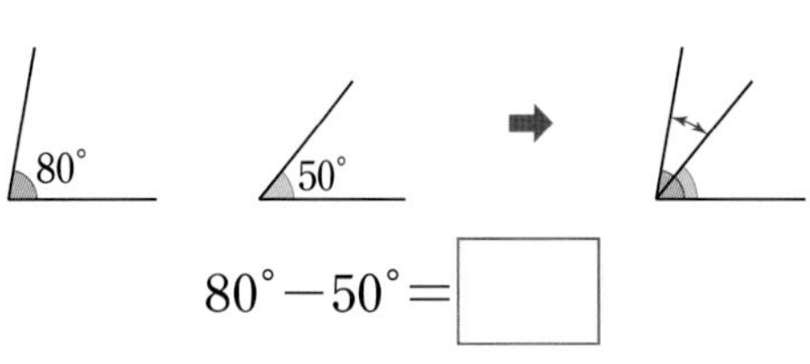

80° − 50° = ☐

14

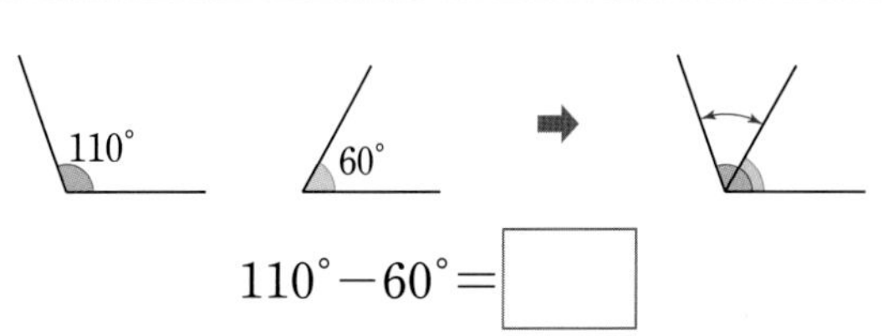

110° − 60° = ☐

15

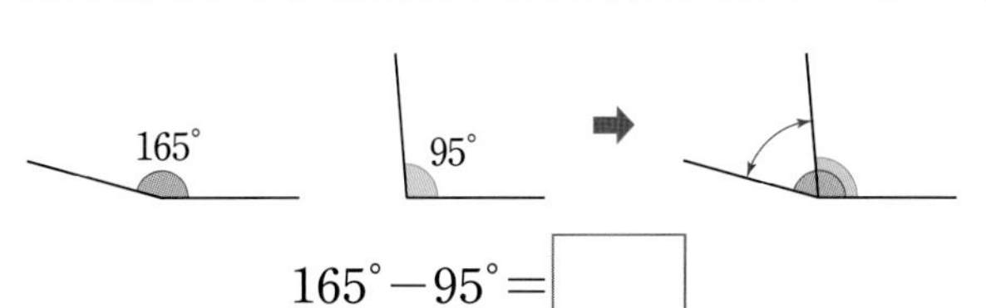

165° − 95° = ☐

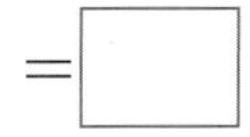

(1) 160° − 65° = ☐

(2) 180° − 98° = ☐

수해력을 높여요

01~02 □ 안에 알맞은 수를 써넣으세요.

01 $75^\circ + \square^\circ = 160^\circ$

02 $135^\circ - \square^\circ = 45^\circ$

03 휴대폰 거치대의 각도를 어림하고, 각도기로 재어 확인해 보세요.

어림한 각도: 약 □

잰 각도: □

04 집의 지붕에서 찾을 수 있는 둔각을 어림하고, 각도기로 재어 확인해 보세요.

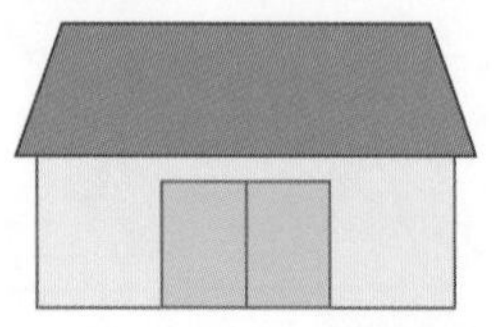

어림한 각도: 약 □

잰 각도: □

05 경준이와 수진이가 각도를 어림하였습니다. 각도기로 재어 보고 각도를 더 잘 어림한 학생의 이름을 써 보세요.

(　　　　　　　)

06 서연이가 산 정상을 바라보니 다음과 같은 각이 생겼습니다. 각도를 어림하고 각도기로 재어 보세요.

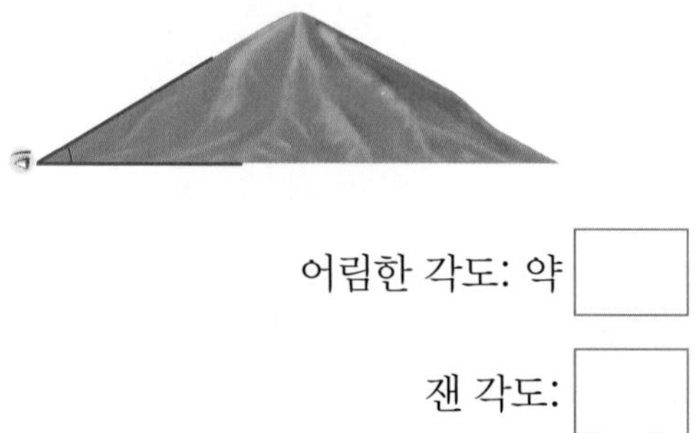

어림한 각도: 약 □

잰 각도: □

07 각도의 합이 잘못 계산된 것은 어느 것인가요?

(　　)

① $60^\circ + 90^\circ = 150^\circ$
② $15^\circ + 82^\circ = 97^\circ$
③ $137^\circ + 24^\circ = 151^\circ$
④ $98^\circ + 75^\circ = 173^\circ$
⑤ $37^\circ + 137^\circ = 174^\circ$

08 각도의 뺄셈 계산 결과가 가장 큰 것부터 순서대로 기호를 써 보세요.

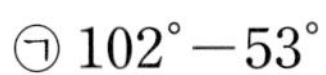

㉠ 102°−53°	㉡ 180°−75°
㉢ 140°−90°	㉣ 150°−49°

(　　　　　　　　)

09~10 그림을 보고 □ 안에 알맞은 수를 써넣으세요.

09

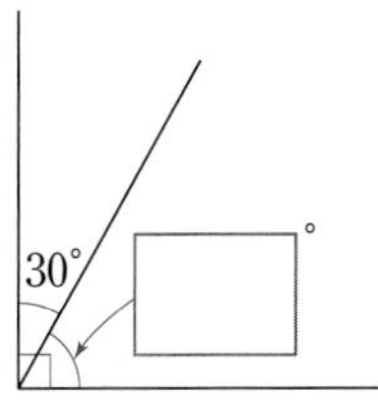

10

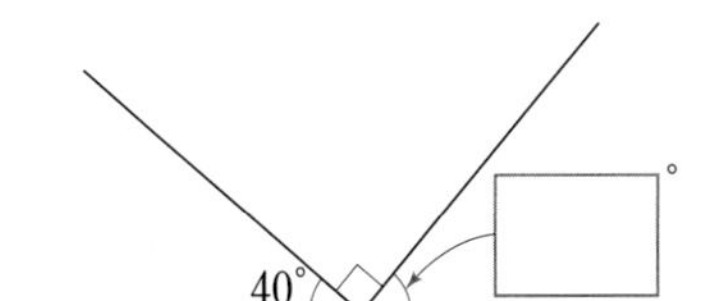

11 선우가 산을 올라가려고 합니다. 가 등산로와 나 등산로 중에서 어느 등산로가 얼마나 더 가파른지 각도기를 이용하여 구해 보세요.

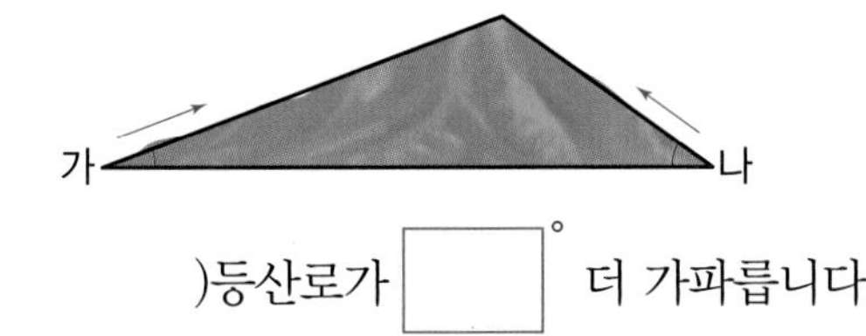

(　　　　)등산로가 □° 더 가파릅니다.

12 실생활 활용

태환이는 집에서 편하게 쉬기 위해 의자를 하나 구입하였습니다. 의자의 등받이 각도를 그림과 같이 바꿀 수 있다고 할 때 두 각도의 차를 구해 보세요.

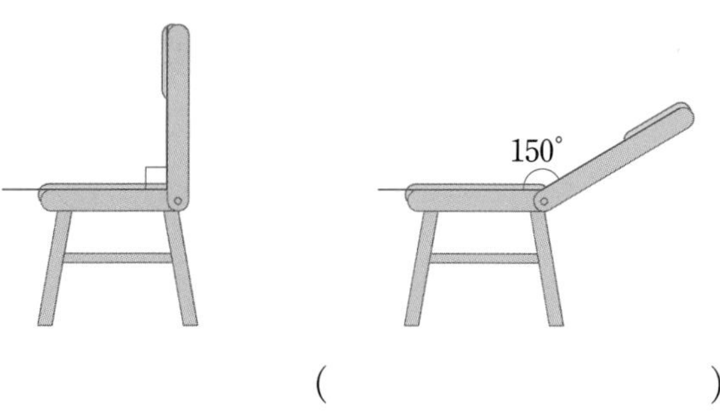

(　　　　　　　　)

13 교과 융합

선우네 가족이 스키장에 가서 스키를 타려고 합니다. 안전을 위해서는 자신의 실력에 맞는 경사로를 선택해야 합니다. 선우는 아래와 같은 각도의 경사로까지 탈 수 있습니다. 각도기로 재어 선우가 탈 수 있는 경사로의 이름을 표에서 모두 찾아 적어 보세요.

경사로 이름과 각도

이름	각도	이름	각도
사자	6°~10°	토끼	17°~25°
호랑이	15°~22°	거북이	11°~18°
코끼리	14°~20°	치타	20°~28°

(　　　　　　　　)

수해력을 완성해요

대표 응용 **1**

예각과 둔각을 만들 수 있는 각의 크기 찾기

주어진 각도에 어떤 각도를 더하여 가장 큰 둔각을 만들려고 합니다. 더하는 각도 중 가장 큰 각도는 몇 도인지 구해 보세요. (단, 더하는 각도는 자연수입니다.)

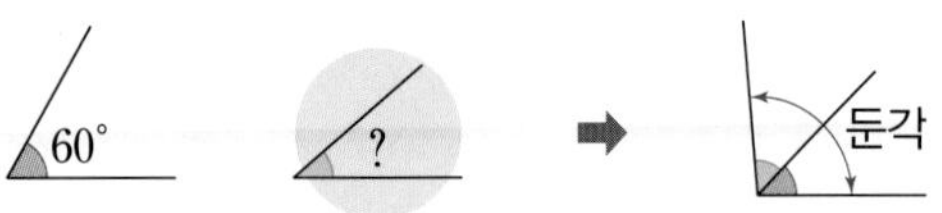

해결하기

1단계 주어진 각도는 60°입니다.

2단계 둔각은 90°보다 크고 180°보다 작은 각이므로 더하는 각도는 180°−☐=☐보다 작아야 합니다.

3단계 각도가 자연수라는 조건이 있으므로, 더하는 각도 중 가장 큰 각도는 ☐보다 1° 작은 ☐입니다.

1-1

주어진 각도에 어떤 각도를 더하여 가장 큰 둔각을 만들려고 합니다. 더하는 각도 중 가장 큰 각도는 몇 도인지 구해 보세요. (단, 더하는 각도는 자연수입니다.)

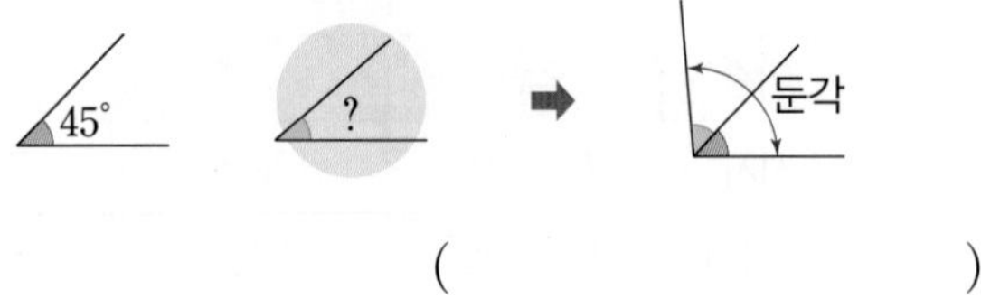

(　　　　　　　　)

1-2

주어진 각도에 어떤 각도를 빼서 가장 큰 예각을 만들려고 합니다. 빼는 각도 중 가장 작은 각도는 몇 도인지 구해 보세요. (단, 빼는 각도는 자연수입니다.)

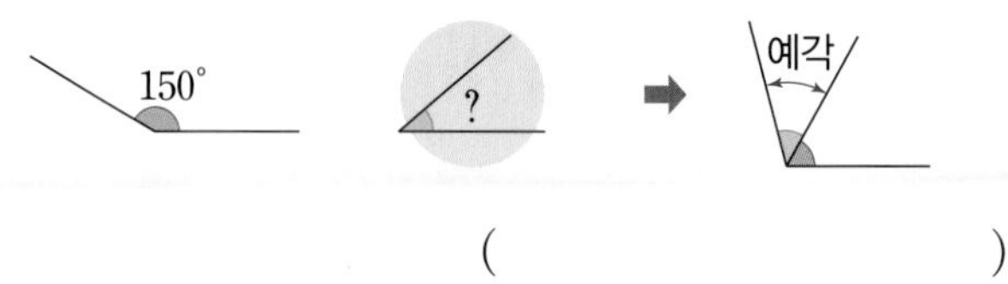

(　　　　　　　　)

1-3

주어진 각도에 어떤 각도를 더하여 가장 큰 둔각을 만들려고 합니다. 새롭게 더해야 할 각도 중 둔각이 될 수 있는 각도의 범위를 구해 보세요.

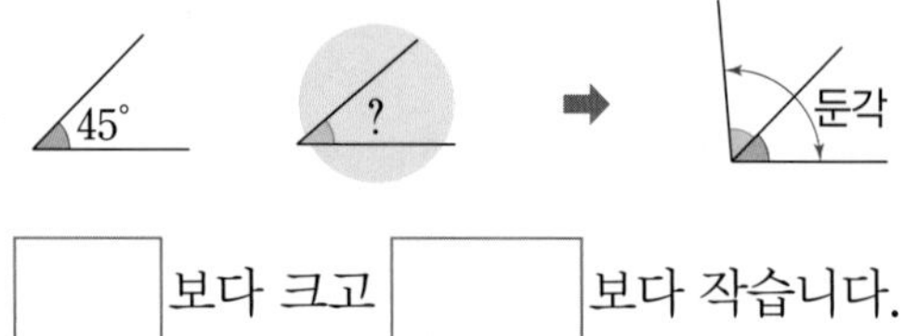

☐보다 크고 ☐보다 작습니다.

1-4

주어진 각도에 어떤 각도를 빼서 가장 큰 예각을 만들려고 합니다. 새롭게 빼야 할 각도 중 예각이 될 수 있는 각도의 범위를 구해 보세요.

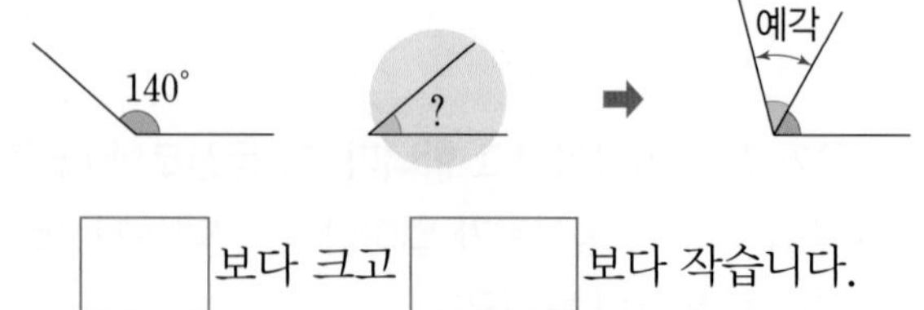

☐보다 크고 ☐보다 작습니다.

대표 응용 2 두 직각 삼각자를 겹치지 않게 이어 붙여 새로운 각도 만들기

두 직각 삼각자를 겹치지 않게 이어 붙여 새로운 각도를 만들었습니다. 만들 수 있는 각도 중 가장 큰 각도를 구해 보세요.

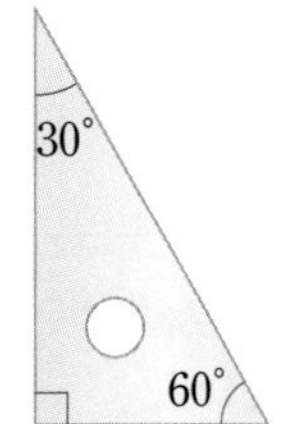

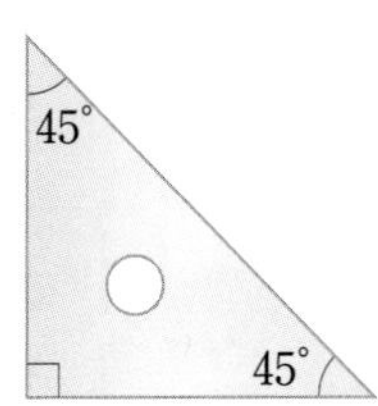

해결하기

1단계 두 직각 삼각자에서 각도가 가장 큰 각을 확인합니다.

2단계 두 직각 삼각자에서 각도가 가장 큰 각은 모두 □입니다.
그러므로 가장 큰 각끼리 겹치지 않게 이어 붙이면 다음과 같은 모양이 됩니다.

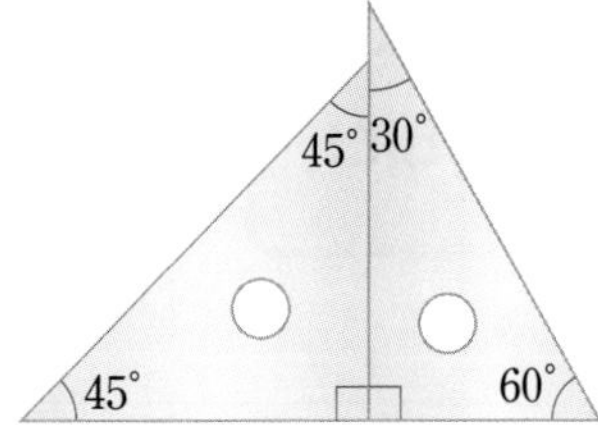

3단계 따라서 만들 수 있는 각도 중에서 가장 큰 각도는 □ + □ = □입니다.

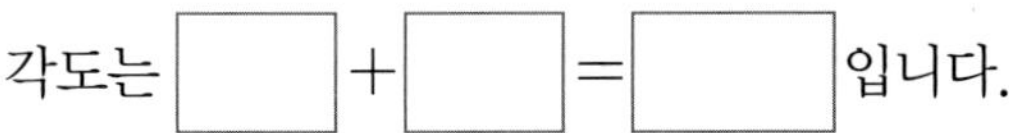

2-1

두 직각 삼각자를 겹치지 않게 이어 붙여 새로운 각도를 만들었습니다. 만들 수 있는 각도 중 가장 작은 각도를 구해 보세요.

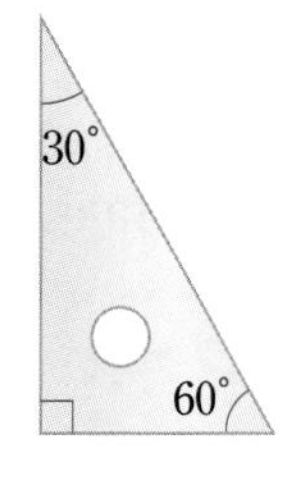

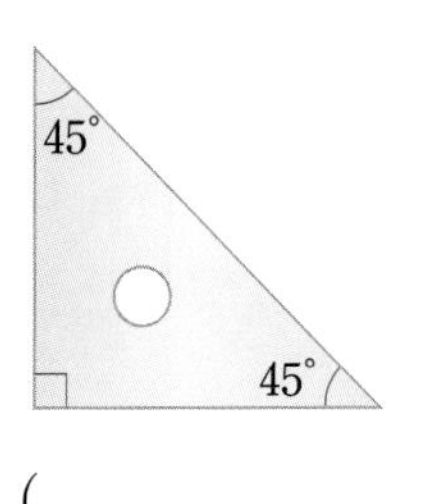

(　　　　　　　　)

2-2

두 직각 삼각자를 겹치지 않게 이어 붙여 새로운 각도를 만들었습니다. 만들 수 있는 각도 중 둔각이 되는 각도를 모두 구해 보세요.

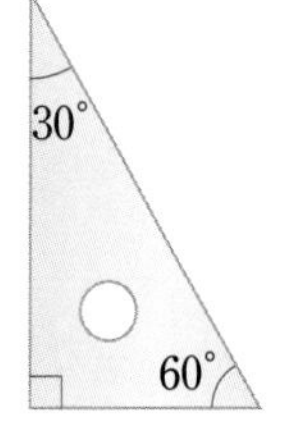

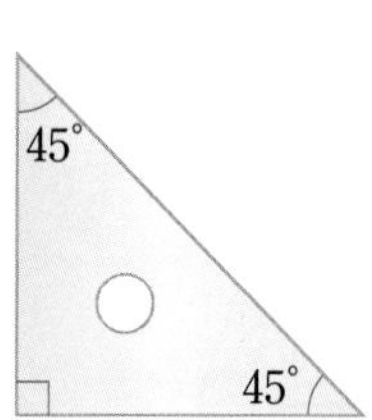

(　　　　　　　　)

2-3

직각 삼각자와 직사각형을 겹치지 않게 이어 붙여 새로운 각도를 만들었습니다. 만들 수 있는 모든 각도를 구해 보세요.

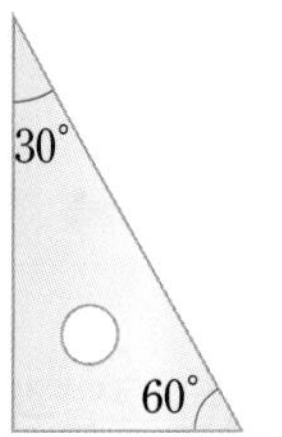

(　　　　　　　　)

4. 삼각형의 세 각의 크기의 합, 사각형의 네 각의 크기의 합

개념 1 삼각형의 세 각의 크기의 합 알아보기

이미 배운 삼각형의 특징

- 모든 삼각형은 각이 3개 있어요.

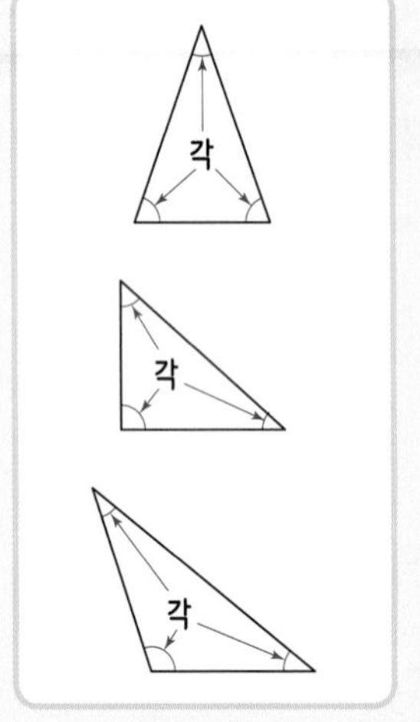

새로 배울 삼각형의 세 각의 크기의 합

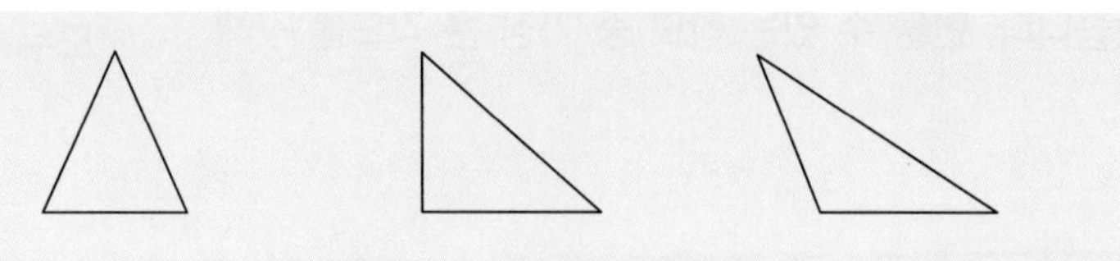

삼각형의 모양이 달라도 세 각의 크기의 합은 같을까요?

다음의 두 가지 방법으로 확인해 볼 수 있어요.

〈삼각형의 세 각을 각도기로 직접 재어서 더하는 방법〉

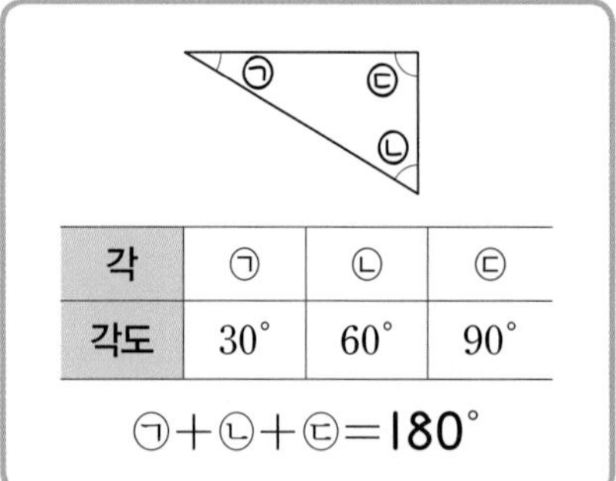

각	㉠	㉡	㉢
각도	30°	60°	90°

㉠+㉡+㉢=180°

〈삼각형의 세 각이 각각 포함되도록 잘라서 각끼리 모아 보는 방법〉

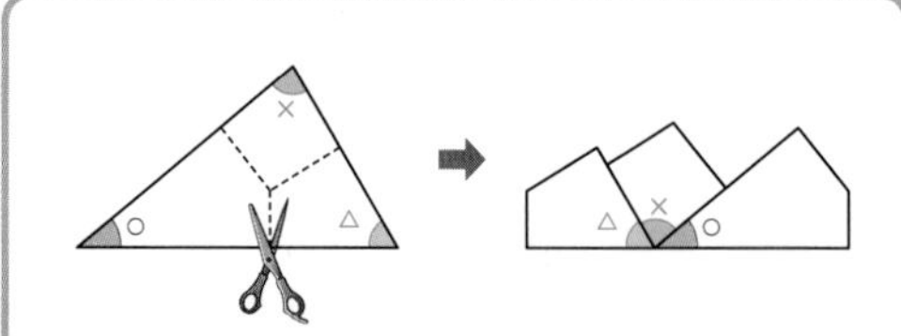

세 각이 한 직선 위에 있으므로 각도기로 재어 보면 180°예요.

삼각형의 세 각의 크기의 합은 180°입니다.

직선으로 이루어진 각의 크기는 180°예요.

삼각형의 세 각의 크기의 합  세 각이 각각 포함되도록 잘라 각끼리 모아보기  180°

삼각형은 모양과 크기에 상관없이 세 각의 크기의 합은 180°로 같아요.

[직각 삼각자의 세 각의 크기의 합 알아보기]

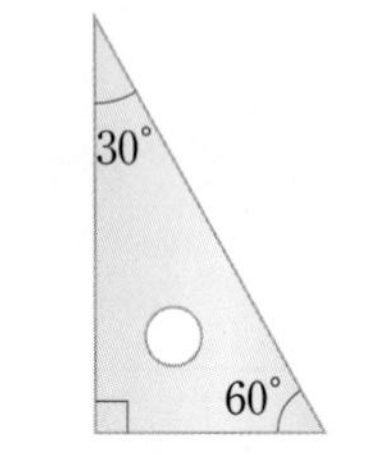

30°+60°+90°=180°

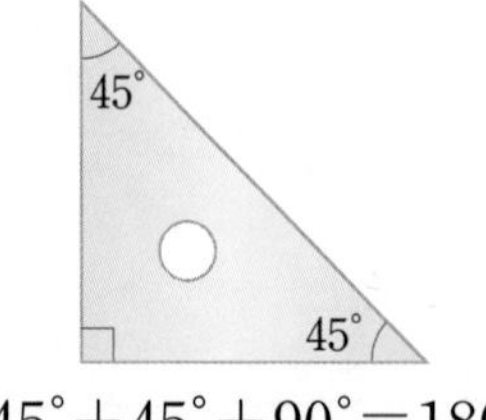

45°+45°+90°=180°

직각 삼각자의 각도를 기억해 두면 편해요.

개념 2 사각형의 네 각의 크기의 합 알아보기

이미 배운 사각형의 특징

• 모든 사각형은 각이 4개 있어요.

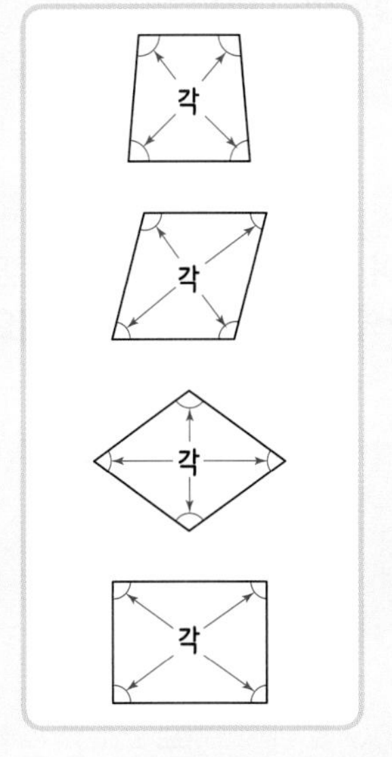

새로 배울 사각형의 네 각의 크기의 합

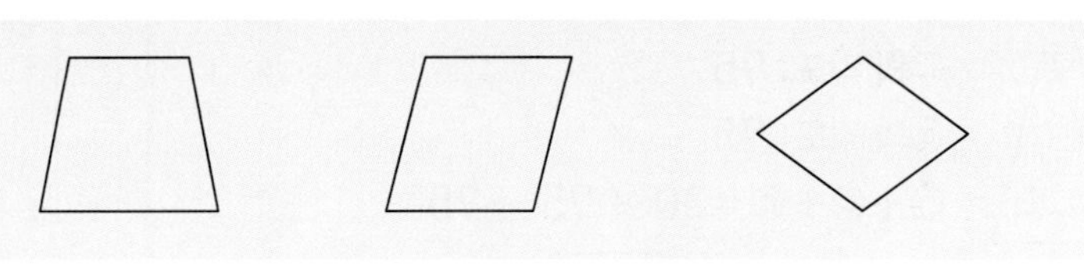

사각형도 삼각형처럼 모양이 달라도 네 각의 크기의 합은 같을까요?

사각형도 삼각형과 같은 방법으로 확인해 볼 수 있어요.

〈사각형의 네 각을 각도기로 직접 재어서 더하는 방법〉

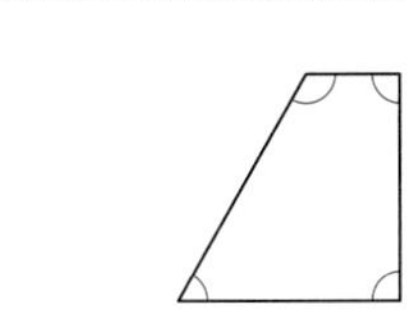

$60° + 120° + 90° + 90°$
$= 360°$

〈사각형의 네 각이 각각 포함되도록 네 조각으로 나누고 각끼리 모으는 방법〉

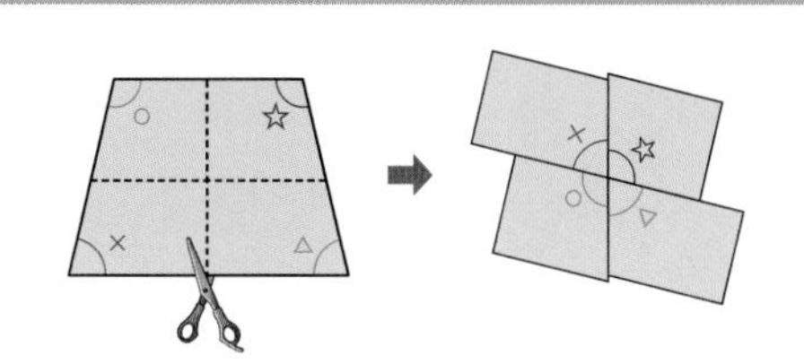

직각이 4개 있는 크기와 같으므로 360°예요.

사각형의 네 각의 크기의 합은 360°입니다.

사각형의 네 각의 크기의 합 ➡ 네 각이 각각 포함되도록 잘라 각끼리 모아보기 ➡ 360°

사각형은 모양과 크기에 상관없이 네 각의 크기의 합은 360°로 같아요.

[사각형을 삼각형 2개로 나누어 네 각의 크기의 합 구하기]

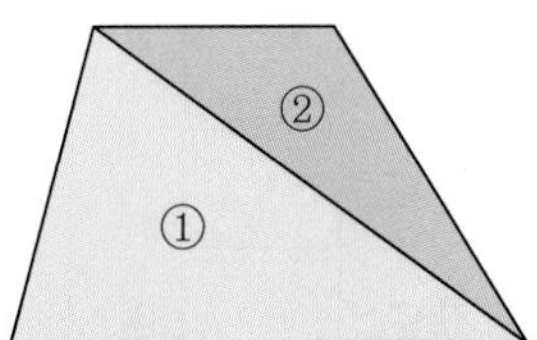

=

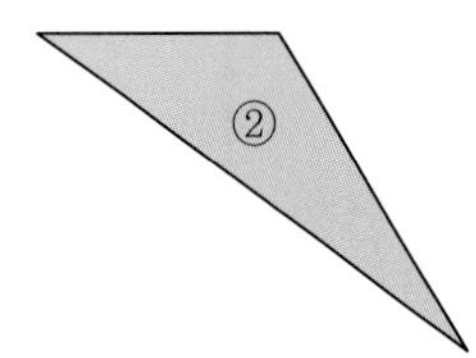

\+ ②

• 사각형은 삼각형 2개로 나눌 수 있으므로 네 각의 크기의 합은 $180° + 180° = 360°$예요.

도형을 잘라서 삼각형, 사각형으로 만들면 각이 더 많은 도형의 각의 합도 쉽게 구할 수 있어요.

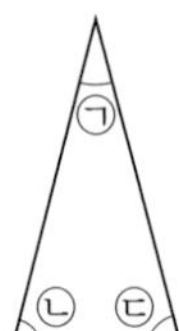

수해력을 확인해요

• 삼각형의 세 각의 크기의 합 구하기

㉠의 각도: 30°
㉡의 각도: 75°
㉢의 각도: 75°
㉠+㉡+㉢=30°+75°+75°
=180°

• 사각형의 네 각의 크기의 합 구하기

㉠의 각도: 90°
㉡의 각도: 90°
㉢의 각도: 90°
㉣의 각도: 90°

㉠+㉡+㉢+㉣=360°

01~03 각도기를 이용하여 각도를 재어 □ 안에 알맞은 각도를 써넣고 삼각형의 세 각의 크기의 합을 구해 보세요.

01

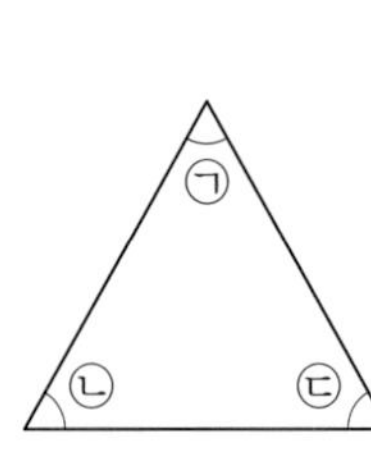

㉠의 각도: □
㉡의 각도: □
㉢의 각도: □
㉠+㉡+㉢=□

02

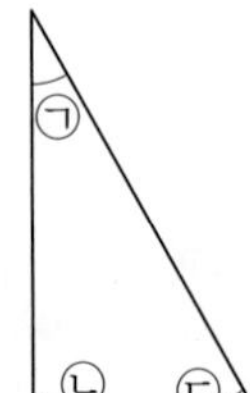

㉠의 각도: □
㉡의 각도: □
㉢의 각도: □
㉠+㉡+㉢=□

03

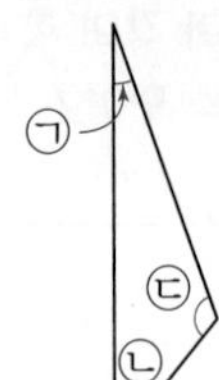

㉠의 각도: □
㉡의 각도: □
㉢의 각도: □
㉠+㉡+㉢=□

04~06 각도기를 이용하여 각도를 재어 □ 안에 알맞은 각도를 써넣고 사각형의 네 각의 크기의 합을 구해 보세요.

04

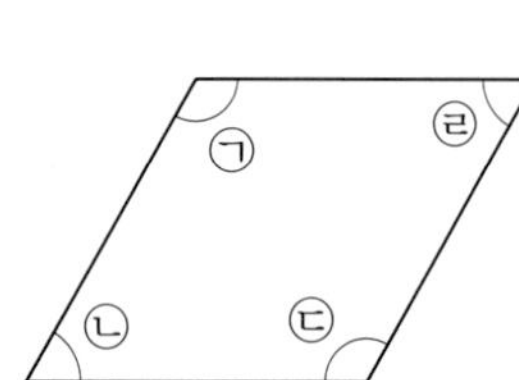

㉠의 각도: □
㉡의 각도: □
㉢의 각도: □
㉣의 각도: □
㉠+㉡+㉢+㉣=□

05

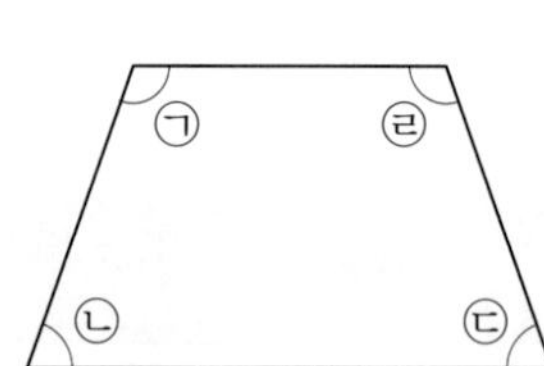

㉠의 각도: □
㉡의 각도: □
㉢의 각도: □
㉣의 각도: □
㉠+㉡+㉢+㉣=□

06

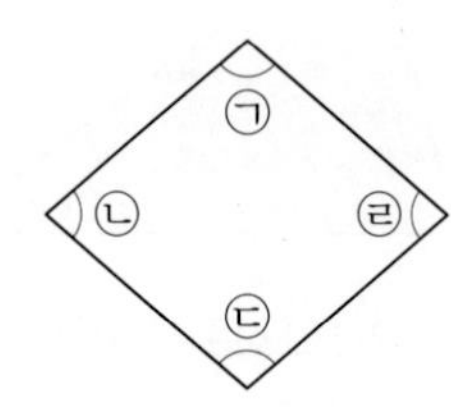

㉠의 각도: □
㉡의 각도: □
㉢의 각도: □
㉣의 각도: □
㉠+㉡+㉢+㉣=□

• 삼각형의 세 각 중 두 각을 알 때 나머지 한 각 구하기

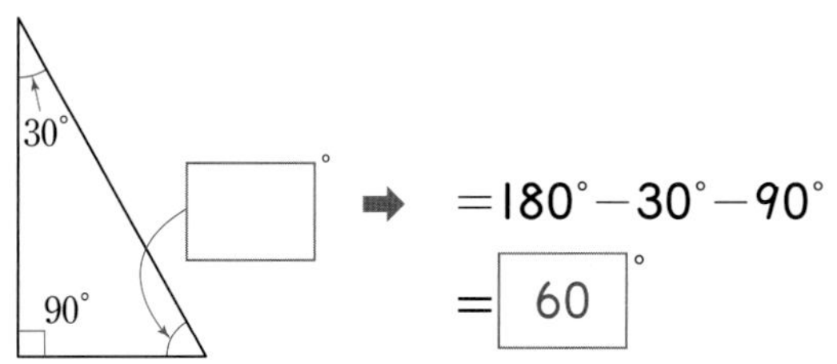

➡ $=180° - 30° - 90°$

$= \boxed{60}°$

• 사각형의 네 각 중 세 각을 알 때 각도 찾아보기

90° □° 90° 90°

$=360° - 90° - 90° - 90°$

$= \boxed{90}°$

07~09 □ 안에 알맞은 수를 써넣으세요.

07

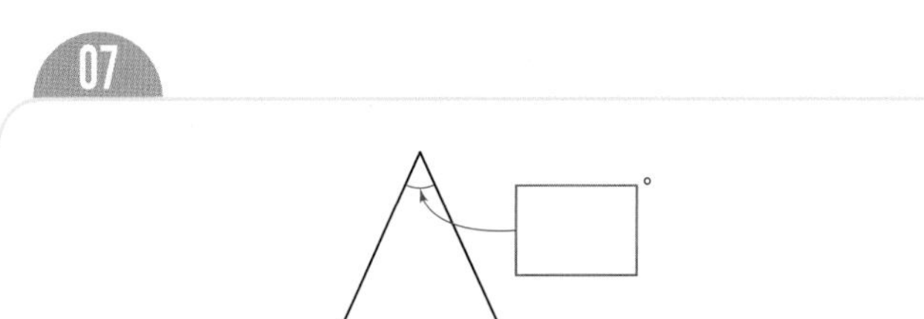

08

50° 75° □°

09

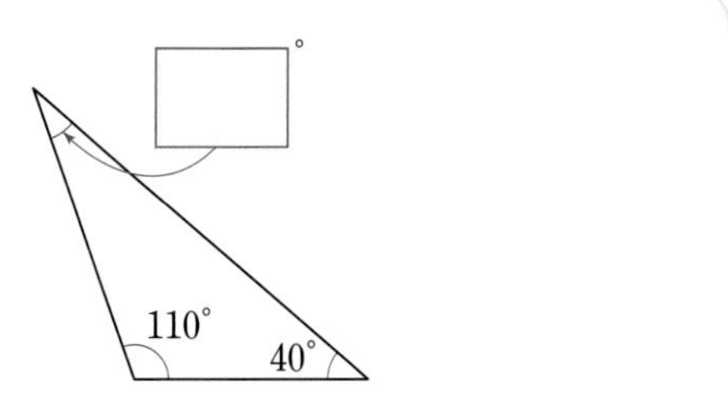

10~12 □ 안에 알맞은 수를 써넣으세요.

10

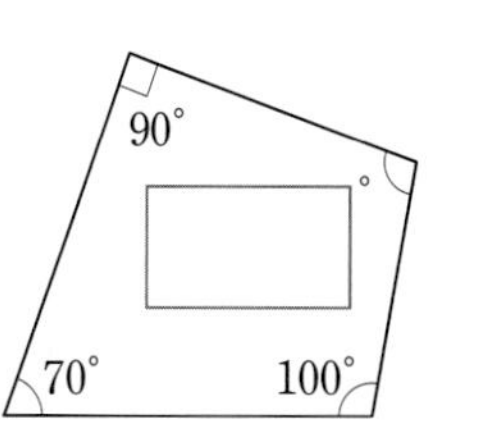

11

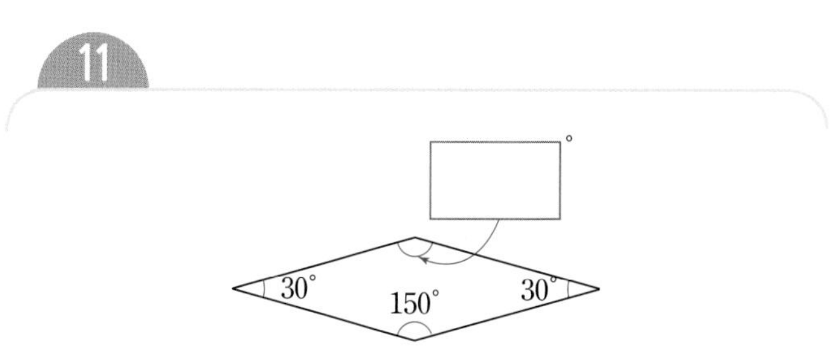

12

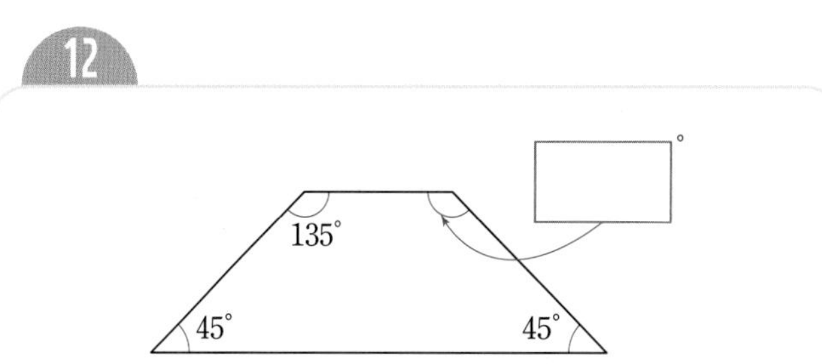

수해력을 높여요

01 삼각형의 세 각을 잘라서 세 꼭짓점이 한 점에서 모이도록 겹치지 않게 붙였습니다. ㉠의 각도를 구해 보세요.

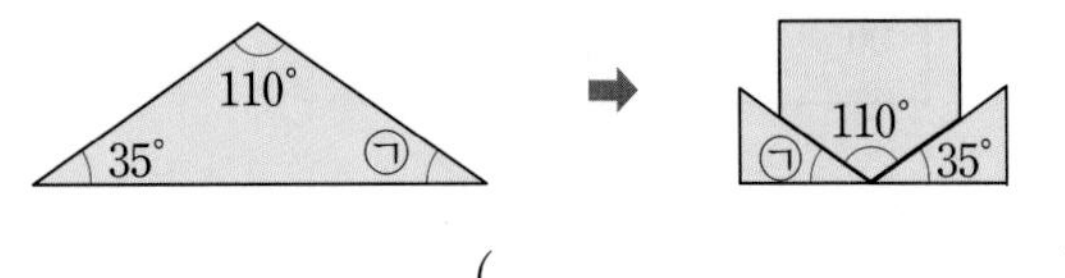

(　　　　　　　　)

02 사각형의 네 각을 잘라서 네 꼭짓점이 한 점에서 모이도록 겹치지 않게 붙였습니다. 네 각의 크기의 합을 구해 보세요.

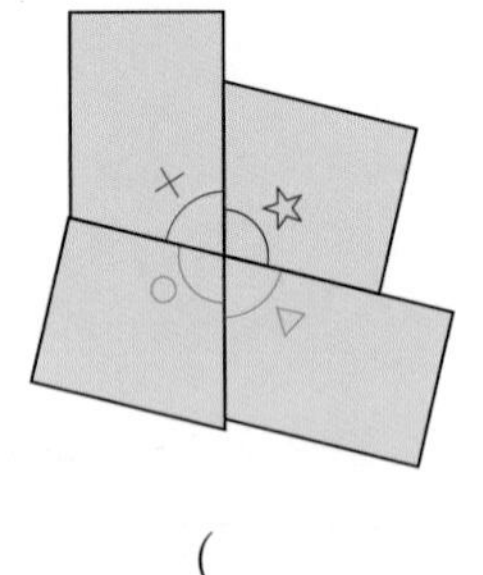

(　　　　　　　　)

03 ㉠과 ㉡의 각도의 합을 구해 보세요.

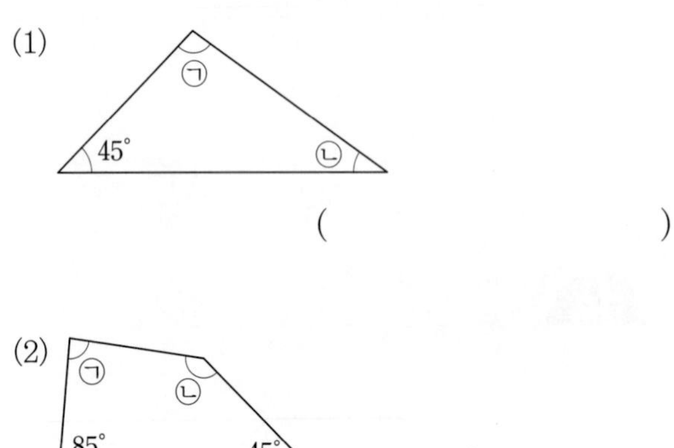

(　　　　　　　　)

(　　　　　　　　)

04 □ 안에 알맞은 수를 써넣으세요.

(1)

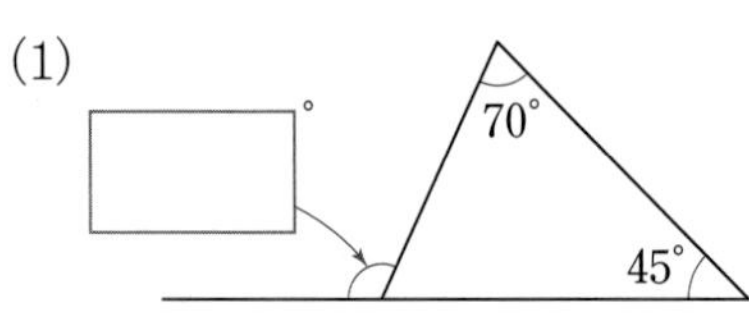

(2)

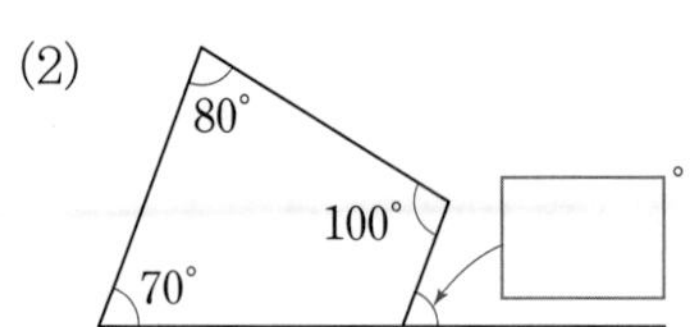

05 ㉠과 ㉡의 각도의 차를 구해 보세요.

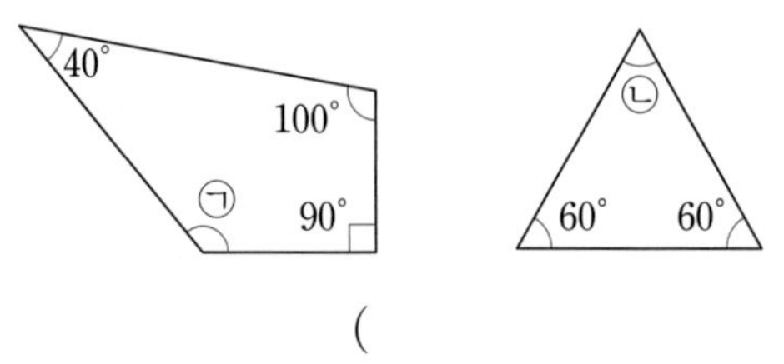

(　　　　　　　　)

06 삼각형의 세 각의 크기를 재어 표시한 것입니다. 각도를 바르게 재어 표시한 학생의 이름을 써 보세요.

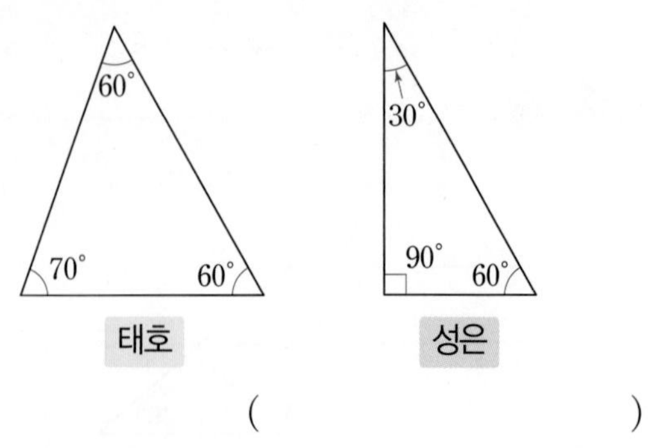

(　　　　　　　　)

07 삼각형의 세 각 중에서 두 각의 크기를 나타낸 것입니다. 나머지 한 각의 크기를 구해 보세요.

115° 36°

( )

08 사각형의 네 각 중에서 두 각의 크기를 나타낸 것입니다. 나머지 두 각의 크기의 합을 구해 보세요.

120° 95°

( )

09 ㉠의 각도를 구해 보세요.

(1)

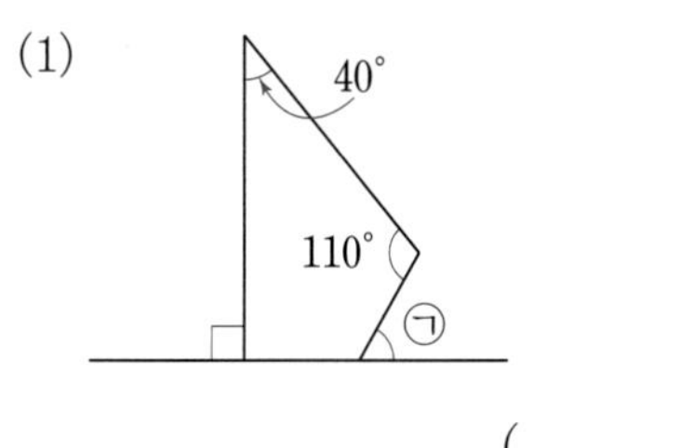

( )

(2)

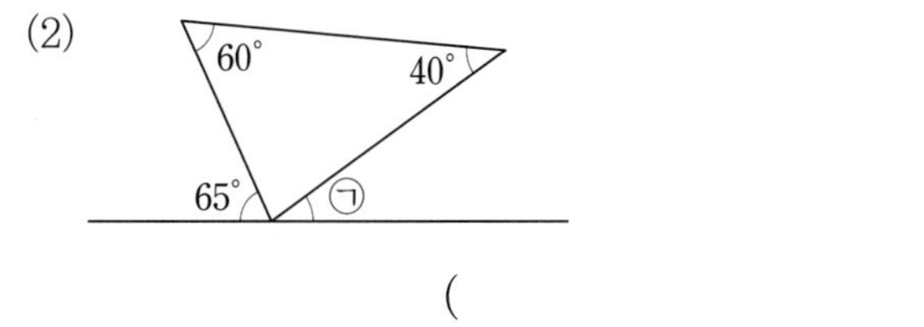

( )

10 ㉠과 ㉡의 각도를 구하여 두 각도 중 더 큰 각도의 기호를 써 보세요.

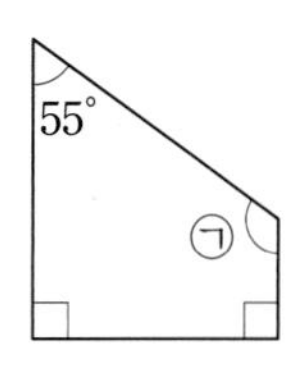

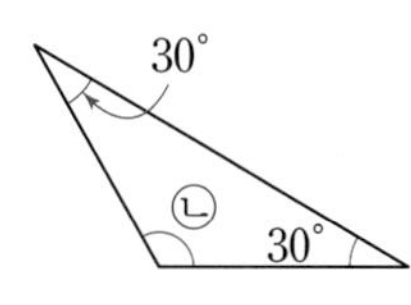

( )

11 실생활 활용

친구와 함께 종이비행기를 만들어 보았습니다. 날개의 삼각형 부분의 두 개의 각이 다음과 같을 때 나머지 한 각의 크기를 구해 보세요.

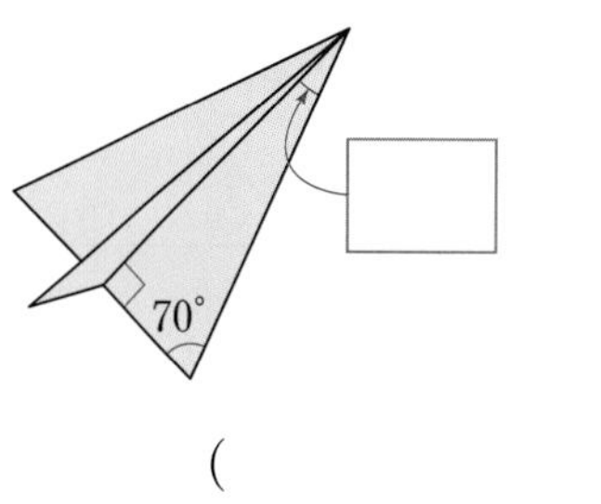

( )

12 교과 융합

양궁은 활을 가지고 활시위를 당겨서 과녁을 화살로 맞추는 스포츠입니다. 화살을 당겼을 때 생기는 사각형의 각도가 다음 그림과 같을 때 잡아당기는 손 부분에 생기는 각의 크기를 구해 보세요.

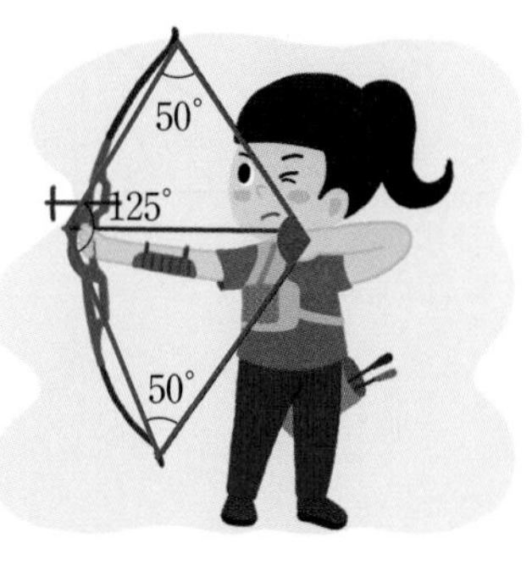

( )

수해력을 완성해요

대표 응용 1 직선과 삼각형을 활용한 각도 구하기

㉠과 ㉡의 각도의 차를 구해 보세요.

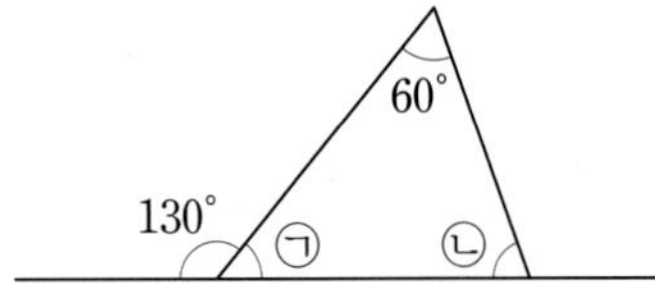

해결하기

1단계 130°와 ㉠의 각도가 더해져 이루는 각이 직선이고, 직선은 180°이므로 ㉠의 크기는 180°−130°=☐입니다.

2단계 삼각형의 세 각의 크기의 합은 180°이므로 ㉡의 크기는 180°−50°−60°=☐입니다.

3단계 따라서 ㉠과 ㉡의 크기의 차는 ☐−☐=☐입니다.

1-1

㉠과 ㉡의 각도의 차를 구해 보세요.

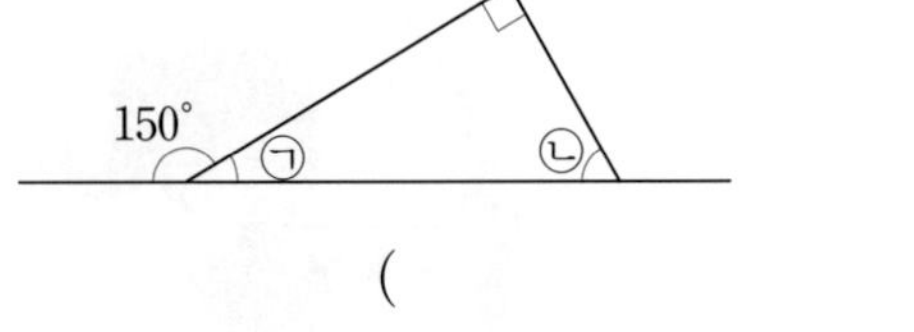

(   )

1-2

㉠과 ㉡의 각도의 합을 구해 보세요.

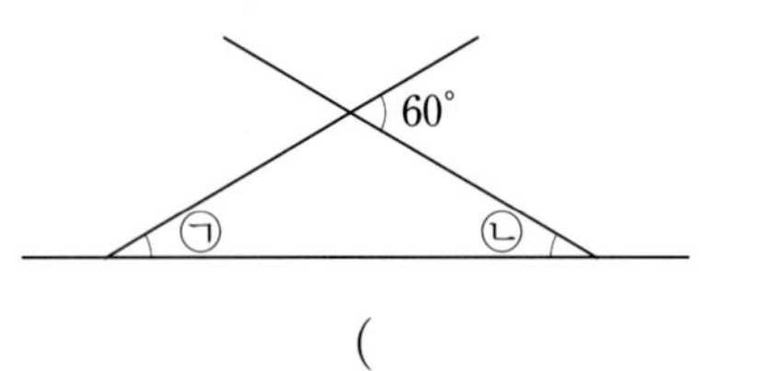

(   )

1-3

㉠과 ㉡의 각도의 합을 구해 보세요.

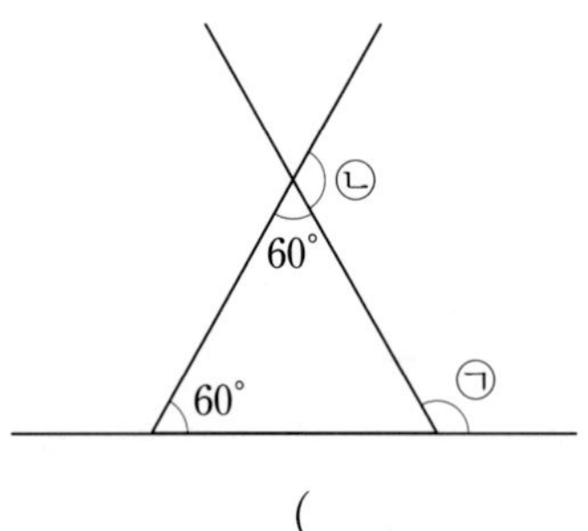

(   )

대표 응용 **2**

직선과 사각형을 활용한 각도 구하기

㉠과 ㉡의 각도의 합을 구해 보세요.

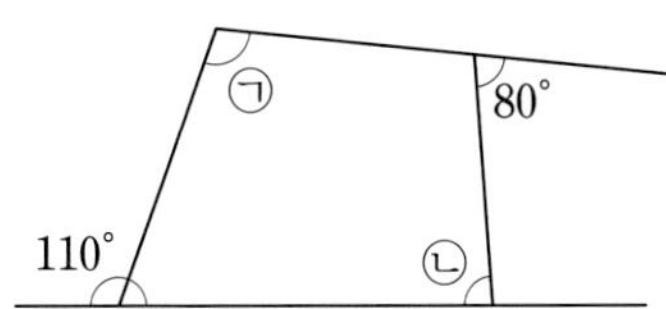

해결하기

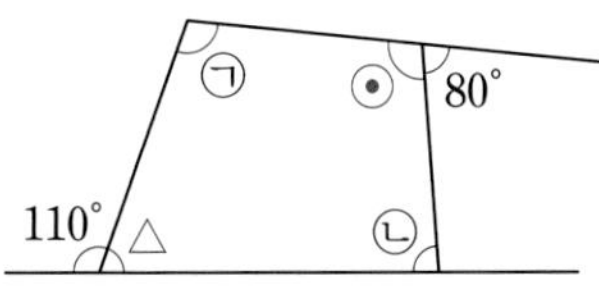

1단계 110°와 △의 각도가 더해져 이루는 각이 직선이고 직선은 180°이므로 △의 각의 크기는

180° − 110° = [　　] 입니다.

2단계 같은 방법으로 ⊙의 각의 크기는

180° − 80° = [　　] 입니다.

3단계 사각형의 네 각의 크기의 합은
㉠ + ㉡ + 70° + 100° = 360°이므로
㉠과 ㉡의 크기의 합은

360° − 70° − 100° = [　　] 입니다.

2-1

㉠과 ㉡의 각도의 합을 구해 보세요.

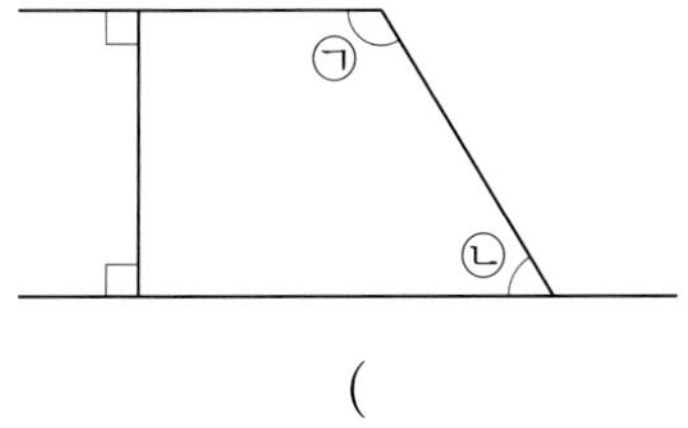

(　　　　　　　　　　)

2-2

㉠과 ㉡의 각도의 차를 구해 보세요.

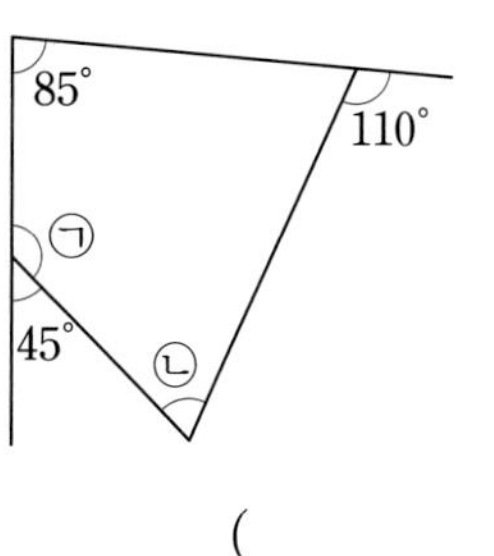

(　　　　　　　　　　)

2-3

㉠과 ㉡의 각도의 차를 구해 보세요.

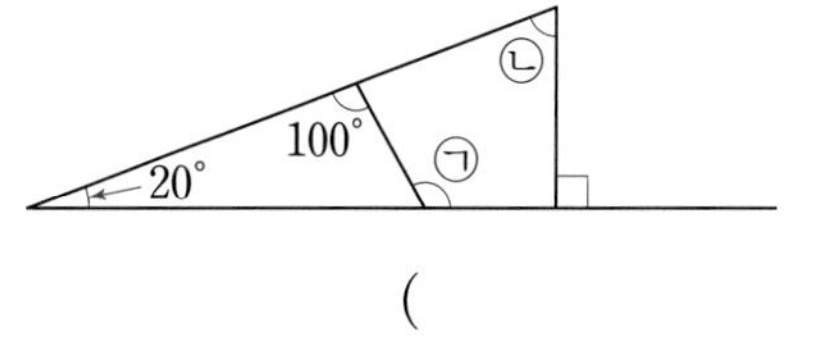

(　　　　　　　　　　)

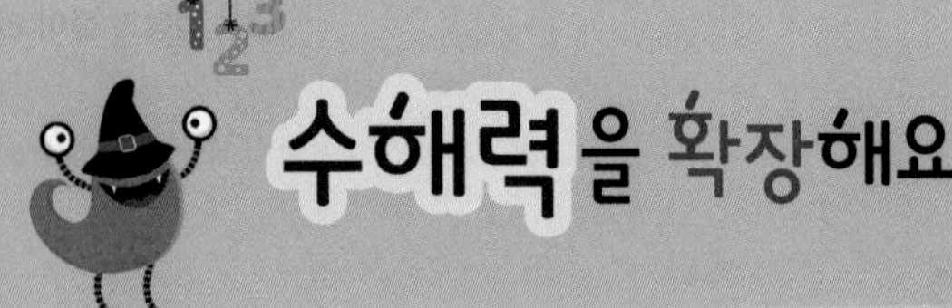

달의 모양이 바뀌는 까닭

밤하늘에 아름답게 빛나고 있는 달을 본 적이 있나요?
달은 태양과 다르게 여러 모양의 모습을 볼 수 있어요.
원래 달은 둥근 모양인데 어떻게 우리는 바뀌는 달의 모양을 볼 수 있는 걸까요?
그 이유는 햇빛이 달에 비춰지는 부분만 우리가 볼 수 있기 때문이에요.
아래 그림을 살펴 볼까요?
달은 초승달 → 상현달 → 보름달 → 하현달 → 그믐달의 과정을 반복하게 됩니다.

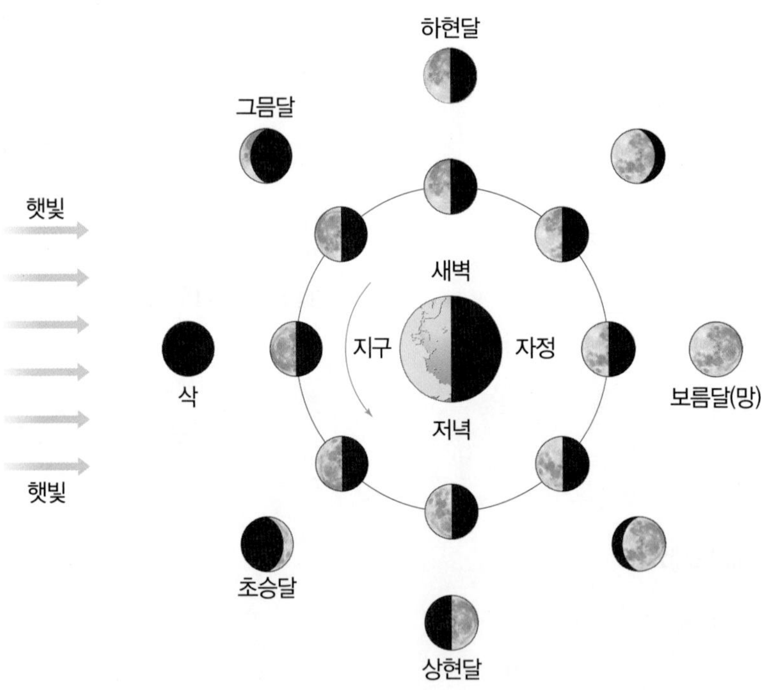

지구를 꼭짓점으로 태양과 지구, 지구와 달을 변으로 하는 각을 그려 보면 어떤 각도가 나올까요? 각도기로 재어 확인해 봐요.

활동 1 **초승달과 그믐달의 위치일 때의 각도**

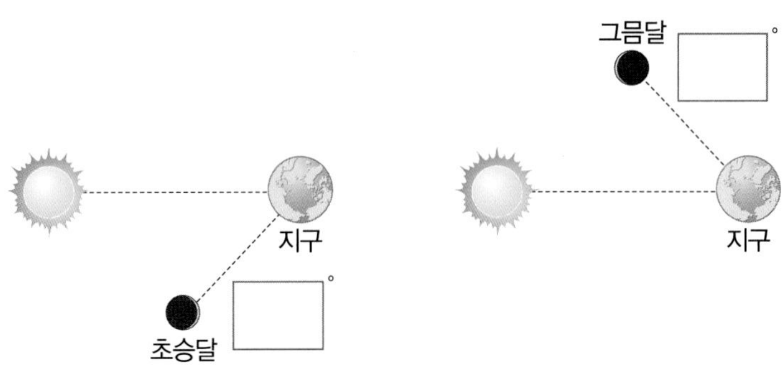

활동 2 **상현달과 하현달의 위치일 때의 각도**

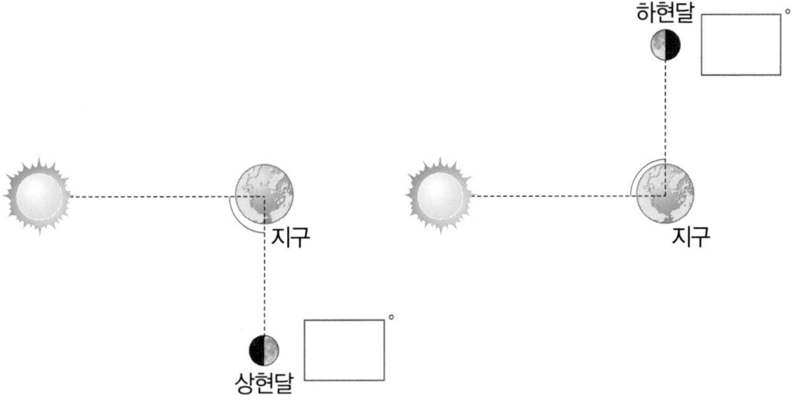

활동 3 **보름달의 위치일 때의 각도**

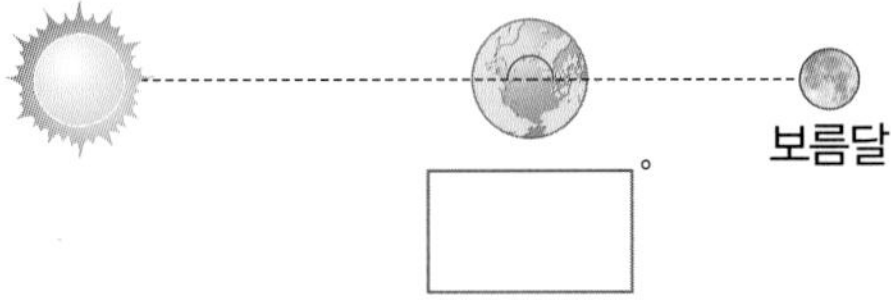

이처럼 태양, 지구, 달의 위치에 따른 각도에 따라 우리가 볼 수 있는 달의 모습이 달라지는 거예요.

02 단원

평면도형의 이동

등장하는 주요 수학 어휘

밀기, **뒤집기**, **돌리기**

1 평면도형의 밀기와 뒤집기

연습 강화 | 학습 계획: 월 일

개념 1 평면도형의 밀기

개념 2 평면도형의 뒤집기

2 평면도형의 돌리기와 점의 이동

연습 강화 | 학습 계획: 월 일

개념 1 평면도형의 돌리기

개념 2 점의 이동 알아보기

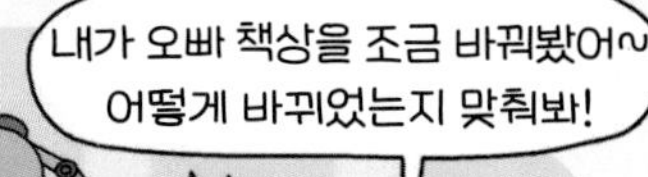

이번 2단원에서는 평면도형과 점을 이동시키는 방법에 대해 배울 거예요.
평면도형을 밀고, 뒤집고, 돌리면 도형의 위치와 방향이 어떻게 바뀌는지 알아보세요.

개념 1 평면도형의 밀기

이미 배운 평면도형

- 사각형 모양 액자는 소파 위에 있어요.
- 삼각형 모양 쿠션은 소파 오른쪽에 놓여 있어요.

새로 배울 평면도형의 밀기

사각형 모양 액자는 아래쪽으로,
삼각형 모양 쿠션은 왼쪽으로 밀었어요.

도형을 위쪽, 아래쪽, 왼쪽, 오른쪽으로 밀 수 있습니다.

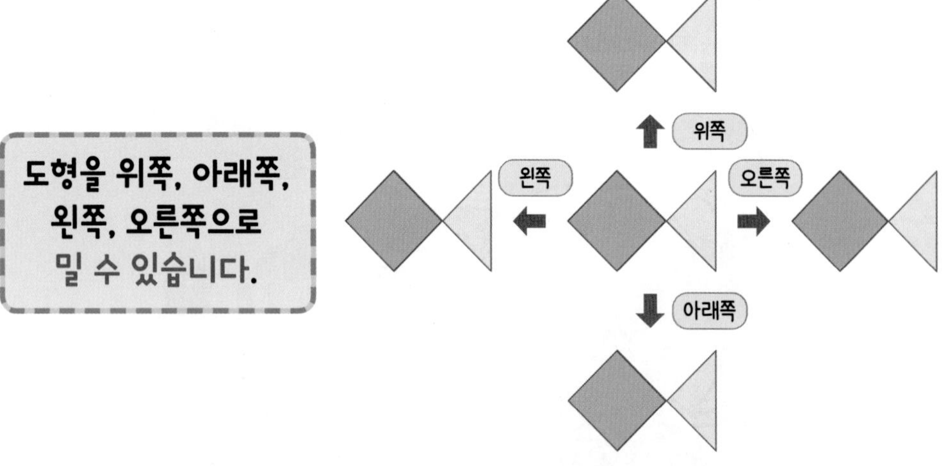

왜 도형의 위치가 바뀌었지? → 도형을 위쪽, 아래쪽, 오른쪽, 왼쪽으로 밀기

[밀었을 때의 도형의 변화]

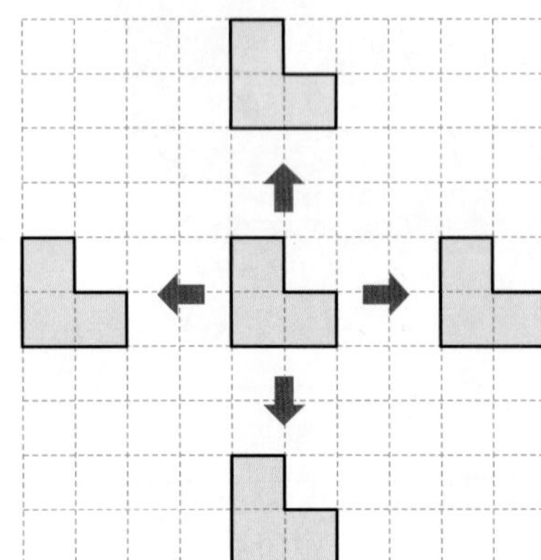

- 도형을 위쪽, 아래쪽, 왼쪽, 오른쪽으로 모눈 4칸씩 밀었을 때, 모양과 위치는 어떻게 변하나요?

도형을 어느 방향으로 밀어도 도형의 모양은 변하지 않고 위치만 바뀌어요.

개념 2 평면도형의 뒤집기

이미 배운 평면도형의 밀기

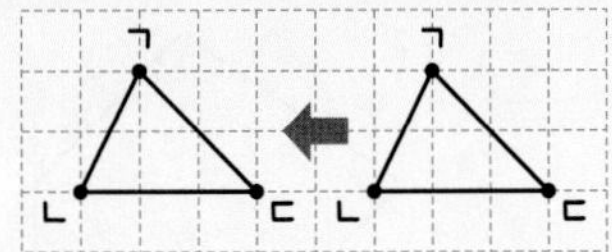

- 삼각형을 왼쪽으로 밀었어요.
- 삼각형의 모양은 변하지 않고, 위치만 바뀌었어요.

새로 배울 평면도형의 뒤집기

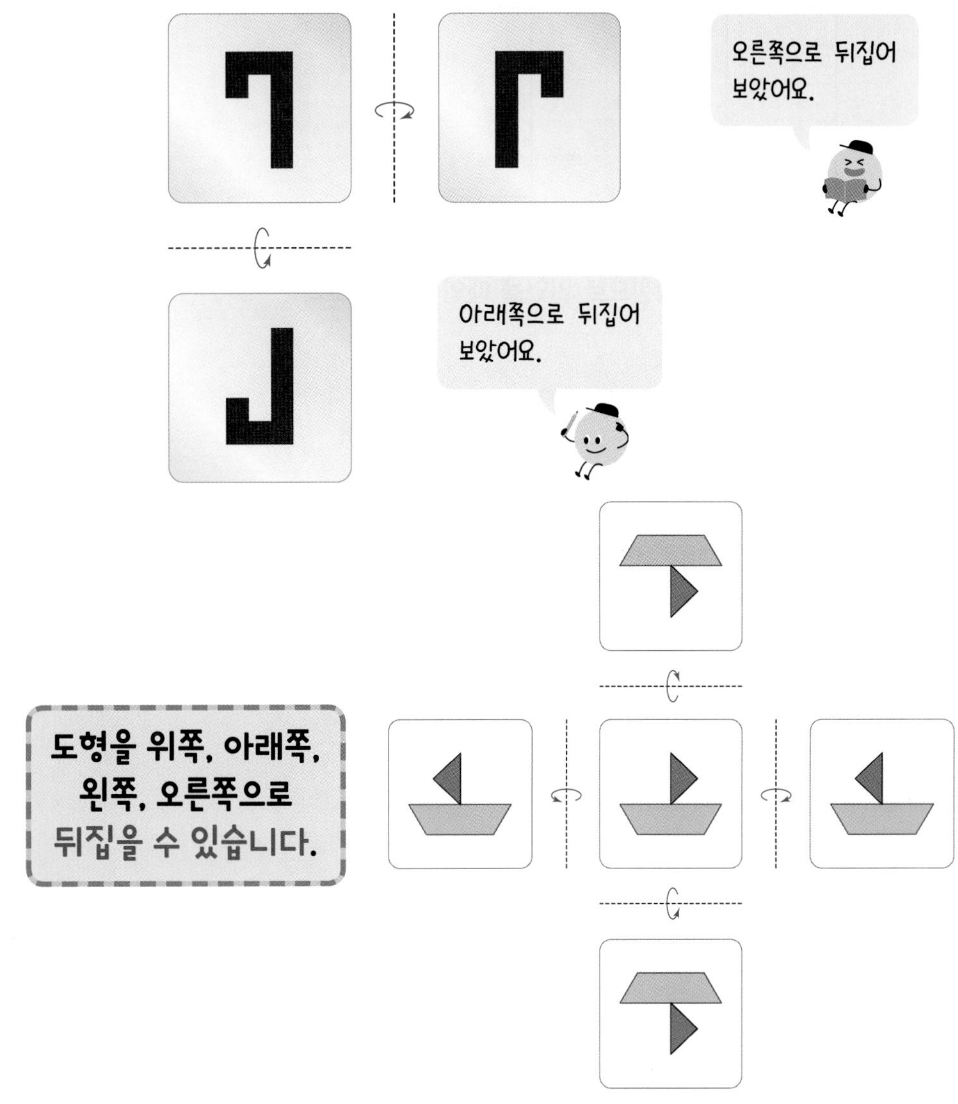

왜 도형의 방향이 바뀌었지?

도형을 위쪽, 아래쪽, 오른쪽, 왼쪽으로 뒤집기

[뒤집었을 때의 도형의 변화]

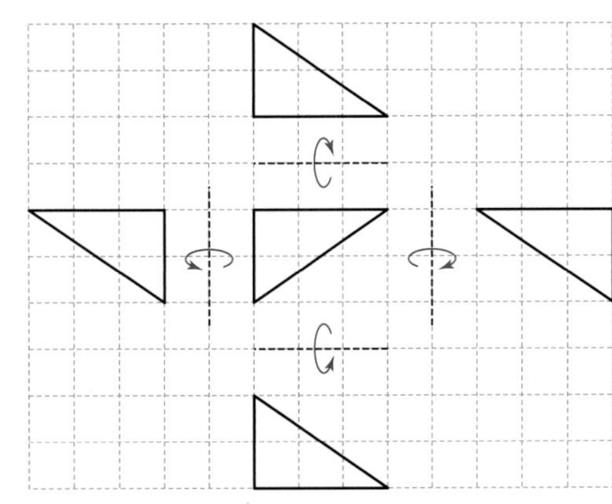

- 삼각형을 위쪽, 아래쪽, 왼쪽, 오른쪽으로 뒤집었을 때, 모양과 방향은 어떻게 변하나요?

삼각형을 뒤집으면 모양과 크기는 변하지 않지만 도형의 방향은 바뀌어요.

삼각형을 위쪽이나 아래쪽으로 뒤집으면 삼각형의 위쪽과 아래쪽이 서로 바뀌어요.

삼각형을 왼쪽이나 오른쪽으로 뒤집으면 삼각형의 왼쪽과 오른쪽이 서로 바뀌어요.

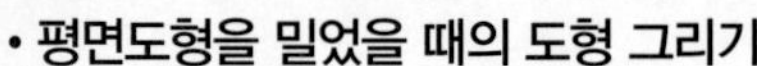

수해력을 확인해요

• 평면도형을 밀었을 때의 도형 그리기

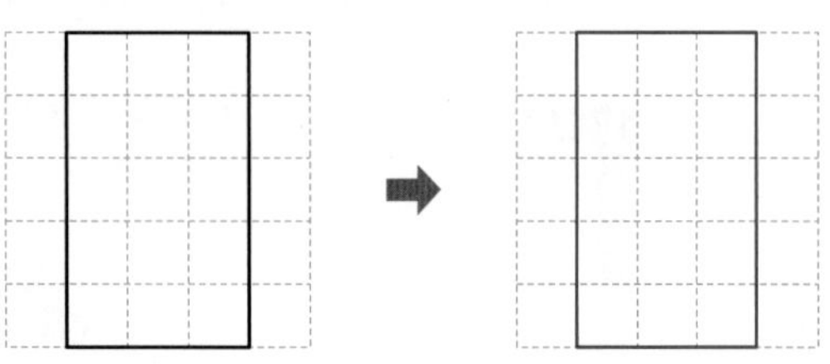

01~08 도형을 화살표 방향으로 밀었을 때의 도형을 그려 보세요.

01

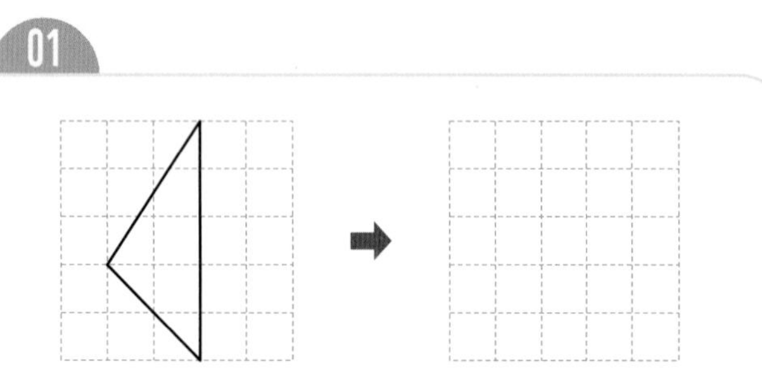

02

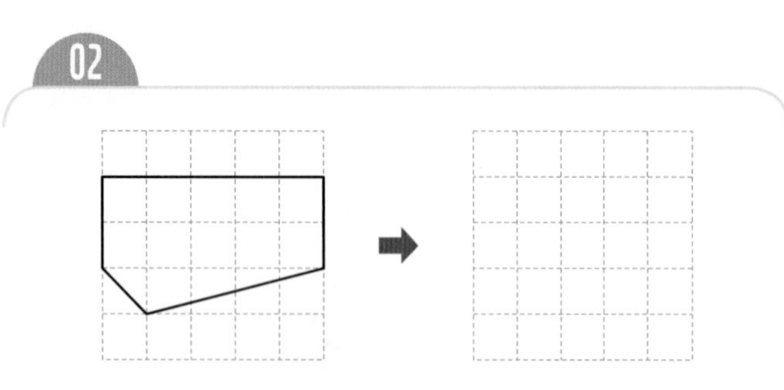

03

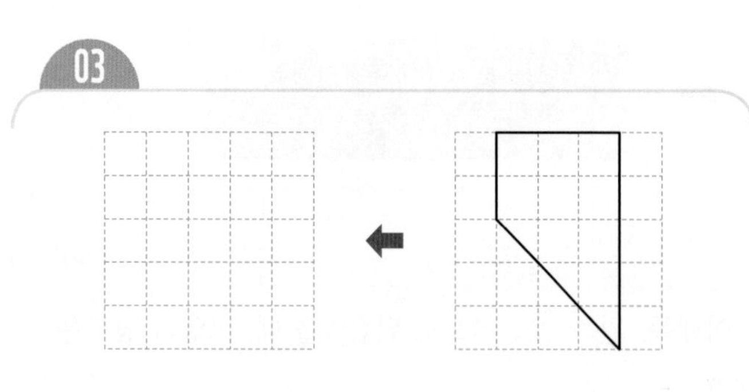

04

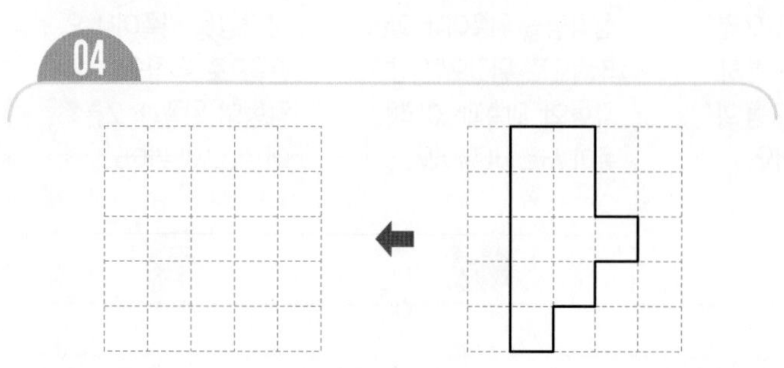

05 06

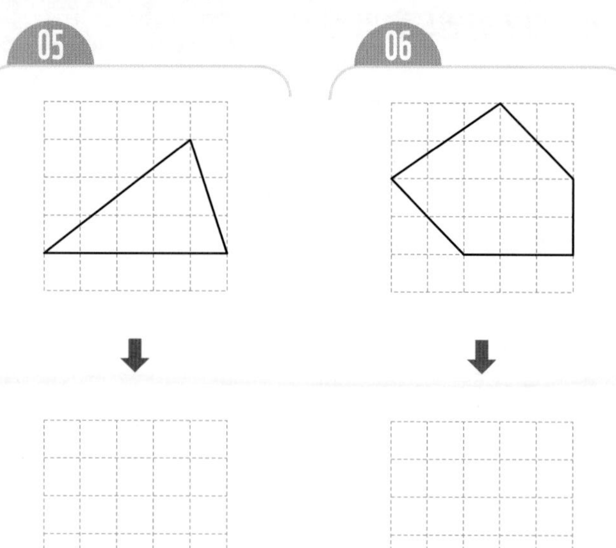

07 08

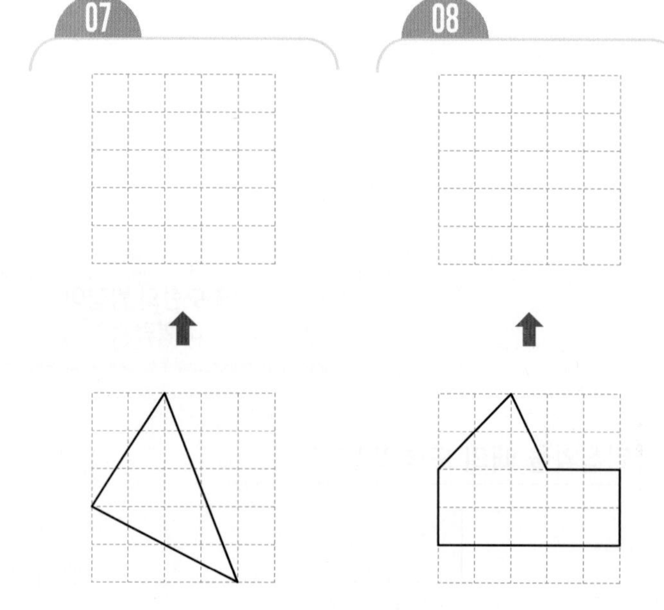

• 평면도형을 뒤집었을 때의 도형 그리기

09~15 도형을 화살표 방향으로 뒤집었을 때의 도형을 그려 보세요.

09

10

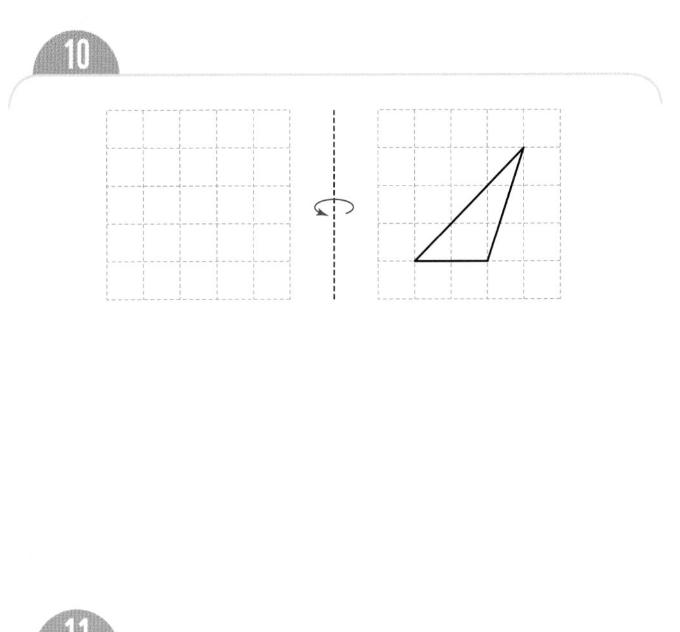

11

12

13

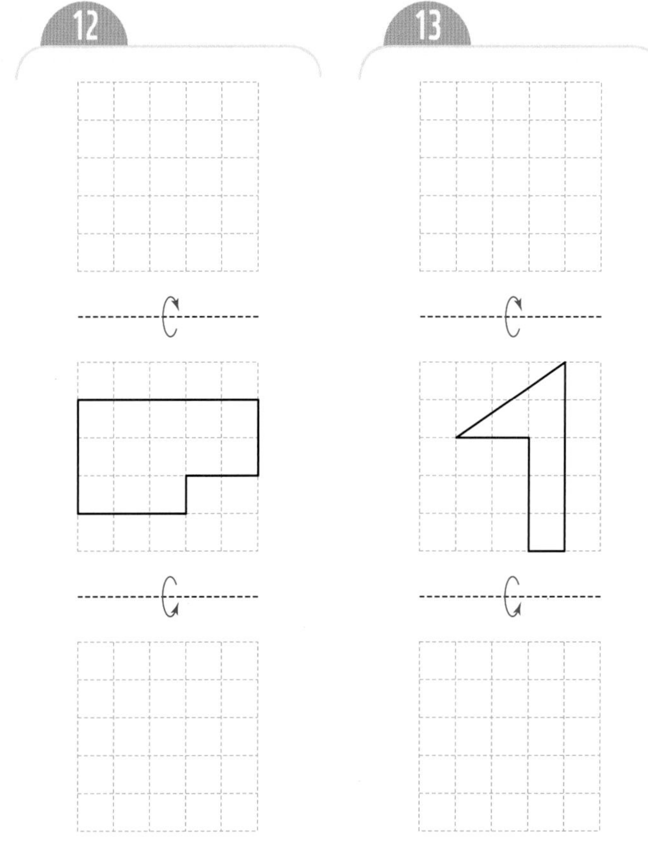

14

15

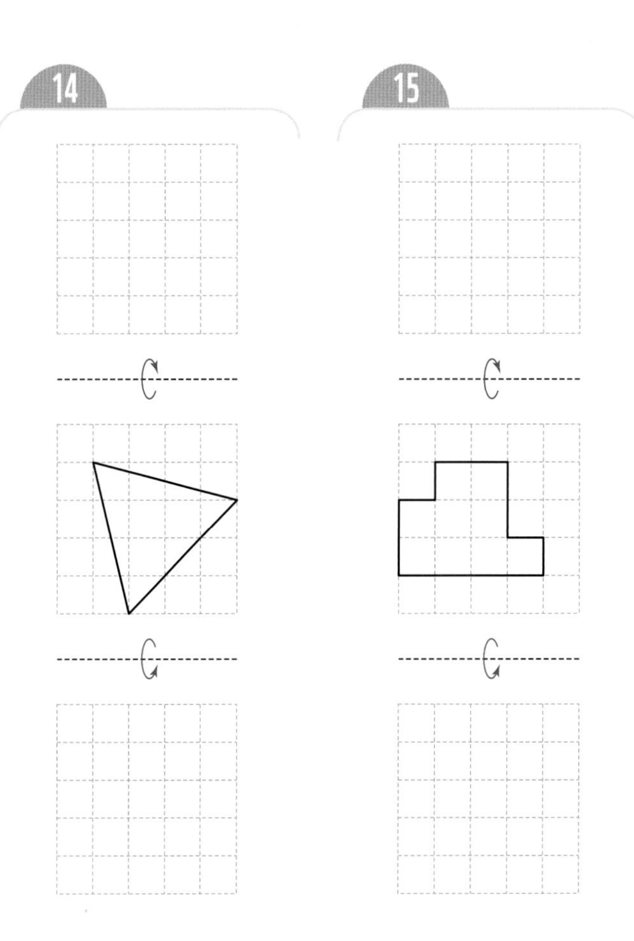

수해력을 높여요

01 모양 조각을 오른쪽으로 밀었을 때의 모양을 찾아 ○표 하세요.

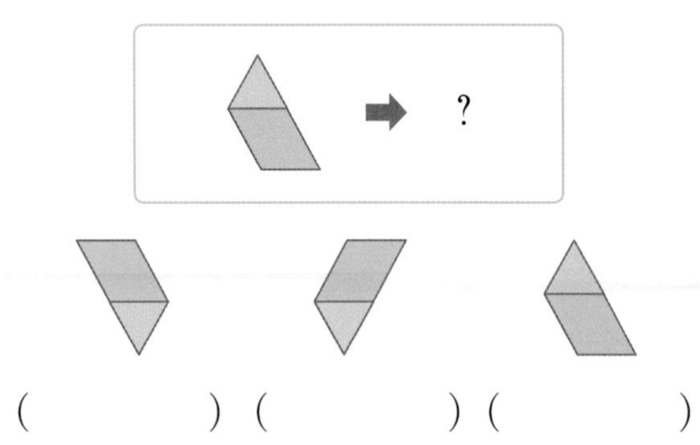

02 도형을 주어진 방향으로 밀었을 때의 도형을 그려 보세요.

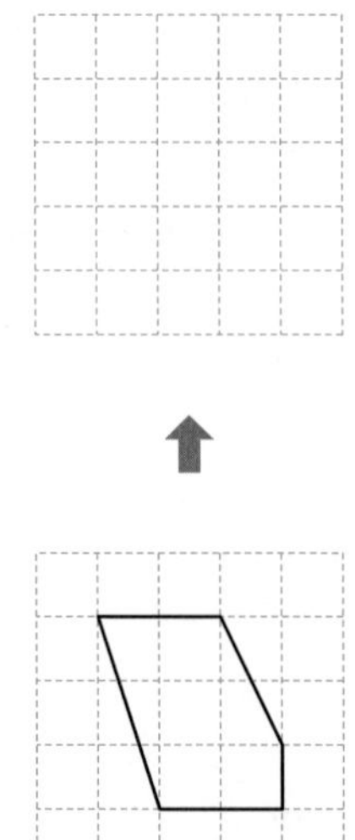

03 알맞은 말에 ○표 하세요.

도형을 밀면 모양이 (변하고 , 변하지 않고),
위치가 (변합니다 , 변하지 않습니다).

04 모양 조각을 아래쪽으로 뒤집었을 때의 모양을 찾아 ○표 하세요.

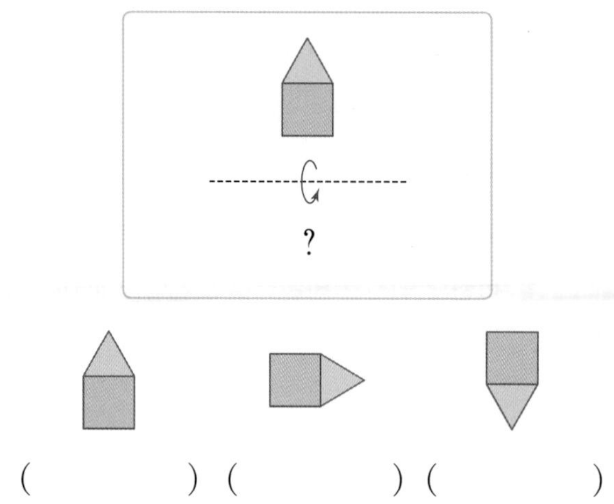

05 도형을 왼쪽으로 뒤집었을 때의 도형을 그려 보세요.

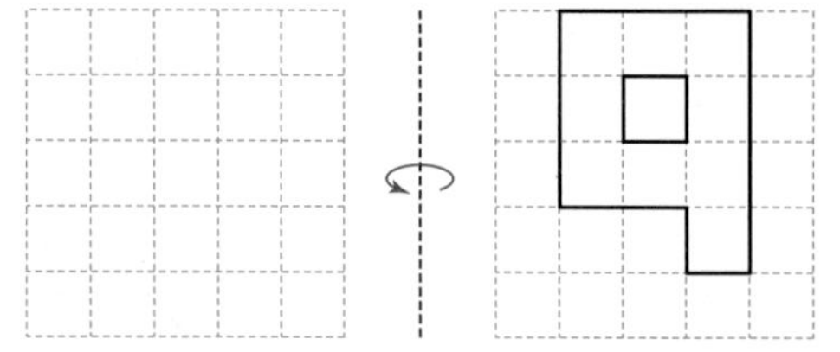

06 알맞은 말에 ○표 하세요.

도형을 뒤집으면 모양이 (변하고 , 변하지 않고),
방향이 (변합니다 , 변하지 않습니다).

07 빨간색 조각을 다음과 같이 밀었습니다. □ 안에 알맞은 말이나 수를 써넣으세요.

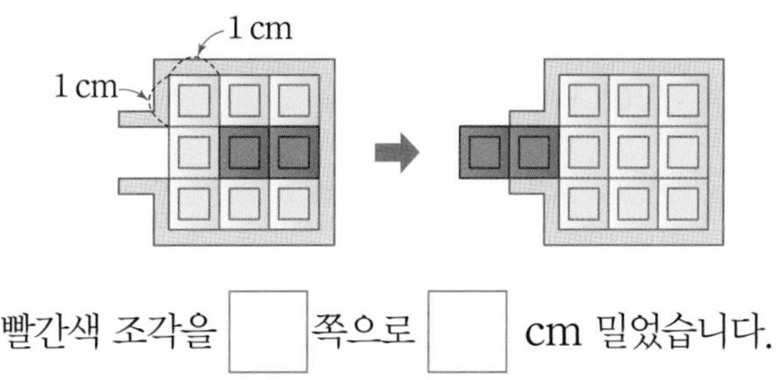

빨간색 조각을 □쪽으로 □ cm 밀었습니다.

08 다음 중 바르게 말한 사람의 이름을 써 보세요.

(　　　　　　　　)

09 어떤 도형을 오른쪽으로 5 cm 밀었을 때의 도형을 다음과 같이 그렸습니다. 밀기 전 도형을 그려 보세요.

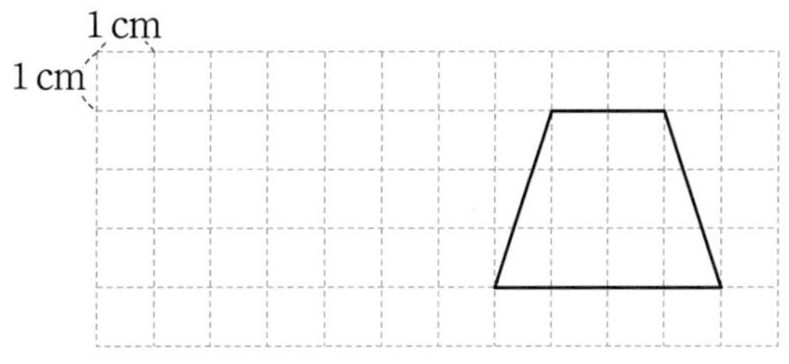

10 다음 모양 중 왼쪽으로 뒤집었을 때 처음 모양과 같은 것은 모두 몇 개인가요?

(　　　　　　　　)

11 실생활 활용

서준이는 학교에서 현장체험으로 도장만들기 체험장에 갔습니다. 서준이는 자신의 성씨인 '나'를 도장에 새겼습니다. 도장을 종이에 찍은 모양이 다음과 같을 때 도장에 새긴 모양을 그려 보세요.

〈도장을 찍은 모양〉

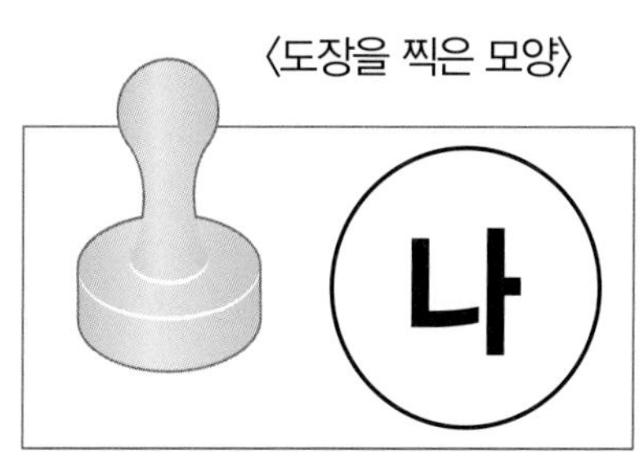

〈도장에 새긴 모양〉

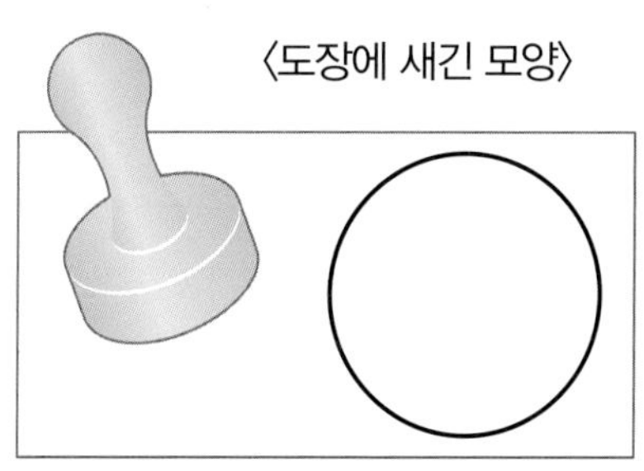

대표 응용 1

2번 밀었을 때의 도형 알아보기

도형을 화살표 방향으로 다음과 같이 밀었습니다. 어떻게 밀었는지 구해 보세요.

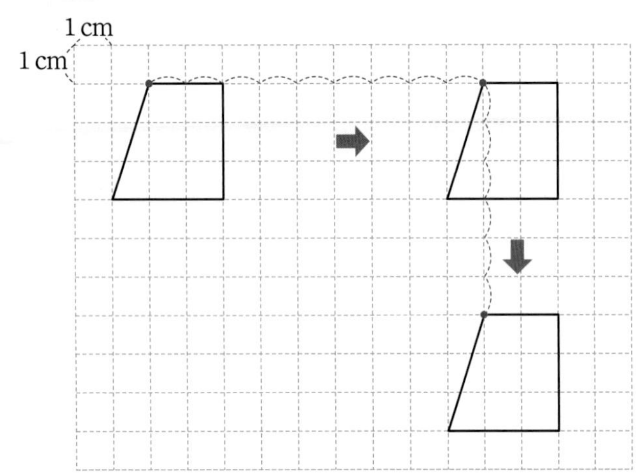

해결하기

1단계 주어진 도형의 한 꼭짓점을 기준으로 생각합니다.

2단계 먼저 도형을 오른쪽으로 □ cm 밀었습니다.

3단계 그리고 아래쪽으로 □ cm 밀었습니다.

1-1

도형을 화살표 방향으로 다음과 같이 밀었습니다. □ 안에 알맞은 수를 써 넣으세요.

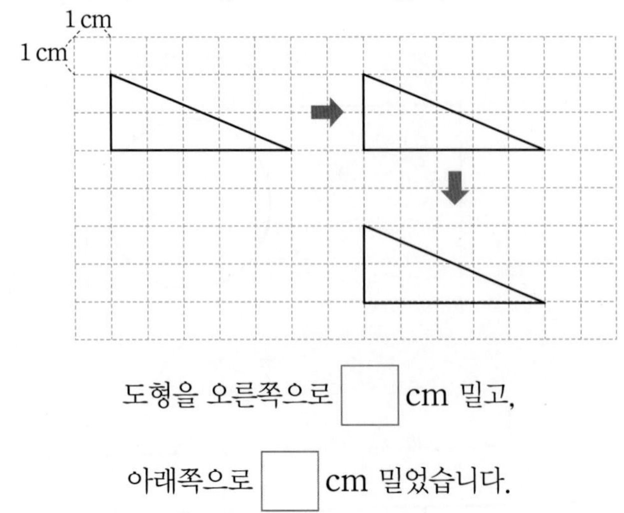

도형을 오른쪽으로 □ cm 밀고,

아래쪽으로 □ cm 밀었습니다.

1-2

도형을 화살표 방향으로 다음과 같이 밀었습니다. □ 안에 알맞은 말이나 수를 써넣으세요.

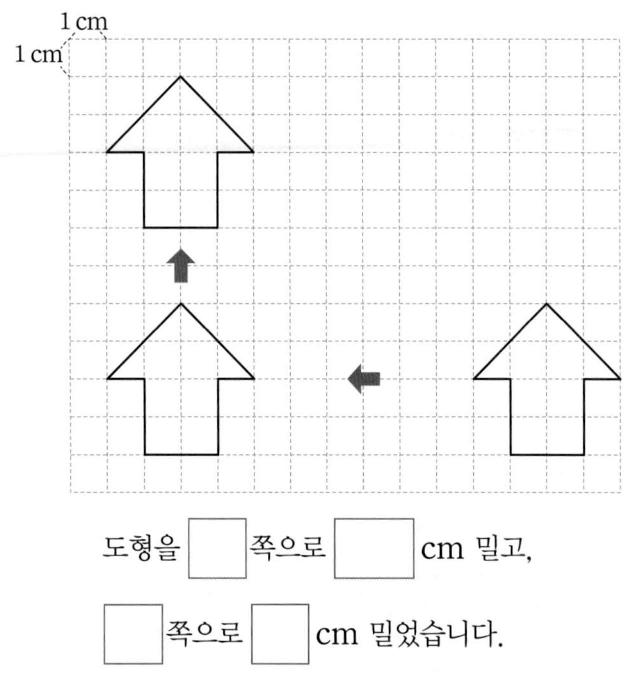

도형을 □쪽으로 □ cm 밀고,

□쪽으로 □ cm 밀었습니다.

1-3

도형을 다음과 같이 밀었습니다. □ 안에 알맞은 수를 써 넣으세요.

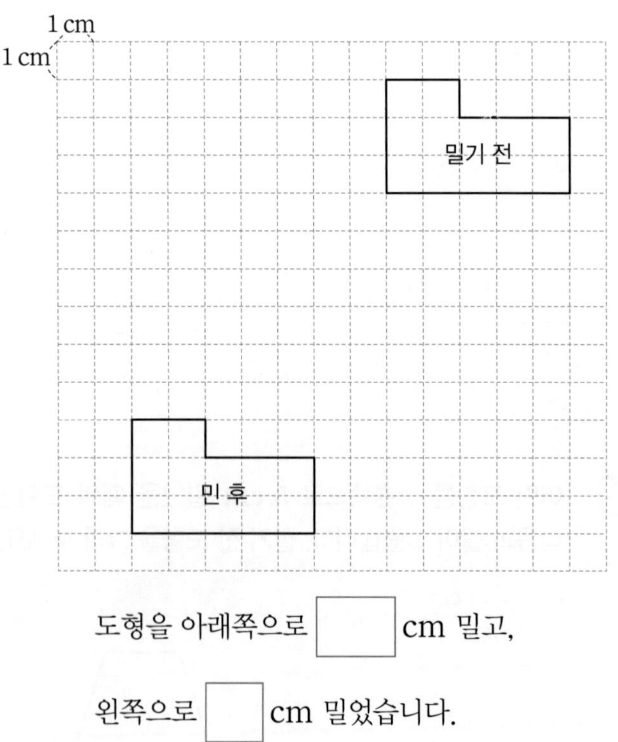

도형을 아래쪽으로 □ cm 밀고,

왼쪽으로 □ cm 밀었습니다.

대표 응용 2 거울에 비친 시계의 시각 알아보기

다음은 거울에 비친 시계의 모습입니다. 시계가 나타내는 시각을 구해 보세요.

해결하기

1단계 거울에 비친 모습은 오른쪽으로 (밀기 , 뒤집기) 한 것과 같습니다.

2단계 오른쪽으로 뒤집은 모습을 그려 보세요.

3단계 거울에 비친 시계의 시각은 ☐시 ☐분 입니다.

2-1

다음은 거울에 비친 시계의 모습입니다. 시계가 나타내는 시각을 구해 보세요.

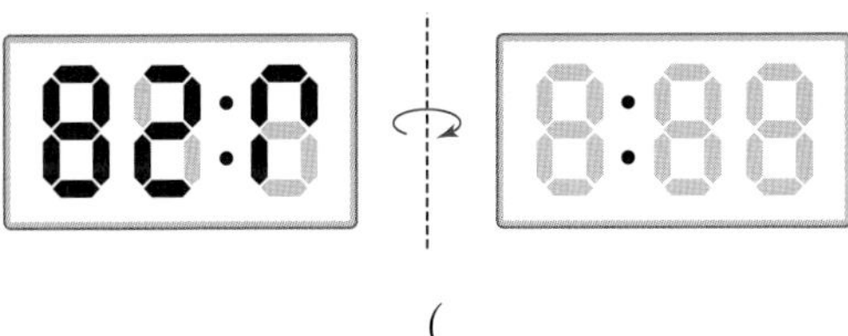

(　　　　　　　　)

2-2

다음은 거울에 비친 시계의 모습입니다. 시계가 나타내는 시각을 구해 보세요.

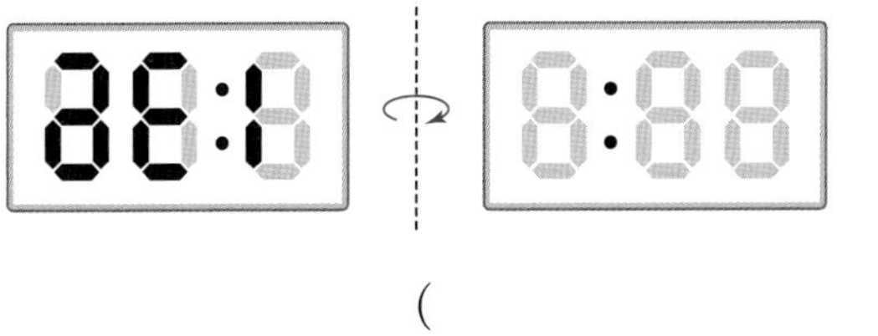

(　　　　　　　　)

대표 응용 3 처음과 같은 도형이 되도록 뒤집기

오른쪽 도형을 다음과 같이 뒤집었을 때의 도형이 처음 도형과 같은 것을 찾아 기호를 써 보세요.

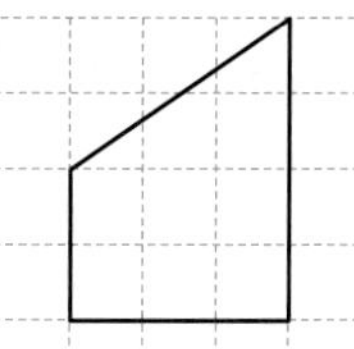

㉠ 오른쪽으로 3번 뒤집기
㉡ 아래쪽으로 4번 뒤집기

해결하기

1단계 ㉠의 방법으로 뒤집었을 때의 도형을 그려 보세요.

2단계 ㉡의 방법으로 뒤집었을 때의 도형을 그려 보세요.

3단계 처음 도형과 같아지도록 뒤집은 방법은 ☐입니다.

3-1

오른쪽 도형을 다음과 같이 뒤집었을 때의 처음 도형과 같은 것을 모두 찾아 기호를 써 보세요.

㉠ 위쪽으로 3번 뒤집기
㉡ 왼쪽으로 6번 뒤집기
㉢ 아래쪽으로 뒤집고 오른쪽으로 뒤집기
㉣ 오른쪽으로 뒤집고 왼쪽으로 뒤집기

(　　　　　　　　)

개념 1 평면도형의 돌리기

이미 배운 밀기와 뒤집기

• 사각형을 오른쪽으로 밀기

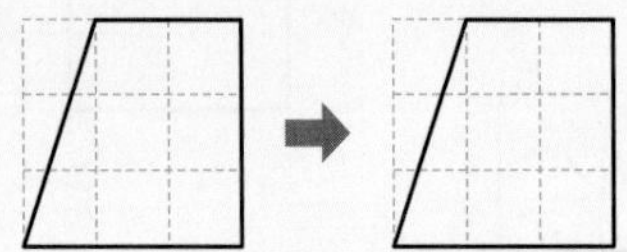

– 모양이 변하지 않고, 위치가 바뀌어요.

• 사각형을 오른쪽으로 뒤집기

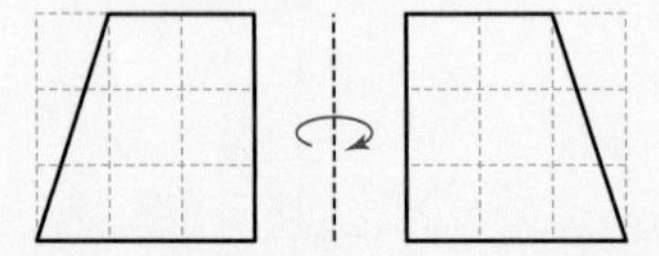

– 모양이 변하지 않고, 방향이 바뀌어요.

새로 배울 시계방향으로 평면도형 돌리기

• 시곗바늘을 시계 방향으로 90°, 180°만큼 돌리기

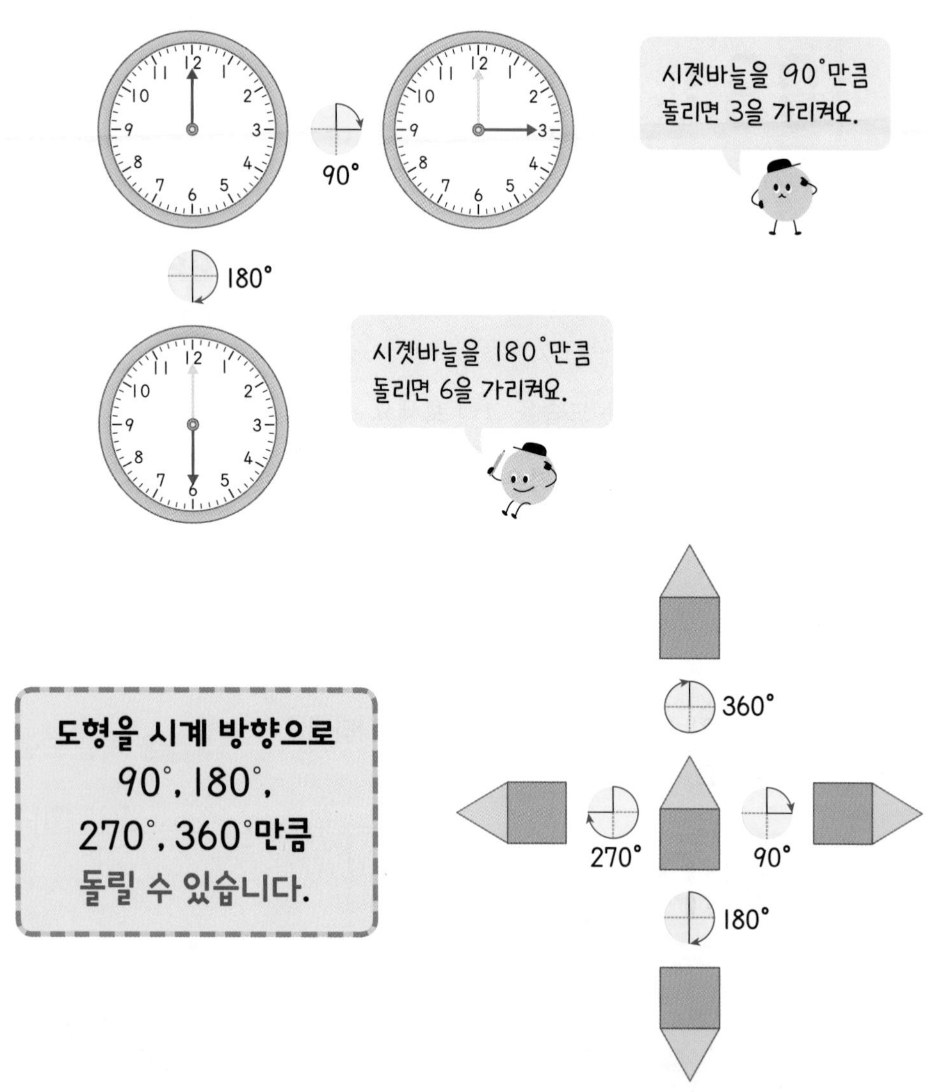

도형을 시계 방향으로 90°, 180°, 270°, 360°만큼 돌릴 수 있습니다.

왜 도형의 방향이 바뀌었지? ➡ 도형을 시계 방향으로 90°, 180°, 270°, 360°만큼 돌리기

• 도형을 시계 방향으로 90°, 180°, 270°, 360°만큼 돌렸을 때, 모양과 방향은 어떻게 변하나요?

도형을 돌려도 모양이 변하지 않아요.

도형을 돌리면 방향이 바뀌어요.

이미 배운 돌리기

• 삼각형 ㄱㄴㄷ을 시계 방향으로 90°, 180°, 270°, 360°만큼 돌렸어요.

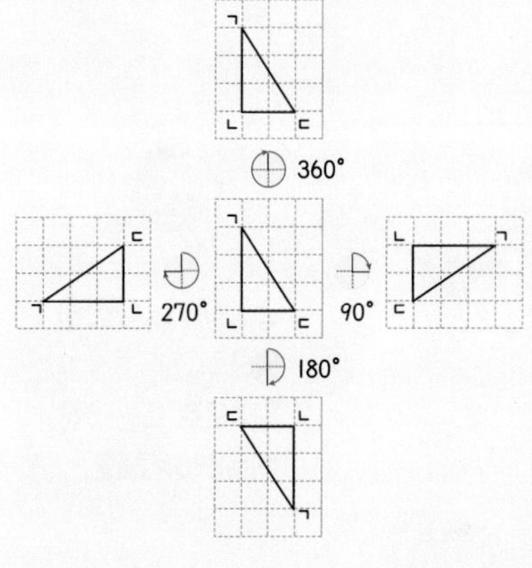

새로 배울 시계 반대 방향으로 평면도형 돌리기

• 삼각형 ㄱㄴㄷ을 시계 반대 방향으로 90°, 180°, 270°, 360°만큼 돌리기

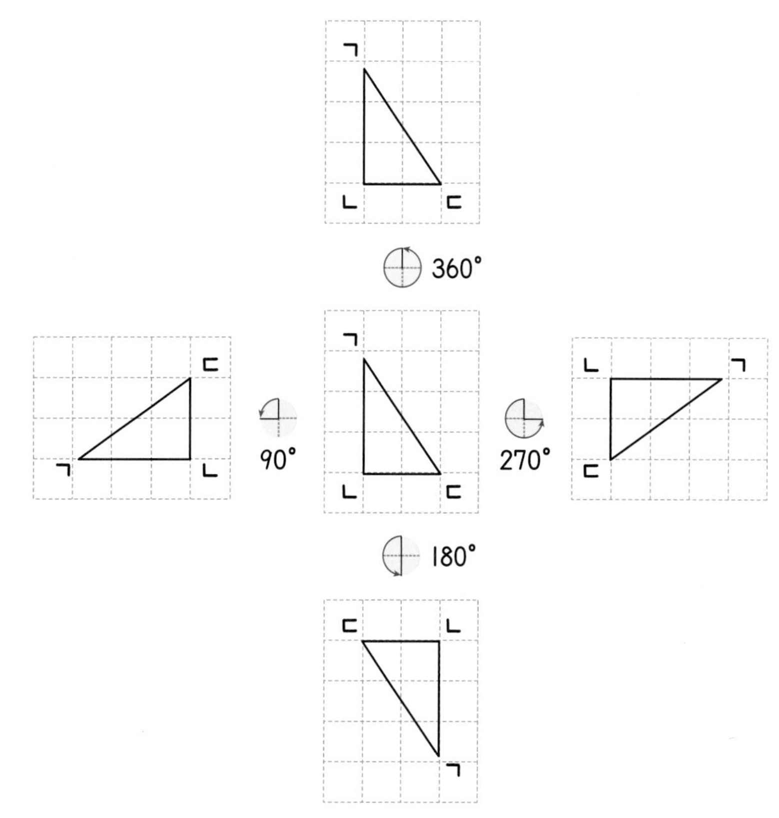

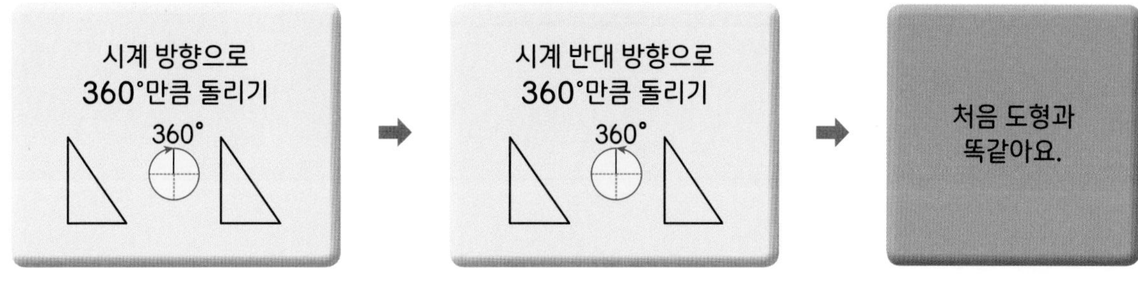

시계 방향 또는 시계 반대 방향으로 360°만큼 돌리면 한 바퀴를 돌린 것이므로 처음 도형과 같아져요.

[여러 방향으로 돌린 도형 비교하기]

• 시계 방향으로 90°만큼 돌린 도형과 시계 반대 방향으로 270°만큼 돌린 도형은 똑같아요.

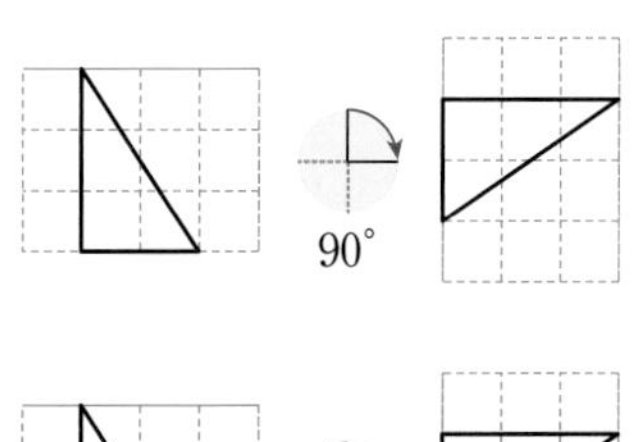

• 시계 방향으로 180° 돌리면 새로운 글자가 되기도 해요.

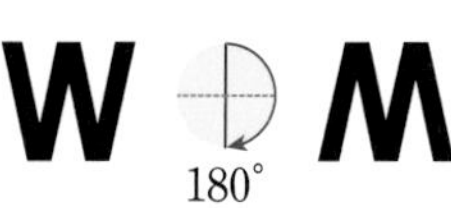

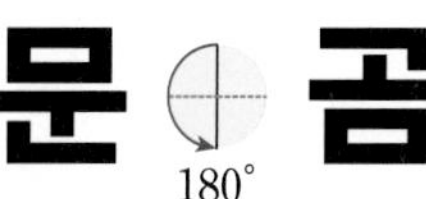

개념 2 점의 이동 알아보기

이미 배운 쌓기나무의 방향

- 빨간색 쌓기나무 오른쪽에는 파란색 쌓기나무가 있어요.
- 빨간색 쌓기나무 왼쪽에는 노란색 쌓기나무가 있어요.
- 빨간색 쌓기나무 위쪽에는 초록색 쌓기나무가 있어요.

새로 배울 점의 이동

- 동물이 먹이를 먹으려면 어떻게 이동해야 할까요?

토끼가 당근을 먹으려면, 아래쪽으로 모눈 5칸 이동해야 해요.

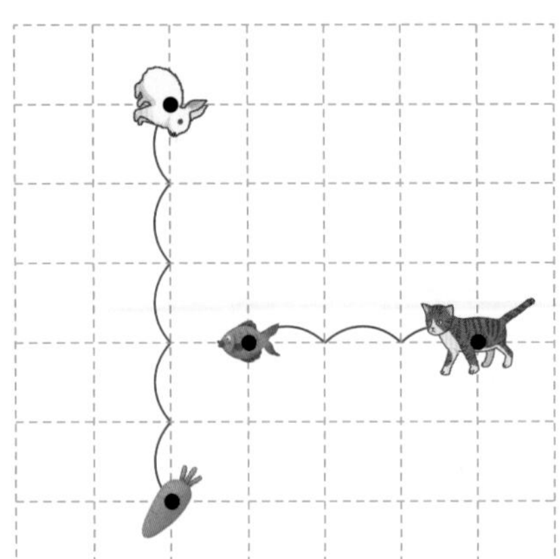

고양이가 생선을 먹으려면, 왼쪽으로 모눈 3칸 이동해야 해요.

점은 선을 따라 위쪽, 아래쪽, 왼쪽, 오른쪽으로 이동할 수 있습니다.

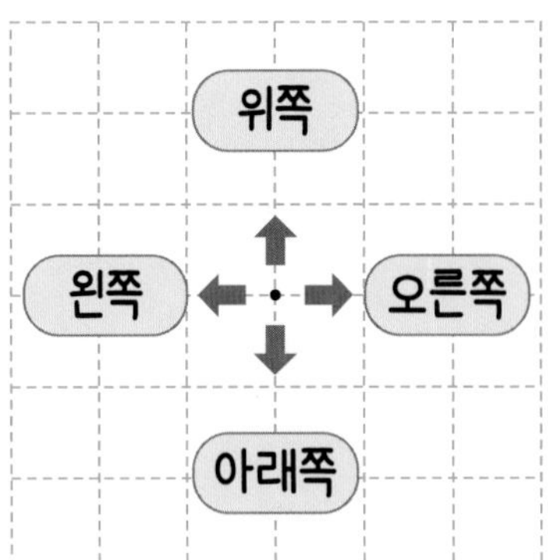

쌓기나무의 왼쪽, 오른쪽, 위쪽 ➡ 점의 이동 ➡ 위쪽, 아래쪽, 왼쪽, 오른쪽으로 점 옮기기

- 토끼가 고양이에게 가려고 합니다. 어떻게 이동해야 할까요?

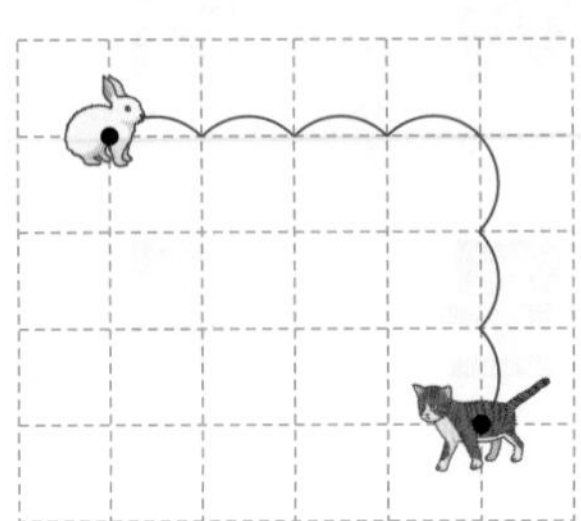

먼저, 오른쪽으로 모눈 4칸 움직여야 해요.

그리고 아래쪽으로 모눈 3칸 이동하면 돼요.

• 도형을 90°만큼 돌렸을 때의 도형 그리기

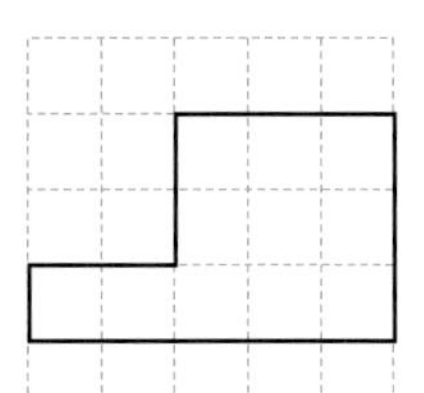
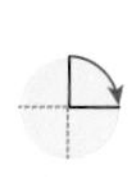
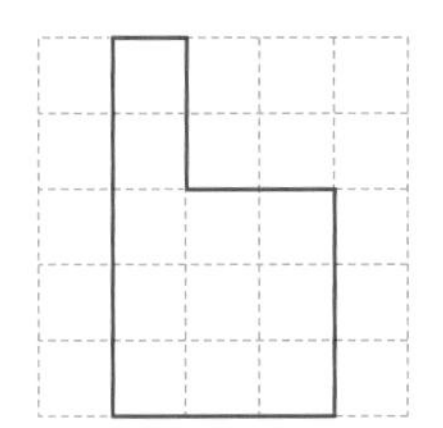

• 도형을 180°만큼 돌렸을 때의 도형 그리기

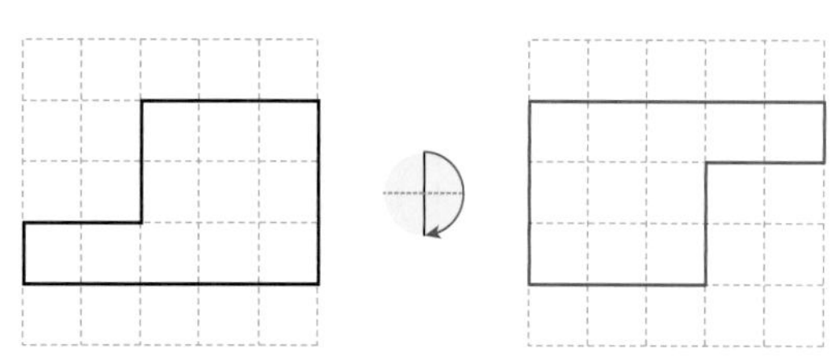

01~03 도형을 시계 방향 또는 시계 반대 방향으로 90°만큼 돌렸을 때의 도형을 그려 보세요.

04~06 도형을 시계 방향 또는 시계 반대 방향으로 180°만큼 돌렸을 때의 도형을 그려 보세요.

01

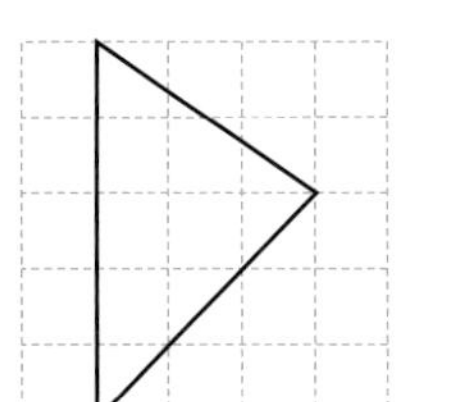
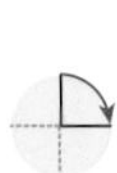

04

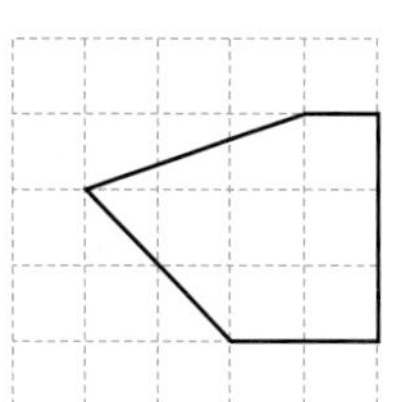

02

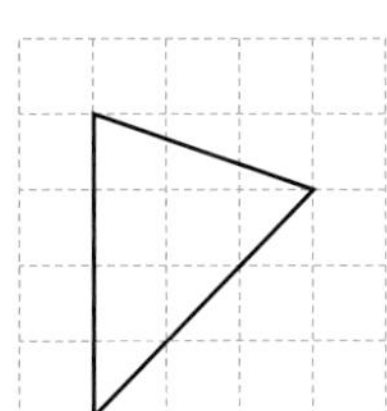

05

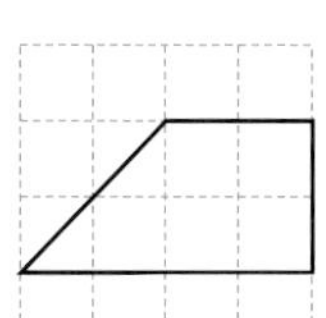

03

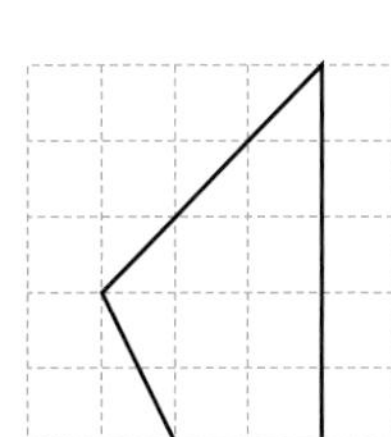

06

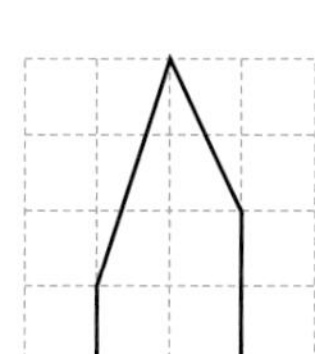

• 도형을 270°만큼 돌렸을 때의 도형 그리기

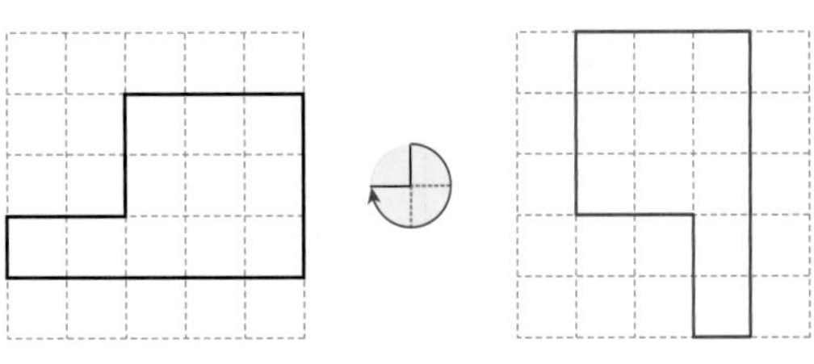

• 도형을 360°만큼 돌렸을 때의 도형 그리기

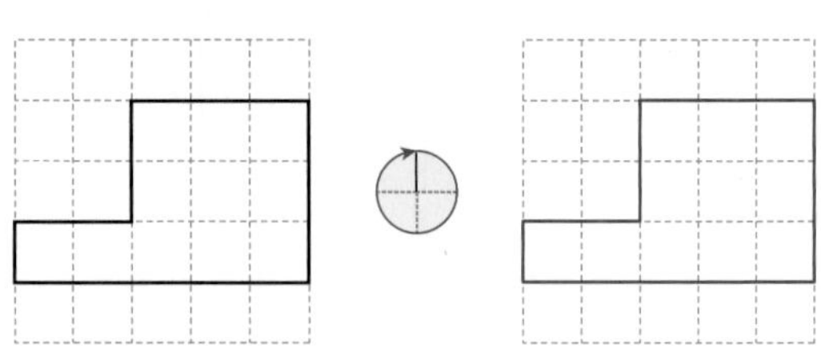

07~09 도형을 시계 방향 또는 시계 반대 방향으로 270°만큼 돌렸을 때의 도형을 그려 보세요.

10~12 도형을 시계 방향 또는 시계 반대 방향으로 360°만큼 돌렸을 때의 도형을 그려 보세요.

07

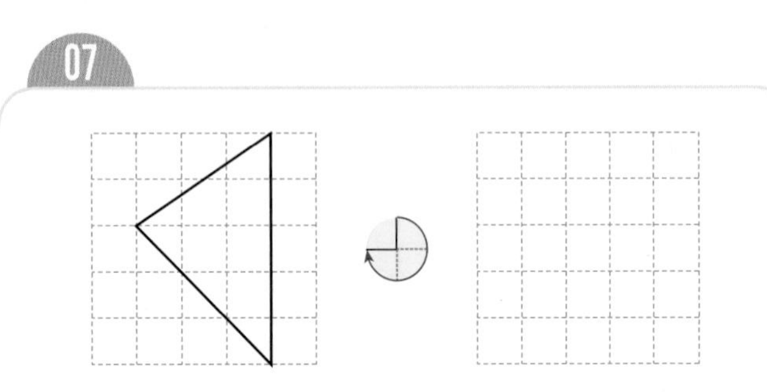

10

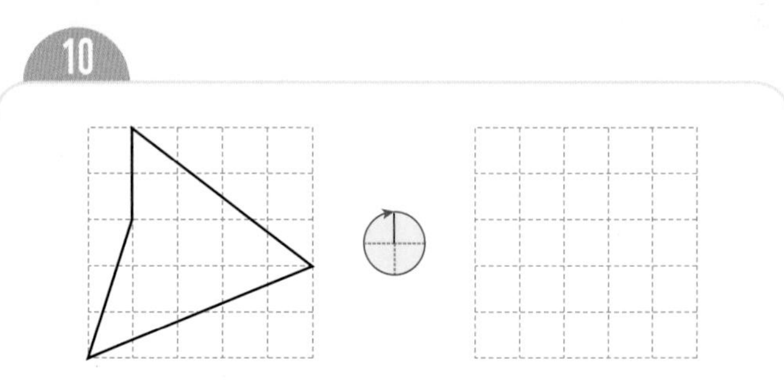

08

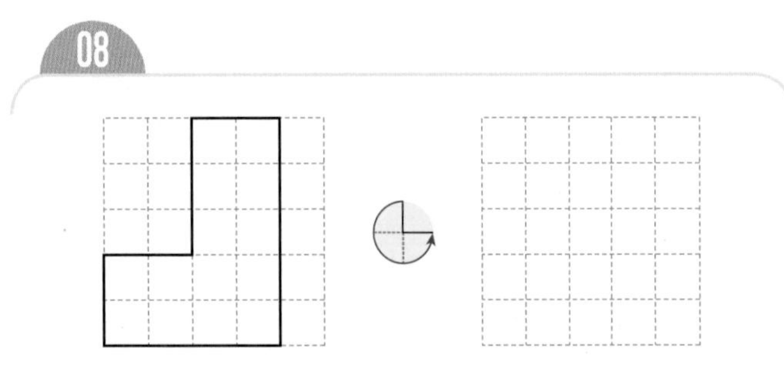

11

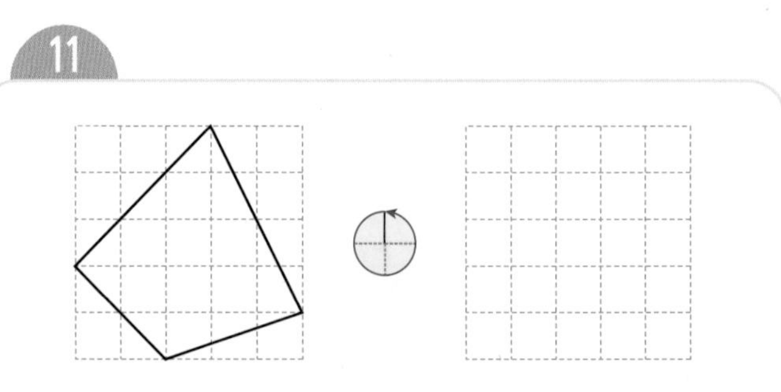

09

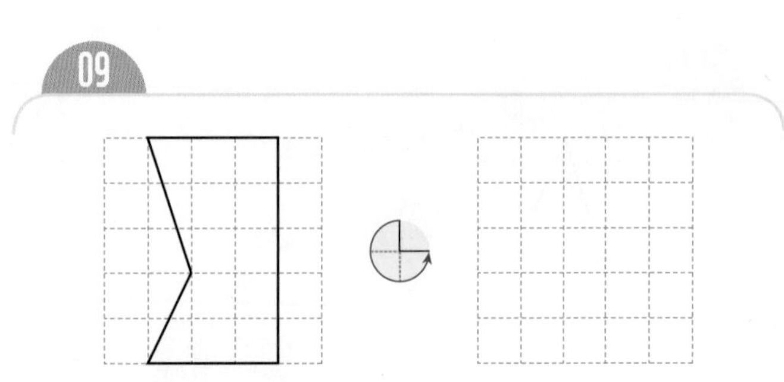

12

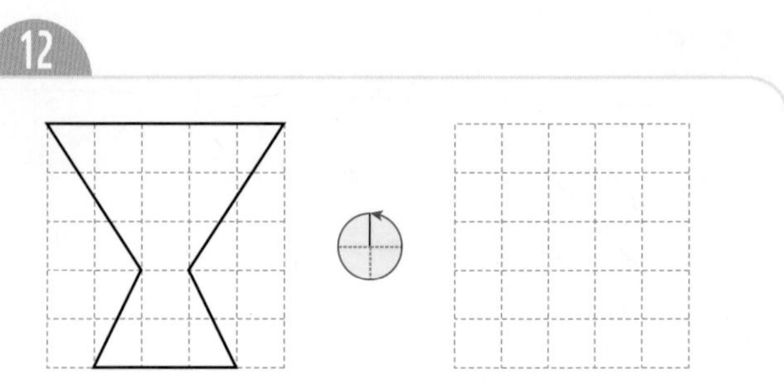

• 왼쪽 또는 오른쪽으로 점을 이동시킨 곳 찾기

왼쪽으로 3 cm 이동

1 cm
1 cm

• 위쪽 또는 아래쪽으로 점을 이동시킨 곳 찾기

위쪽으로 3 cm 이동

1 cm
1 cm

13~16 주어진 점을 오른쪽 또는 왼쪽으로 이동시킨 곳에 ×표 하세요.

13

오른쪽으로 3 cm 이동

1 cm
1 cm

14

왼쪽으로 4 cm 이동

1 cm
1 cm

15

오른쪽으로 4 cm 이동

1 cm
1 cm

16

왼쪽으로 5 cm 이동

1 cm
1 cm

17~20 주어진 점을 위쪽 또는 아래쪽으로 이동시킨 곳에 ×표 하세요.

17

위쪽으로
2 cm 이동

1 cm
1 cm

18

아래쪽으로
2 cm 이동

1 cm
1 cm

19

위쪽으로
4 cm 이동

1 cm
1 cm

20

아래쪽으로
4 cm 이동

1 cm
1 cm

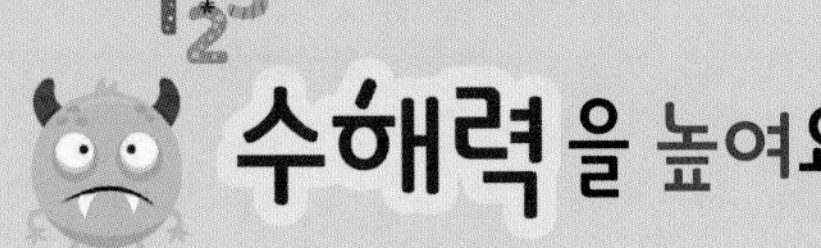

수해력을 높여요

01 도형을 시계 방향으로 90°만큼 돌렸을 때의 모양을 찾아 ○표 하세요.

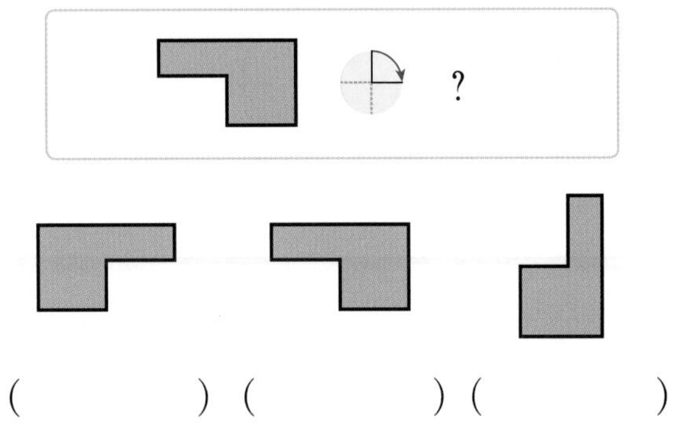

( ) ( ) ( )

02 도형을 시계 방향으로 270°만큼 돌린 도형을 그려 보세요.

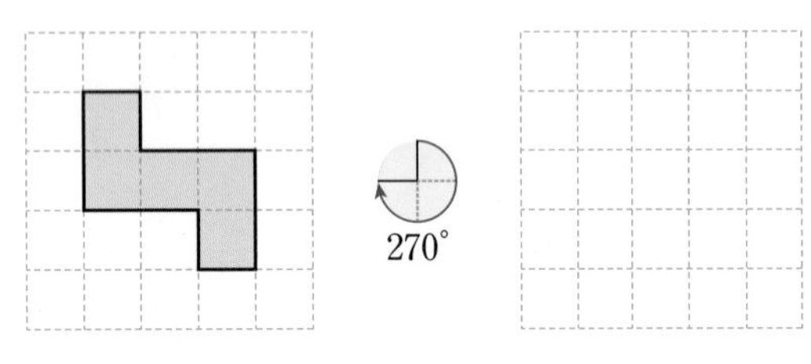

03 도형을 돌렸을 때 나올 수 있는 도형을 모두 찾아 ○표 하세요.

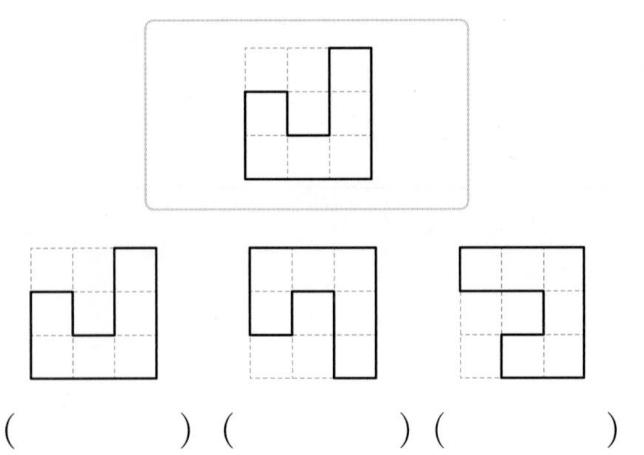

( ) ( ) ( )

04 알맞은 말에 ○표 하세요.

도형을 돌리면 모양이 (변하고 , 변하지 않고), 방향이 (변합니다 , 변하지 않습니다).

05 처음 도형과 움직인 도형을 보고, □ 안에 알맞은 수를 써넣으세요.

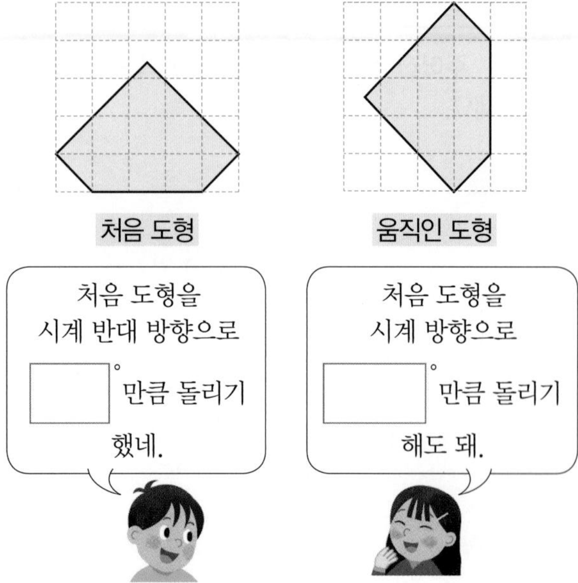

06 도형을 돌리기 했습니다. 보기 에서 알맞은 것을 골라 돌린 방법을 2가지로 설명해 보세요.

보기

시계 방향, 시계 반대 방향,
90°, 180°, 270°, 360°

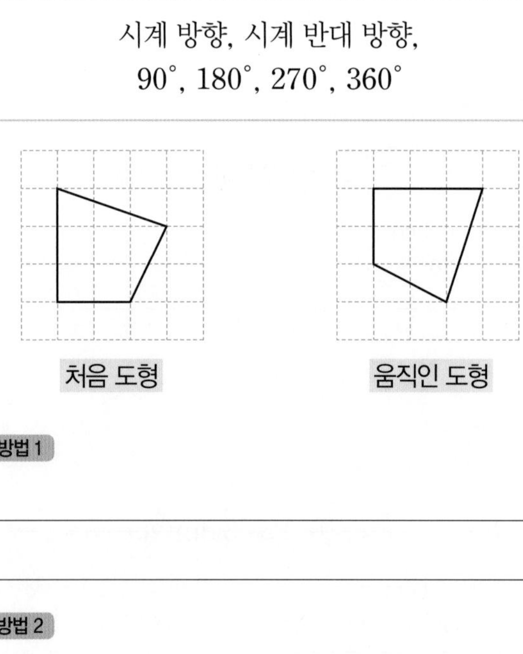

방법 1

방법 2

07 다음 수 카드를 와 같이 돌렸을 때 생기는 수를 써 보세요.

(　　　　　　　　　　)

08 점 가를 다음과 같이 이동시키려고 합니다. 이동한 점의 위치를 찾아 ×표 하세요.

아래쪽으로 모눈 3칸,
오른쪽으로 모눈 5칸 이동

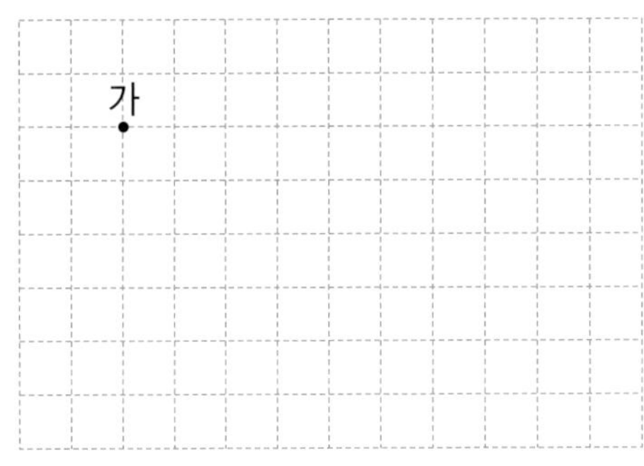

09 점 가를 점 나의 위치로 이동시키는 방법에 대한 설명입니다. 알맞은 말에 ○표 하세요.

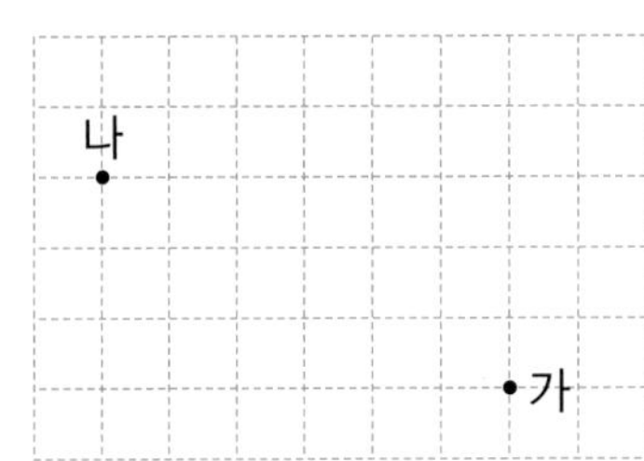

(1) 먼저, 점 가를 (위쪽 , 아래쪽)으로 모눈 (3칸 , 4칸 , 5칸) 이동시켰습니다.

(2) 그리고 (왼쪽 , 오른쪽)으로 모눈 (5칸 , 6칸 , 7칸) 이동시켰습니다.

10 서준이와 수아는 점 가를 각각 다음과 같이 이동시켰습니다. 더 많은 칸을 이동시킨 사람은 누구인가요?

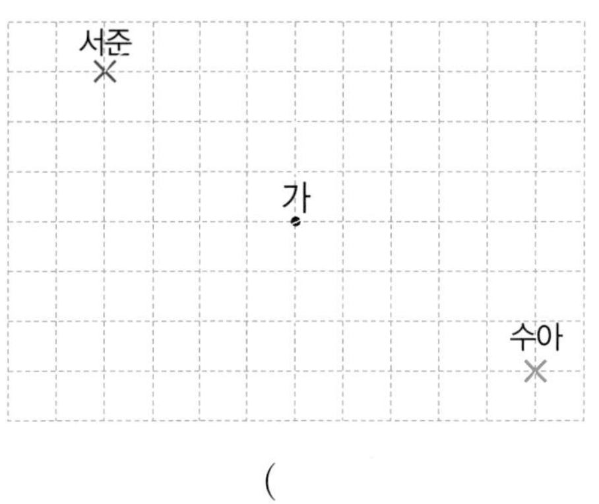

(　　　　　　　　　　)

11 실생활 활용

설아는 오빠와 함께 영화를 보러 극장에 갔습니다. 설아의 자리를 찾아 ○표 하세요.

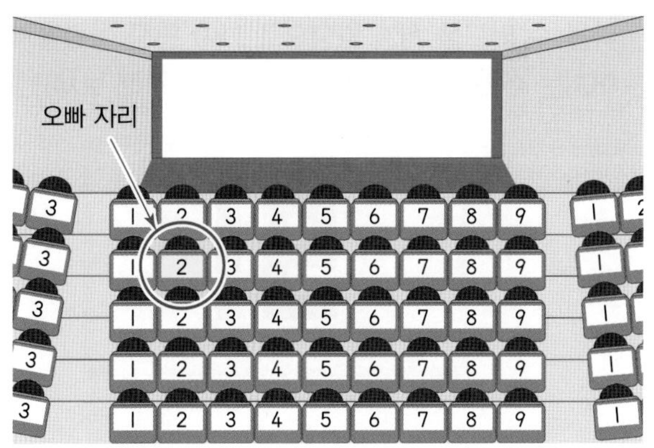

수해력을 완성해요

대표 응용 1 돌리기 전 수와 돌린 수의 차 구하기

다음 수 카드를 시계 방향으로 180°만큼 돌렸을 때 만들어지는 수와 처음 수의 차는 얼마인지 구해 보세요.

해결하기

1단계 수 카드를 시계 방향으로 180°만큼 돌렸을 때 만들어지는 수는 □입니다.

2단계 따라서 두 수의 차는 □−□=□입니다.

1-1

다음 수 카드를 시계 방향으로 180°만큼 돌렸을 때 만들어지는 수와 처음 수의 차는 얼마인지 구해 보세요.

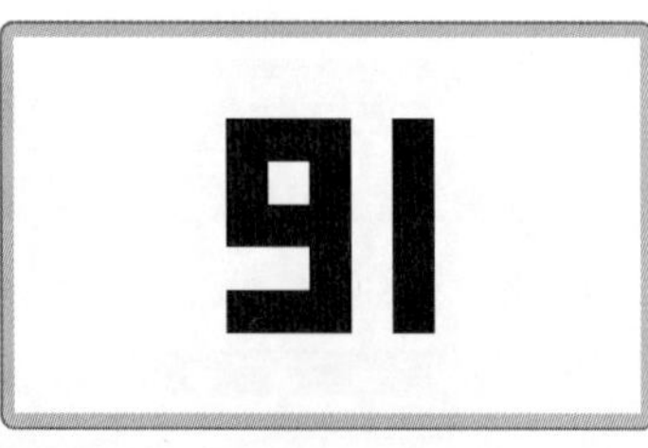

(　　　　　　　　)

1-2

다음 수 카드를 시계 반대 방향으로 180°만큼 돌렸을 때 만들어지는 수와 처음 수의 차는 얼마인지 구해 보세요.

(　　　　　　　　)

1-3

다음 수 카드를 시계 방향으로 180°만큼 돌렸을 때 만들어지는 수와 처음 수의 차는 얼마인지 구해 보세요.

(　　　　　　　　)

1-4

다음 수 카드를 오른쪽으로 뒤집은 수와 시계 방향으로 180°만큼 돌린 수의 차는 얼마인지 구해 보세요.

(　　　　　　　　)

1-5

다음 수 카드를 왼쪽으로 뒤집은 수와 시계 방향으로 180°만큼 돌린 수의 차는 얼마인지 구해 보세요.

(　　　　　　　　)

대표 응용 **2**

시계 방향으로 90°만큼 여러 번 돌리기

오른쪽 도형을 시계 방향으로 90°만큼 6번 돌렸을 때의 도형을 그려 보세요.

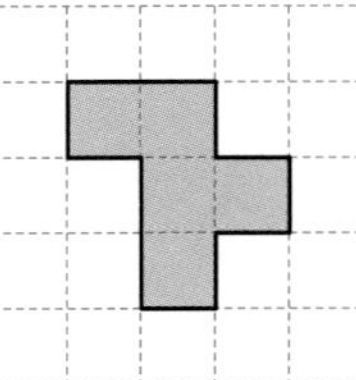

해결하기

1단계 도형을 시계 방향으로 90°만큼 □번 돌리면 처음 도형과 같습니다.

2단계 도형을 시계 방향으로 90°만큼 6번 돌린 도형은 90°만큼 □번 돌린 도형과 같습니다.

3단계 따라서 도형을 시계 방향으로 90°만큼 6번 돌린 도형을 다음과 같이 그릴 수 있습니다.

2-1

다음 도형을 시계 방향으로 90°만큼 6번 돌렸을 때의 도형을 그려 보세요.

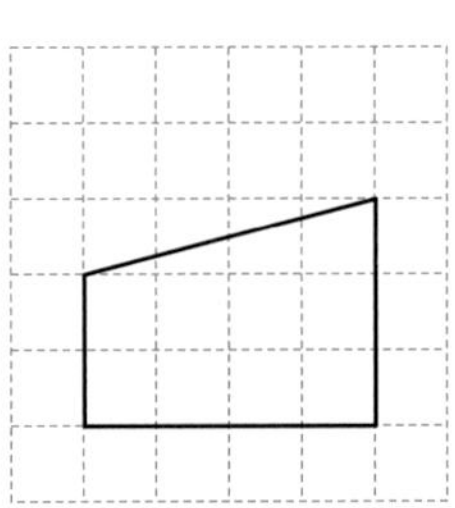

2-2

다음 도형을 시계 반대 방향으로 90°만큼 12번 돌렸을 때의 도형을 그려 보세요.

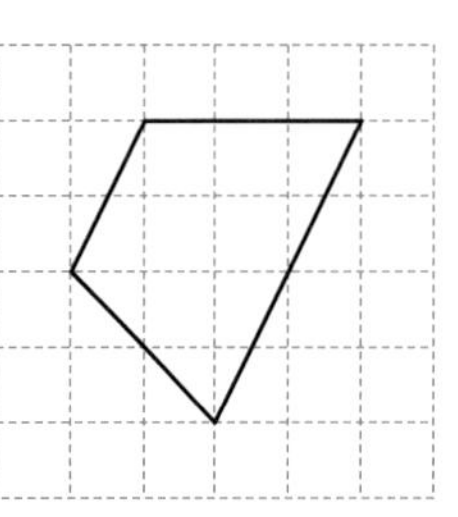

2-3

다음 도형을 시계 방향으로 90°만큼 10번 돌렸을 때의 도형을 그려 보세요.

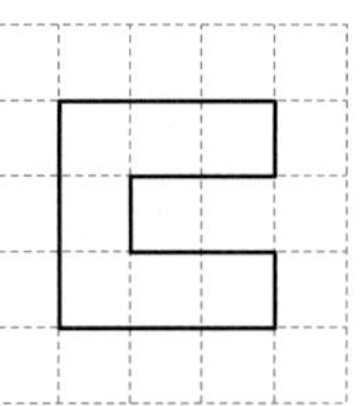

수해력을 확장해요

테트리스

테트리스라는 게임을 알고 있나요? 정사각형 4개로 이루어진 '테트로미노' 블록을 사용하는 게임이에요.

테트리스는 위에서 내려오는 블록을 밀거나 돌려서 쌓는 게임이에요. 블록을 빈틈없이 채워 한 줄이 완성되면 그 줄에 있는 블록들이 사라지면서 점수를 얻게 돼요. 어느 한 칸이라도 채우지 못하고 비어 있으면 블록이 사라지지 않고 계속 쌓여요. 그러다 쌓인 블록이 맨 윗줄까지 채워지면 게임이 끝납니다. 테트로미노 블록을 사용하여 모양을 채워 보세요.

〈여러 가지 테트로미노 블록〉

  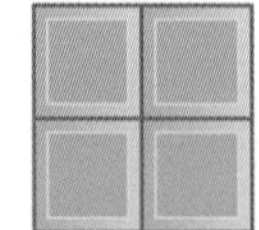 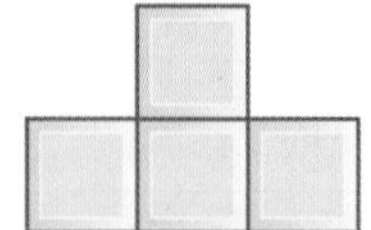 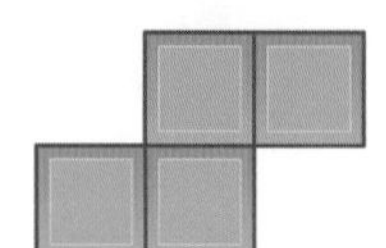

활동 1 **정사각형을 완성하려면 주어진 테트로미노 블록을 어떻게 밀어야 할지 설명을 써 보세요.**

(1)

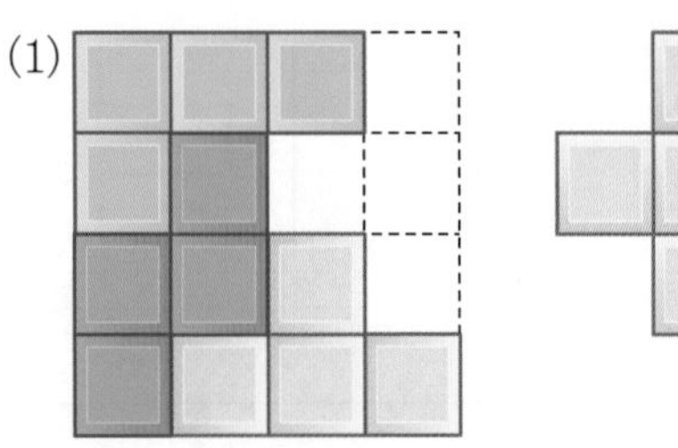

설명

(2)

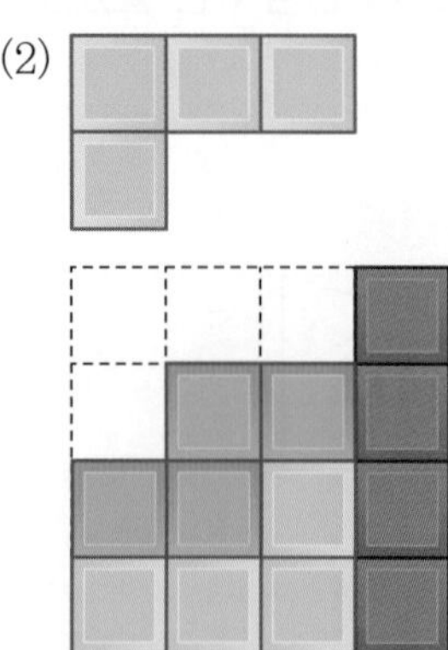

설명

활동 2 직사각형을 완성하려면 주어진 테트로미노 블록을 어떻게 돌려야 할지 설명을 써 보세요.

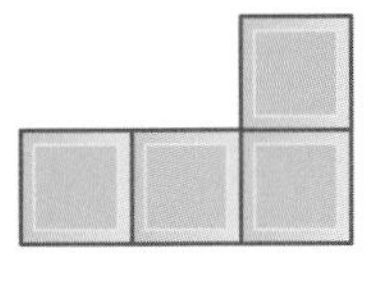

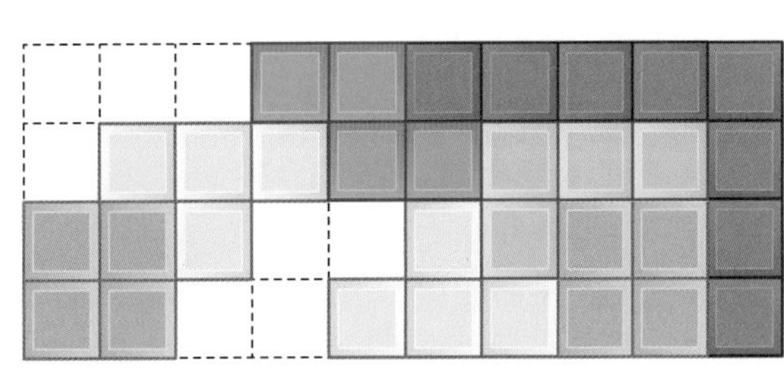

설명

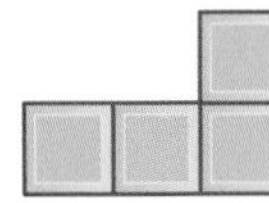

활동 3 직사각형을 완성할 수 있도록 테트로미노 블록을 그리고 색칠해 보세요

(1)

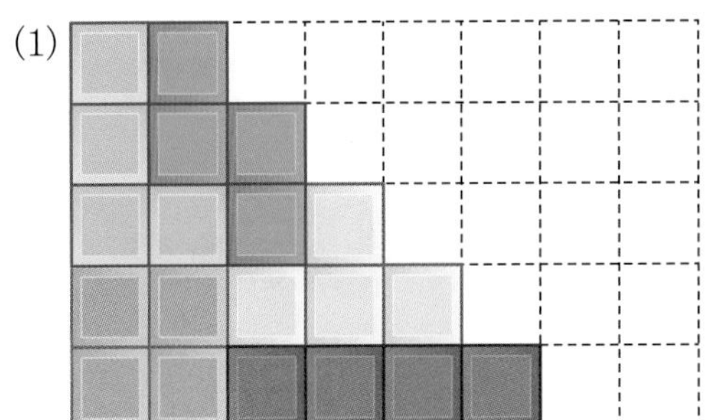

(2)

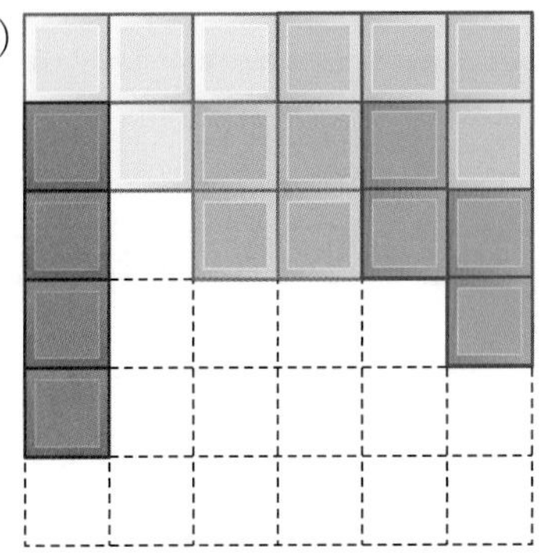

03 단원

삼각형

등장하는 주요 수학 어휘

이등변삼각형, **정삼각형**, **예각삼각형**, **둔각삼각형**

이번 3단원에서는 여러 가지 삼각형에 대해 배울 거예요.
변의 길이와 각의 크기에 따라 새로운 이름이 생기는 삼각형을 알아보세요.

개념 1 이등변삼각형 알아보기

이미 배운 삼각형

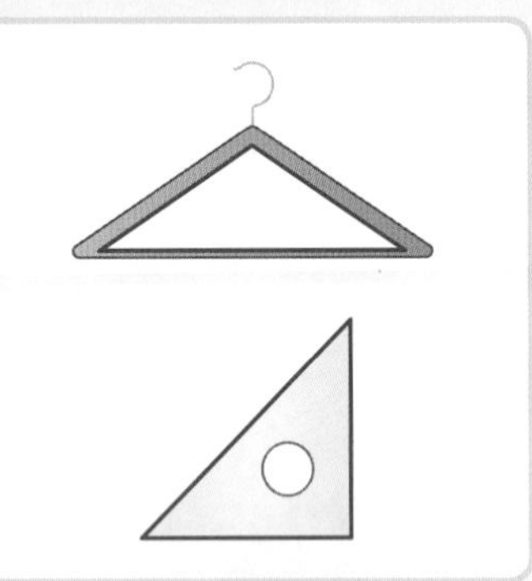

- 삼각형의 변은 3개 있어요.
- 삼각형의 꼭짓점은 3개 있어요.
- 삼각형은 각 3개를 가지고 있어요.

새로 배울 이등변삼각형

- 삼각형을 변의 길이에 따라 분류하기

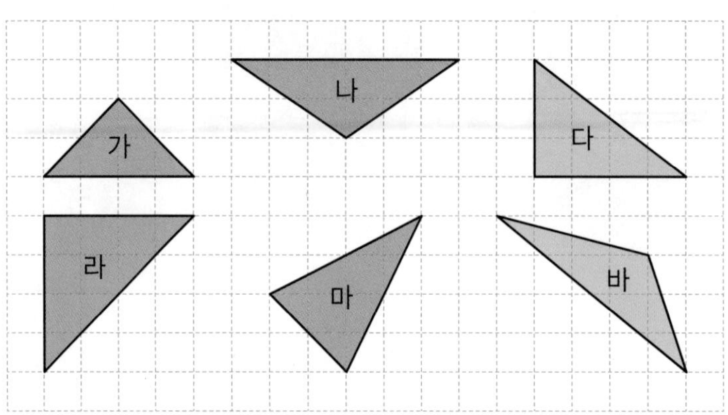

분홍색 삼각형은 길이가 같은 변이 있는 삼각형이에요.

초록색 삼각형은 세 변의 길이가 모두 다른 삼각형이에요.

두 변의 길이가 같은 삼각형을 이등변삼각형이라고 합니다.

위의 삼각형 중 가, 나, 라, 마는 모두 이등변삼각형이에요.

여러 가지 삼각형 ➡ 삼각형의 두 변의 길이가 같은가요? ➡ 이등변삼각형

[색종이로 이등변삼각형 만들기]

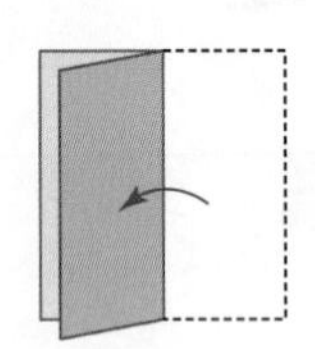

색종이를 반으로 접어요.

➡

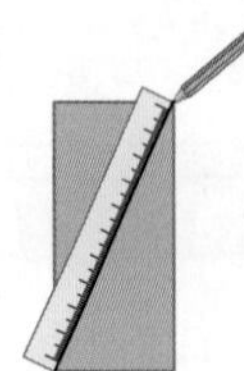

자로 선분을 그어요.

➡

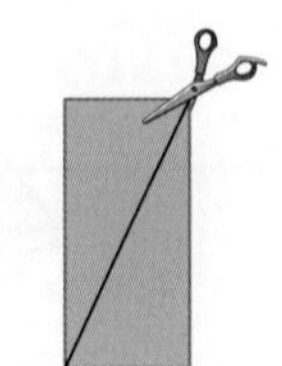

선분을 따라 가위로 잘라요.

➡

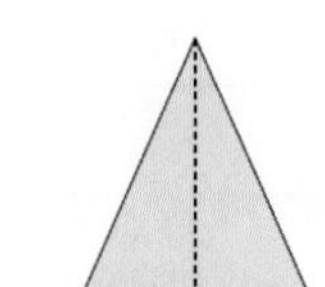

접은 종이를 펼치면 이등변삼각형 완성!

개념 2 이등변삼각형의 성질 알아보기

이미 배운 이등변삼각형

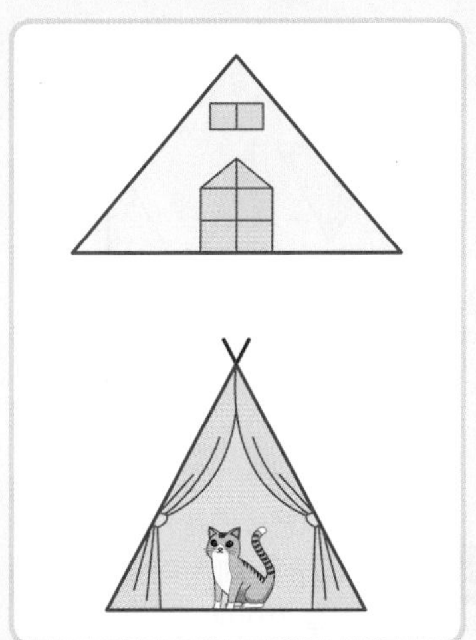

두 변의 길이가 같은 삼각형을 이등변삼각형이라고 해요.

새로 배울 이등변삼각형의 성질

• 이등변삼각형 모양의 종이를 반으로 접어 보기

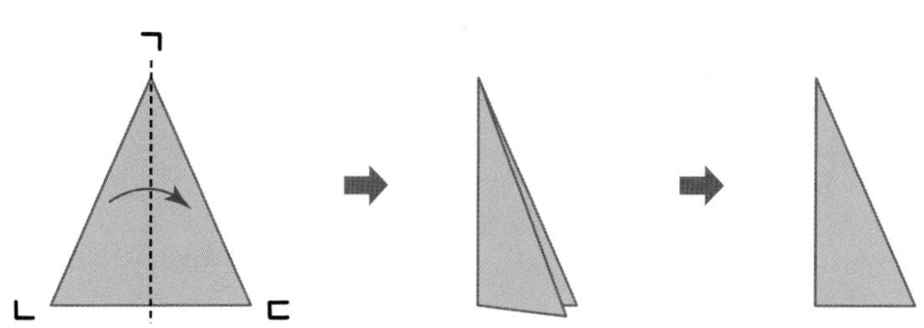

종이를 반으로 접었더니 완전히 포개어졌어요.

포개어졌으니까 각ㄱㄴㄷ과 각ㄱㄷㄴ의 크기가 같다고 할 수 있어요.

이등변삼각형은 길이가 같은 두 변에 있는 두 각의 크기가 같습니다.

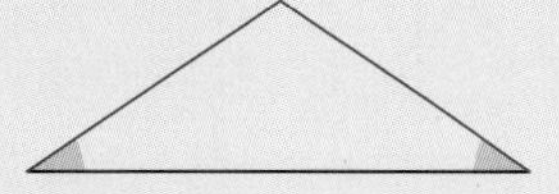

이등변삼각형  반으로 접으면 완전히 포개어져요.  이등변삼각형의 두 각의 크기는 같아요.

[각도기를 이용하여 이등변삼각형 그리기]

• 각도기와 자를 이용하여 주어진 선분을 한 변으로 하고 두 각의 크기가 40°인 이등변삼각형 그리기

예

자를 이용하여 선분을 그어요.

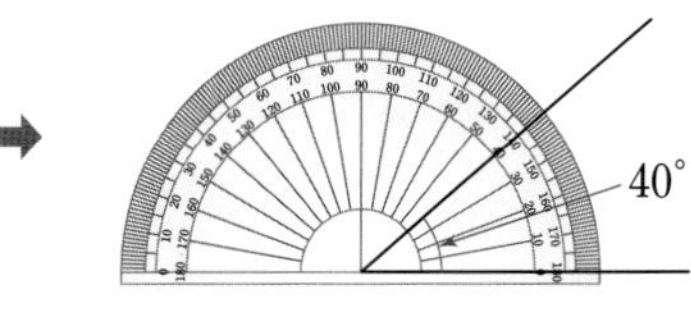

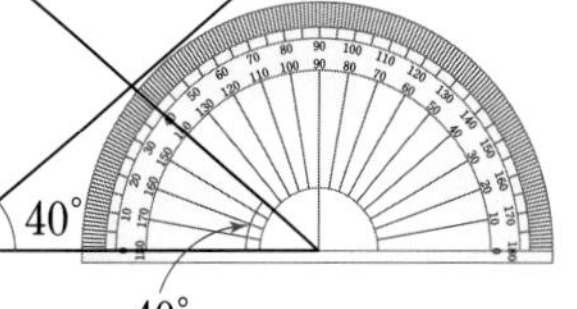

주어진 선분의 양 끝에 각각 40°인 각을 그려요.

40° 40°

이등변삼각형 완성!

개념 3 정삼각형 알아보기

이미 배운 이등변삼각형

5 cm
70°
70°
5 cm

- 두 변의 길이가 같은 삼각형은 이등변삼각형이에요.
- 이등변삼각형은 두 각의 크기가 같아요.

새로 배울 정삼각형

- 여러 가지 삼각형을 모눈 위에 그려 보기

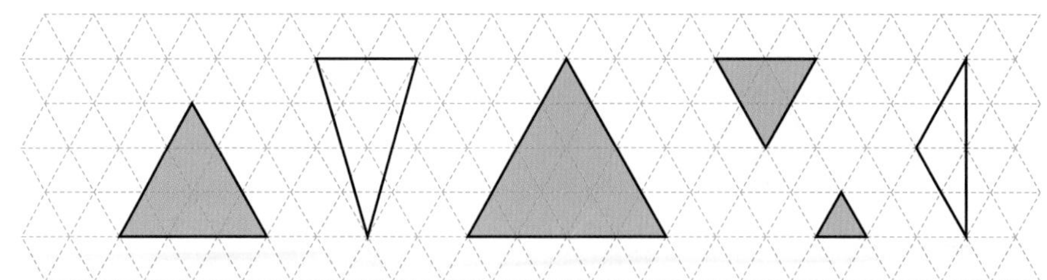

위의 삼각형들은 모두 두 변의 길이가 같으니까 이등변삼각형이에요.

이 중 파란색으로 색칠된 삼각형들은 세 변의 길이가 모두 같아요.

세 변의 길이가 같은 삼각형을 정삼각형이라고 합니다.

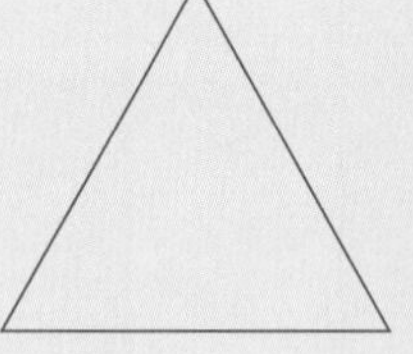

이등변삼각형  삼각형의 세 변의 길이가 모두 같은가요?  정삼각형

정삼각형은 두 변의 길이가 같으므로 이등변삼각형이라고도 할 수 있어요.

[색종이로 정삼각형 만들기]

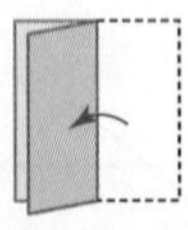

색종이를 반으로 접었다가 펼쳐요.

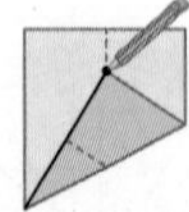

오른쪽 아래 꼭짓점과 접은 선이 만나도록 접은 후 선분을 그어요.

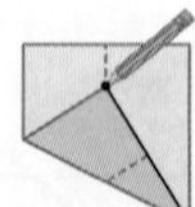

왼쪽 아래 꼭짓점과 접은 선이 만나도록 접은 후 선분을 그어요.

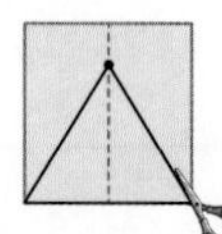

선분을 따라 색종이를 자르면 정삼각형이 완성!

개념 4 정삼각형의 성질 알아보기

이미 배운 정삼각형

세 변의 길이가 같은 삼각형은 정삼각형이에요.

새로 배울 정삼각형의 성질

• 정삼각형 모양의 종이를 여러 방향으로 접어 보기

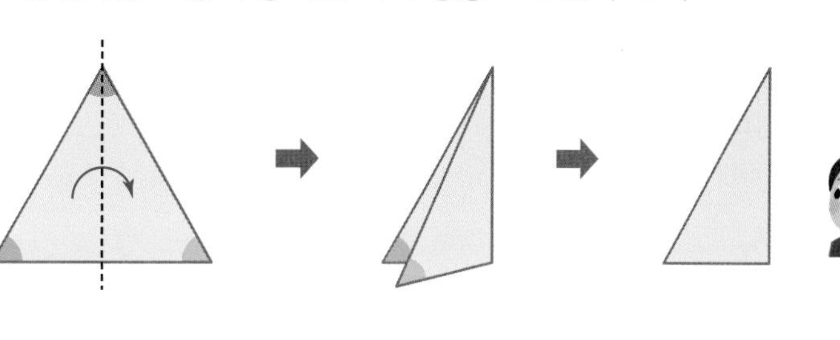

초록색 각과 파란색 각의 크기가 같아요.

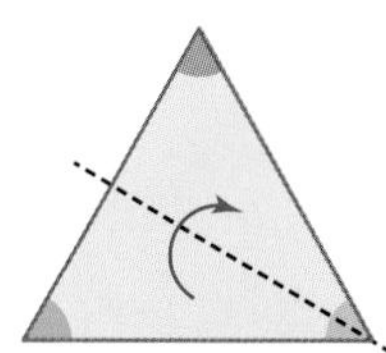

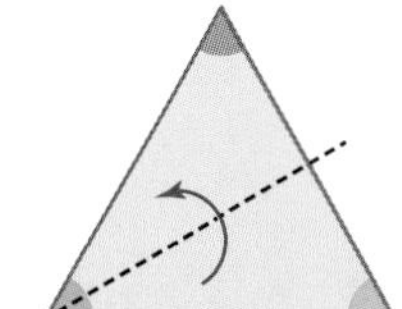

같은 방법으로 다른 방향으로 접으면 완전히 겹쳐지므로 세 각의 크기가 서로 같음을 알 수 있어요.

정삼각형은 세 각의 크기가 모두 같습니다.

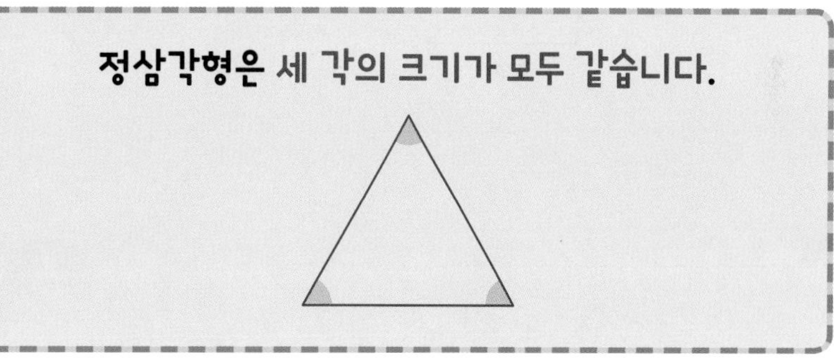

정삼각형 → 여러 방향으로 접으면 각이 완전히 포개어져요. → 정삼각형의 세 각의 크기는 같아요.

정삼각형은 삼각형의 크기와 상관없이 한 각의 크기가 항상 60°예요.

[정삼각형의 세 각의 크기 구하기]

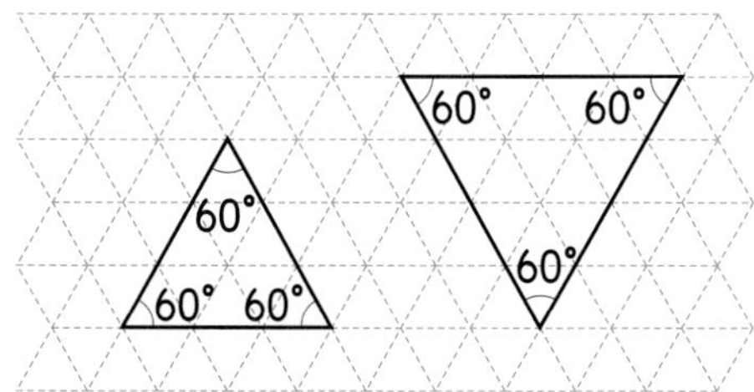

두 정삼각형의 세 각의 크기를 각도기로 각각 재어 보면 모든 각의 크기가 60°임을 알 수 있어요.

삼각형의 세 각의 크기의 합은 180°이고, 정삼각형의 세 각의 크기는 모두 같으므로 정삼각형의 한 각의 크기는 60°예요.

수해력을 확인해요

• 이등변삼각형에서 변의 길이 구하기

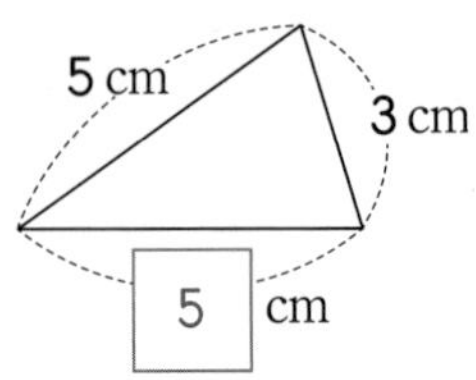

• 이등변삼각형에서 각의 크기 구하기

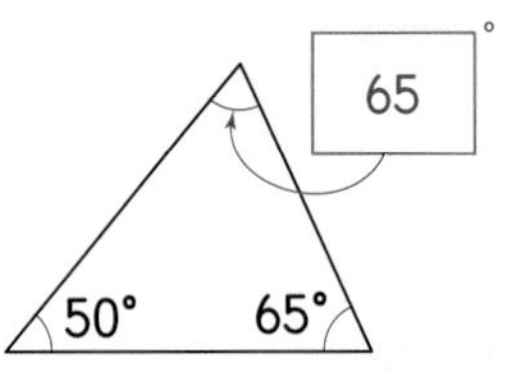

01~04 다음 도형은 이등변삼각형입니다. □ 안에 알맞은 수를 써넣으세요.

01

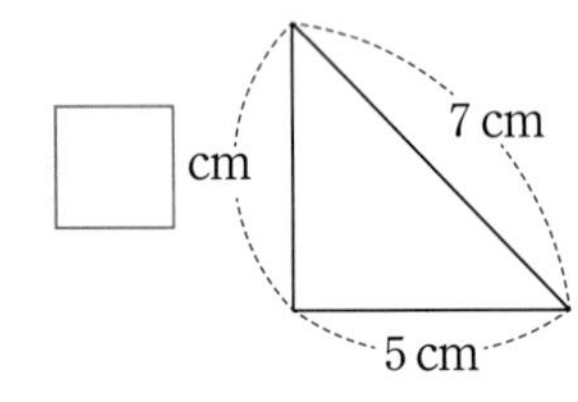

02

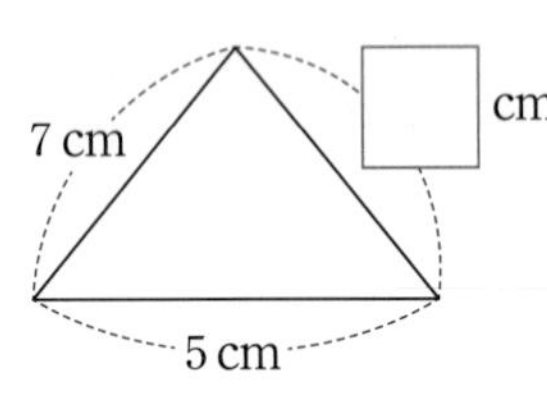

03

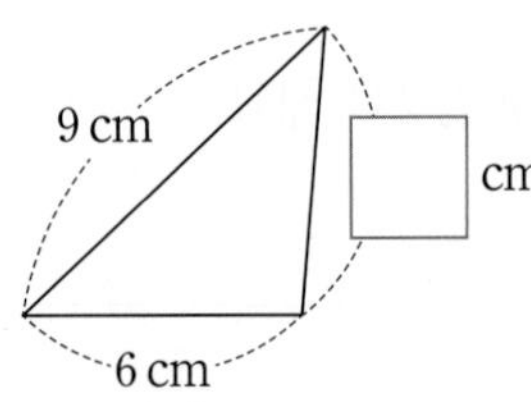

04

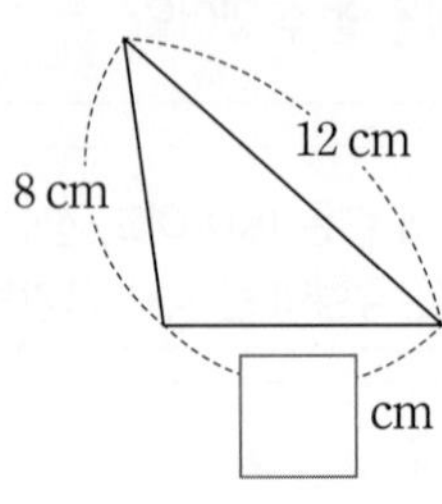

05~08 다음 도형은 이등변삼각형입니다. □ 안에 알맞은 수를 써넣으세요.

05

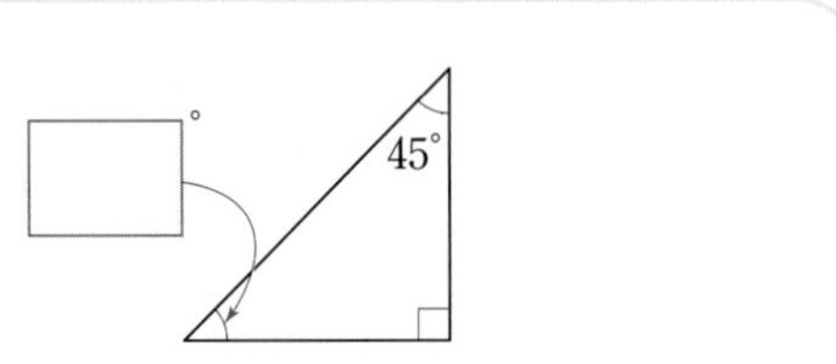

06

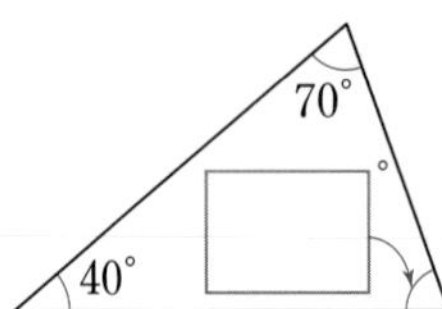

07

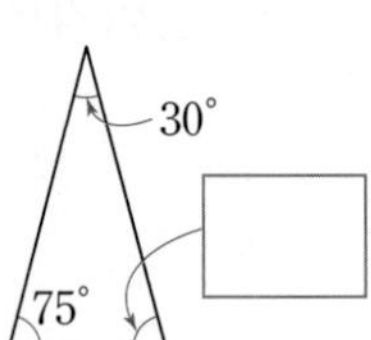

08

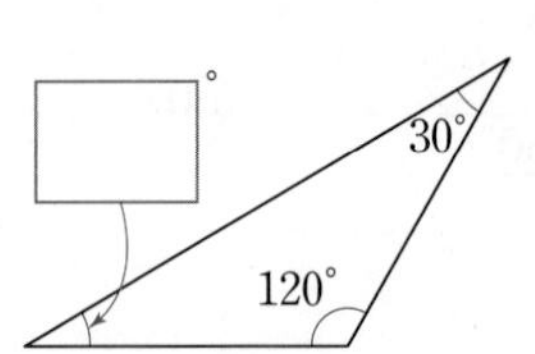

• 정삼각형에서 변의 길이 구하기

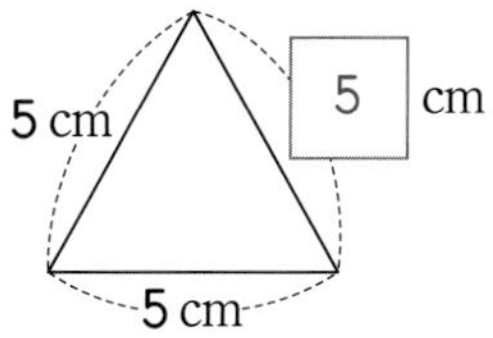

5 cm, 5 cm, 5 cm

• 정삼각형에서 각의 크기 구하기

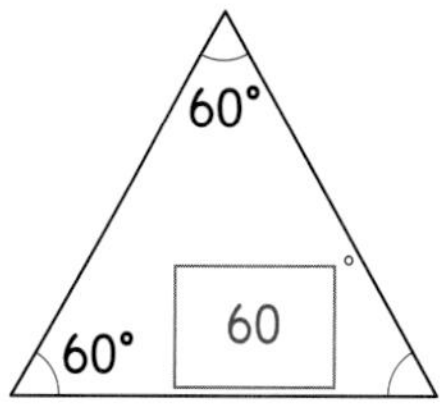

60°, 60°, 60°

09~12 다음 도형은 정삼각형입니다. □ 안에 알맞은 수를 써넣으세요.

09

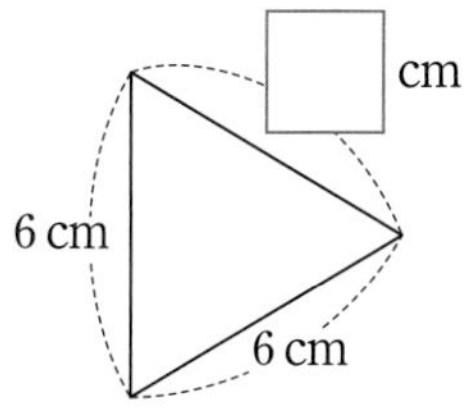

6 cm, 6 cm, □ cm

10

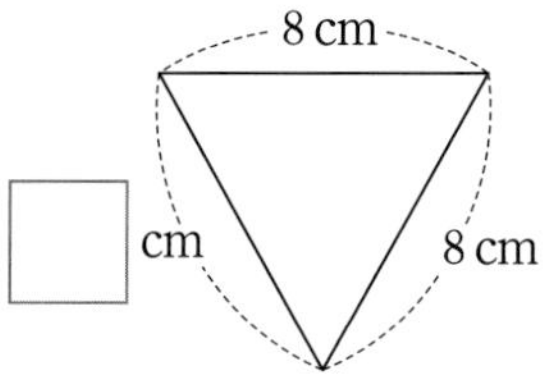

8 cm, 8 cm, □ cm

11

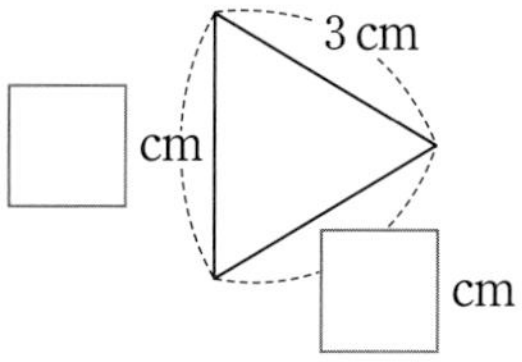

3 cm, □ cm, □ cm

12

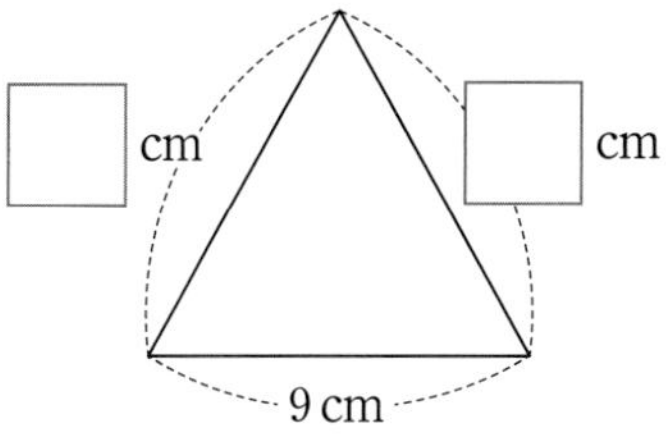

9 cm, □ cm, □ cm

13~16 다음 도형은 정삼각형입니다. □ 안에 알맞은 수를 써넣으세요.

13

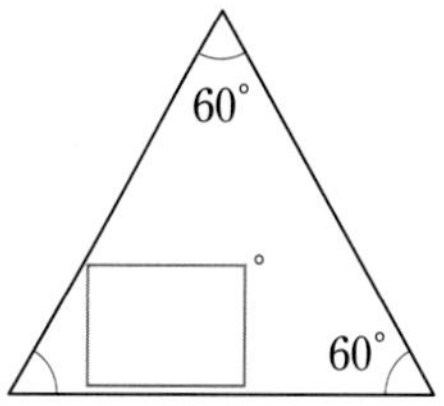

60°, 60°, □°

14

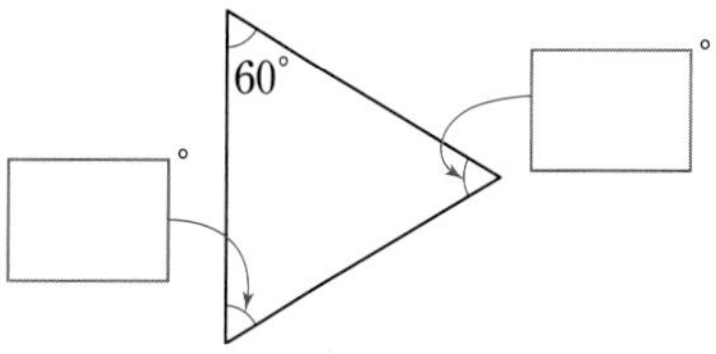

60°, □°, □°

15

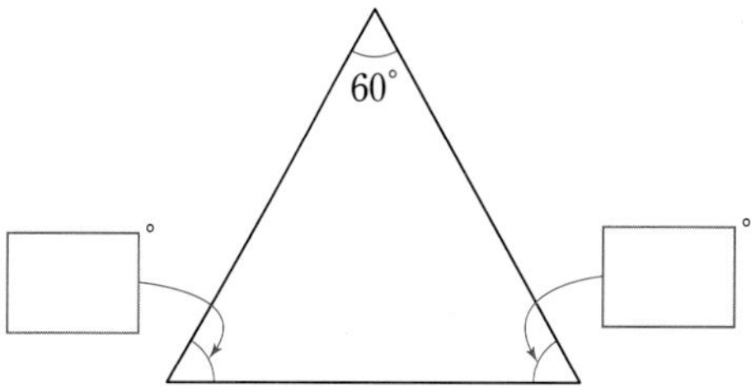

60°, □°, □°

16

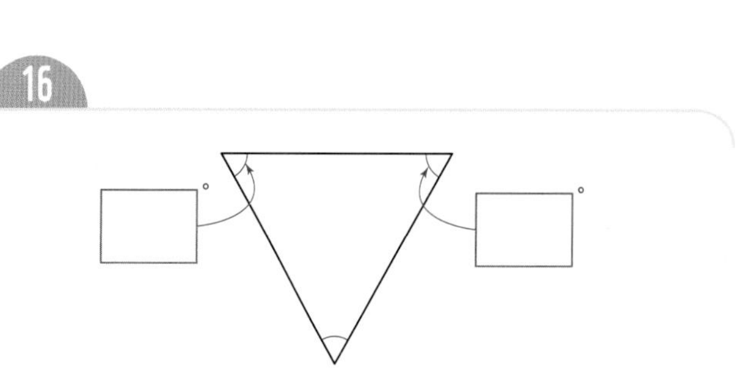

수해력을 높여요

01~02 삼각형을 보고 물음에 답하세요.

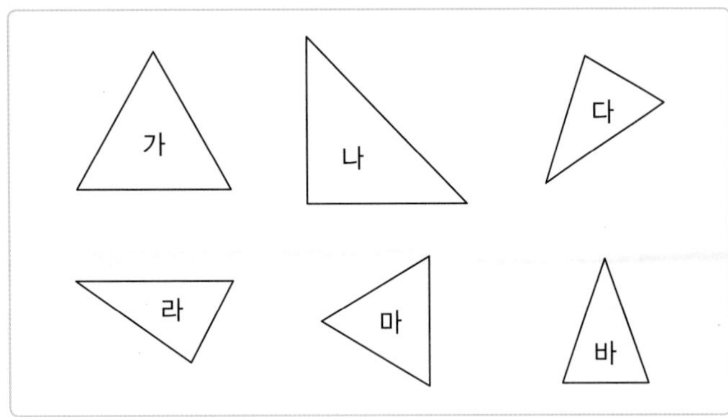

01 이등변삼각형을 모두 찾아 기호를 써 보세요.

( )

02 정삼각형을 모두 찾아 기호를 써 보세요.

( )

03 다음 도형은 이등변삼각형입니다. □ 안에 알맞은 수를 써넣으세요.

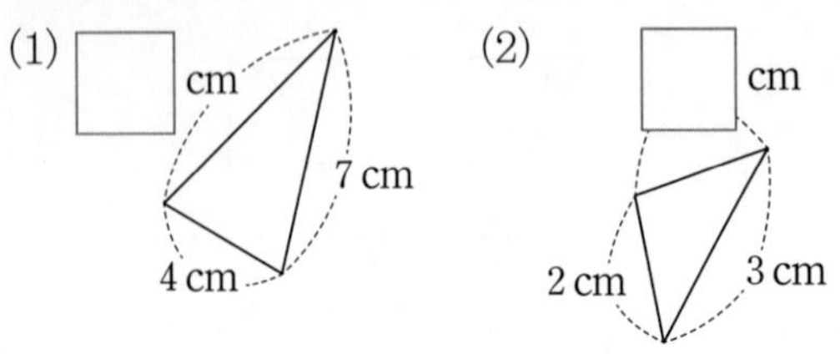

04 다음 중 정삼각형을 찾아 ○표 하세요.

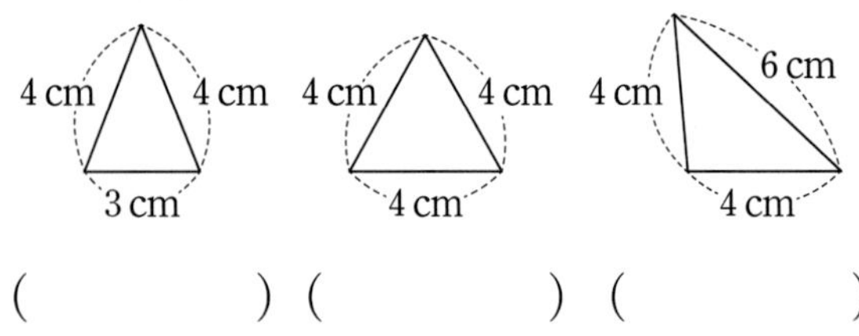

( ) ( ) ( )

05 다음 도형은 이등변삼각형입니다. □ 안에 알맞은 수를 써넣으세요.

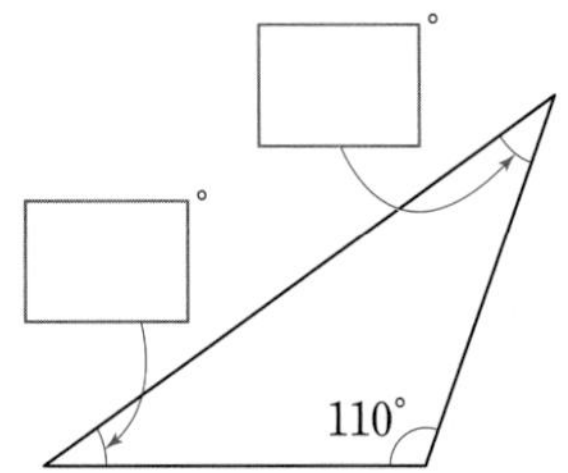

06 주어진 선분을 한 변으로 하는 정삼각형을 각각 그려 보세요.

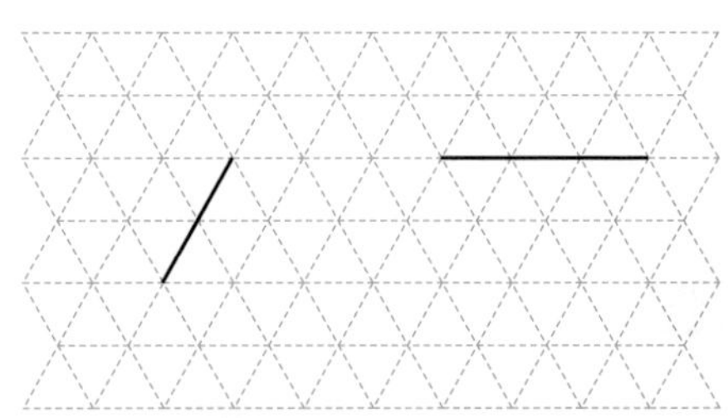

07 정삼각형에 대한 설명 중 옳지 않은 것을 찾아 기호를 쓰세요.

㉠ 정삼각형은 이등변삼각형이라고 할 수 있습니다.
㉡ 정삼각형은 세 변의 길이가 같습니다.
㉢ 정삼각형은 한 각의 크기가 70°입니다.

( )

08 삼각형의 세 각 중 두 각의 크기입니다. 이등변삼각형이 될 수 있는 것을 찾아 ○표 하세요.

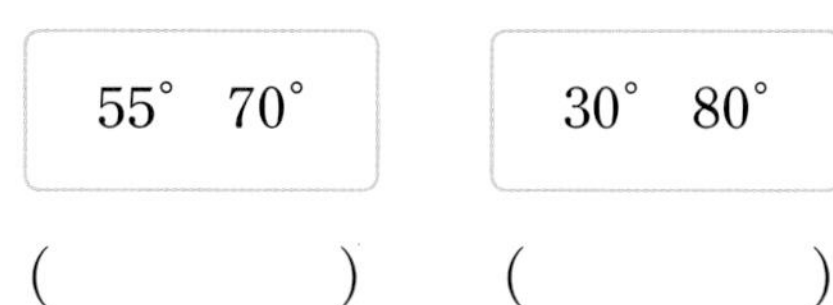

( ) ( )

09 다음 도형은 이등변삼각형입니다. 세 변의 길이의 합을 구해 보세요.

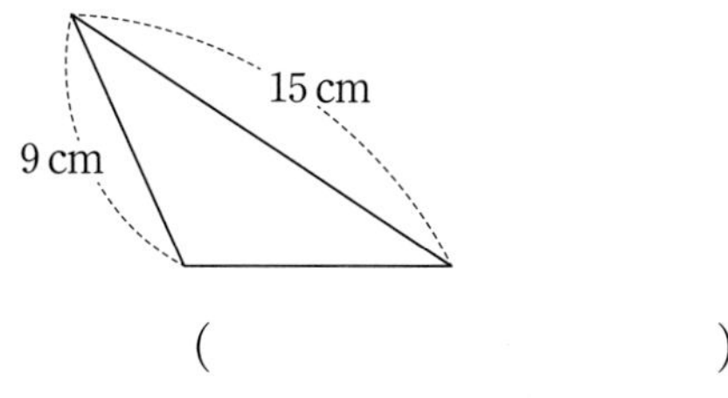

( )

10 삼각형 가는 이등변삼각형이고, 삼각형 나는 정삼각형입니다. 두 삼각형의 세 변의 길이의 합이 서로 같을 때, 삼각형 나의 한 변의 길이를 구해 보세요.

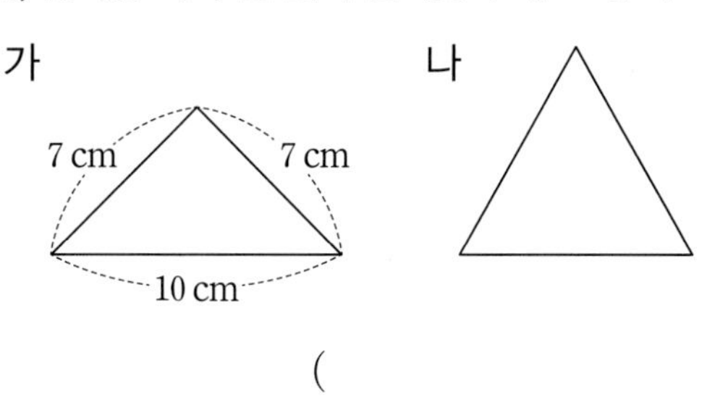

( )

11 삼각형의 세 변의 길이입니다. 이등변삼각형을 모두 찾아 기호를 써 보세요.

㉠ 3 cm, 4 cm, 5 cm
㉡ 4 cm, 4 cm, 6 cm
㉢ 4 cm, 6 cm, 7 cm
㉣ 6 cm, 6 cm, 6 cm

( )

12 다음은 이등변삼각형 모양의 깃발입니다. 깃발의 한 각의 크기가 75°일 때, 각 ㉠과 각 ㉡의 크기의 차를 구해 보세요.

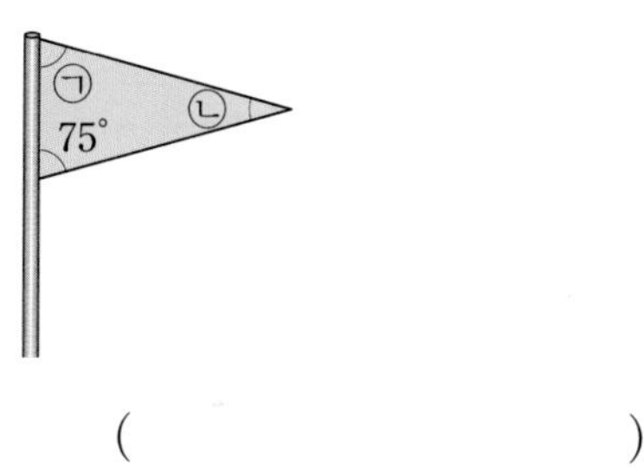

( )

13 실생활 활용

정삼각형 모양의 책상 3개를 다음과 같이 이어 붙여 사각형 모양을 만들었습니다. 각 ㄱㄴㄷ의 크기를 구해 보세요.

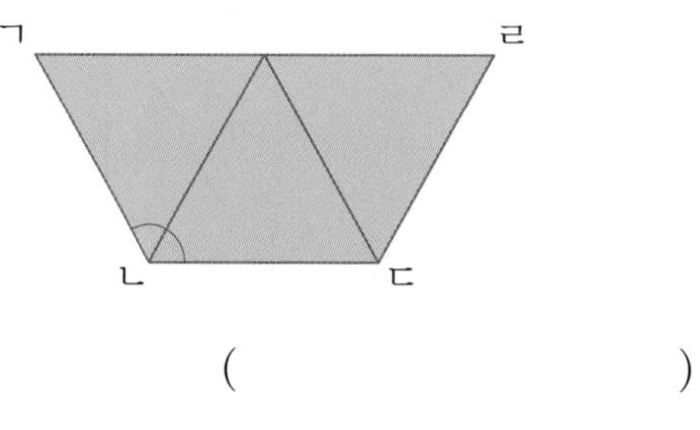

( )

수해력을 완성해요

대표 응용 1 이등변삼각형에서 변의 길이 구하기

다음 이등변삼각형의 세 변의 길이의 합은 80 cm입니다. 변 ㄱㄴ의 길이를 구해 보세요.

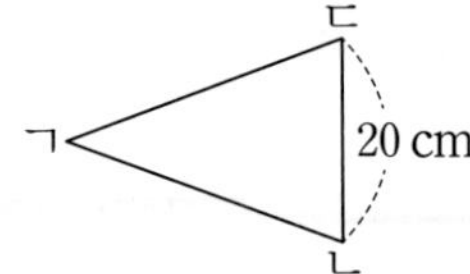

해결하기

1단계 삼각형 ㄱㄴㄷ은 이등변삼각형이므로 변 ㄱㄴ과 변 ㄱㄷ의 길이는 (같습니다 , 다릅니다).

2단계 변 ㄱㄴ과 변 ㄱㄷ의 길이의 합은

80－☐＝☐(cm)입니다.

3단계 따라서 변 ㄱㄴ의 길이는

☐÷2＝☐(cm)입니다.

1-1

다음 이등변삼각형의 세 변의 길이의 합은 50 cm입니다. 변 ㄱㄴ의 길이를 구해 보세요.

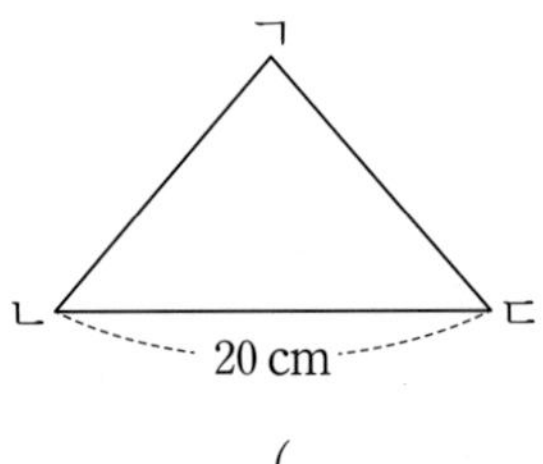

(　　　　　　　　)

1-2

다음 이등변삼각형의 세 변의 길이의 합은 75 cm입니다. 변 ㄱㄷ의 길이를 구해 보세요.

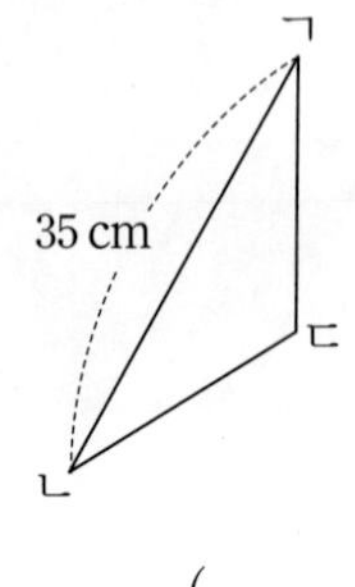

(　　　　　　　　)

대표 응용 2 이등변삼각형의 성질 이용하여 각도 구하기

삼각형 ㄱㄴㄷ과 삼각형 ㄱㄷㄹ은 이등변삼각형입니다. 각 ㄱㄹㄷ의 크기를 구해 보세요.

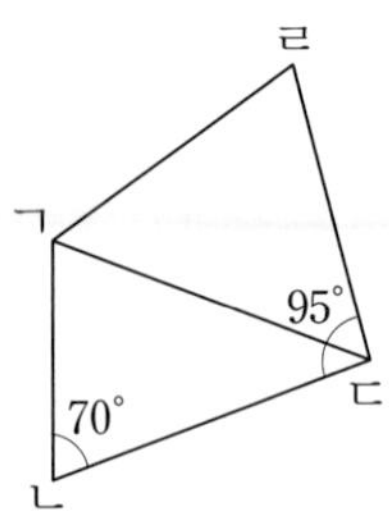

해결하기

1단계 삼각형 ㄱㄴㄷ은 이등변삼각형이므로 각 ㄱㄷㄴ의 크기는 180°－70°－☐＝☐입니다.

2단계 각 ㄴㄷㄹ의 크기가 95°이므로 각 ㄱㄷㄹ의 크기는 95°－☐＝☐입니다.

3단계 삼각형 ㄱㄷㄹ은 이등변삼각형이므로 각 ㄱㄹㄷ의 크기는

180°－☐－☐＝☐입니다.

2-1

삼각형 ㄱㄴㄷ과 삼각형 ㄱㄷㄹ은 이등변삼각형입니다. 각 ㄱㄹㄷ의 크기를 구해 보세요.

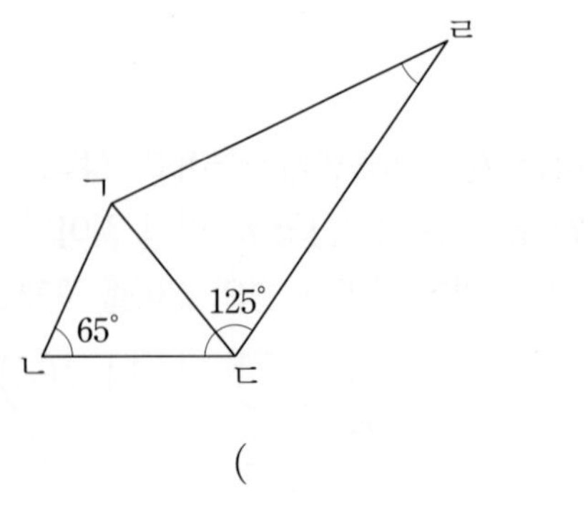

(　　　　　　　　)°

대표 응용 3 크고 작은 정삼각형의 개수 구하기

크고 작은 정삼각형은 모두 몇 개인지 구해 보세요.

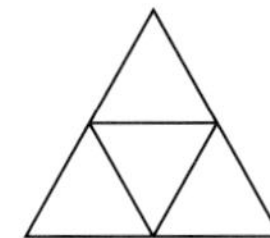

해결하기

1단계 정삼각형 1개로 이루어진 정삼각형은 ☐개입니다.

2단계 작은 정삼각형 ☐개가 모여 큰 정삼각형 1개가 됩니다.

3단계 큰 정삼각형은 ☐개이므로, 크고 작은 정삼각형은 모두 ☐개입니다.

대표 응용 4 정삼각형으로 이루어진 도형에서 한 변의 길이 구하기

정삼각형을 이어 붙여 다음과 같은 사각형을 만들었습니다. 사각형의 네 변의 길이의 합이 40 cm일 때, 정삼각형의 한 변의 길이를 구해 보세요.

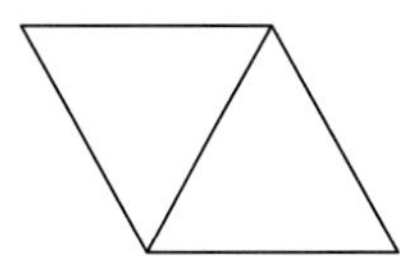

해결하기

1단계 사각형의 네 변의 길이는 모두 (같습니다, 다릅니다).

2단계 사각형의 한 변의 길이는 $40 \div$ ☐ $=$ ☐(cm)입니다.

3단계 정삼각형의 한 변의 길이는 ☐cm입니다.

3-1

크고 작은 정삼각형은 모두 몇 개인지 구해 보세요.

(　　　　　　　　)

3-2

크고 작은 정삼각형은 모두 몇 개인지 구해 보세요.

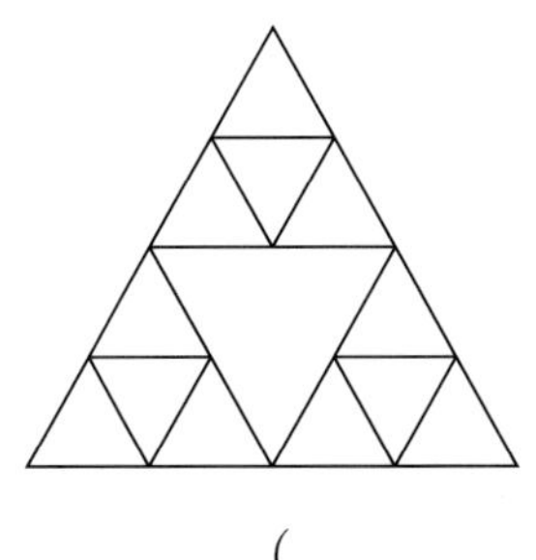

(　　　　　　　　)

4-1

정삼각형을 이어 붙여 다음과 같은 사각형을 만들었습니다. 사각형의 네 변의 길이의 합이 65 cm일 때, 정삼각형의 한 변의 길이를 구해 보세요.

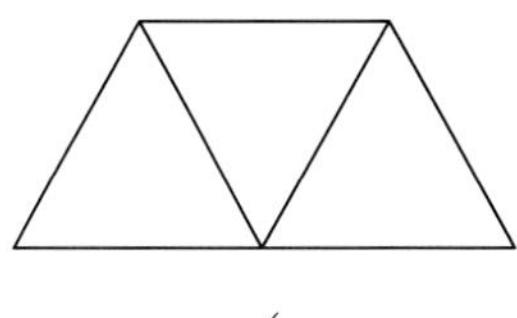

(　　　　　　　　)

4-2

정삼각형을 이어 붙여 다음과 같은 육각형을 만들었습니다. 육각형의 여섯 변의 길이의 합이 84 cm일 때, 정삼각형의 한 변의 길이를 구해 보세요.

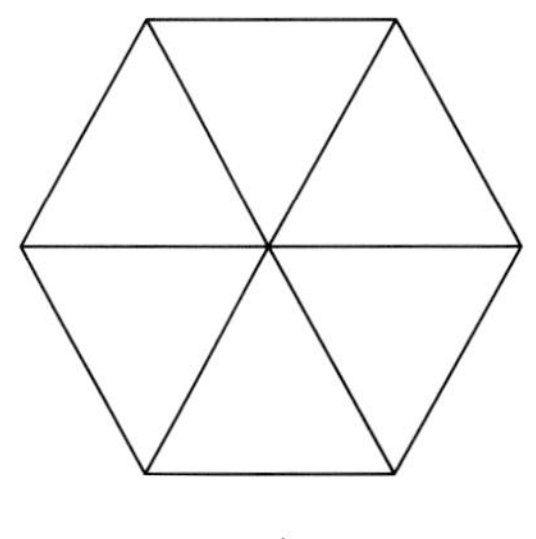

(　　　　　　　　)

개념 1 예각삼각형 알아보기

이미 배운 직각삼각형과 예각

• 직각삼각형

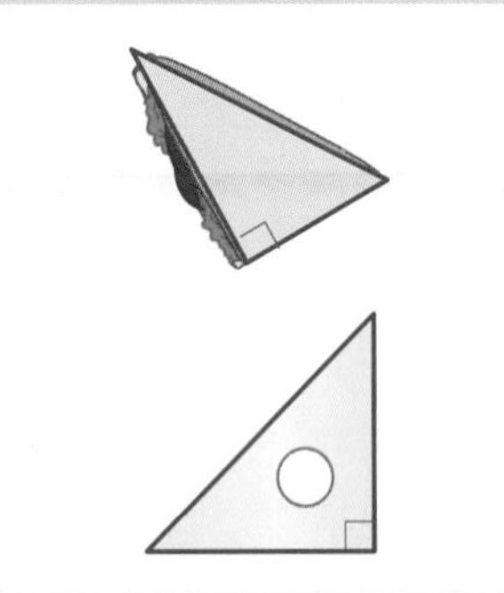

한 각이 직각인 삼각형을 직각삼각형이라고 해요.

• 예각

각도가 0°보다 크고 90°보다 작은 각이 예각이에요.

새로 배울 예각삼각형

• 삼각형의 세 각 중에서 예각을 찾아 ∠ 와 같이 표시하기

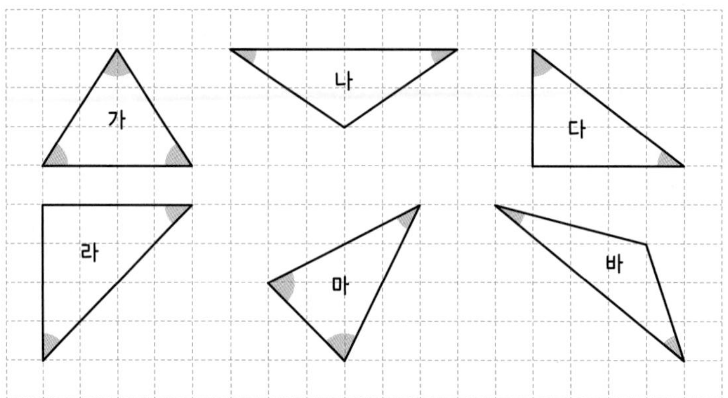

모든 삼각형에서 예각을 찾을 수 있어요.

삼각형 가와 마는 세 각이 모두 예각이네요.

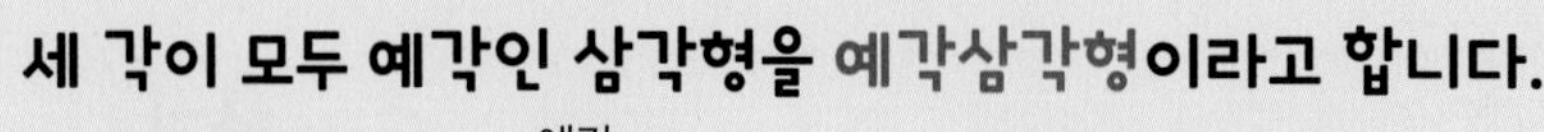

세 각이 모두 예각인 삼각형을 예각삼각형이라고 합니다.

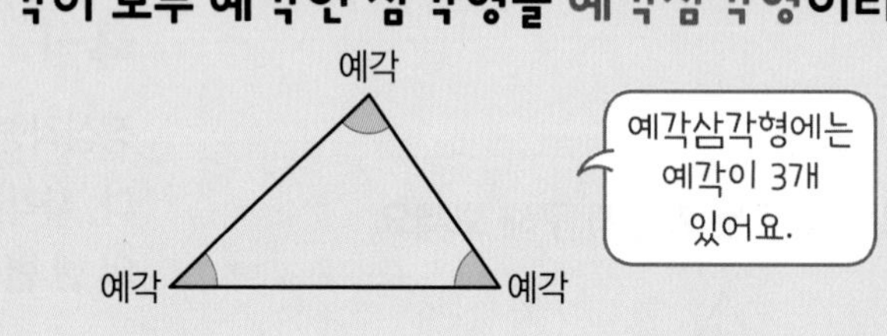

예각삼각형에는 예각이 3개 있어요.

여러 가지 삼각형 ➡ 세 각이 모두 예각인가요? ➡ 예각삼각형

[예각이 있다고 모두 예각삼각형일까요?]

짠~! 예각삼각형을 그려 봤어요. 무려 예각이 2개나 있어요.

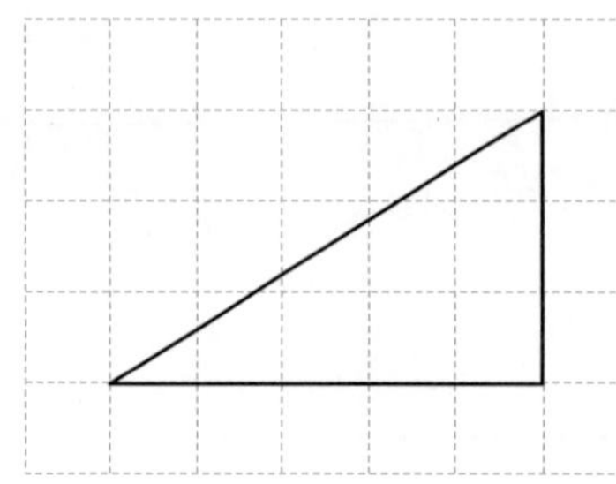

이건 예각삼각형이 아니예요. 예각삼각형은 세 각이 모두 예각이어야 해요!

개념 2 둔각삼각형 알아보기

이미 배운 예각삼각형, 둔각

• 예각삼각형

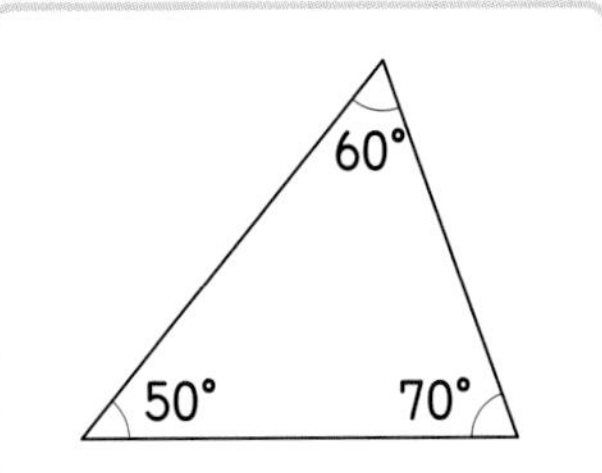

세 각이 모두 예각인 삼각형은 예각삼각형이에요.

• 둔각

각도가 90°보다 크고 180°보다 작은 각이 둔각이에요.

새로 배울 둔각삼각형

• 삼각형의 세 각 중에서 둔각을 찾아 와 같이 표시하기

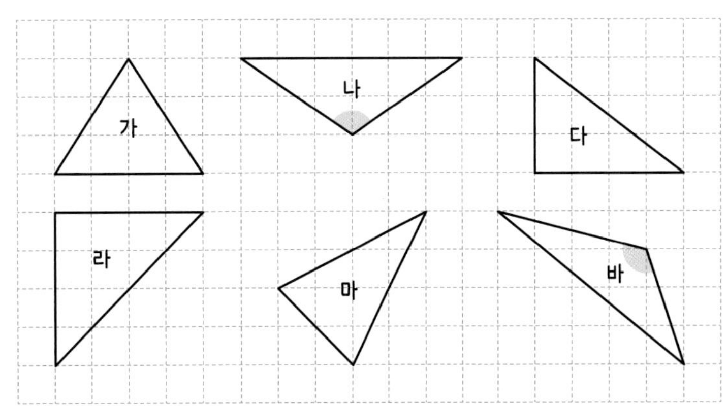

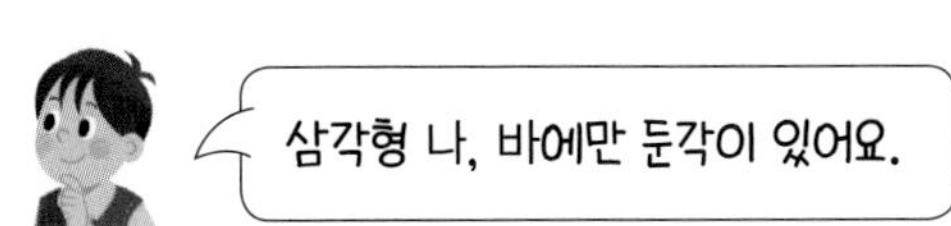

한 각이 둔각인 삼각형을 둔각삼각형이라고 합니다.

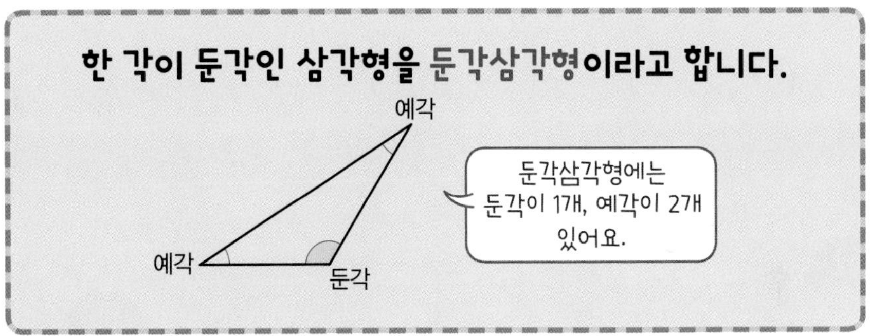

여러 가지 삼각형 ➡ 한 각이 둔각인가요? ➡ 둔각삼각형

[삼각형을 각의 크기에 따라 분류하기]

여러 가지 삼각형
- 세 각이 모두 예각 → 예각삼각형
- 한 각이 직각 → 직각삼각형
- 한 각이 둔각 → 둔각삼각형

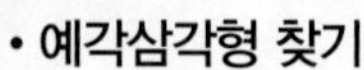

수해력을 확인해요

• 예각삼각형 찾기

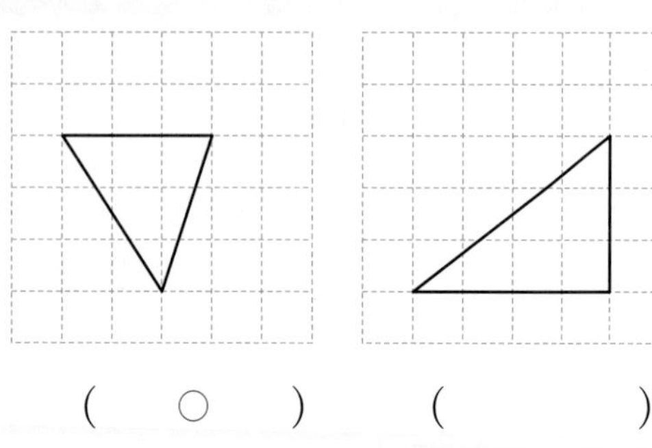

(○) (   )

• 주어진 선분을 한 변으로 하는 예각삼각형 그리기

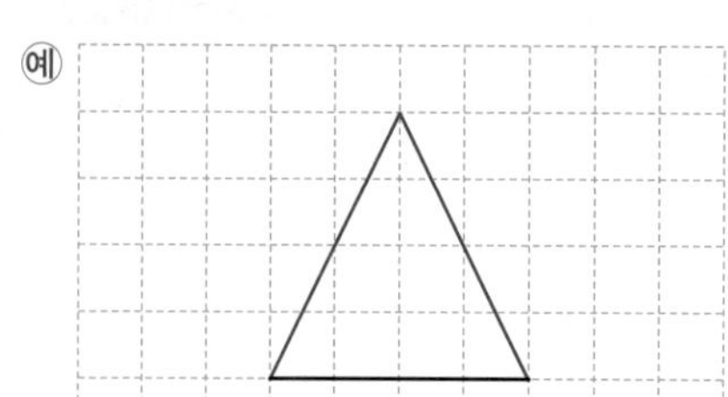

01~03 다음 중 예각삼각형을 찾아 ○표 하세요.

01

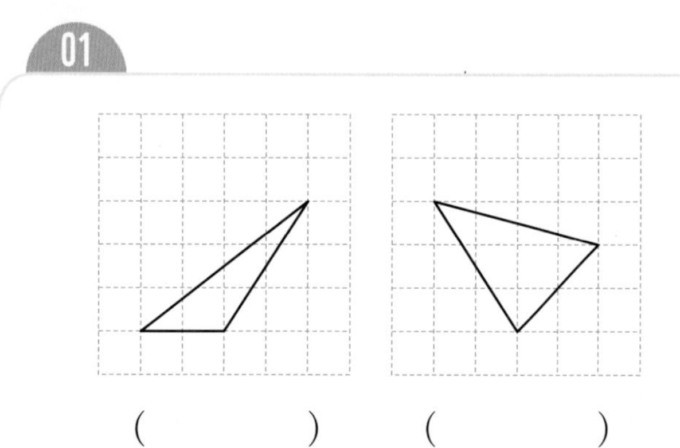

(   ) (   )

02

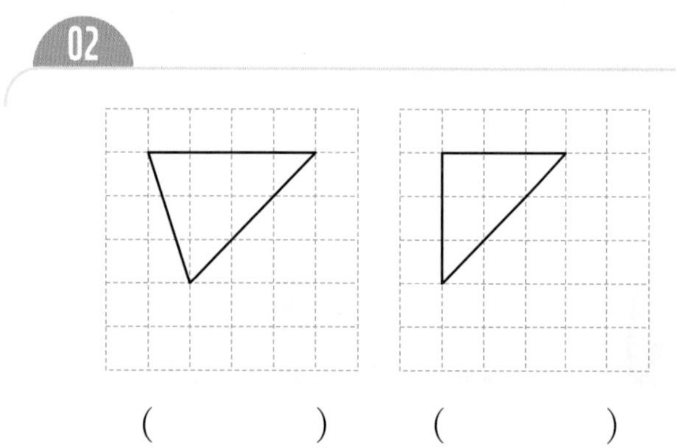

(   ) (   )

03

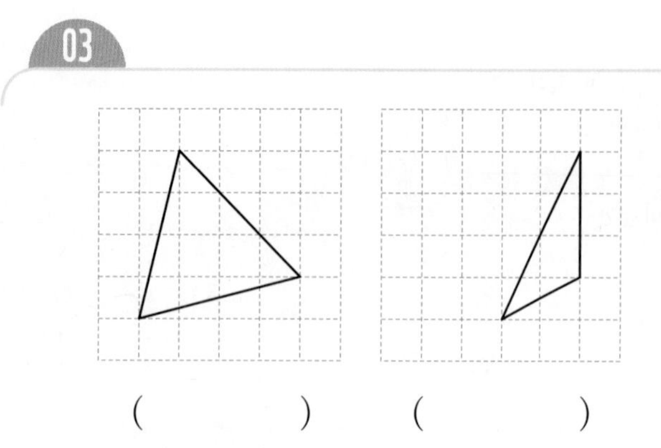

(   ) (   )

04~06 주어진 선분을 한 변으로 하는 예각삼각형을 그려 보세요.

04

05

06

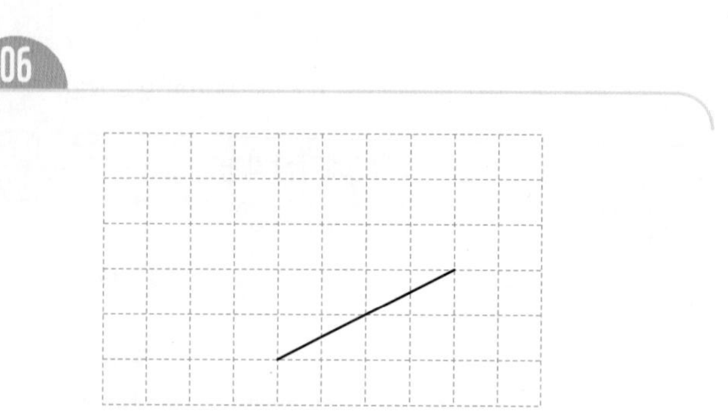

• 둔각삼각형 찾기

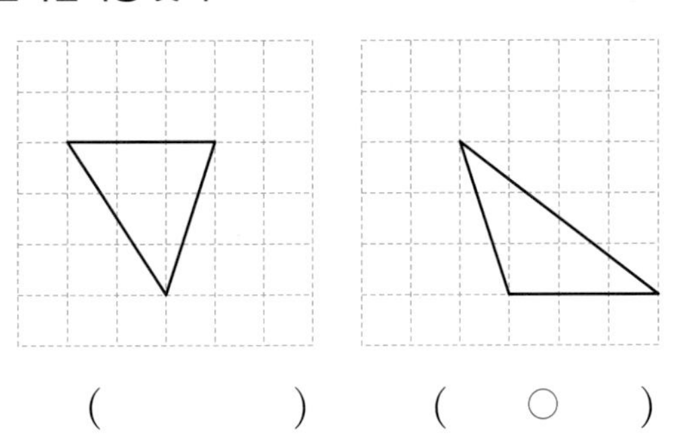

( ) (○)

• 주어진 선분을 한 변으로 하는 둔각삼각형 그리기

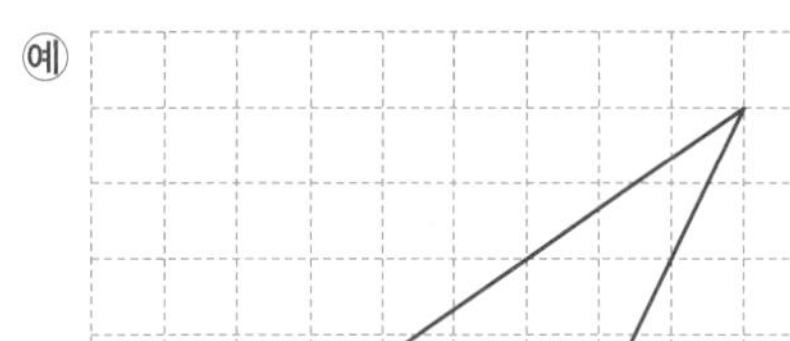

07 ~ 09 다음 중 둔각삼각형을 찾아 ○표 하세요.

07

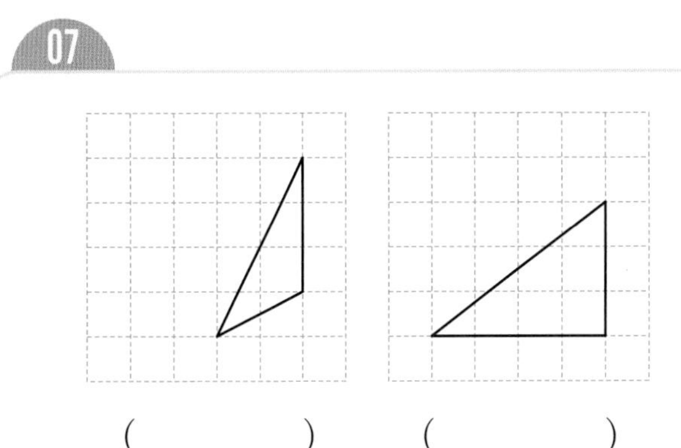

( ) ( )

08

( ) ( )

09

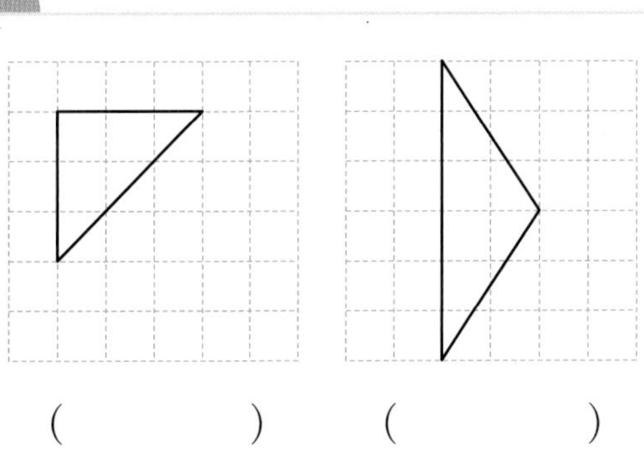

( ) ( )

10 ~ 12 주어진 선분을 한 변으로 하는 둔각삼각형을 그려 보세요.

10

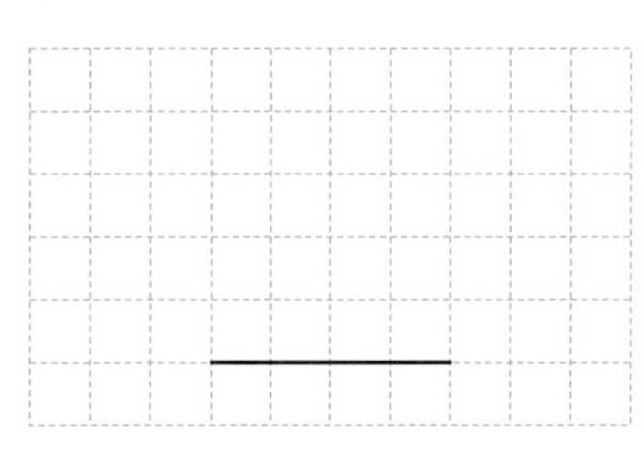

11

12

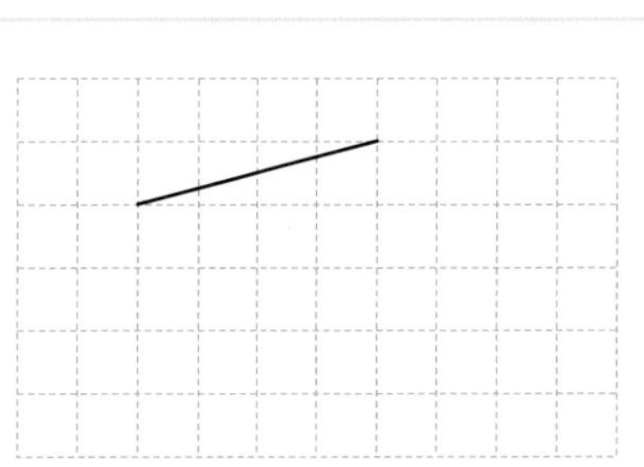

수해력을 높여요

01~02 삼각형을 보고 물음에 답하세요.

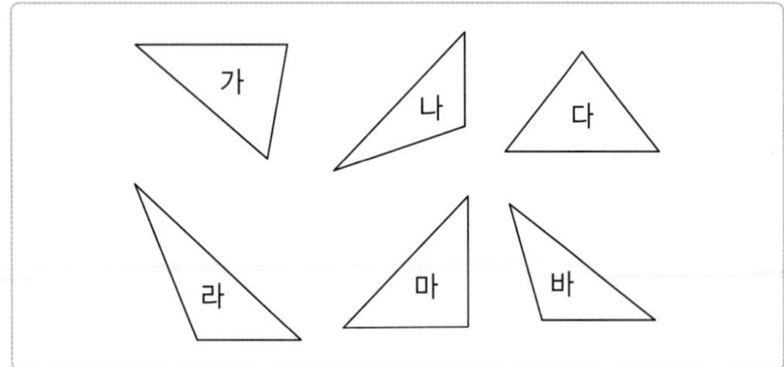

01 예각삼각형을 모두 찾아 기호를 써 보세요.

(   )

02 둔각삼각형을 모두 찾아 기호를 써 보세요.

(   )

03 주어진 선분을 한 변으로 하는 둔각삼각형을 그려 보세요.

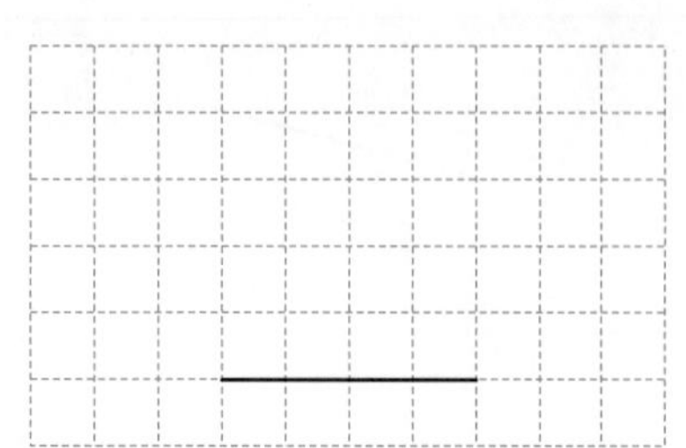

04 직사각형 모양의 종이를 점선을 따라 오렸습니다. 예각삼각형은 모두 몇 개인가요?

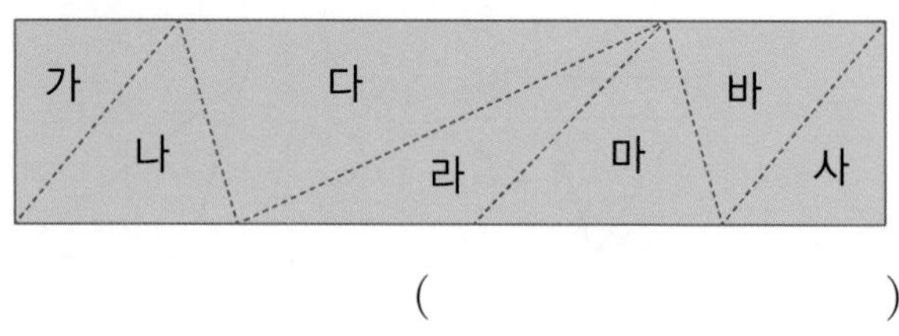

(   )

05 다음 중 옳지 않은 것을 찾아 기호를 써 보세요.

㉠ 한 각이 예각인 삼각형은 예각삼각형입니다.
㉡ 둔각삼각형에는 둔각과 예각이 있습니다
㉢ 한 각이 직각인 삼각형은 직각삼각형입니다.

(   )

06 다음과 같이 만들어진 삼각형의 이름을 찾아 기호를 써 보세요.

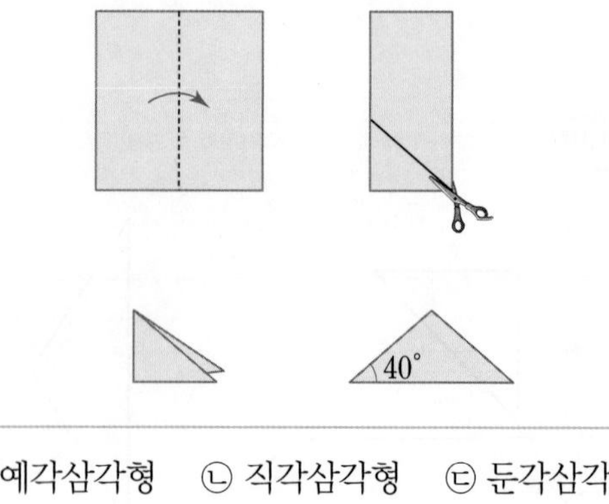

㉠ 예각삼각형 ㉡ 직각삼각형 ㉢ 둔각삼각형

(   )

07 삼각형의 세 각의 크기를 나타낸 것입니다. 예각삼각형을 찾아 기호를 써 보세요.

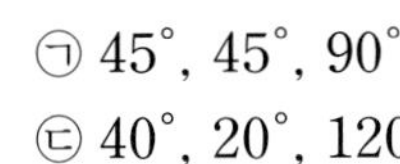

㉠ 45°, 45°, 90° ㉡ 35°, 45°, 100°
㉢ 40°, 20°, 120° ㉣ 50°, 50°, 80°

( )

08 점 종이에 삼각형을 그렸습니다. 둔각삼각형을 만들려면 점 ㄱ을 어느 점으로 옮겨야 하나요?

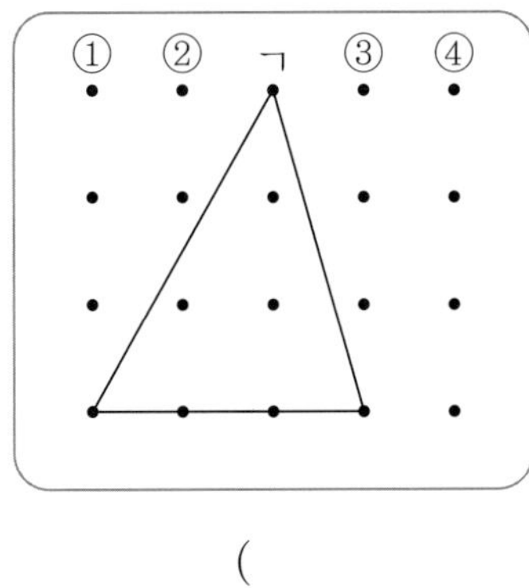

( )

09 삼각형의 이름으로 알맞은 것에 ○표 하세요.

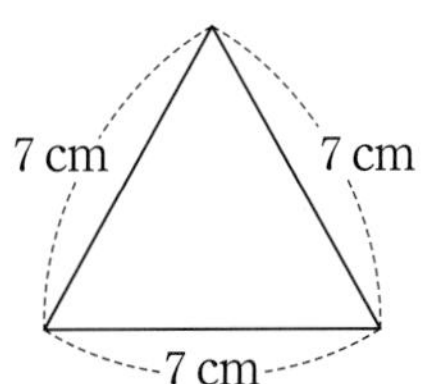

예각삼각형	직각삼각형	둔각삼각형
( )	( )	( )

10 삼각형에 대한 승호의 설명을 바르게 고쳐 보세요.

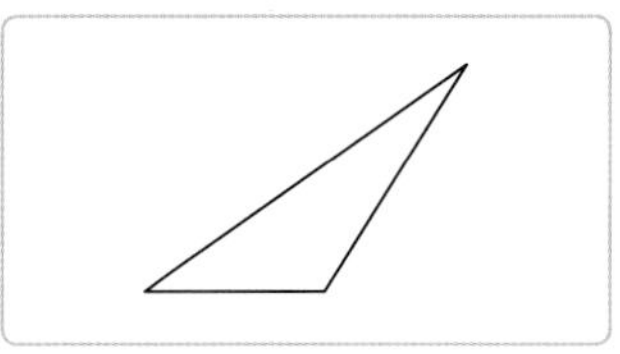

바르게 고치기

11 실생활 활용

오각형 모양의 헝겊을 깃발을 만들기 위해 다음과 같이 잘랐습니다. 잘라서 생기는 삼각형에서 찾을 수 있는 예각은 모두 몇 개인가요?

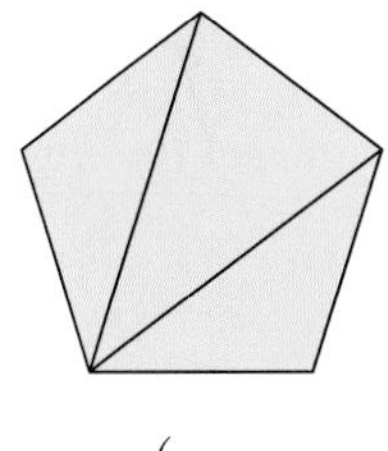

( )

수해력을 완성해요

대표 응용 1

삼각형의 이름 알아보기

다음 삼각형의 이름이 될 수 있는 것을 보기 에서 모두 찾아보세요.

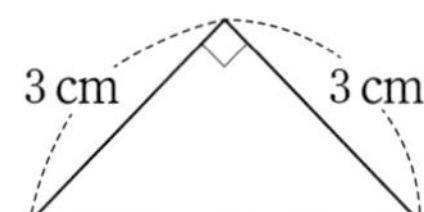

보기

이등변삼각형 정삼각형
예각삼각형 직각삼각형 둔각삼각형

해결하기

1단계 두 변의 길이가 같으므로 [ ] 입니다.

2단계 한 각이 직각이므로 [ ] 입니다.

1-1

다음 삼각형의 이름이 될 수 있는 것을 보기 에서 모두 찾아 기호를 써 보세요.

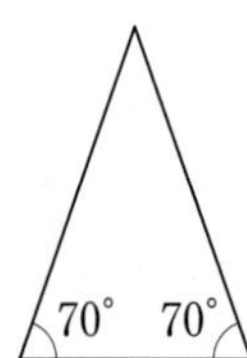

보기

㉠ 이등변삼각형 ㉡ 정삼각형 ㉢ 예각삼각형
㉣ 직각삼각형 ㉤ 둔각삼각형

(　　　　　　)

1-2

다음 삼각형의 이름이 될 수 있는 것을 보기 에서 모두 찾아 기호를 써 보세요.

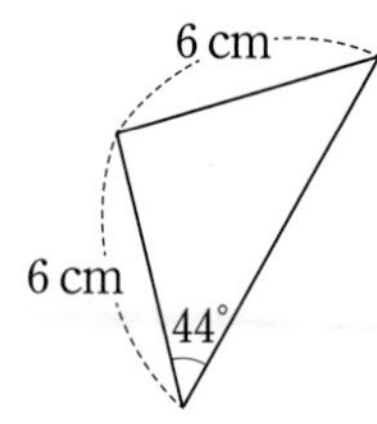

보기

㉠ 이등변삼각형 ㉡ 정삼각형 ㉢ 예각삼각형
㉣ 직각삼각형 ㉤ 둔각삼각형

(　　　　　　)

1-3

다음 삼각형의 이름이 될 수 있는 것을 보기 에서 모두 찾아 기호를 써 보세요.

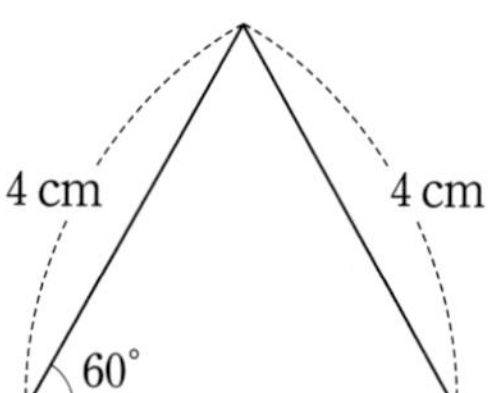

보기

㉠ 이등변삼각형 ㉡ 정삼각형 ㉢ 예각삼각형
㉣ 직각삼각형 ㉤ 둔각삼각형

(　　　　　　)

1-4

삼각형의 일부가 지워졌습니다. 이 삼각형의 이름이 될 수 있는 것을 보기 에서 모두 찾아 기호를 써 보세요.

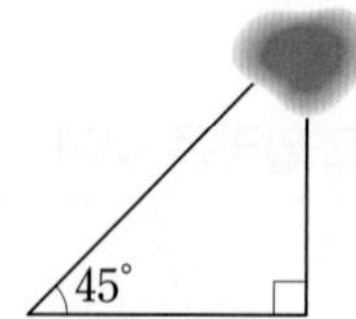

보기

㉠ 이등변삼각형 ㉡ 정삼각형 ㉢ 예각삼각형
㉣ 직각삼각형 ㉤ 둔각삼각형

(　　　　　　)

대표 응용 **2**

크고 작은 삼각형의 개수 구하기

크고 작은 둔각삼각형은 모두 몇 개인지 구해 보세요.

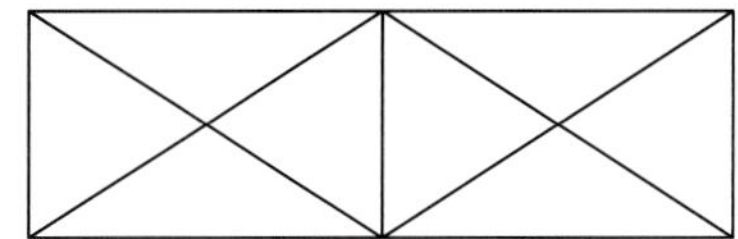

해결하기

1단계 삼각형 1개로 이루어진 둔각삼각형은 □개입니다.

2단계 작은 삼각형 □개가 모여 큰 둔각삼각형 1개가 됩니다.

3단계 큰 둔각삼각형은 □개이므로 크고 작은 둔각삼각형은 모두 □개입니다.

2-1

크고 작은 예각삼각형은 모두 몇 개인지 구해 보세요.

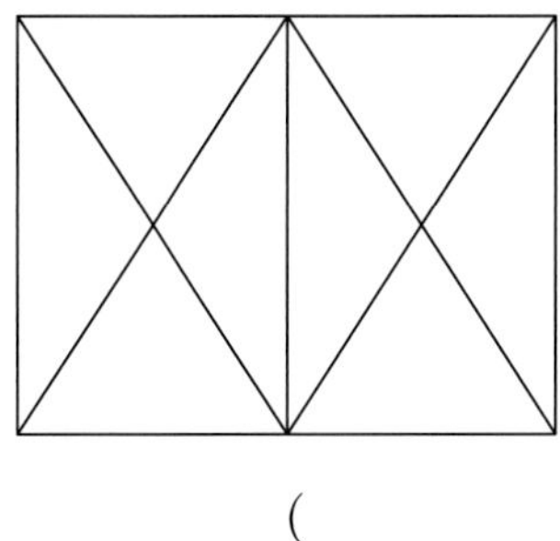

(　　　　　　　　)

2-2

삼각형 ㄱㄴㄷ은 예각삼각형입니다. 크고 작은 둔각삼각형은 모두 몇 개인지 구해 보세요.

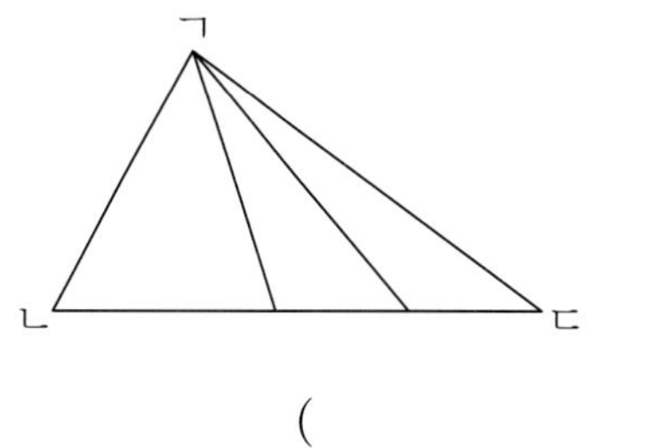

(　　　　　　　　)

2-3

삼각형 ㄱㄴㄷ은 직각삼각형입니다. 크고 작은 예각삼각형은 모두 몇 개인지 구해 보세요.

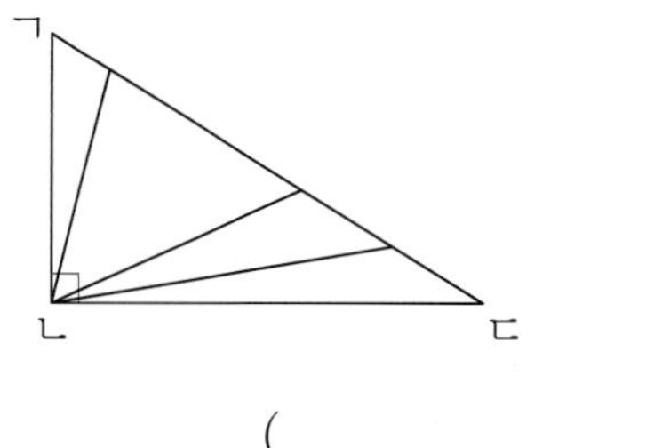

(　　　　　　　　)

2-4

크고 작은 예각삼각형과 둔각삼각형은 각각 모두 몇 개인지 구해 보세요.

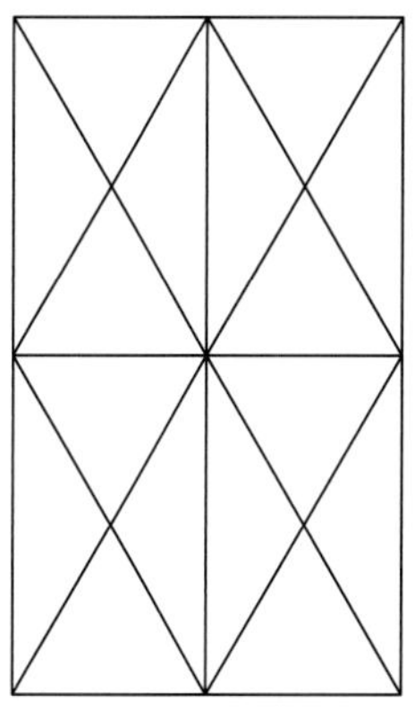

예각삼각형 (　　　　　　)
둔각삼각형 (　　　　　　)

삼각형 그림

삼각형으로 그림을 그릴 수 있다는 것을 알고 있나요? 작은 삼각형들이 모여 아래와 같은 아름다운 작품을 만들어 낼 수 있습니다. 여러분도 여러 가지 삼각형 모양을 사용하여 멋진 작품을 완성해 보세요.

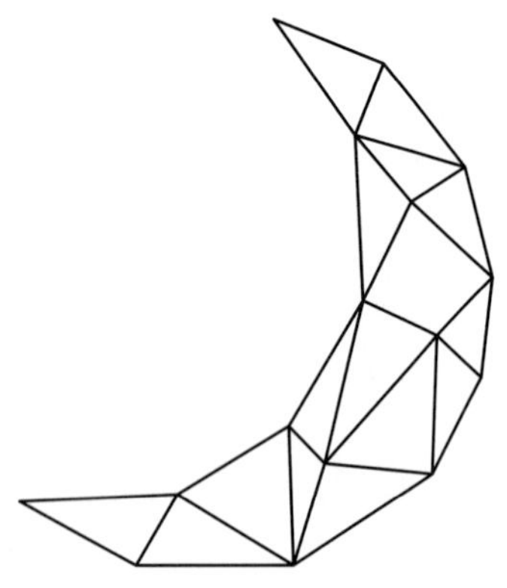

활동 1 **아래 그림에서 예각삼각형은 빨간색, 직각삼각형은 노란색, 둔각삼각형은 초록색으로 색칠해 보세요.**

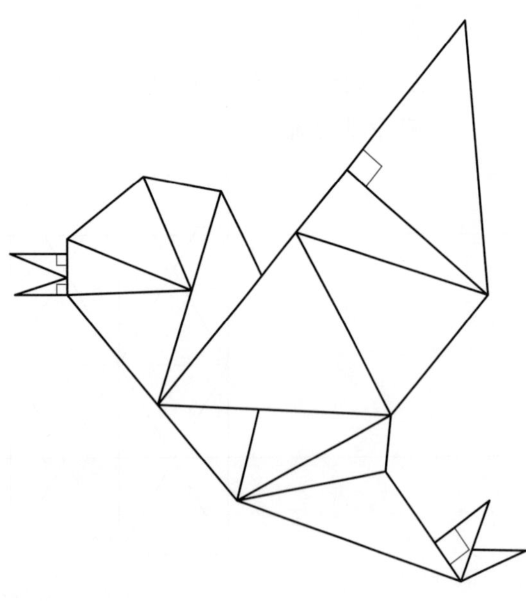

활동 2 거북이 그림에 선분을 여러 개 그어 삼각형을 그리고, 예각삼각형이면 빨간색, 직각삼각형이면 노란색, 둔각삼각형이면 파란색으로 색칠해 보세요. 그리고 각 삼각형이 몇 개인지 세어 표를 완성해 보세요.

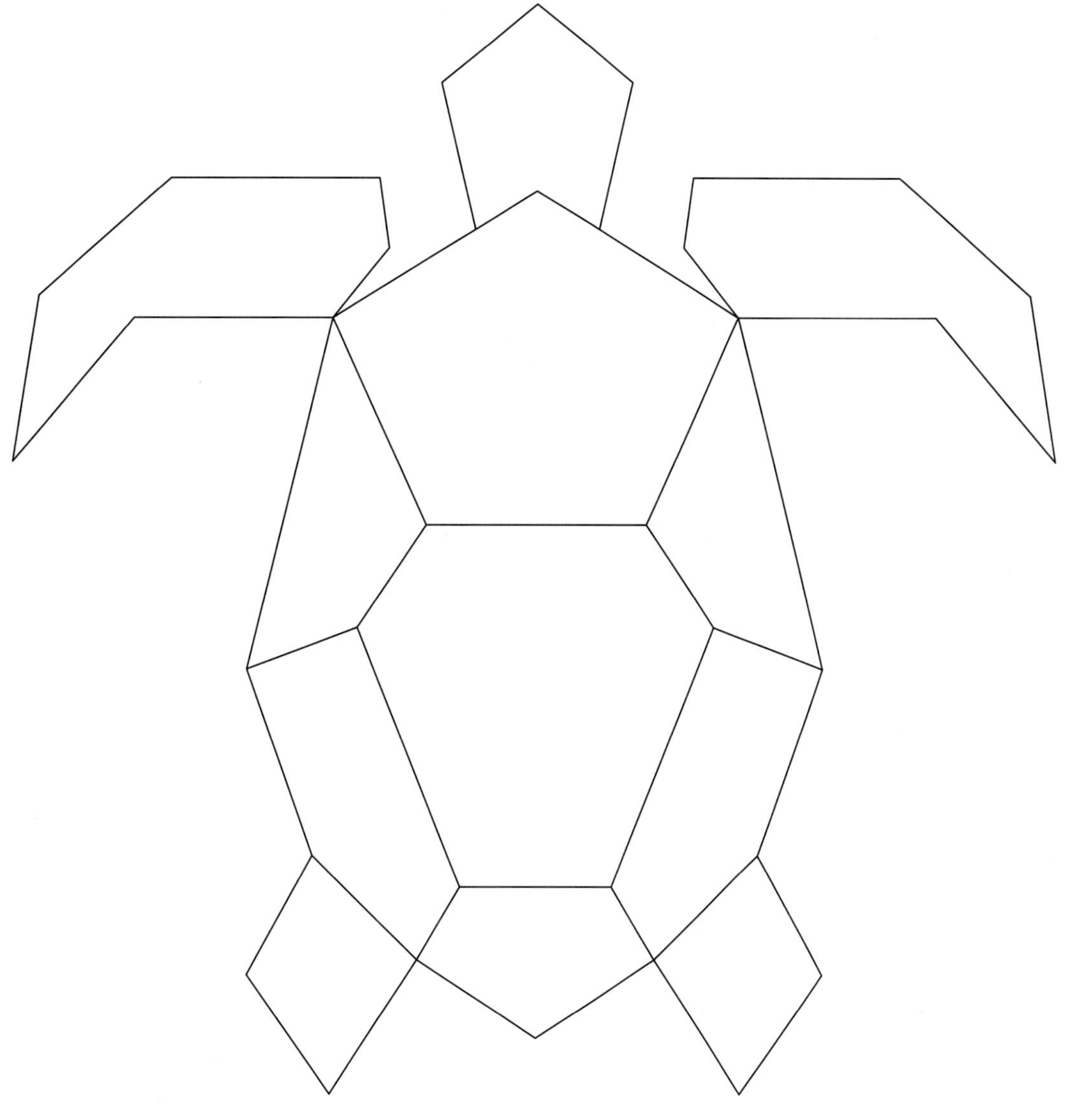

예각삼각형	직각삼각형	둔각삼각형
(　　　　)개	(　　　　)개	(　　　　)개

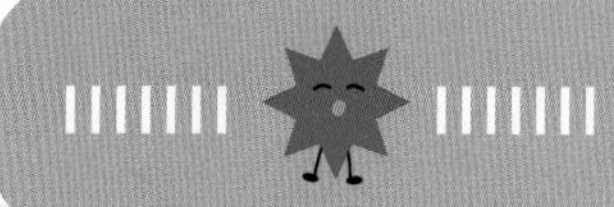

04 단원

사각형

등장하는 주요 **수학 어휘**

수직, **수선**, **평행**, **평행선**, **사다리꼴**, **평행사변형**, **마름모**

1 수직 알아보기

개념 강화

학습 계획: 월 일

개념 1 수직과 수선 알아보기
개념 2 수선 그어 보기

2 평행과 평행선 사이의 거리 알아보기

학습 계획: 월 일

개념 1 평행 알아보기
개념 2 평행한 직선 그어 보기
개념 3 평행선 사이의 거리 알아보기
개념 4 평행선 사이의 거리가 주어진 평행선 그어 보기

3 사다리꼴과 평행사변형 알아보기

학습 계획: 월 일

개념 1 사다리꼴 알아보기
개념 2 사다리꼴 그리기와 만들기
개념 3 평행사변형 알아보기
개념 4 평행사변형의 성질 알아보기

4 마름모와 여러 가지 사각형 알아보기

학습 계획: 월 일

개념 1 마름모 알아보기
개념 2 마름모의 성질 알아보기
개념 3 직사각형과 정사각형의 성질 알아보기
개념 4 여러 가지 사각형 알아보기

오늘은 고마운 친구에게 줄 카드를
꾸며 볼 거예요.

와~ 내가
좋아하는 미술 시간!

와~

여러 가지 사각형을 이용해서
카드를 꾸며 볼까요?

나는 내가 좋아하는
변신 로봇을 만들어 볼래.

나는 집을 만들거야. 내가 가진
사각형 조각들이 모두 적어도 한 쌍씩
마주 보는 변이 있어서 집을 꾸미기
좋을 것 같아.

우와, 멋지다!

서로 모양이 다른 사각형들로
꾸미니까 더 멋지네.

이번 4단원에서는 수직과 평행을 알아보고, 여러 가지 사각형의 종류와 성질에 대해 배울 거예요.

1. 수직 알아보기

개념 1 수직과 수선 알아보기

이미 배운 선의 종류와 직각

• 선분: 두 점을 곧게 이은 선

• 반직선: 한 점에서 시작하여 한쪽으로 끝없이 늘인 곧은 선

• 직선: 선분을 양쪽으로 끝없이 늘인 곧은 선

• 직각: 종이를 반듯하게 두 번 접었을 때 생기는 각

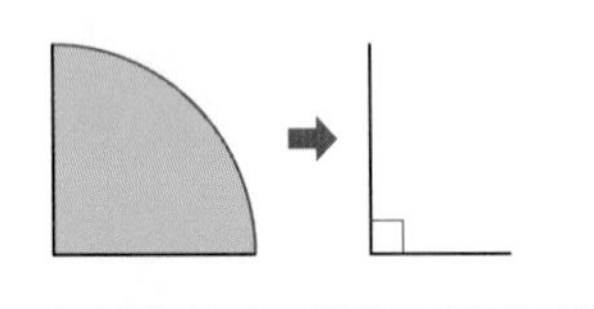

새로 배울 직각으로 만나는 두 직선

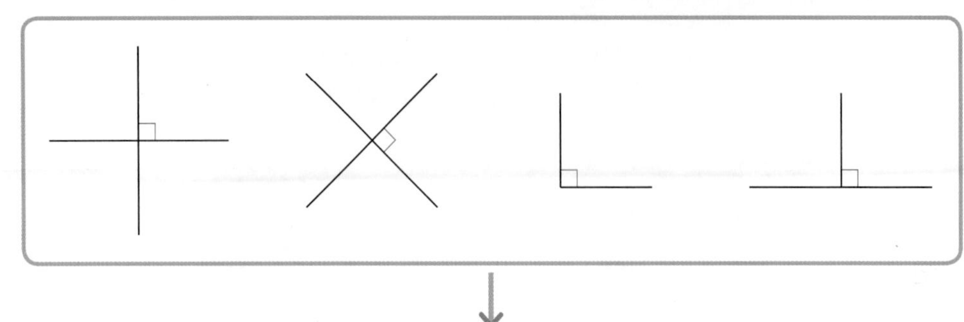

두 직선이 만나서 이루는 각이 직각(90°)일 때 두 직선은 서로 수직이라고 합니다.

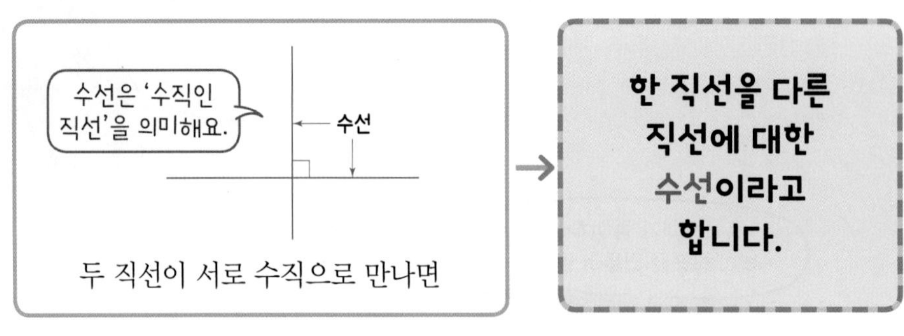

두 직선이 서로 수직으로 만나면

한 직선을 다른 직선에 대한 수선이라고 합니다.

서로 만나는 두 직선 → 두 직선이 만나 이루는 각이 직각 → 수직과 수선

두 직선이 수직일 때 한 직선을 다른 직선에 대한 수선이라고 해요.

[수직과 수선 알아보기]

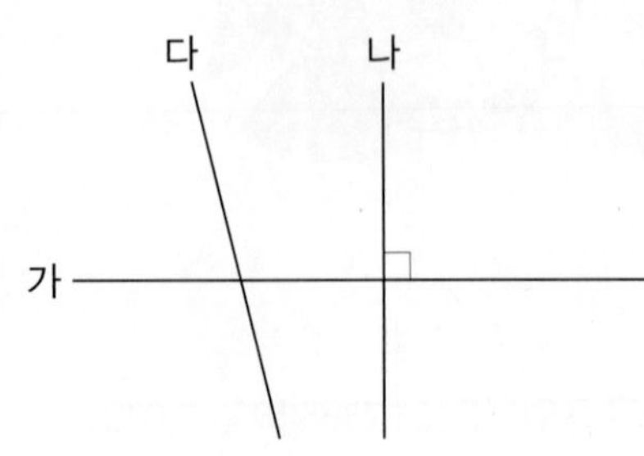

• 직선 가와 직선 나는 서로 수직입니다.

• 직선 가는 직선 나에 대한 수선입니다.

• 직선 나는 직선 가에 대한 수선입니다.

• 직선 다는 어느 직선과도 수직이 아닙니다.

개념 2 수선 그어 보기

이미 배운 수직과 수선

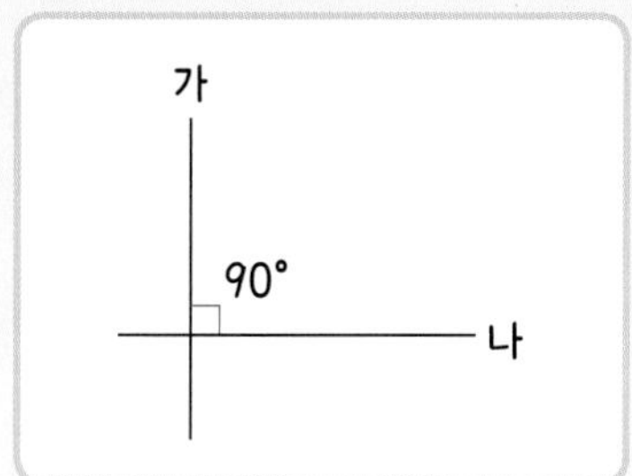

직선 가와 직선 나는 수직으로 만나요.

직선 가는 직선 나에 대한 수선이고, 직선 나는 직선 가에 대한 수선이에요.

새로 배울 수선 그어 보기

• 삼각자를 사용하여 주어진 직선에 대한 수선 그어 보기

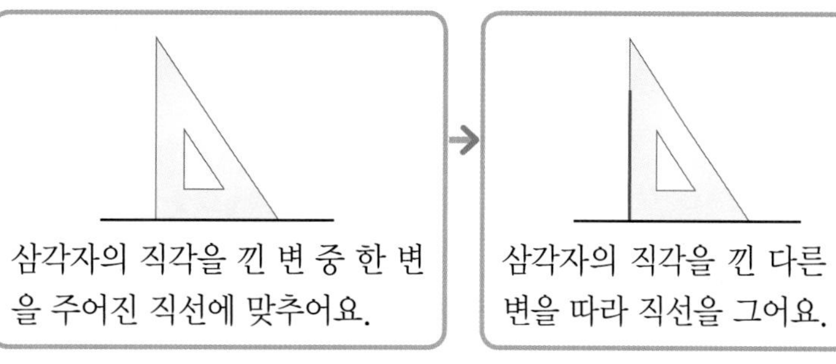

삼각자의 직각을 낀 변 중 한 변을 주어진 직선에 맞추어요. → 삼각자의 직각을 낀 다른 한 변을 따라 직선을 그어요.

한 직선에 대한 수선은 셀 수 없이 많이 그을 수 있어요.

• 각도기를 사용하여 주어진 직선에 대한 수선 그어 보기

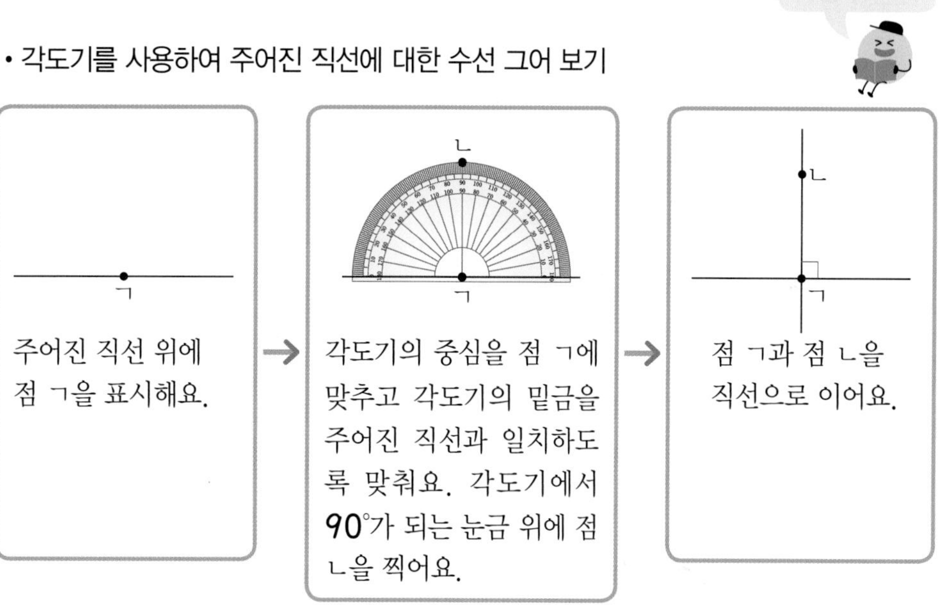

주어진 직선 위에 점 ㄱ을 표시해요. → 각도기의 중심을 점 ㄱ에 맞추고 각도기의 밑금을 주어진 직선과 일치하도록 맞춰요. 각도기에서 90°가 되는 눈금 위에 점 ㄴ을 찍어요. → 점 ㄱ과 점 ㄴ을 직선으로 이어요.

수직과 수선의 의미 알기 ➡ 삼각자 또는 각도기 사용하기 ➡ 주어진 직선에 대한 수선 긋기

삼각자의 직각인 부분과 각도기에서 90°가 되는 눈금을 사용하여 주어진 직선에 대한 수선을 그을 수 있어요.

[주어진 직선에 대하여 수선을 잘못 그린 경우]

수선을 바르게 그으려면 어떻게 해야 할까요?

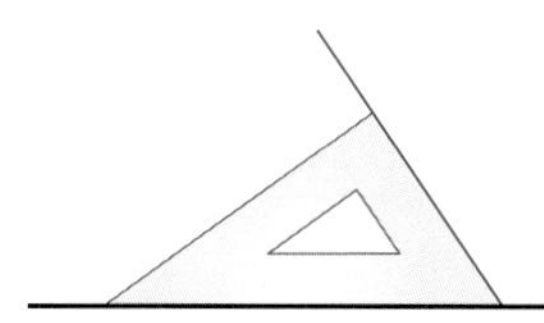

삼각자의 직각을 낀 변 중 한 변을 주어진 직선에 맞춰야 해요.

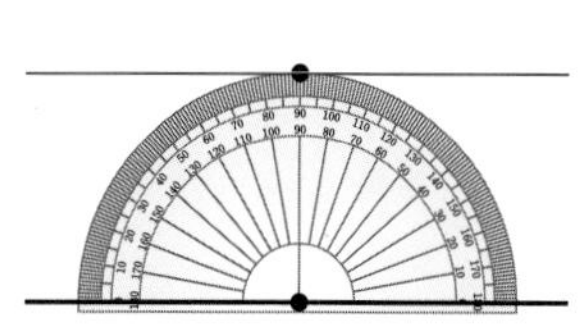

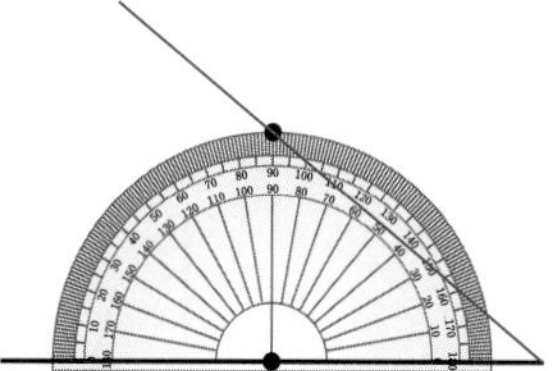

각도기에서 90°가 되는 눈금 위에 점을 찍고 각도기의 중심과 직선으로 이어야 해요.

수해력을 확인해요

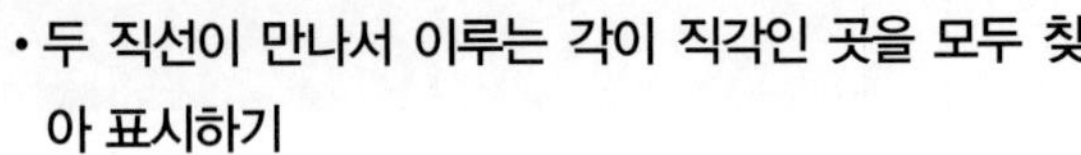

• 두 직선이 만나서 이루는 각이 직각인 곳을 모두 찾아 표시하기

예

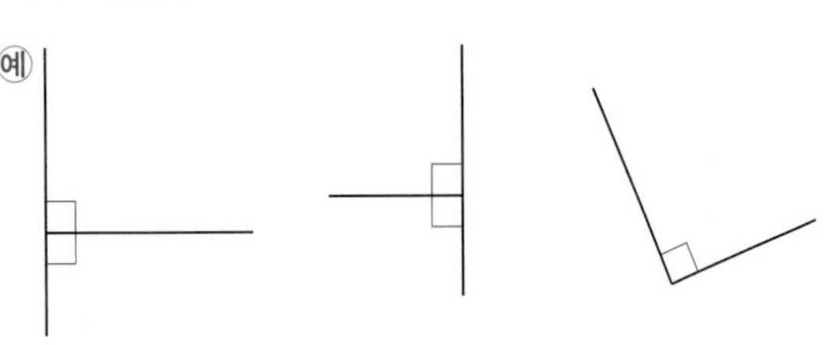

• 삼각자 또는 각도기를 사용하여 주어진 직선에 대한 수선 그어 보기

예

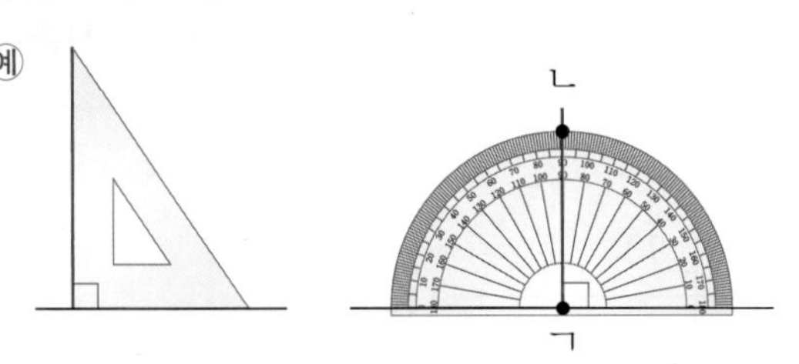

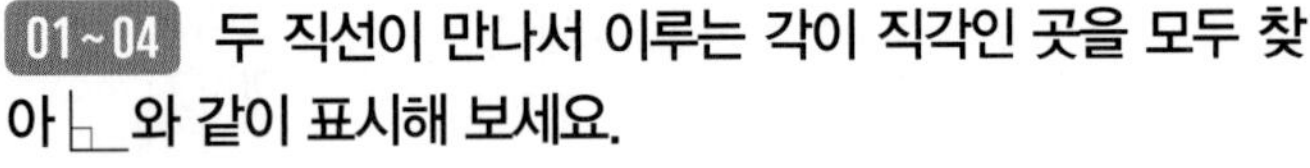

01~04 두 직선이 만나서 이루는 각이 직각인 곳을 모두 찾아 ㄴ와 같이 표시해 보세요.

01

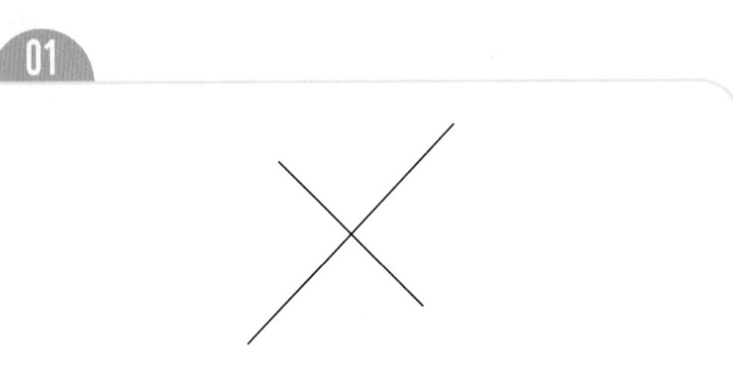

02

03

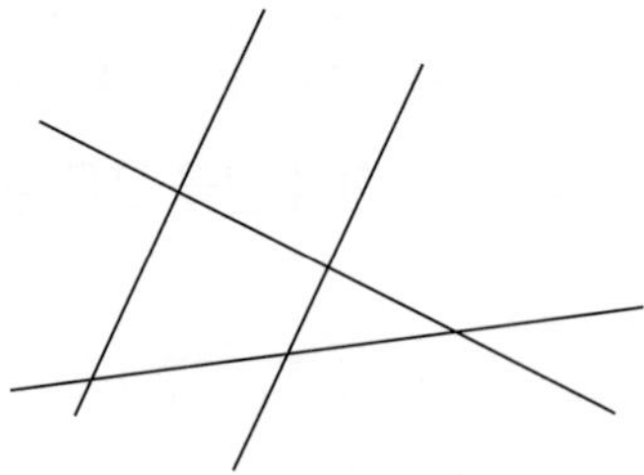

04

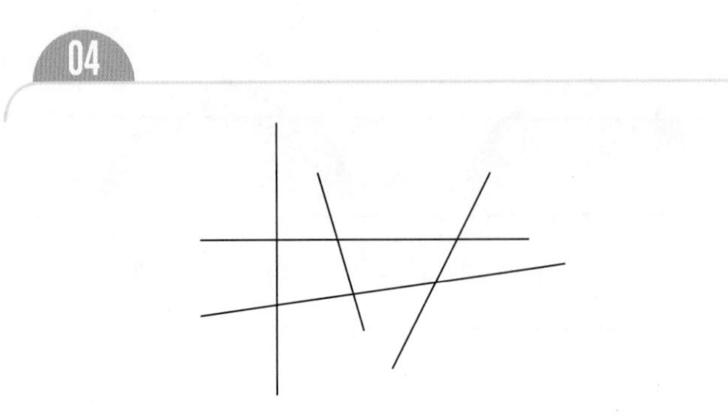

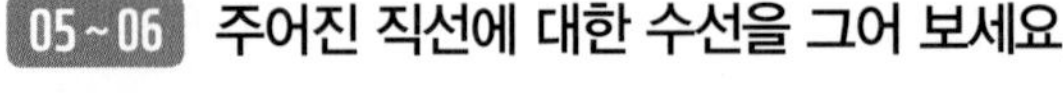

05~06 주어진 직선에 대한 수선을 그어 보세요.

05

삼각자를 사용하여 직선 가에 대한 수선 긋기

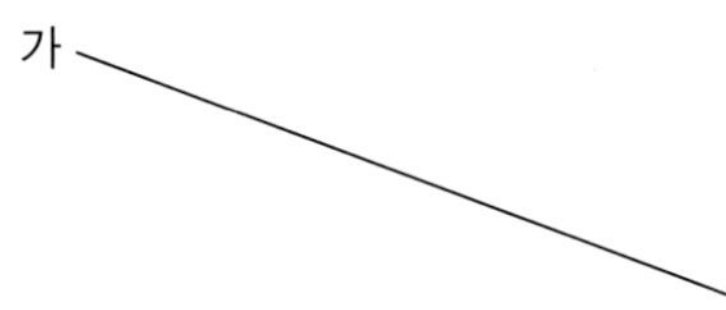

06

각도기를 사용하여 점 ㄱ을 지나도록 수선 긋기

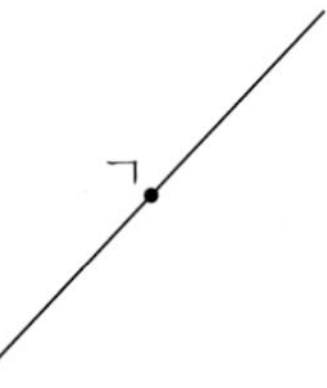

07~08 삼각자 또는 각도기를 사용하여 주어진 직선에 대한 수선을 2개씩 그어 보세요.

07

08

수해력을 높여요

01 직선 가에 수직인 직선을 모두 찾아 써 보세요.

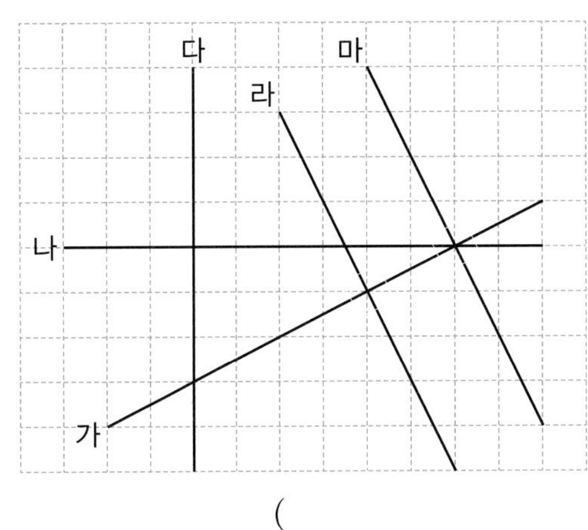

(　　　　　　　　)

02 서로 수직인 변이 있는 도형을 모두 고르세요.

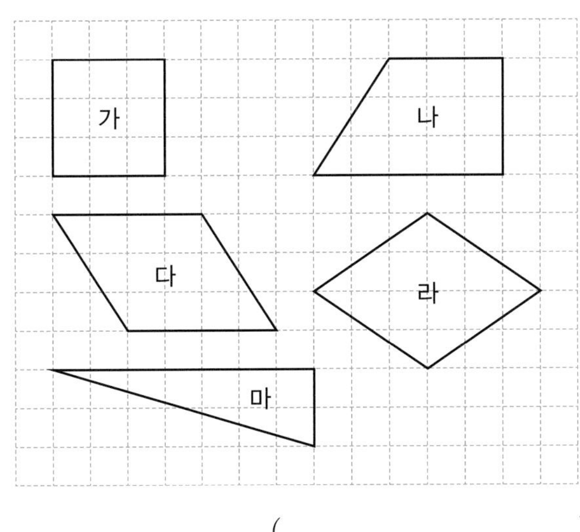

(　　　　　　　　)

03 다음 □ 안에 알맞은 말이나 수를 써넣으세요.

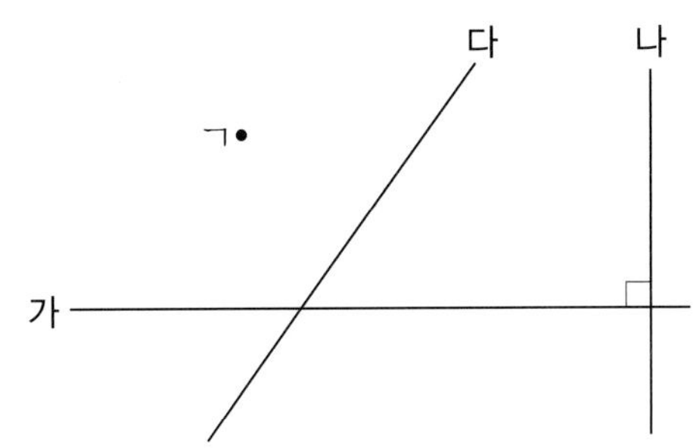

가은: 두 직선이 만나서 이루는 각이 직각일 때, 두 직선은 서로 □이라고 해.

나은: 직선 가는 직선 나에 대한 □이야.

다은: 점 ㄱ을 지나고 직선 다와 직각으로 만나는 직선은 □개 그릴 수 있어.

04 변 ㄱㄴ과 수직인 변은 모두 몇 개인가요?

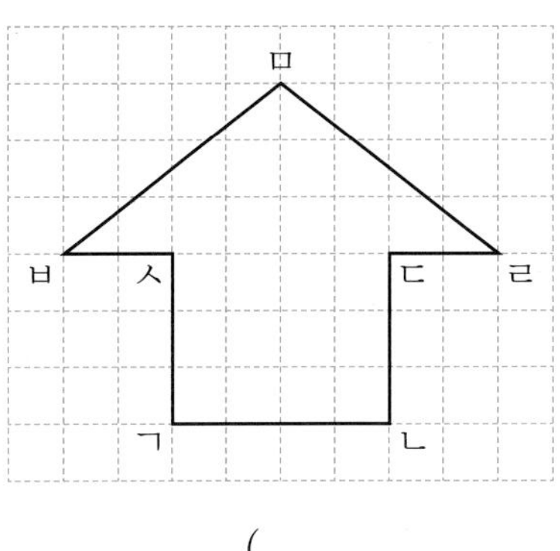

(　　　　　　　　)

05 삼각자 또는 각도기를 이용하여 직선 가에 대한 수선을 바르게 그은 것에 모두 ○표 하세요.

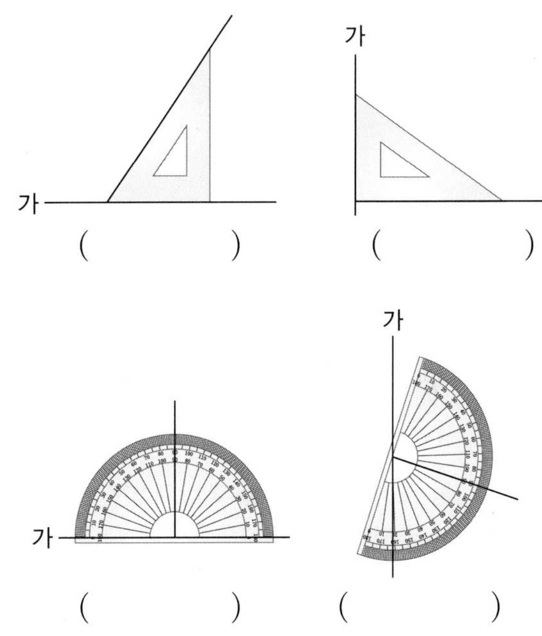

(　　　)　(　　　)

(　　　)　(　　　)

06 각도기를 사용하여 주어진 직선에 대한 수선을 그으려고 합니다. 그리는 순서에 맞게 기호를 써 보세요.

㉠ 주어진 직선 위에 점 ㄱ을 표시합니다.
㉡ 점 ㄱ과 점 ㄴ을 잇습니다.
㉢ 각도기의 중심을 점 ㄱ에 맞추고, 각도기의 밑금을 주어진 직선과 일치하도록 맞춥니다.
㉣ 각도기에서 90°가 되는 눈금 위에 점 ㄴ을 찍습니다.

(　　　,　　　,　　　,　　　)

07 수선을 찾을 수 있는 자음과 모음을 모두 써 보세요.

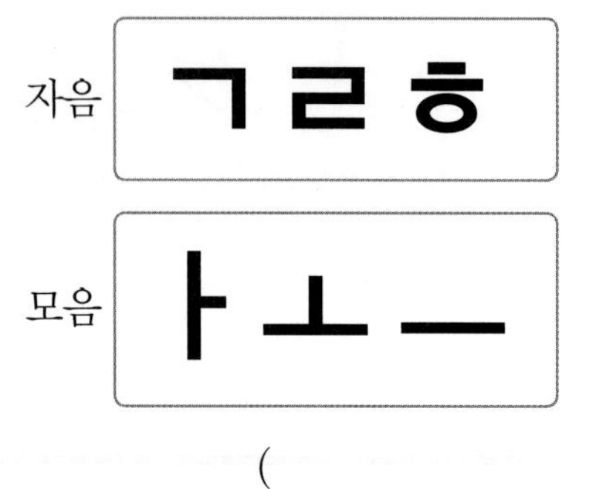

( )

08 다음 도형에서 빨간색 선으로 표시한 변에 대한 수선의 기호를 쓰고, 길이가 몇 cm인지 재어 보세요.

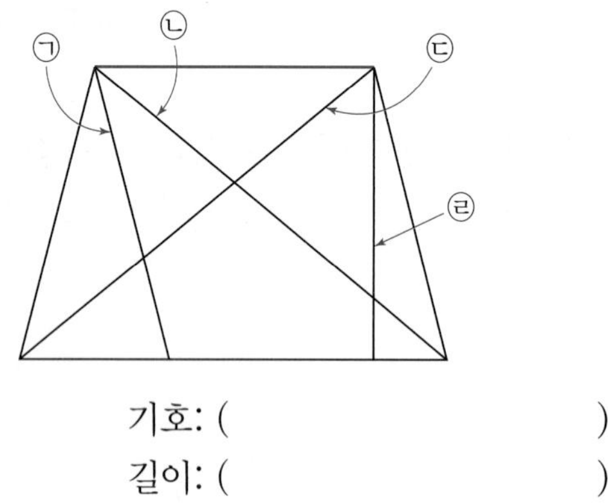

기호: ( )

길이: ( )

09 다음 도형에서 점 ㄱ을 지나고 빨간색 선으로 표시한 변에 수직인 직선은 모두 몇 개 그을 수 있는지 써 보세요.

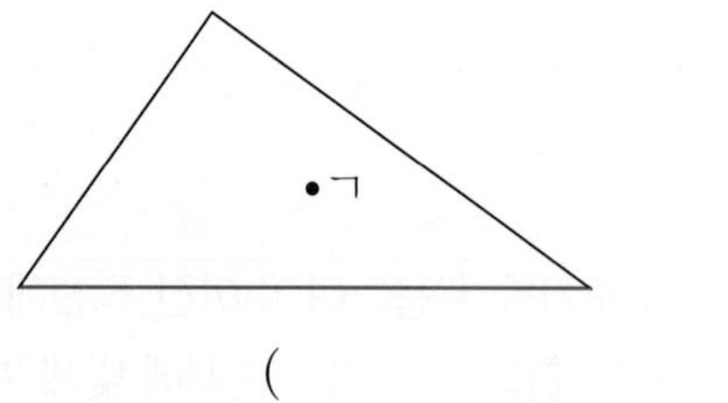

( )

10 시계의 긴바늘과 짧은바늘이 수직을 이루는 시각을 모두 찾아 기호를 써 보세요.

㉠ 9시 ㉡ 12시 30분 ㉢ 3시 ㉣ 4시 30분

( )

11 실생활 활용

미현이는 수직인 변이 있는 도형을 이용하여 암호를 만들었습니다. 수직인 변이 있는 도형의 번호를 쓰고 만든 암호를 써 보세요. (단, 암호를 만들 때에는 도형의 번호가 작은 순으로 배열하여 씁니다.)

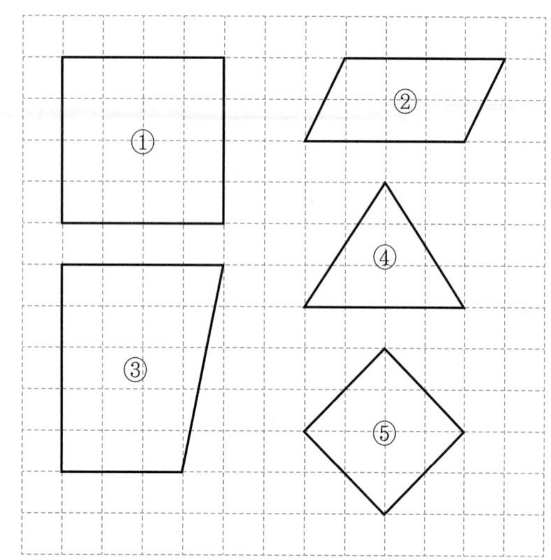

번호	①	②	③	④	⑤
암호 글자	삼	형	각	도	자

수선이 있는 도형: ( )

만든 암호: ( )

12 교과 융합

민지와 민우는 체육 시간에 학교 운동장에서 호박고누 놀이를 하려고 합니다. 놀이판에서 수직이 되는 부분을 모두 찾아 표시해 보세요.

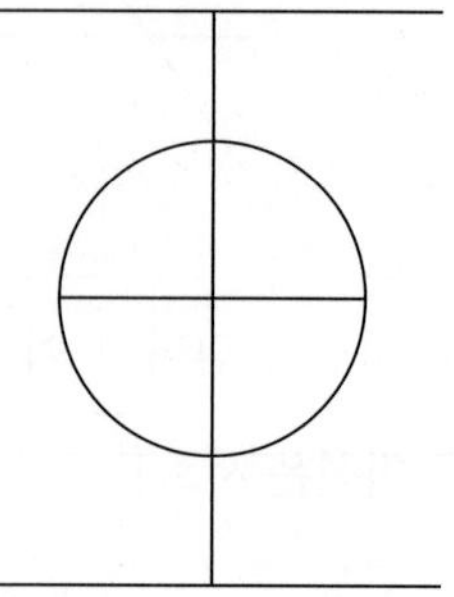

대표 응용 1

수직인 직선에서 각의 크기 구하기

직선 ㄱㄷ은 직선 ㄴㄹ에 대한 수선입니다. 각 ㄱㄷㄹ을 크기가 같은 각 5개로 나누었을 때, 각 ㄴㄷㅅ의 크기를 구해 보세요.

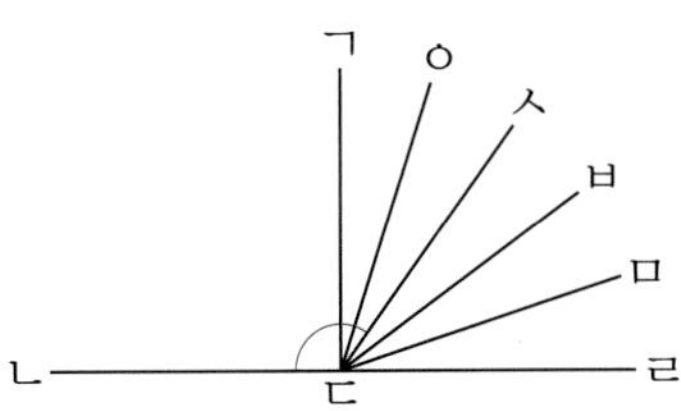

해결하기

1단계 직선 ㄱㄷ과 직선 ㄴㄹ이 만나서 이루는 각은 직각입니다. 따라서 각 ㄱㄷㄹ의 크기는 □ 입니다.

2단계 각 ㄱㄷㄹ을 크기가 같은 각 5개로 나누었으므로 나누어진 한 각의 크기는

□÷5=□입니다.

3단계 각 ㄴㄷㄱ의 크기가 □이고 각 ㄱㄷㅅ의 크기는 □×2=□이므로

각 ㄴㄷㅅ의 크기는

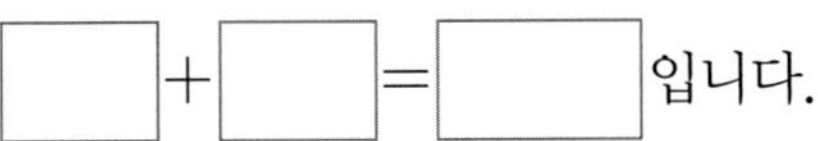□+□=□입니다.

1-1

직선 ㄱㄷ은 직선 ㄴㄹ에 대한 수선입니다. 각 ㄱㄷㄹ을 크기가 같은 각 3개로 나누었을 때, 각 ㄴㄷㅂ의 크기를 구해 보세요.

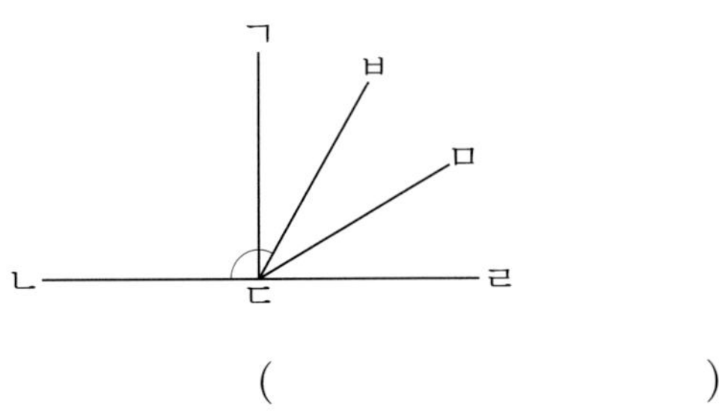

(   )

1-2

직선 ㄱㅇ과 직선 ㅅㅈ은 서로 수직입니다. 각 ㄱㅇㅅ을 똑같은 크기의 각 6개로 나누었을 때 각 ㅁㅇㅈ의 크기를 구해 보세요.

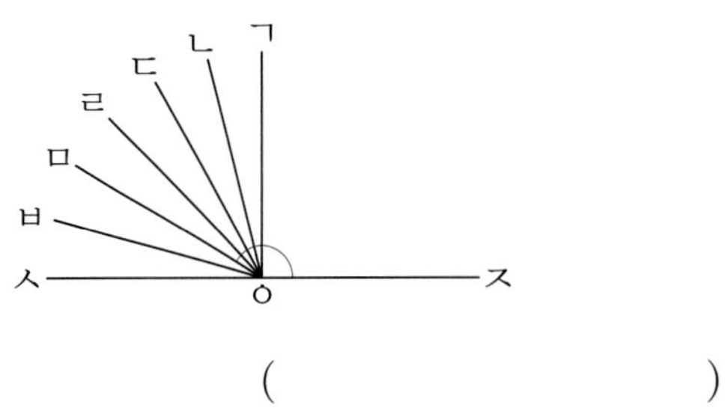

(   )

1-3

직선 ㄱㄷ과 직선 ㄷㅁ은 서로 수직으로 만납니다. 각 ㄱㄷㄴ의 크기가 65°일 때, 각 ㅁㄷㄹ의 크기를 구해 보세요.

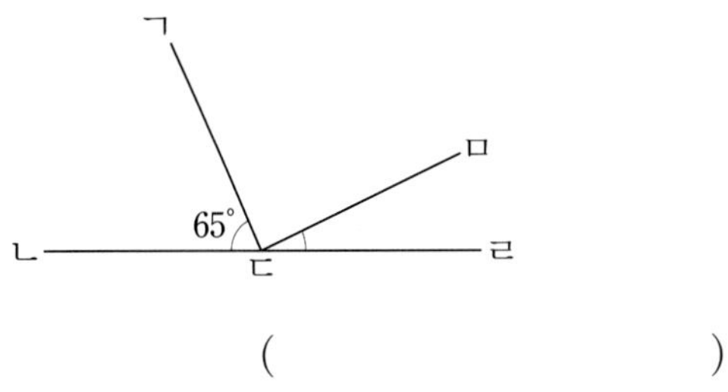

(   )

1-4

직선 가와 직선 나는 서로 수직으로 만납니다. 각 ㉠의 크기를 구해 보세요.

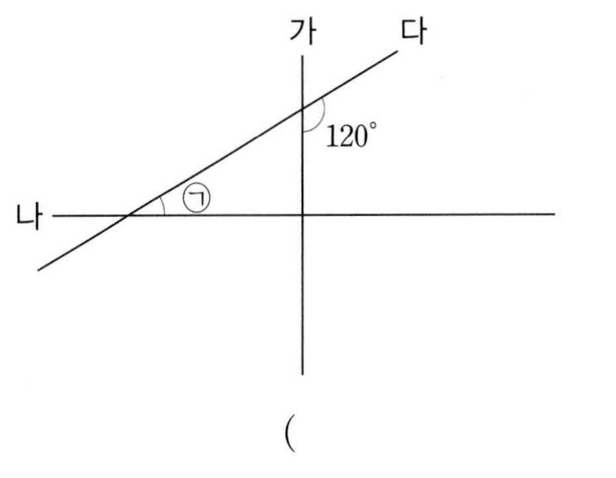

(   )

2. 평행과 평행선 사이의 거리 알아보기

개념 1 평행 알아보기

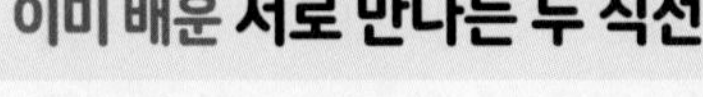

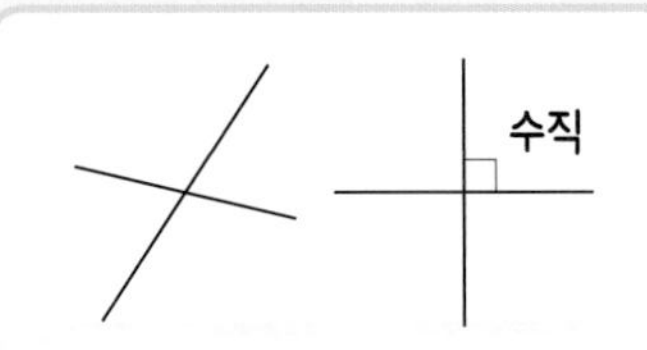

한 점에서 만난다.

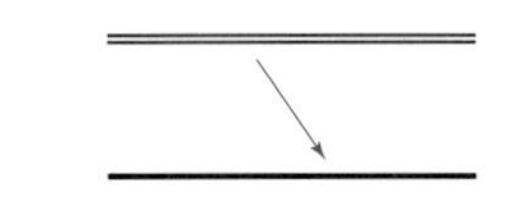

포개어진다.

새로 배울 서로 만나지 않는 두 직선

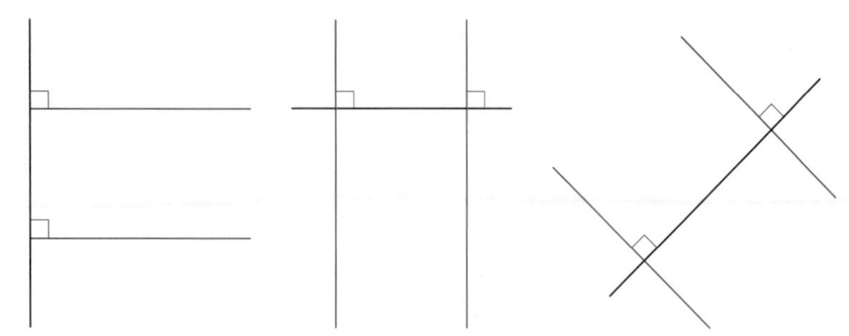

한 직선에 수직인 두 직선을 그었을 때,
두 직선은 서로 만나지 않아요.

서로 만나지 않는 두 직선을 평행이라 하고, 평행한 두 직선을 평행선이라고 합니다.

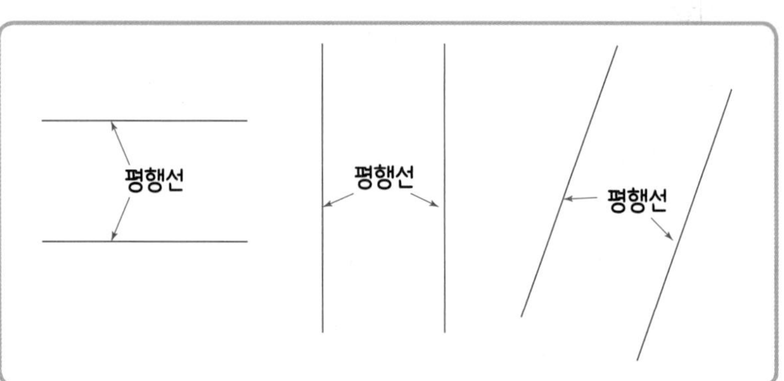

한 직선에 수직인 두 직선 긋기 ➡ 서로 만나지 않는 두 직선 ➡ 평행 평행선

[평행선 찾아보기]

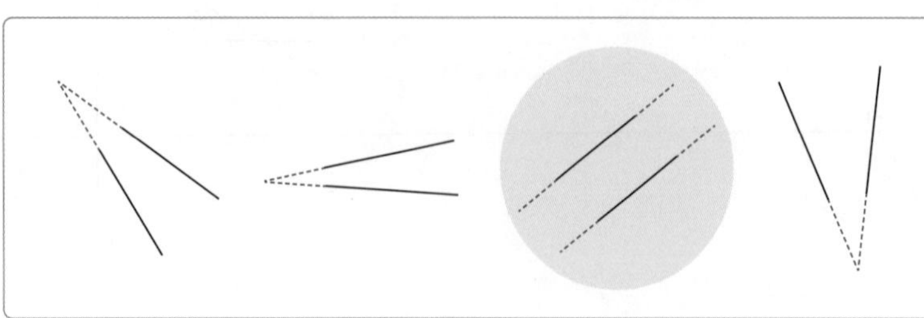

끝없이 늘여도 만나지 않는 두 직선이 평행선이에요.

개념 2 평행한 직선 그어 보기

이미 배운 수선 긋기

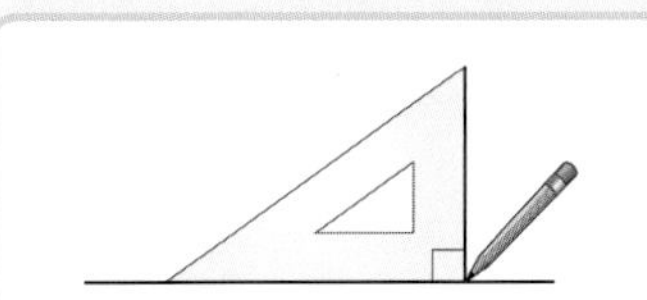

삼각자를 사용하여 수선 긋기

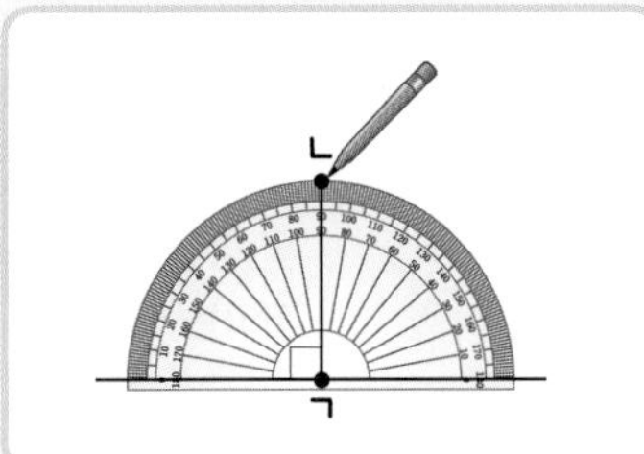

각도기를 사용하여 수선 긋기

새로 배울 삼각자를 사용하여 평행한 직선 긋기

• 삼각자를 사용하여 평행한 두 직선 긋기

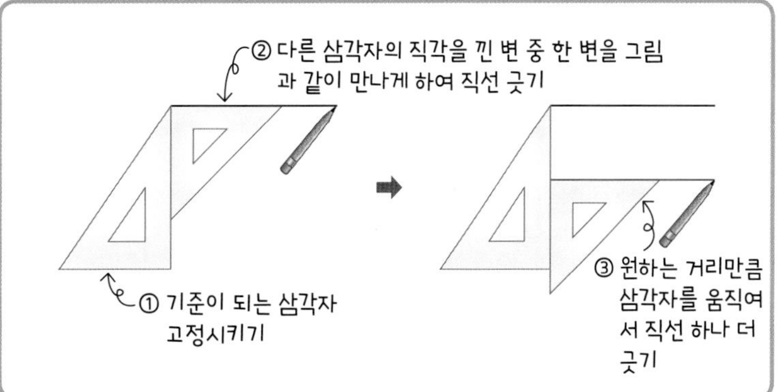

평행한 두 직선을 그을 때는 기준이 되는 삼각자를 움직이지 않도록 고정해요.

• 한 점을 지나고 주어진 직선과 평행한 직선 긋기

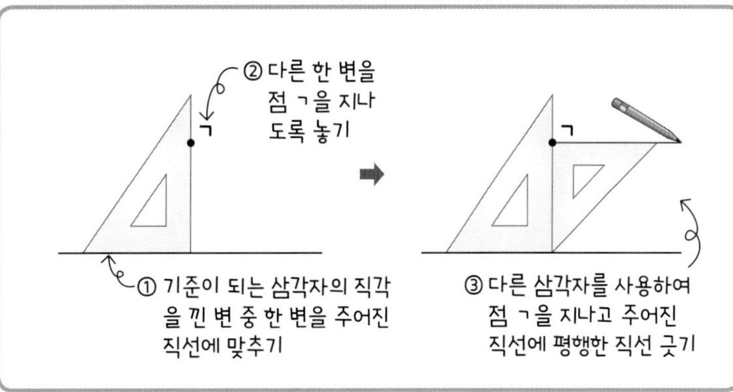

한 직선에 대한 평행선은 무수히 많이 그을 수 있어요.

삼각자의 직각을 낀 두 변 중 한 변을 주어진 직선에 맞추기 ➡ 다른 삼각자를 이동시켜 삼각자의 변을 따라 선 긋기 ➡ 평행선 완성하기

[여러 가지 방향으로 평행선 그어보기]

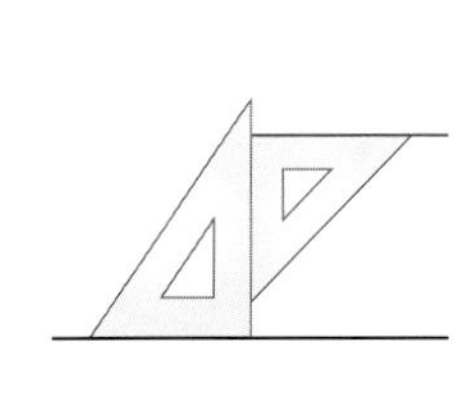
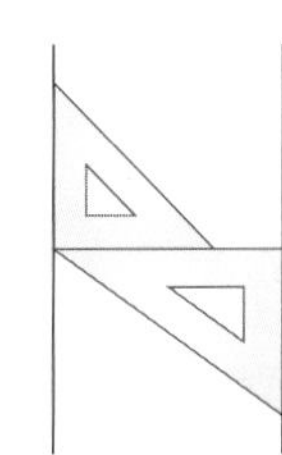
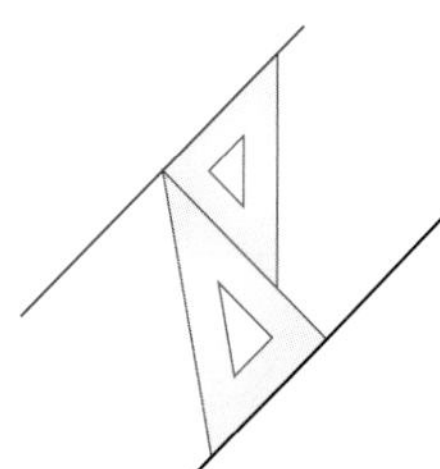
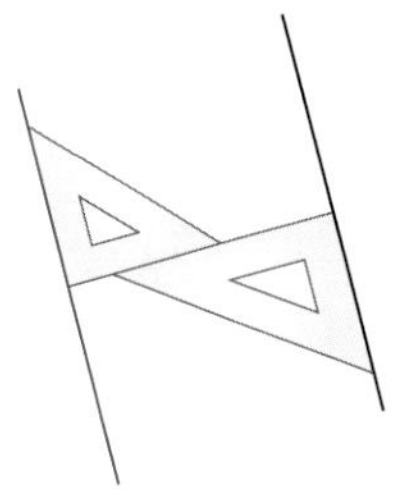

평행선을 여러 가지 방향(\\, =, //, ···)으로 그을 수 있어요.

개념 3 평행선 사이의 거리 알아보기

이미 배운 평행과 평행선

평행선

- 만나지 않는 두 직선은 평행해요.
- 평행한 두 직선을 평행선이라고 해요.

새로 배울 평행선 사이의 거리

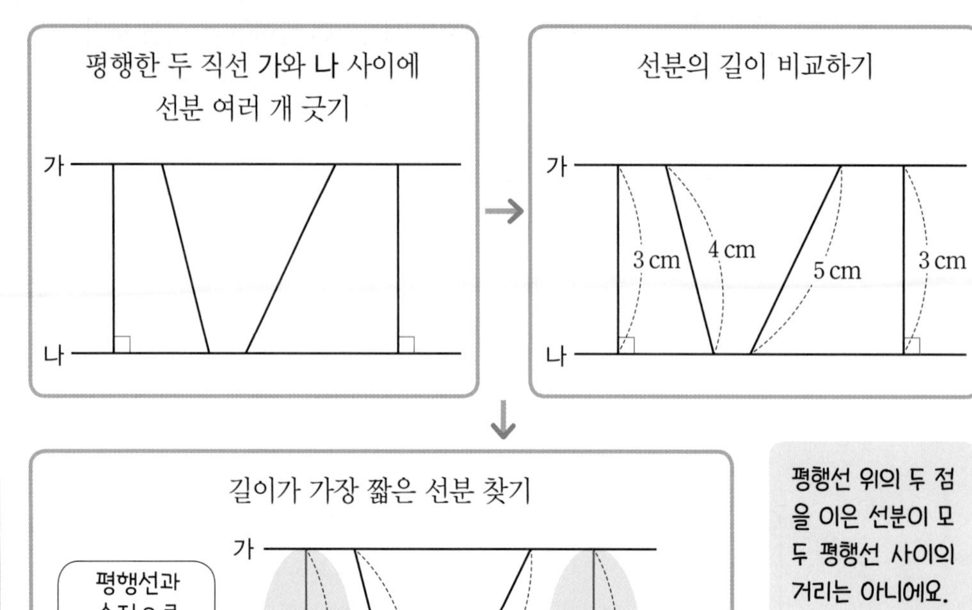

길이가 가장 짧은 선분 찾기

평행선과 수직으로 만나는 선분인 수선의 길이가 가장 짧아요!

가 3 cm 4 cm 5 cm 3 cm 나

평행선 위의 두 점을 이은 선분이 모두 평행선 사이의 거리는 아니에요.

평행선 사이에 그을 수 있는 수선은 무수히 많아요.

평행선 사이에 여러 개의 선분 긋기 → 선분의 길이 비교해 보기 → 가장 짧은 선분이 평행선의 수선 → 평행선 사이의 거리

평행선의 한 직선에서 다른 직선에 수선을 그었을 때, 이 수선의 길이를 평행선 사이의 거리라고 해요.

[평행선 사이의 거리 재어 보기]

평행선 사이에 수선 여러 개 긋기

가

나

→

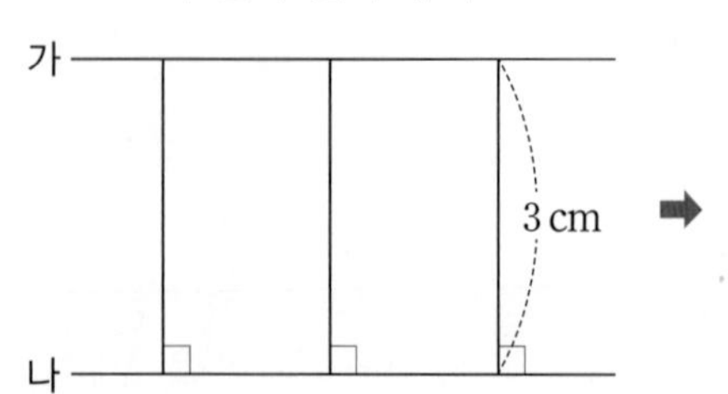

→

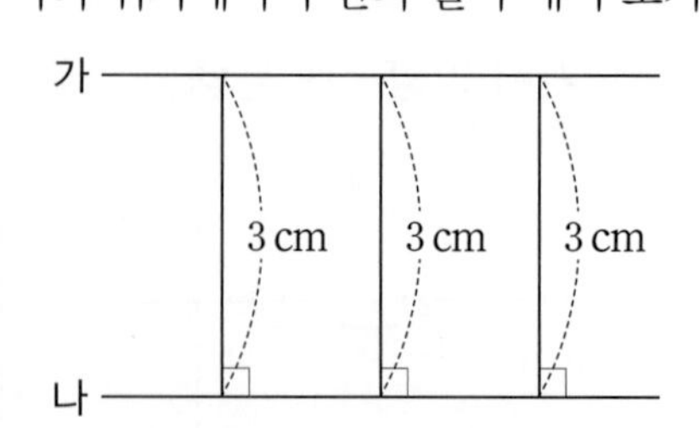

평행선 사이의 거리는 어느 곳에서 재어도 모두 같아요.

개념 4 평행선 사이의 거리가 주어진 평행선 그어 보기

이미 배운 평행선 긋기

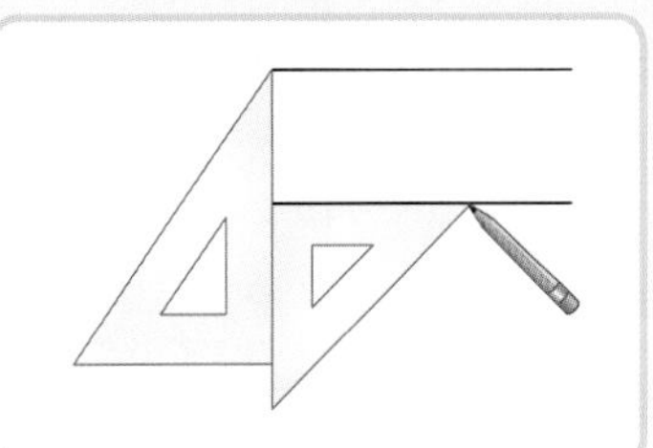

삼각자를 사용하여 주어진 직선과 평행한 직선 긋기

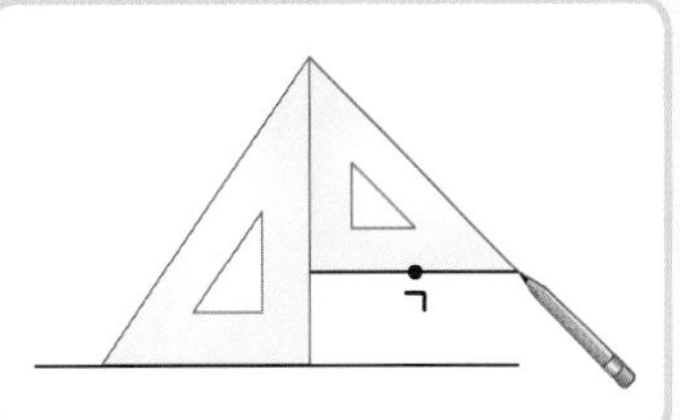

삼각자를 사용하여 한 점을 지나고 주어진 직선과 평행한 직선 긋기

새로 배울 평행선 긋기

• 평행선 사이의 거리가 2 cm가 되도록 평행한 직선 긋기

삼각자를 사용하여 주어진 직선 위에 수직인 직선 긋기

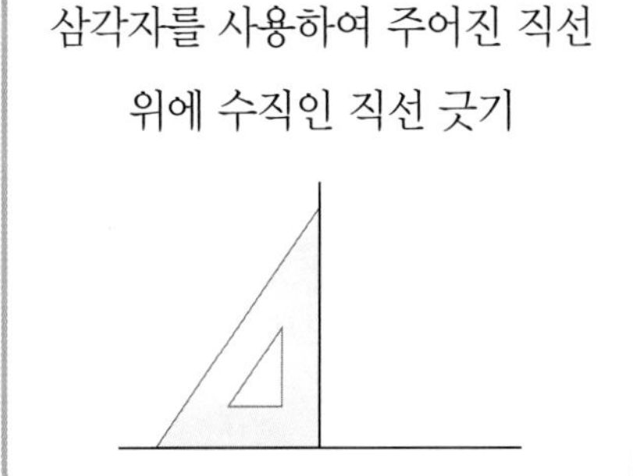

→ 수선 위에 평행선 사이의 거리가 2 cm 되는 곳에 점 ㄱ 찍기

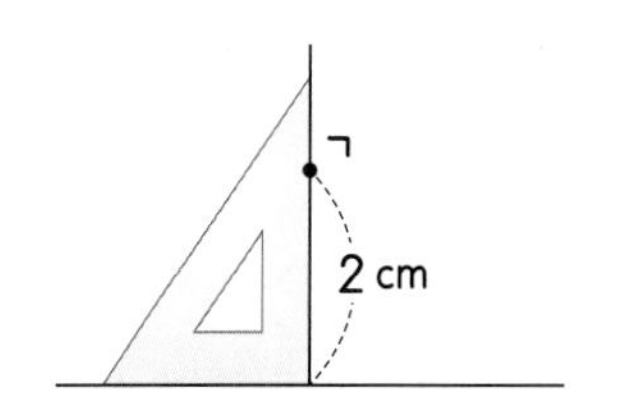

↙ 다른 삼각자를 점 ㄱ을 지나도록 맞추기

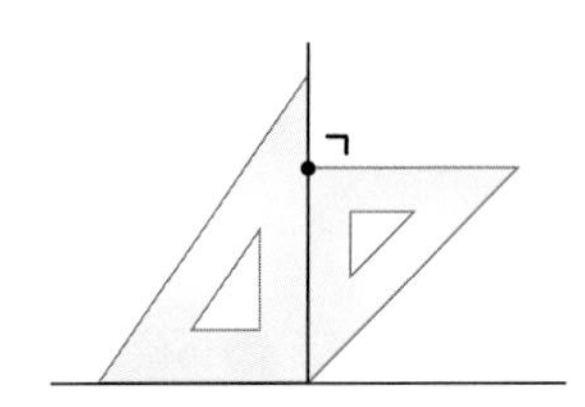

→ 삼각자의 변을 따라 주어진 선분과 평행한 선분 긋기

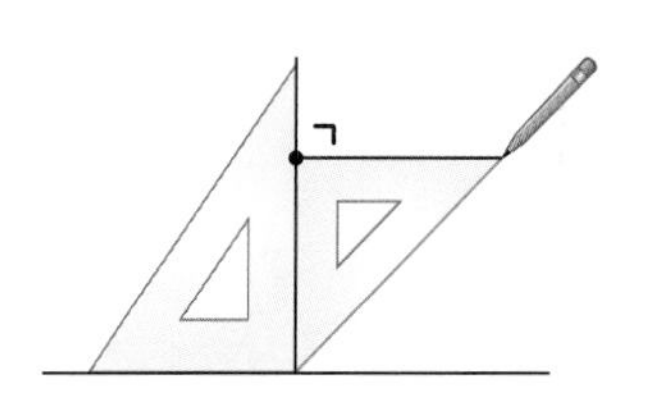

삼각자를 사용하여 주어진 직선에 수선 긋기 ➡ 수선 위에 주어진 평행선 사이의 거리가 되는 곳에 점 찍기 ➡ 점을 지나는 평행선 긋기

[평행선 사이의 거리에 따라 다양한 평행선 그어 보기]

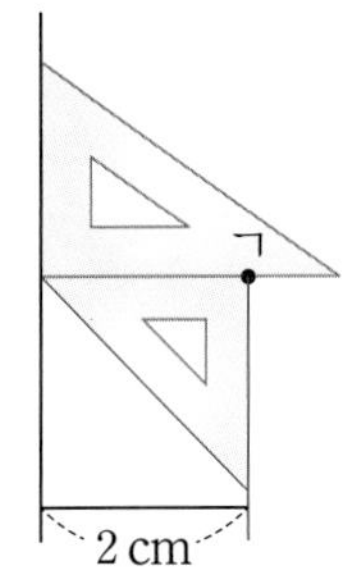

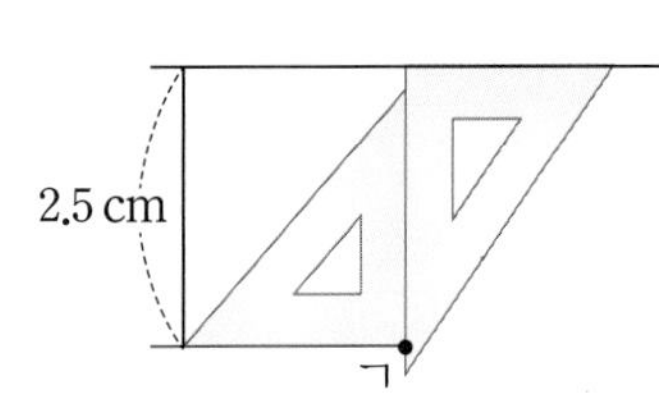

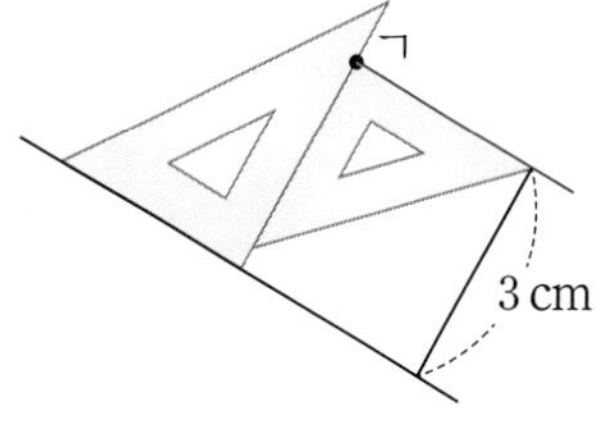

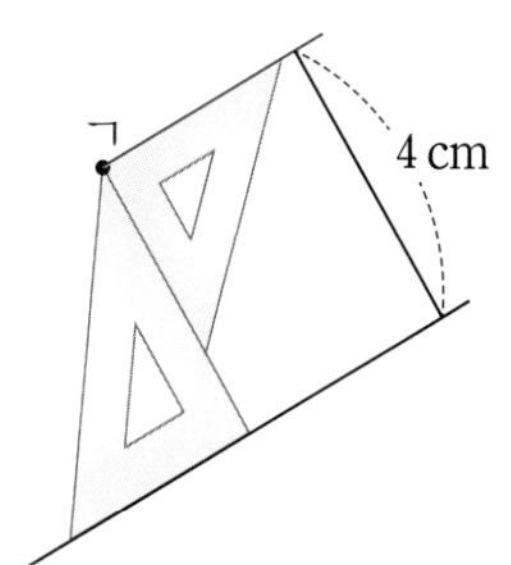

주어진 직선에 수직인 직선을 그을 때 주어진 직선의 방향과 삼각자의 직각이 있는 부분을 잘 맞추어야 해요.

수해력을 확인해요

• 평행선 그어 보기

(1) 주어진 직선과 평행한 직선 긋기

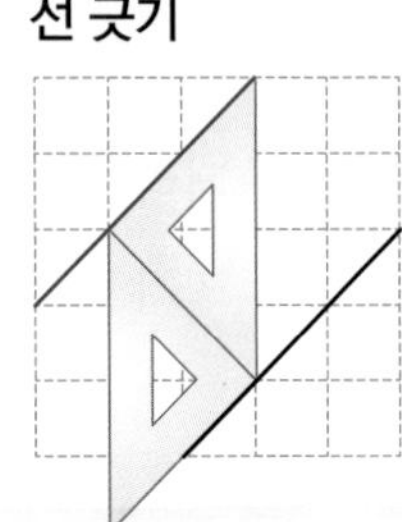

(2) 한 점을 지나고 주어진 직선과 평행한 직선 긋기

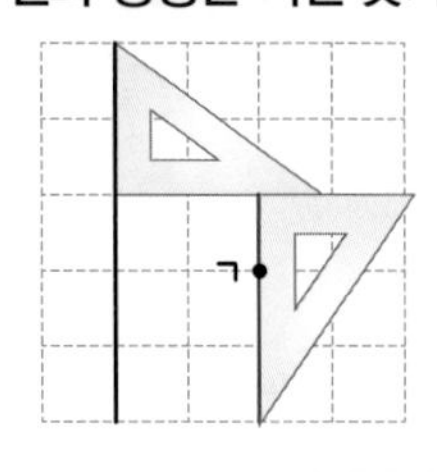

• 주어진 선분에 평행선을 그어 도형 완성하기

01~03 주어진 직선과 평행한 선분을 그어 보세요. (단, 왼쪽 칸과 오른쪽 칸에는 서로 다른 평행선을 그려야 합니다.)

01

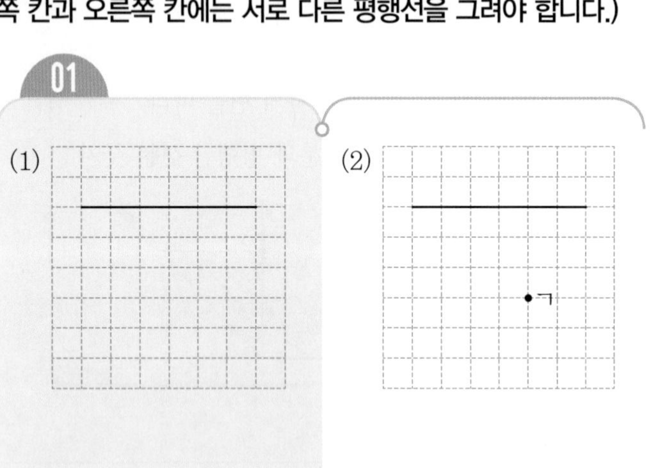

02

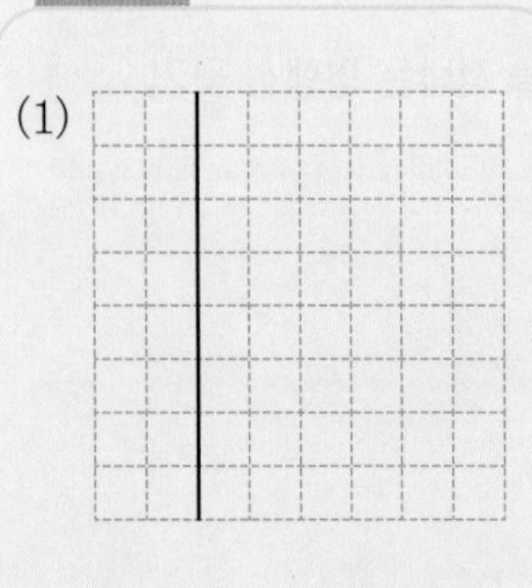

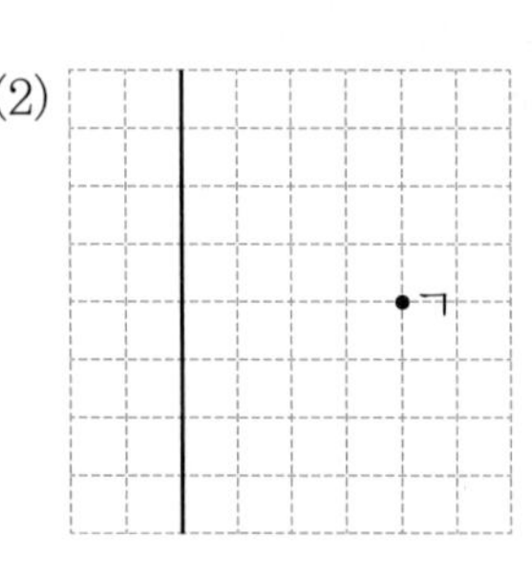

03

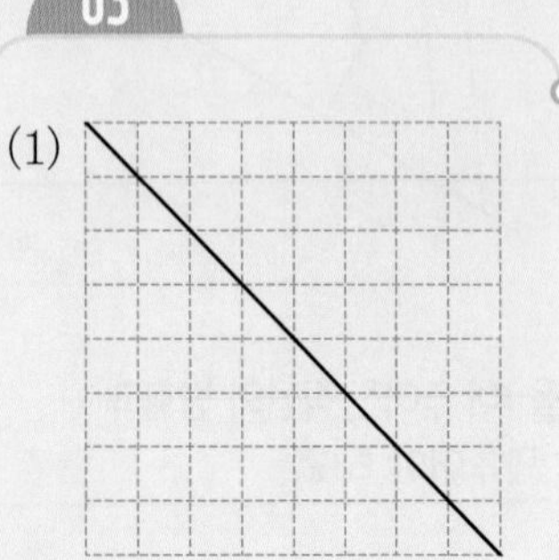

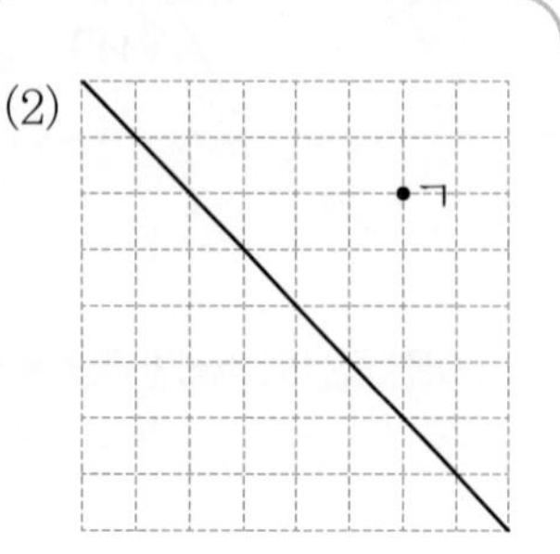

04~07 주어진 선분에 평행선을 각각 그어 사각형을 완성해 보세요.

04

05

06

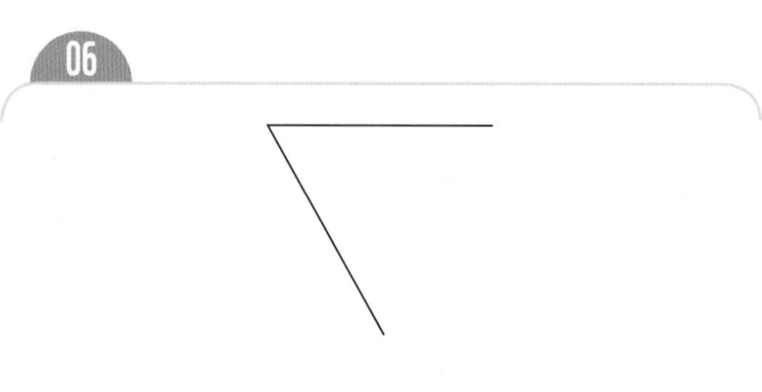

07

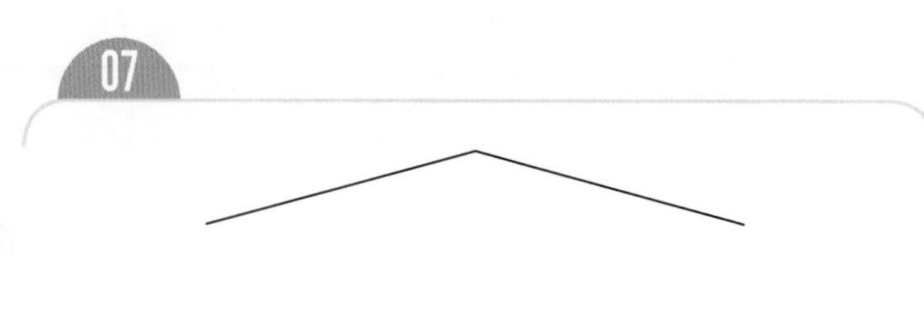

• 평행선 사이의 거리 표시하기

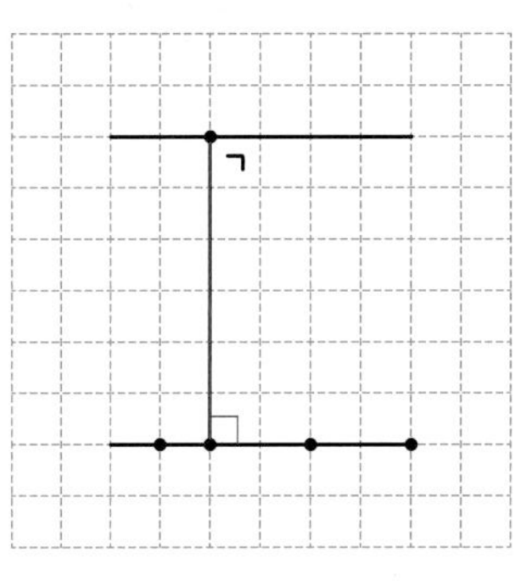

• 평행선 사이의 거리가 주어진 평행선 그어 보기

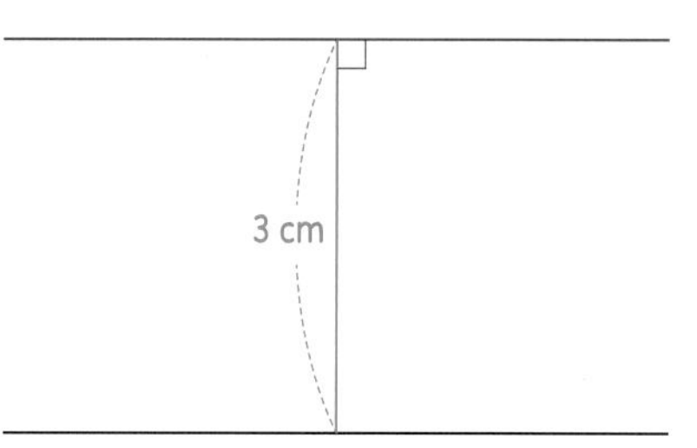

08~10 점 ㄱ과 다른 한 점을 이어 평행선 사이의 거리를 나타내는 선분을 그어 보세요.

08

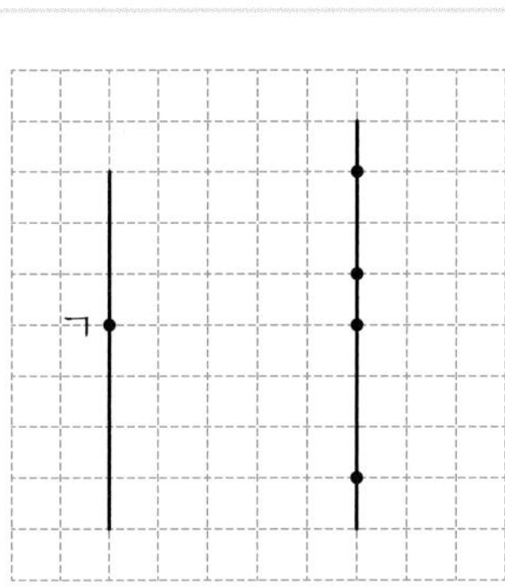

09

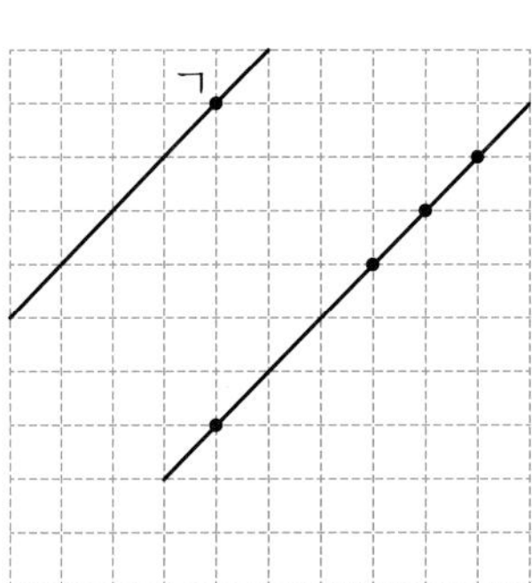

10

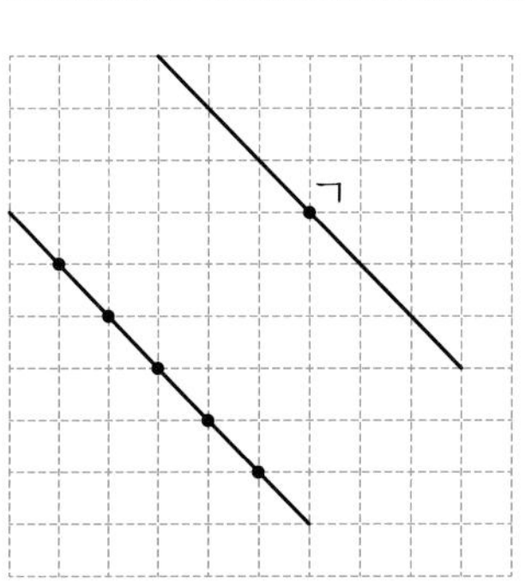

11~13 평행선 사이의 거리가 다음과 같도록 주어진 직선과 평행한 직선을 그어 보세요.

11

평행선 사이의 거리: 1.5 cm

12

평행선 사이의 거리: 2.5 cm

13

평행선 사이의 거리: 4 cm

수해력을 높여요

01 그림을 보고 빈칸에 알맞은 말이나 기호를 써넣으세요.

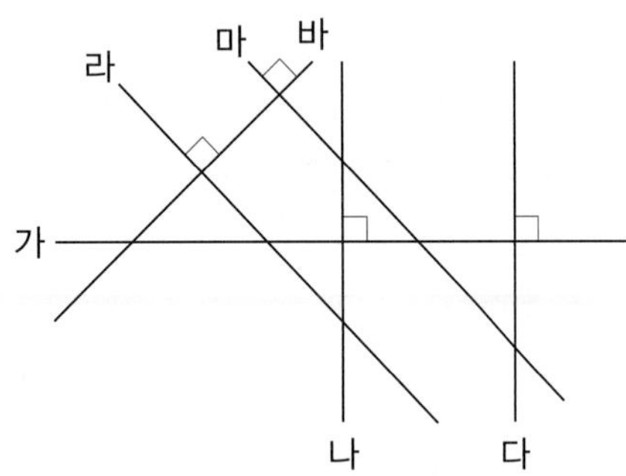

(1) 직선 라와 직선 마는 직선 바와 (　　　　)으로 만납니다.

(2) 직선 나와 직선 다는 직선 가에 대한 (　　　　)입니다.

(3) 직선 나와 직선 다, 직선 라와 직선 (　　　)는 각각 서로 (　　　)합니다.

02 다음 중 평행선은 어느 것인가요? (　　　)

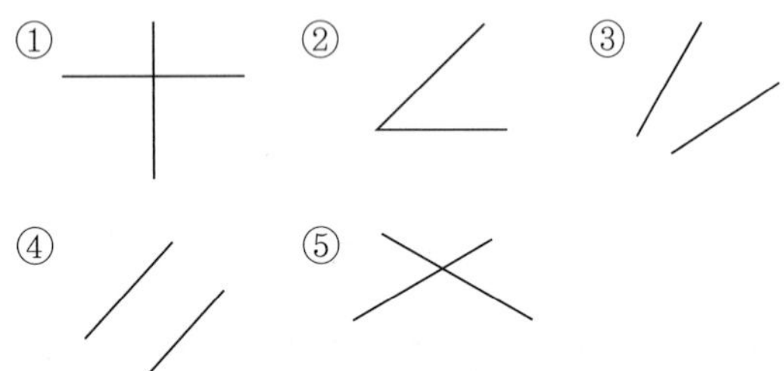

03 알맞은 말에 ○표 하세요.

(1) 한 직선에 수직인 두 직선을 (평행선 , 수선)이라고 합니다.

(2) 평행한 두 직선은 서로 (만납니다 , 만나지 않습니다).

(3) 한 직선에 대하여 평행인 직선은 (1개 , 무수히 많이) 그릴 수 있습니다.

04 평행선을 찾을 수 있는 글자를 모두 찾아 써 보세요.

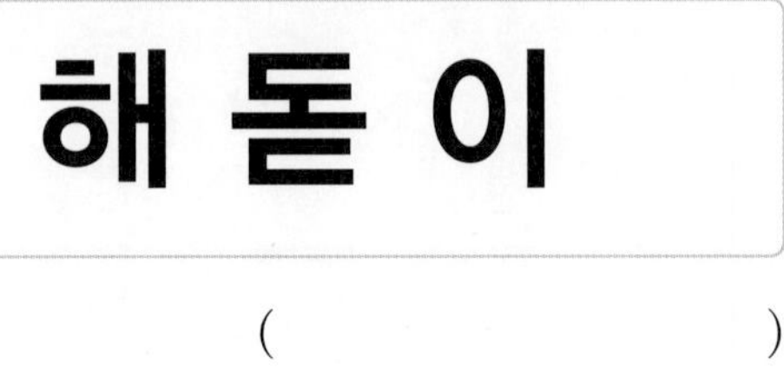

(　　　　　　　　　　)

05 다음 도형판에서 평행선이 두 쌍이 되는 도형을 만들기 위해 고무줄을 어느 위치에 걸어야 하는지 기호를 쓰세요. (단, 빨간색으로 표시한 부분만 움직일 수 있습니다.)

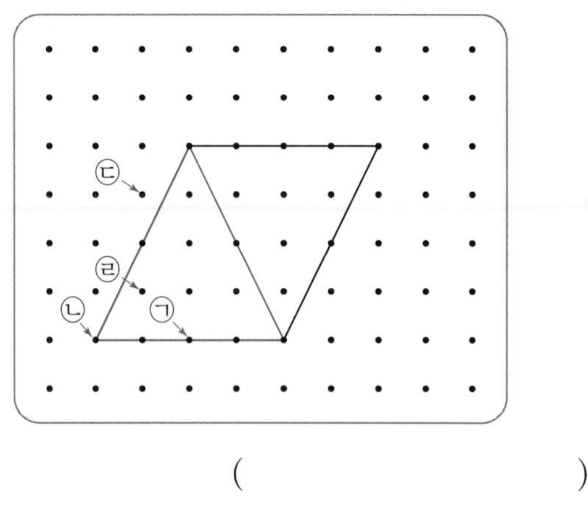

(　　　　　　　　　　)

06 직선 가와 직선 나는 서로 평행합니다. 다음 중 가장 짧은 선분은 어느 것인가요?

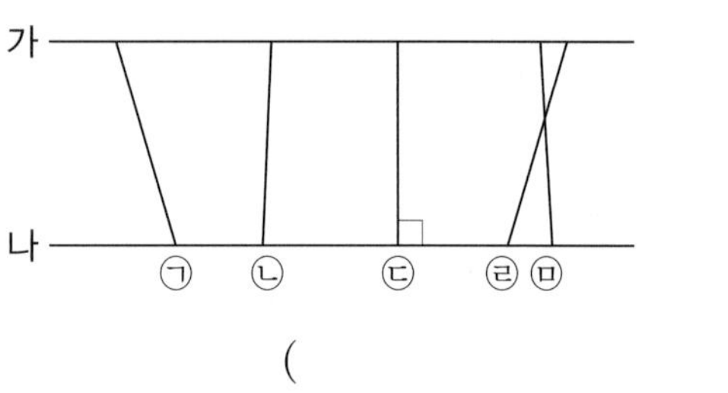

(　　　　　　　　　　)

07 다음 도형에서 평행선 사이의 거리가 될 수 있는 선분의 기호를 쓰고 평행선 사이의 거리는 몇 cm인지 재어 보세요.

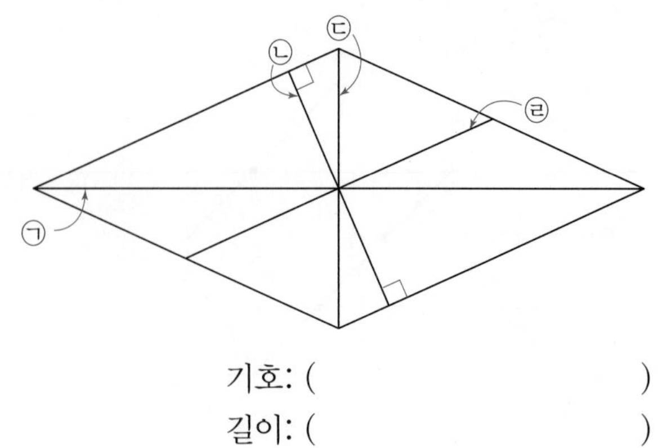

기호: (　　　　　　　　　　)

길이: (　　　　　　　　　　)

08 도형에서 평행선 사이의 거리는 몇 cm인가요?

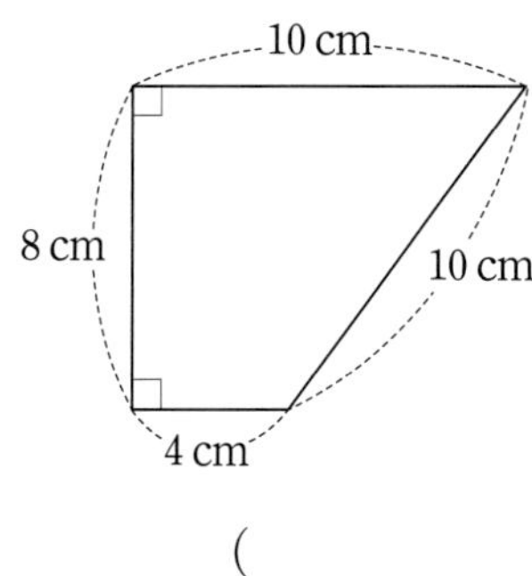

(　　　　　　　　　)

09 직선 가, 나, 다는 서로 평행합니다. 직선 가와 직선 다 사이의 거리는 몇 cm인가요?

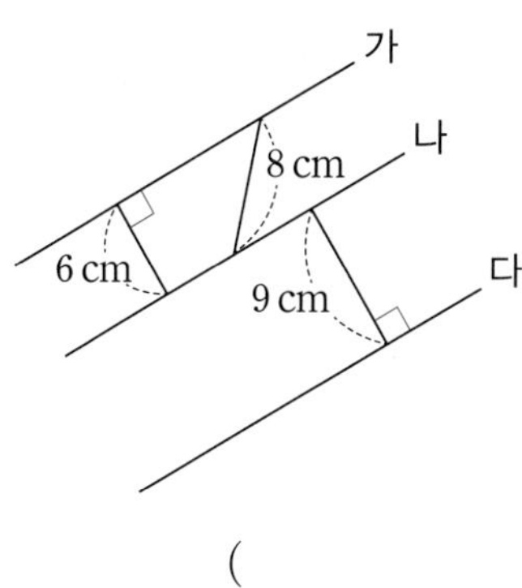

(　　　　　　　　　)

10 변 ㄱㄴ과 변 ㄹㅁ은 서로 평행합니다. 변 ㄱㄴ과 변 ㄹㅁ 사이의 거리는 몇 cm인가요?

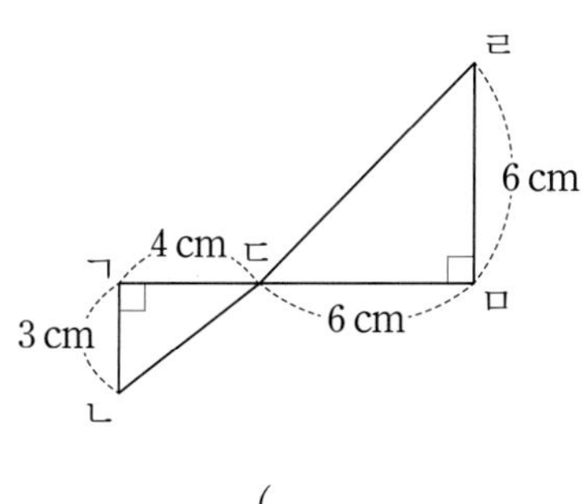

(　　　　　　　　　)

11 실생활 활용

바코드란 상품의 정보를 평행인 선분으로 나타낸 검고 흰 줄무늬의 기호를 뜻합니다. 예서가 산 책의 바코드가 일부 지워져 있었습니다. 가 막대 모양에 대하여 거리가 각각 1cm, 3cm에 있는 선분을 1개씩 그려 보세요. (단, 선분의 굵기는 생각하지 않습니다.)

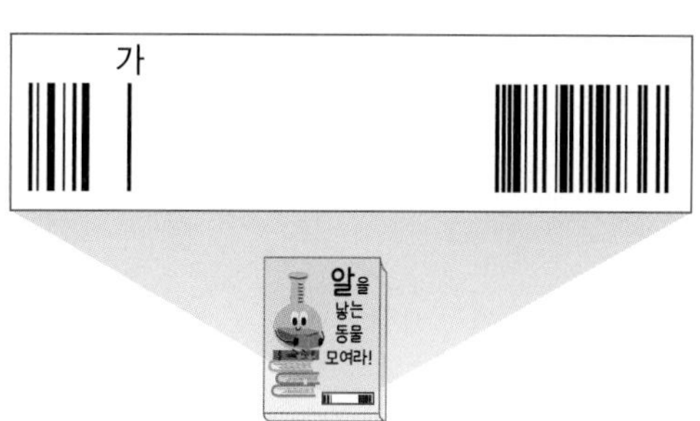

12 교과 융합

세영이는 미술 시간에 평행선을 그어 무늬 만들기를 하였습니다. 세영이가 만든 규칙에 따라 무늬를 3개 더 그려 보세요.

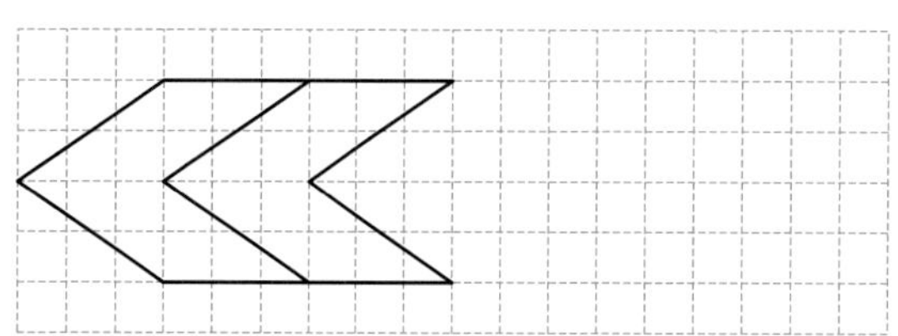

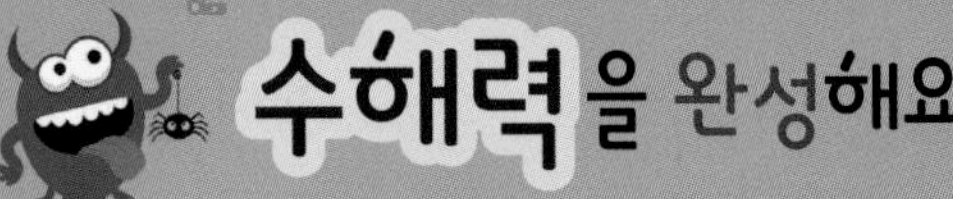

대표 응용 1

도형에서 평행선이 모두 몇 쌍인지 구하기

그림에서 평행선은 모두 몇 쌍인지 구해 보세요.

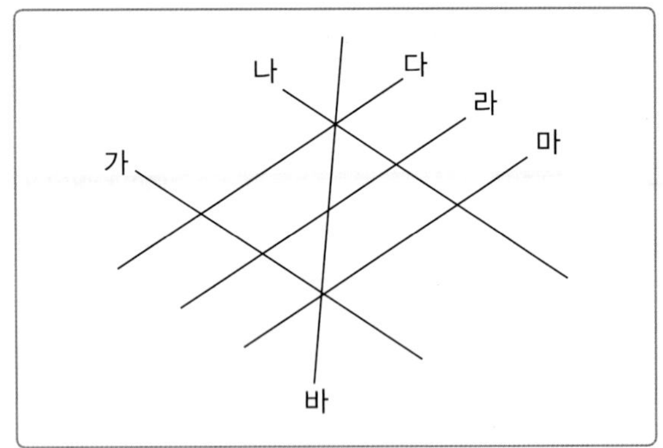

해결하기

1단계 서로 만나지 않는 두 직선을 ☐하다고 합니다.

2단계 그림에서 두 직선을 끝없이 늘였을 때 (만나는 , 만나지 않는) 직선을 찾습니다.

3단계 평행선은 직선 가와 직선 ☐, 직선 다와 직선 ☐, 직선 다와 직선 ☐, 직선 라와 직선 ☐로 모두 ☐쌍입니다.

1-1

그림에서 찾을 수 있는 평행선은 모두 몇 쌍인지 구해 보세요.

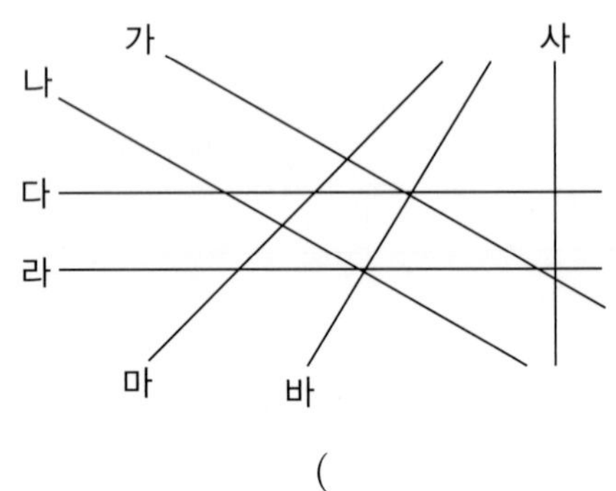

( )

1-2

그림에서 평행선은 모두 몇 쌍인지 구해 보세요.

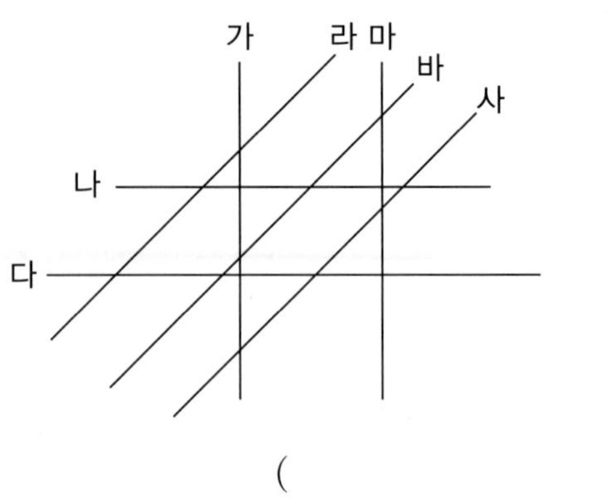

( )

1-3

직사각형 2개를 이어 붙여 만든 도형에서 찾을 수 있는 평행선은 모두 몇 쌍인지 구해 보세요.

( )

1-4

직사각형 3개를 이어 붙여 만든 도형에서 찾을 수 있는 평행선은 모두 몇 쌍인지 구해 보세요.

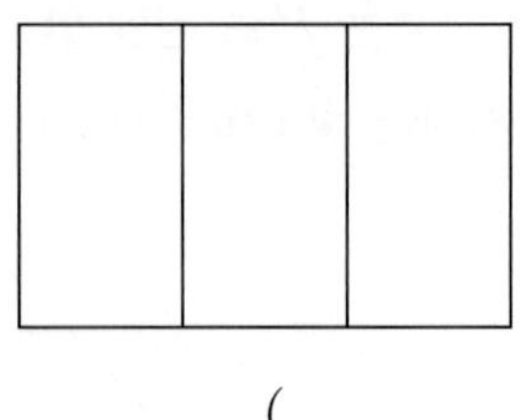

( )

대표 응용 **2** **도형에서 평행선 사이의 거리 구하기**

변 ㄱㅂ과 변 ㄴㄷ은 서로 평행합니다. 변 ㄱㅂ과 변 ㄴㄷ 사이의 거리는 몇 cm인지 구해 보세요.

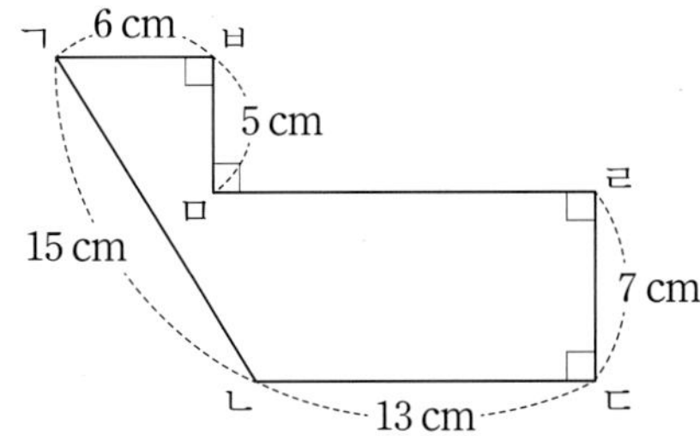

해결하기

1단계 평행선 사이의 거리는 한 직선에서 다른 직선에 ☐을 긋고, 그 길이를 재어 구할 수 있습니다.

2단계 변 ㄱㅂ과 변 ㄴㄷ 사이의 거리는 변 ㄱㅂ에 대한 ☐인 변 ☐과 변 ㄴㄷ에 대한 ☐인 변 ☐의 길이를 더해서 구합니다.

3단계 변 ㄱㅂ과 변 ㄴㄷ 사이의 거리는 ☐+☐=☐(cm)입니다.

2-1

변 ㄱㅇ과 변 ㄴㄷ 사이의 거리는 몇 cm인지 구해 보세요.

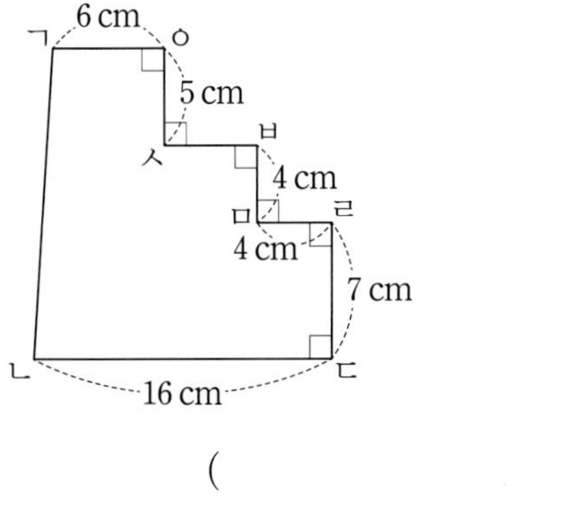

(　　　　　　　)

2-2

변 ㄱㅅ과 변 ㄹㅁ은 서로 평행합니다. 변 ㄱㅅ과 변 ㄹㅁ 사이의 거리는 몇 cm인지 구해 보세요.

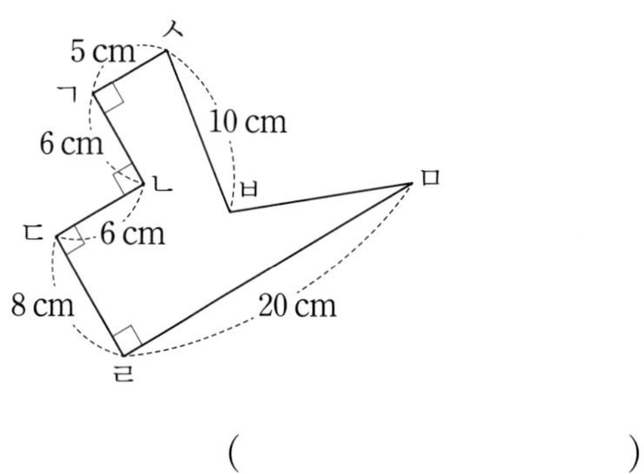

(　　　　　　　)

2-3

변 ㄱㄴ과 변 ㅁㄹ 사이의 거리가 32 cm일 때, 변 ㄱㅅ의 길이는 몇 cm인지 구해 보세요.

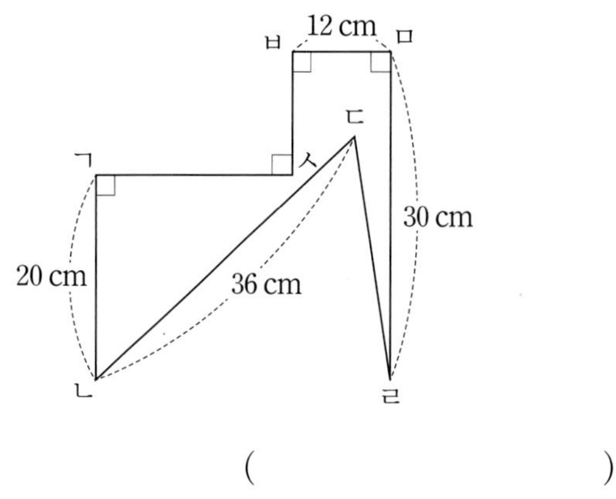

(　　　　　　　)

2-4

변 ㄱㄴ과 변 ㄹㄷ은 서로 평행합니다. 두 변 사이의 거리가 36 cm일 때, 변 ㅅㅂ의 길이는 몇 cm인지 구해 보세요.

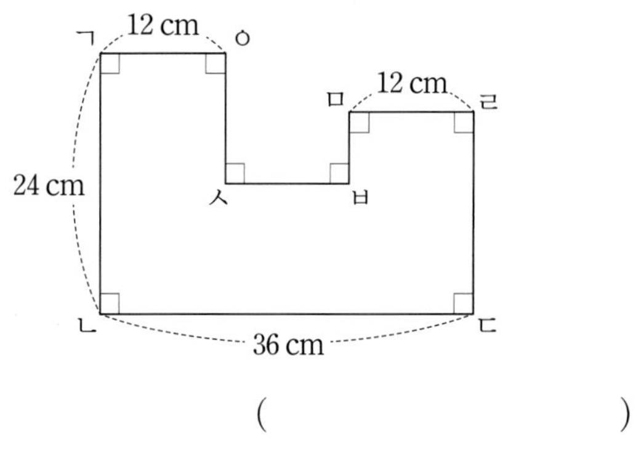

(　　　　　　　)

개념 1 사다리꼴 알아보기

이미 배운 사각형

• 사각형

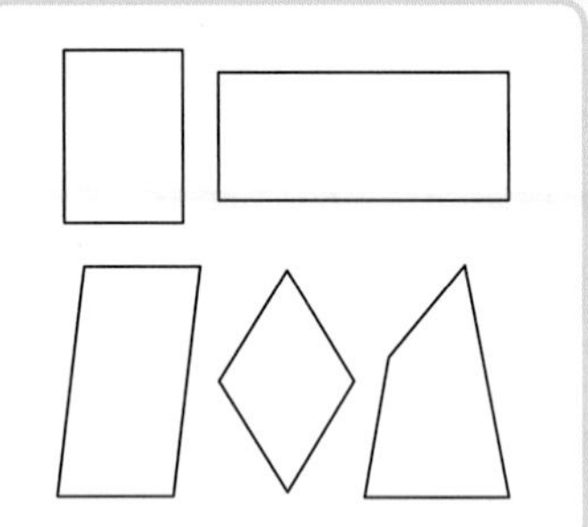

사각형은 곧은 선으로 둘러 싸여 있으며 변과 꼭짓점이 4개씩 있어요.

새로 배울 사다리꼴

• 평행한 변이 있는지에 따라 사각형 분류하기

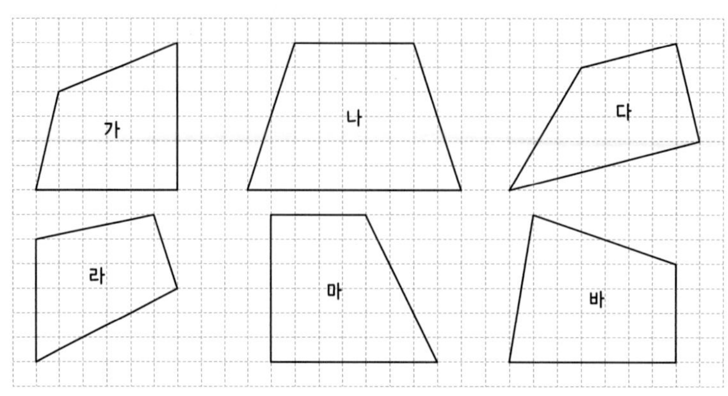

각 도형에 평행한 변을 표시하면

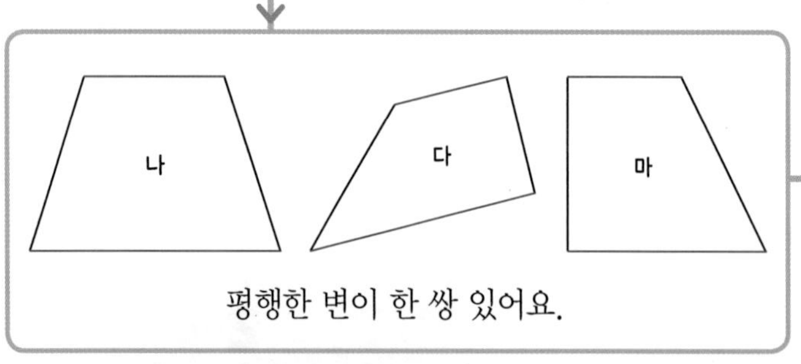

평행한 변이 한 쌍 있어요.

평행한 변이 한 쌍이라도 있는 사각형을 사다리꼴이라고 합니다.

사각형 → 평행한 변이 한 쌍이라도 있는가? → 사다리꼴

[여러 가지 사다리꼴]

사다리꼴은 평행한 변이 적어도 한 쌍인 사각형이므로 다음과 같이 마주 보는 두 쌍의 변이 서로 평행한 사각형도 사다리꼴이에요.

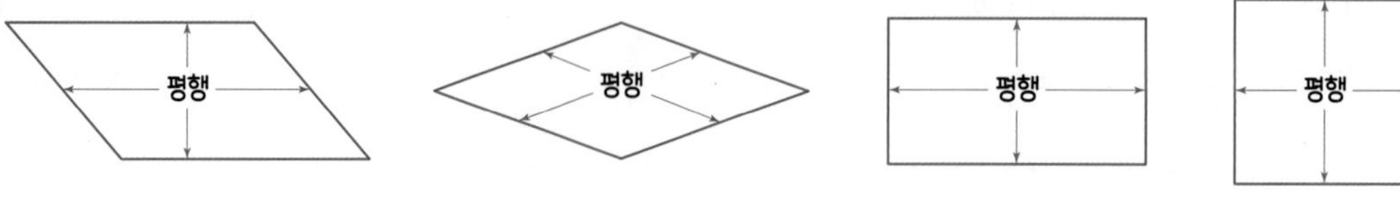

개념 2 사다리꼴 그리기와 만들기

이미 배운 평행선 그리기

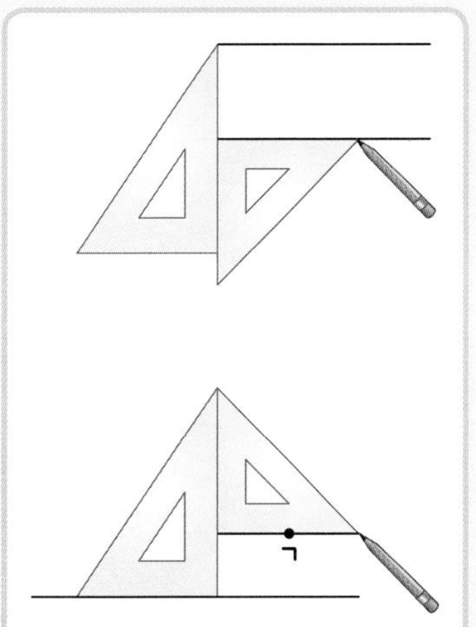

삼각자를 사용하여 주어진 직선과 평행한 직선을 그을 수 있어요.

새로 배울 사다리꼴 그리기와 만들기

• 사다리꼴 그리기

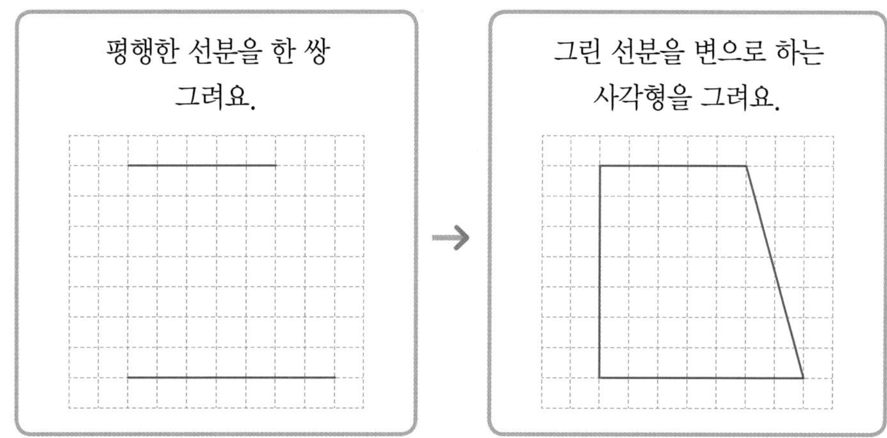

• 사다리꼴 만들기

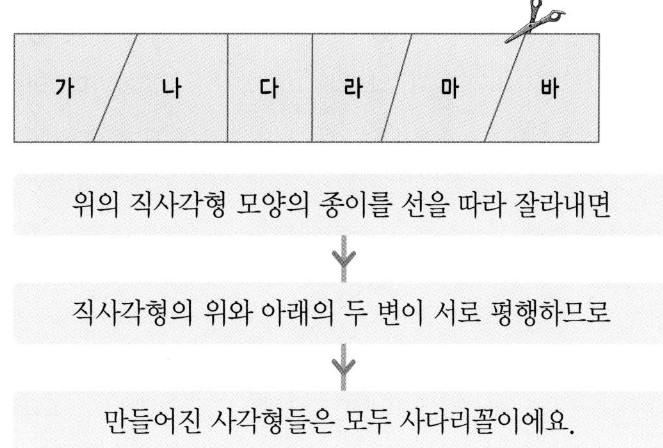

위의 직사각형 모양의 종이를 선을 따라 잘라내면

↓

직사각형의 위와 아래의 두 변이 서로 평행하므로

↓

만들어진 사각형들은 모두 사다리꼴이에요.

평행한 선분 한 쌍 그리기 ➡ 평행한 선분을 변으로 하는 사각형 그리기 ➡ 사다리꼴

[사다리꼴인지 아닌지 구분하기]

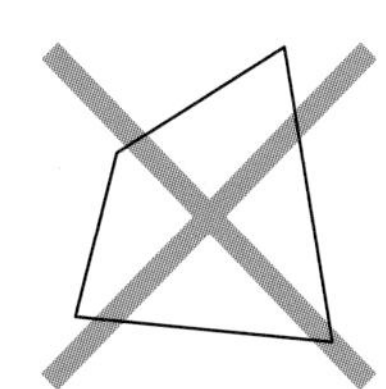

평행한 변이 없어서 사다리꼴이 아니에요.

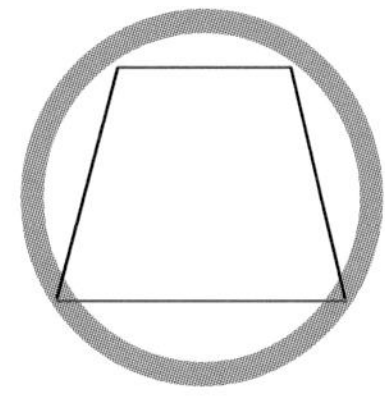

평행한 변이 한 쌍이 있어서 사다리꼴이에요.

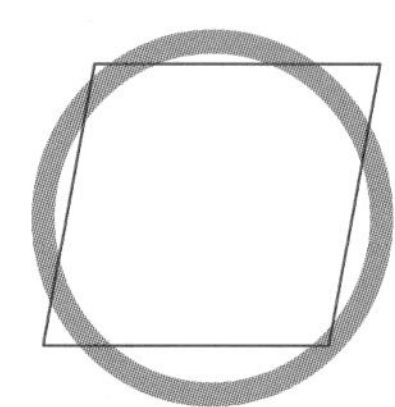

평행한 변이 두 쌍이 있어서 사다리꼴이에요.

개념 3 평행사변형 알아보기

이미 배운 사다리꼴

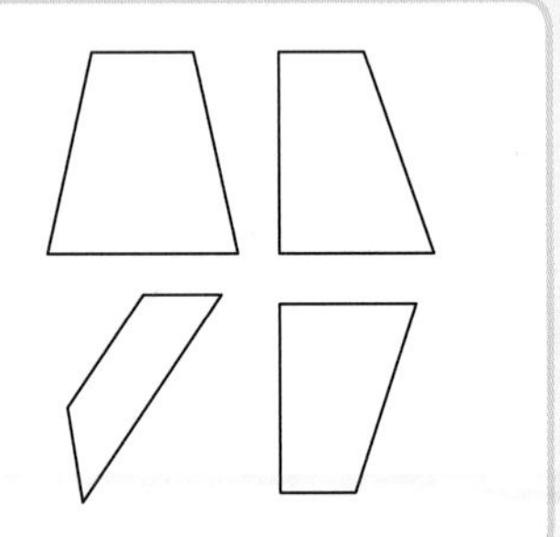

사다리꼴은 평행한 변이 한 쌍이라도 있는 사각형이에요.

새로 배울 평행사변형

• 평행한 변의 수에 따라 사각형 분류하기

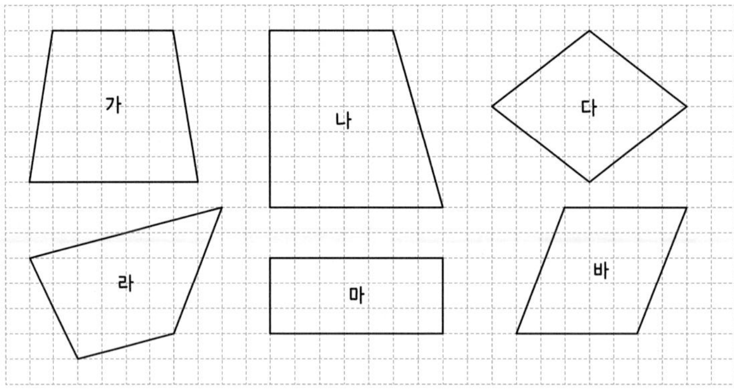

한 쌍의 변만 평행해도 사다리꼴이기 때문에 두 쌍의 변이 모두 평행한 평행사변형은 사다리꼴이라고 할 수 있어요.

평행한 변이 몇 쌍인가요?

- 한 쌍 → 가, 나, 라 → 사다리꼴
- 두 쌍 → 다, 마, 바 → 각 도형에 평행한 변을 표시하면

다 마 바

마주 보는 두 쌍의 변이 서로 평행해요.

→ **마주 보는 두 쌍의 변이 평행한 사각형을 평행사변형이라고 합니다.**

사다리꼴 ➡ 평행한 변이 두 쌍인가? ➡ 평행사변형

[사다리꼴을 평행사변형으로 만들어 보기]

도형판에서 어느 부분의 고무줄을 옮기면 평행사변형이 될까요?

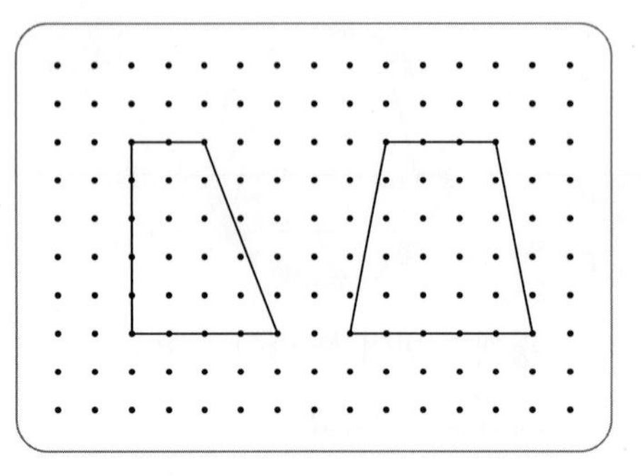

㉮

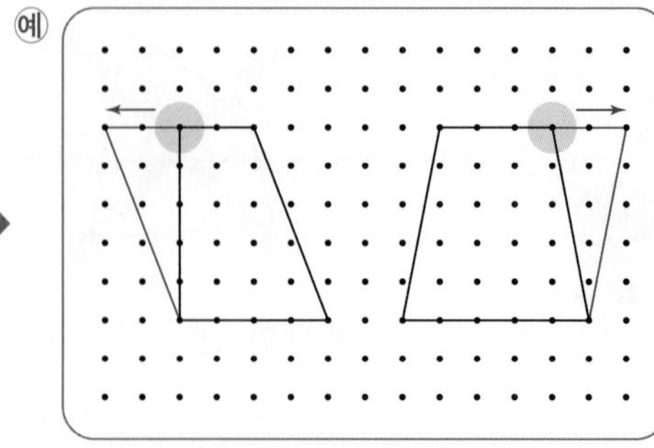

개념 4 평행사변형의 성질 알아보기

이미 배운 평행사변형

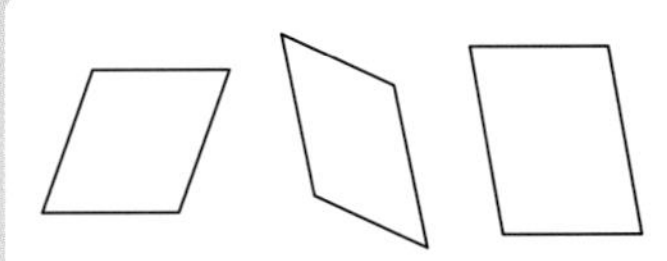

평행사변형은 마주 보는 두 쌍의 변이 서로 평행한 사각형이에요.

자와 각도기를 사용하여 평행사변형에서 마주 보는 두 변의 길이와 두 각의 크기를 재어 비교하여 보세요.

새로 배울 평행사변형의 성질

평행사변형 모양의 종이를 그림과 같이 잘라 겹치면

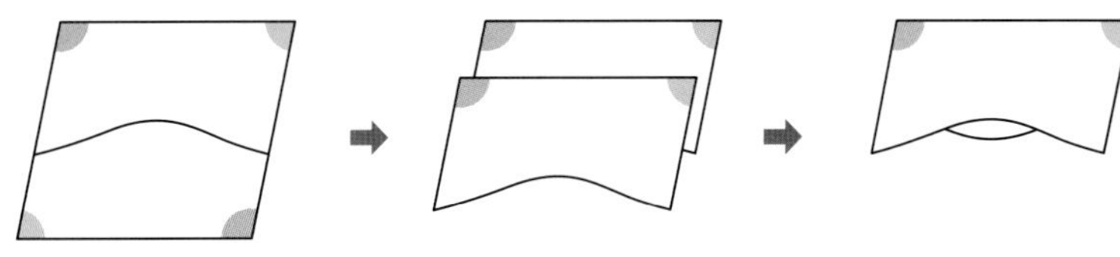

마주 보는 두 각의 크기가 같아요.

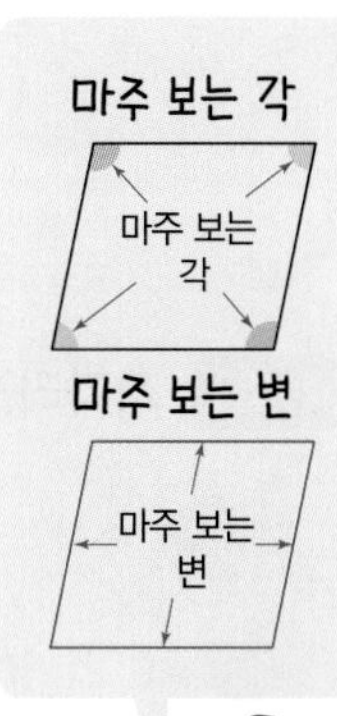

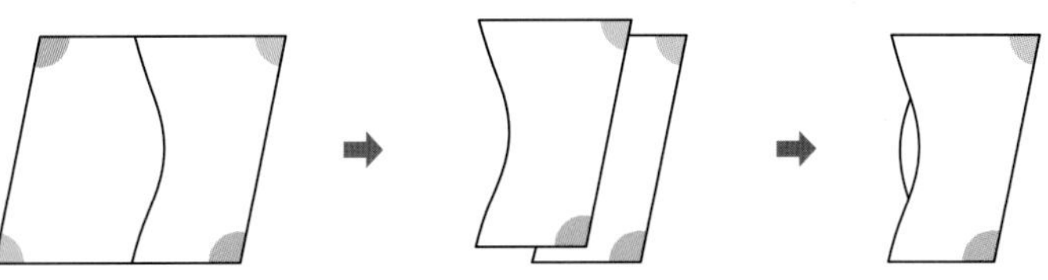

마주 보는 두 변의 길이가 같아요.

- **평행사변형은** 마주 보는 두 쌍의 변의 길이가 같습니다.
- **평행사변형은** 마주 보는 두 쌍의 각의 크기가 같습니다.

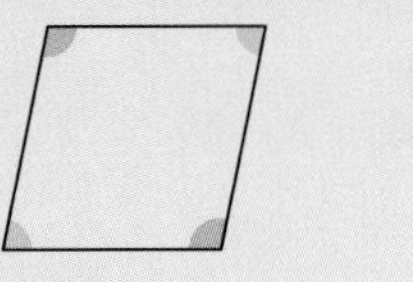

평행사변형	➡	• 마주 보는 두 쌍의 변의 길이 비교하기 • 마주 보는 두 쌍의 각의 크기 비교하기	➡	평행사변형의 성질 알기

[평행사변형의 성질 더 알아보기]

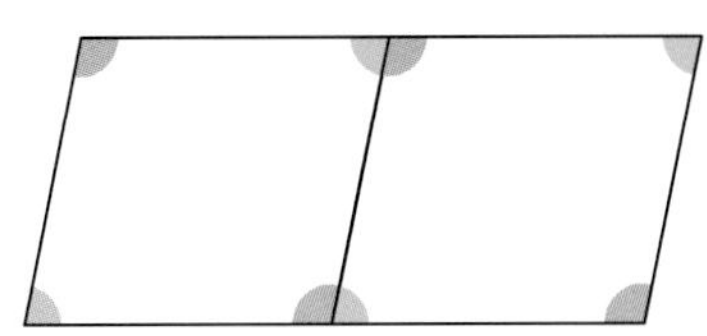

같은 모양의 평행사변형을 그림과 같이 변이 겹쳐지도록 이어 붙이면

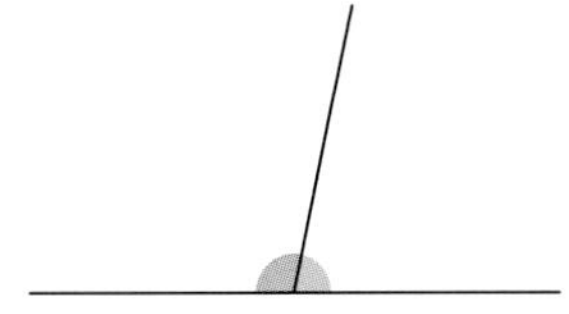

이웃한 두 각이 만나 180°가 됨을 알 수 있어요.

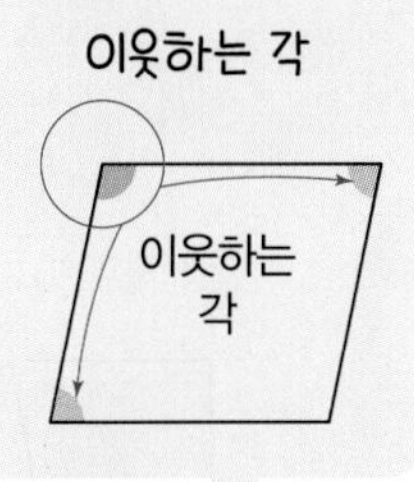

평행사변형은 이웃한 두 각의 크기의 합이 180°예요.

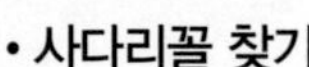

수해력을 확인해요

• 사다리꼴 찾기

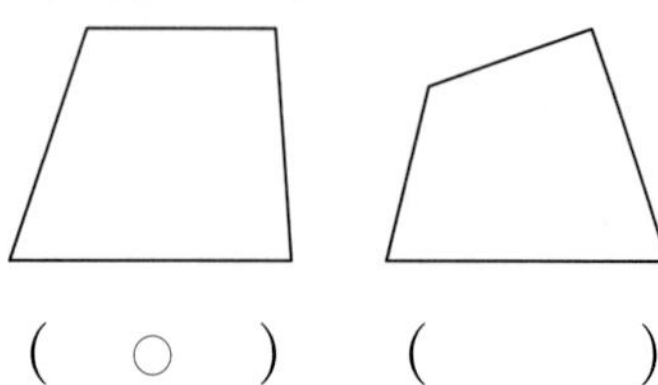

(○) ( )

• 주어진 선분을 사용하여 사다리꼴 완성하기

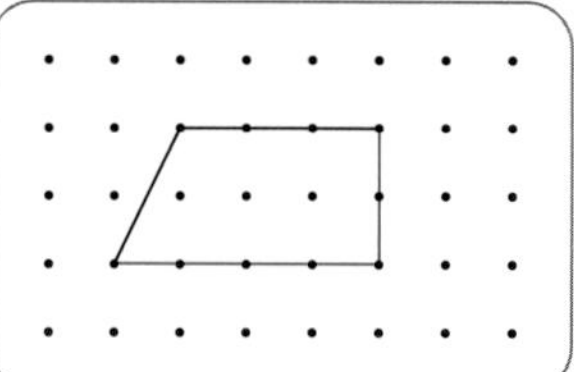

01~03 사다리꼴을 찾아 ○표 하세요.

01

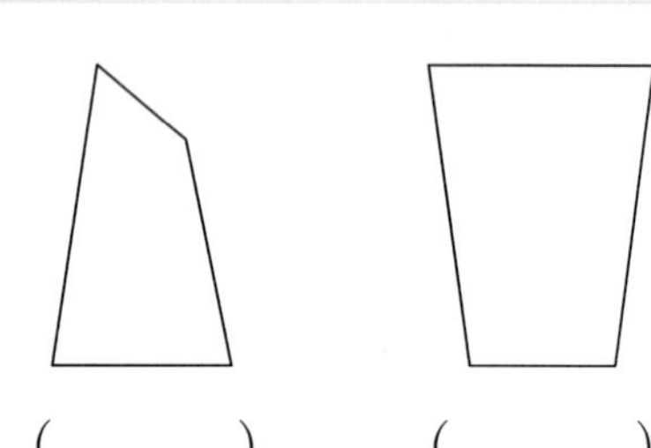

( ) ( )

02

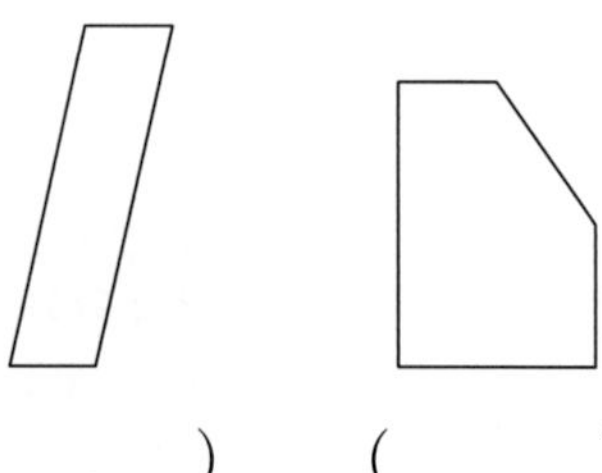

( ) ( )

03

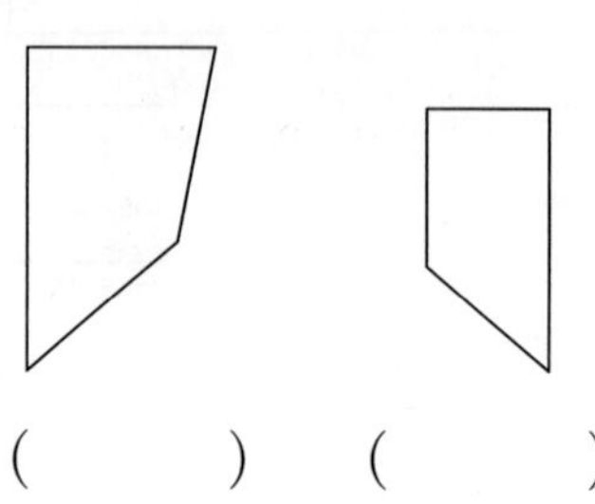

( ) ( )

04~06 주어진 선분을 사용하여 사다리꼴을 완성해 보세요.

04

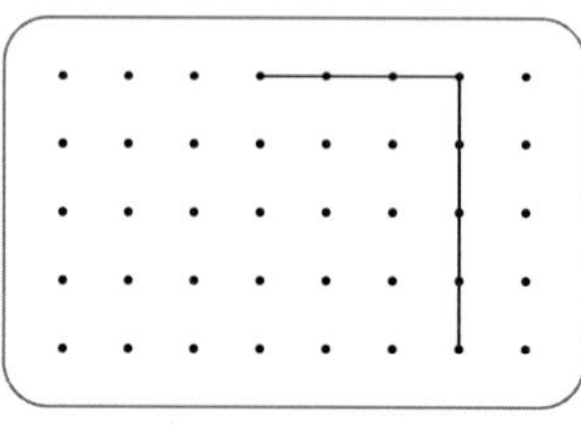

05

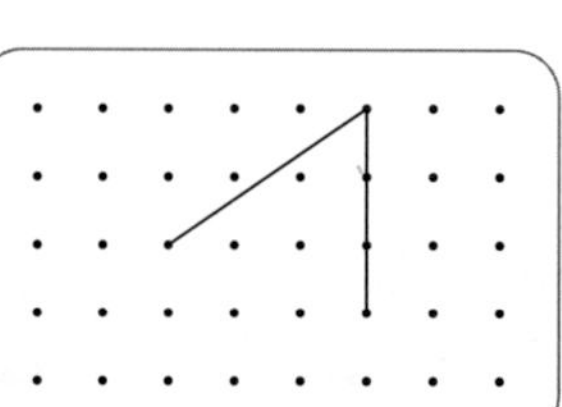

06

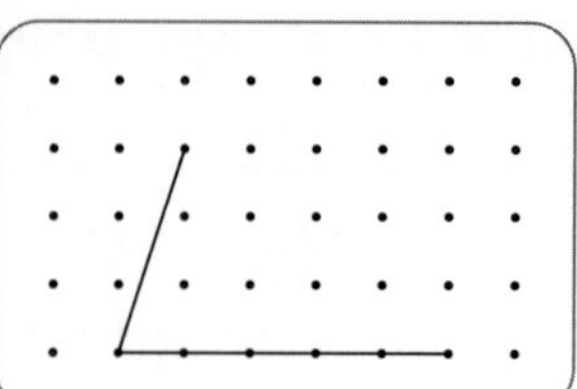

• 평행사변형의 성질을 이용하여 변의 길이 구하기

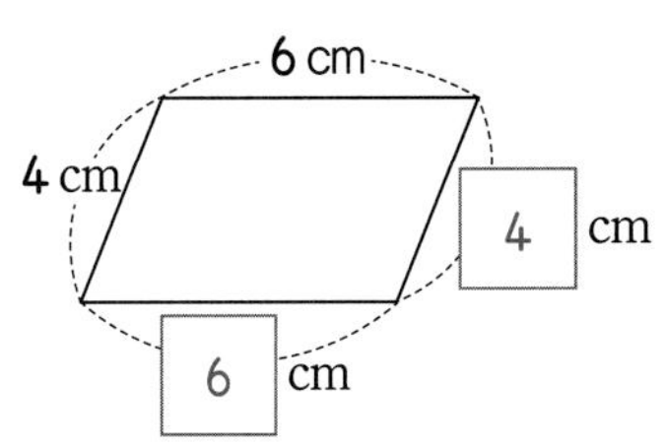

• 평행사변형의 성질을 이용하여 각의 크기 구하기

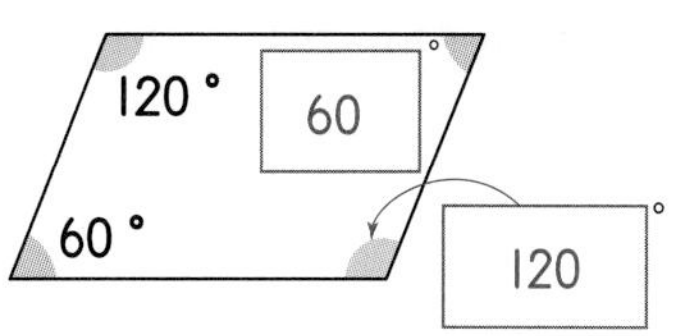

07~14 평행사변형을 보고 □ 안에 알맞은 수를 써넣으세요.

07

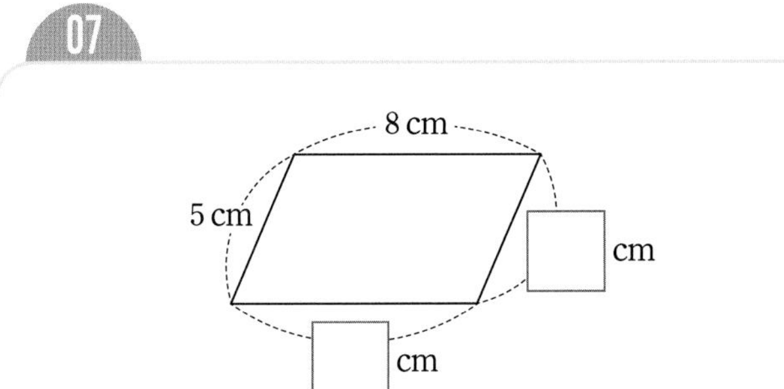

08

09

10

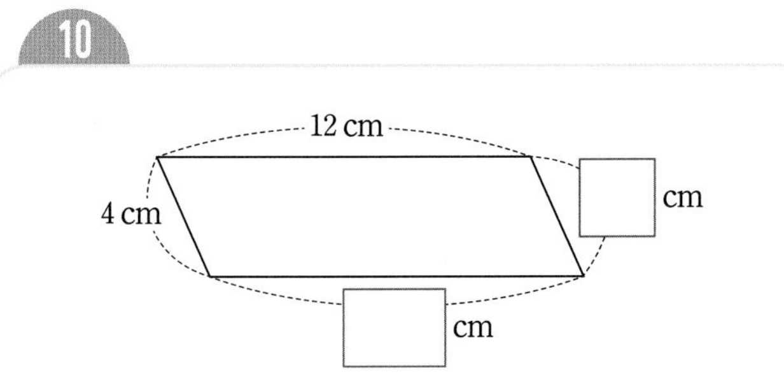

11

12

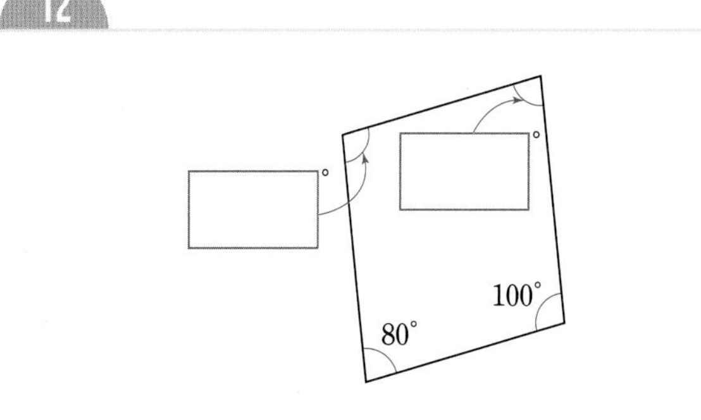

13

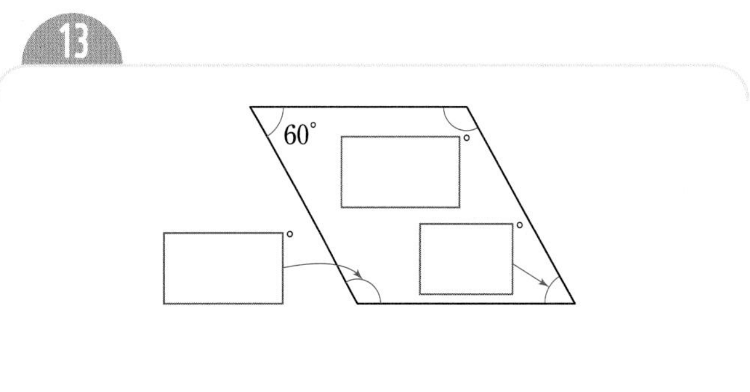

14

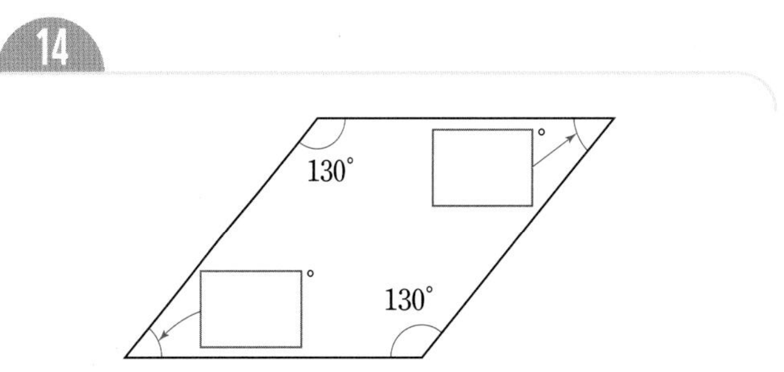

수해력을 높여요

01 사다리꼴을 모두 찾아 기호를 써 보세요.

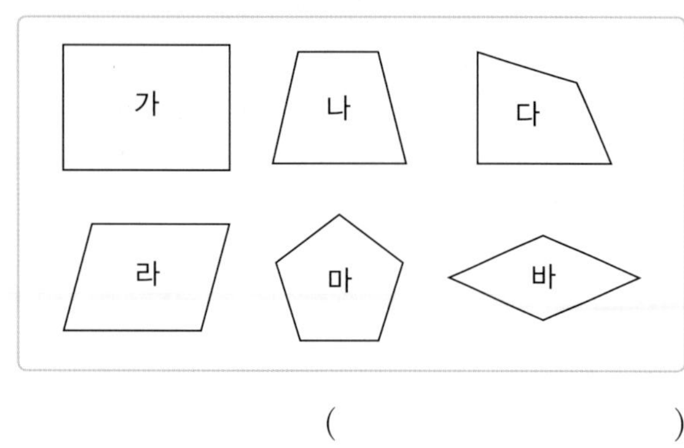

( )

02 직사각형 모양의 종이띠를 선을 따라 잘랐을 때 사다리꼴은 모두 몇 개인가요?

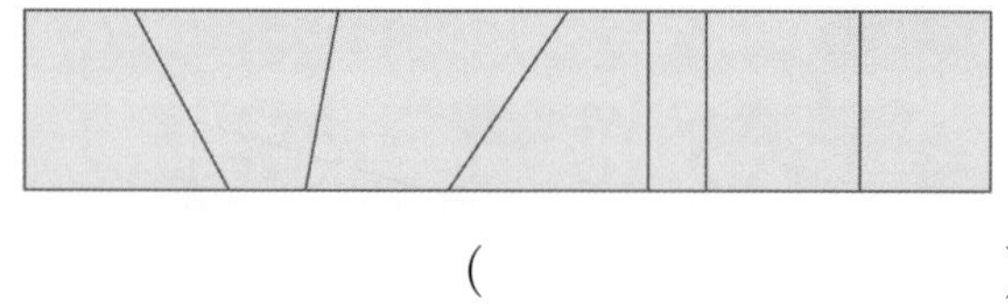

( )

03 다음 도형이 사다리꼴이 아닌 이유를 써 보세요.

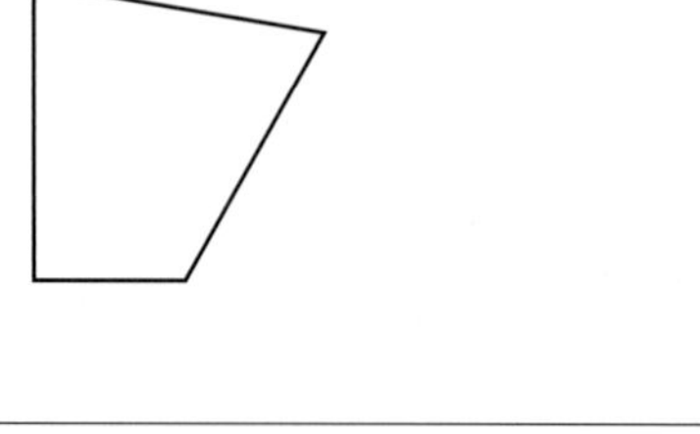

04 주어진 선분을 이용하여 사다리꼴을 완성해 보세요.

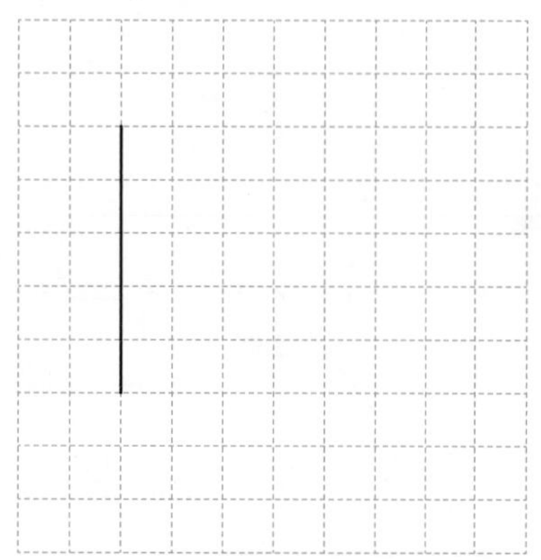

05 다음 사각형을 잘라 사다리꼴로 만들려고 합니다. 어느 직선을 따라 잘라야 하는지 기호를 쓰고 만들어진 사다리꼴의 평행한 변 사이의 거리를 구해 보세요.

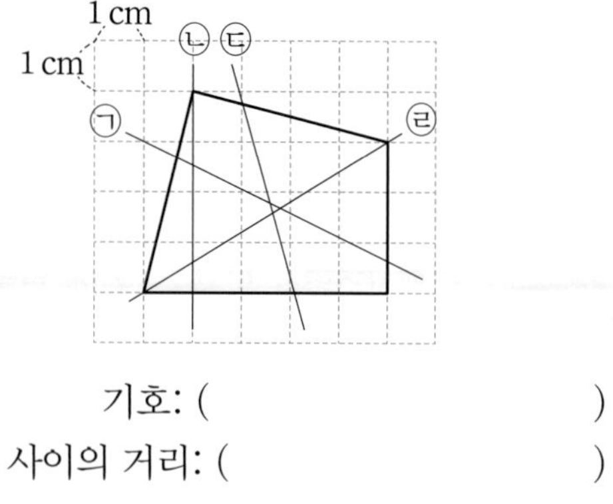

기호: ( )

평행한 변 사이의 거리: ( )

06 평행사변형은 모두 몇 개인가요?

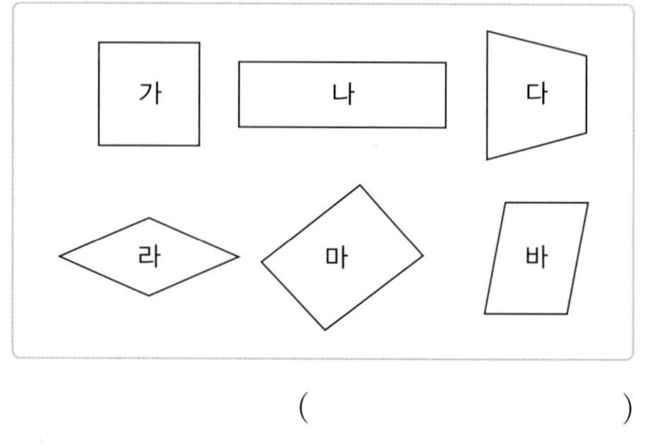

( )

07 평행사변형에 대한 설명으로 옳은 것에 ○표, 옳지 않은 것에 ×표 하세요.

(1) 네 각이 모두 직각입니다. ( )

(2) 마주 보는 두 쌍의 변이 평행합니다. ( )

(3) 마주 보는 두 각의 크기가 같습니다. ( )

(4) 마주 보는 두 변의 길이가 같습니다. ( )

(5) 이웃하는 두 각의 크기가 같습니다. ( )

08 도형판에서 한 꼭짓점만 옮겨 평행사변형을 만들어 보세요.

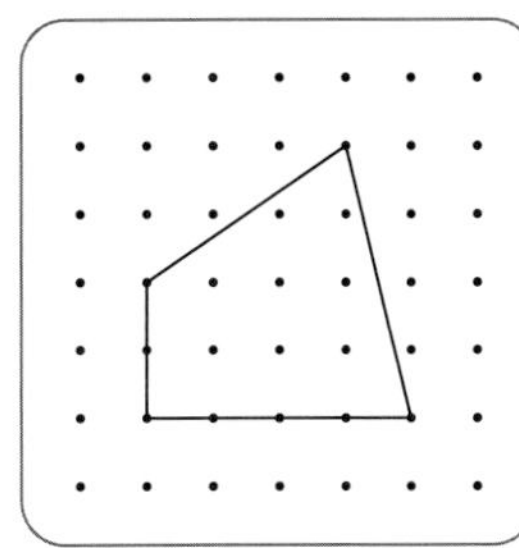
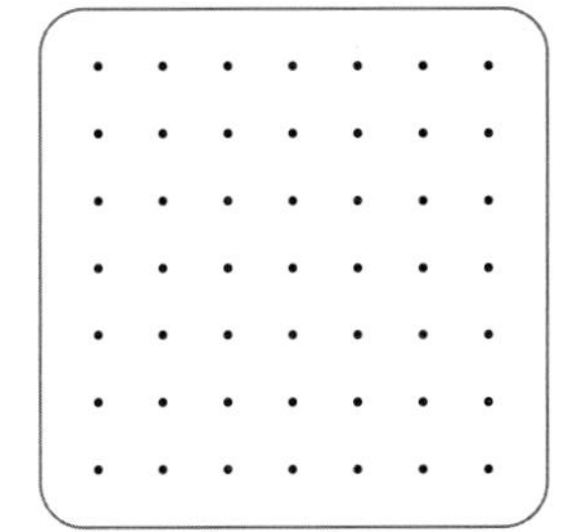

09 다음 도형은 평행사변형입니다. 네 변의 길이의 합이 **24 cm**일 때, □ 안에 알맞은 수를 써넣으세요.

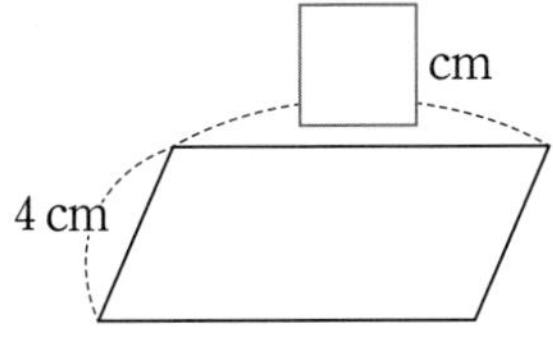

10 평행사변형 ㄱㄴㄷㄹ에서 각 ㄱㄷㄹ의 크기를 구해 보세요.

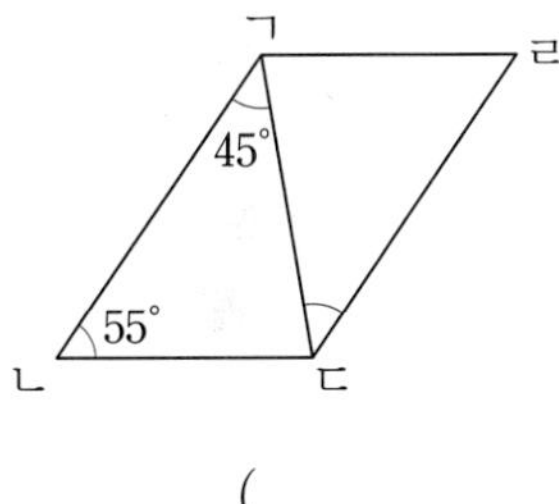

(　　　　　　　　)

11 실생활 활용

지훈이는 목공체험장에서 크기와 모양이 같은 평행사변형 3개가 연결된 옷걸이를 만들었습니다. ㉠과 ㉡의 각도의 합을 구해 보세요.

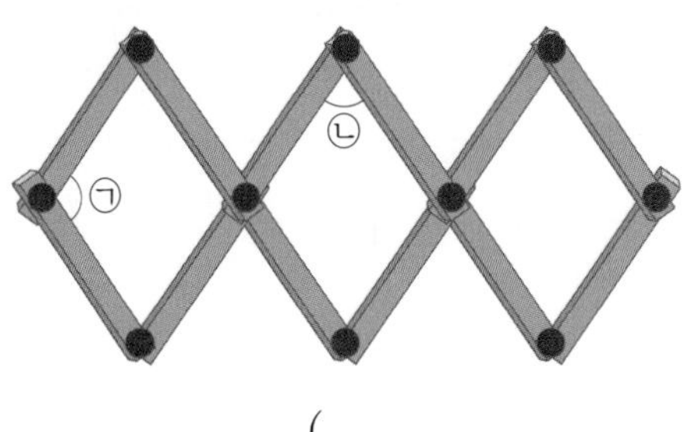

(　　　　　　　　)

12 교과 융합

지민이가 체육 시간에 뜀틀을 넘으려고 합니다. 지민이가 넘어야 하는 뜀틀의 높이는 몇 **cm**인지 구해 보세요. (단, 뜀틀의 각 단은 서로 평행합니다.)

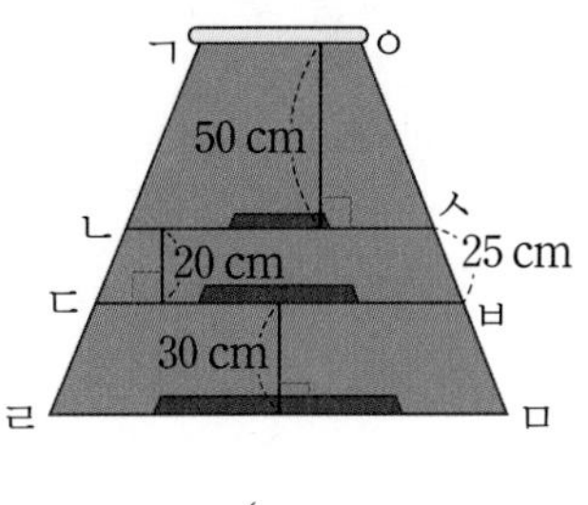

(　　　　　　　　)

수해력을 완성해요

대표 응용 **1**

크고 작은 사각형의 개수 구하기

다음 도형은 직사각형에 선을 그어 만든 것입니다. 그림에서 찾을 수 있는 크고 작은 사다리꼴의 개수는 모두 몇 개인지 구해 보세요.

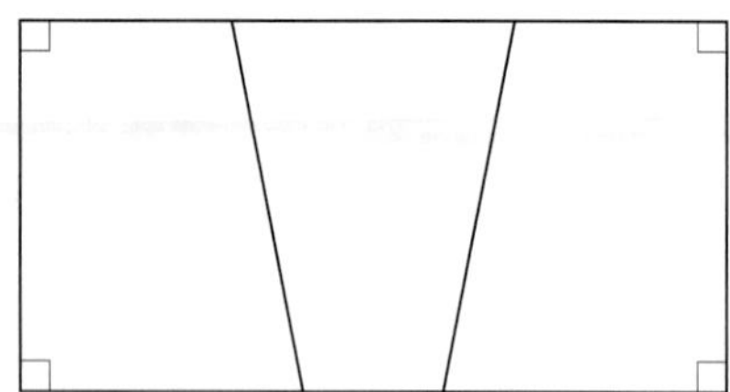

해결하기

1단계 평행한 변이 한 쌍이라도 있는 사각형은 사다리꼴입니다.

2단계 작은 사다리꼴 1개로 이루어진 사다리꼴은 ☐개입니다.

작은 사다리꼴 2개로 이루어진 사다리꼴은 ☐개입니다.

작은 사다리꼴 3개로 이루어진 사다리꼴은 ☐개입니다.

3단계 그림에서 찾을 수 있는 크고 작은 사다리꼴의 개수는 모두 ☐+☐+☐=☐(개)입니다.

1-1

다음 도형은 직사각형에 선을 그어 만든 것입니다. 그림에서 찾을 수 있는 크고 작은 사다리꼴의 개수는 모두 몇 개인지 구해 보세요.

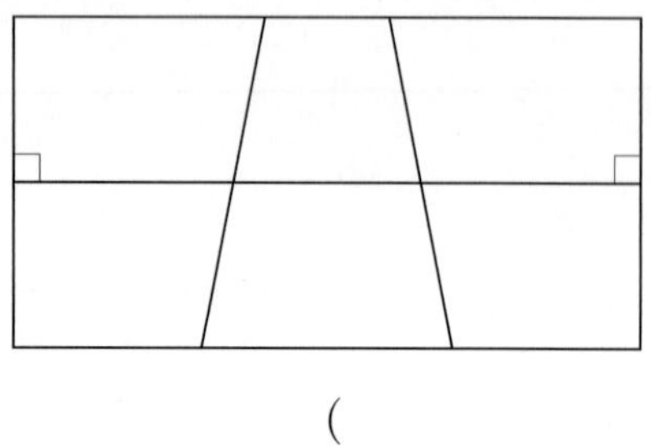

( )

1-2

다음 도형은 같은 크기의 정삼각형 4개를 이어 붙인 것입니다. 그림에서 찾을 수 있는 크고 작은 사다리꼴의 개수는 모두 몇 개인지 구해 보세요.

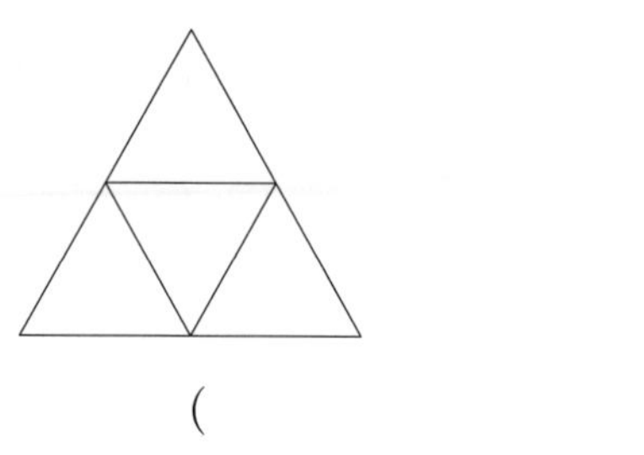

( )

1-3

다음 도형은 같은 크기의 평행사변형 4개를 이어 붙인 것입니다. 그림에서 찾을 수 있는 크고 작은 평행사변형의 개수는 모두 몇 개인지 구해 보세요.

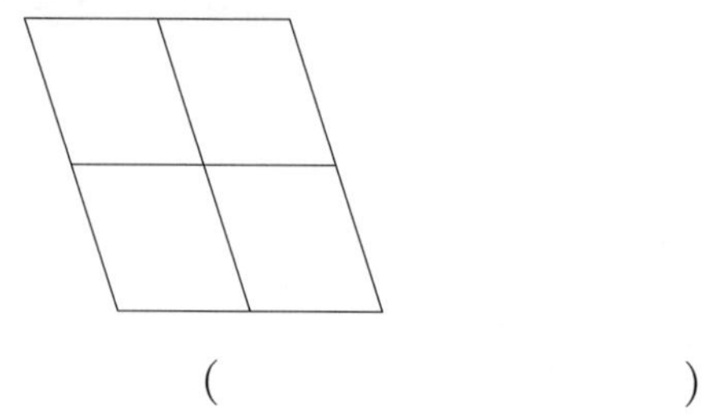

( )

1-4

다음 도형은 같은 크기의 정삼각형 8개를 이어 붙인 것입니다. 그림에서 찾을 수 있는 크고 작은 평행사변형의 개수는 모두 몇 개인지 구해 보세요.

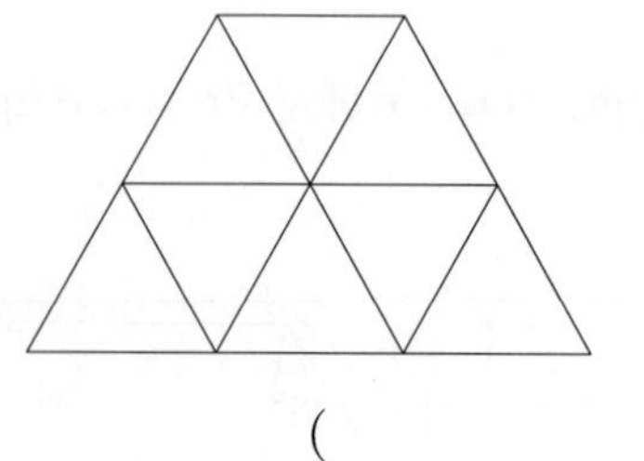

( )

대표 응용 **2** **평행사변형의 성질 활용하기**

평행사변형 ㄱㄴㄷㄹ에서 각 ㄴㄷㄱ의 크기를 구해 보세요.

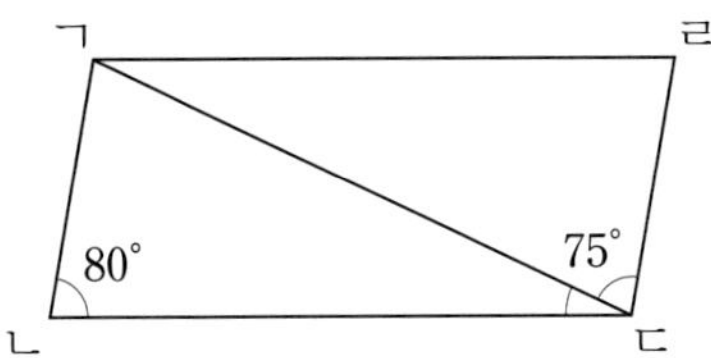

해결하기

1단계 평행사변형은 이웃하는 두 각의 크기의 합이 [ ]입니다.

2단계 각 ㄱㄴㄷ과 각 ㄴㄷㄹ은 서로 (마주 보는 , 이웃하는) 각입니다.

3단계 (각 ㄱㄴㄷ)+(각 ㄴㄷㄹ)

=(각 ㄱㄴㄷ)+(각 [ ])+(각 ㄱㄷㄹ)

=180°입니다.

80°+(각 ㄴㄷㄱ)+75°=180°이므로

(각 ㄴㄷㄱ)=[ ]입니다.

2-1

평행사변형 ㄱㄴㄷㄹ에서 각 ㄱㄴㄹ의 크기를 구해 보세요.

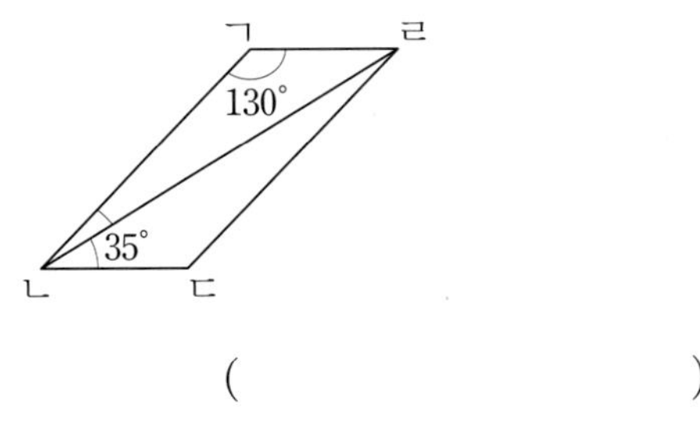

( )

2-2

평행사변형 ㄱㄴㄷㄹ에서 각 ㄱㄹㄴ의 크기를 구해 보세요.

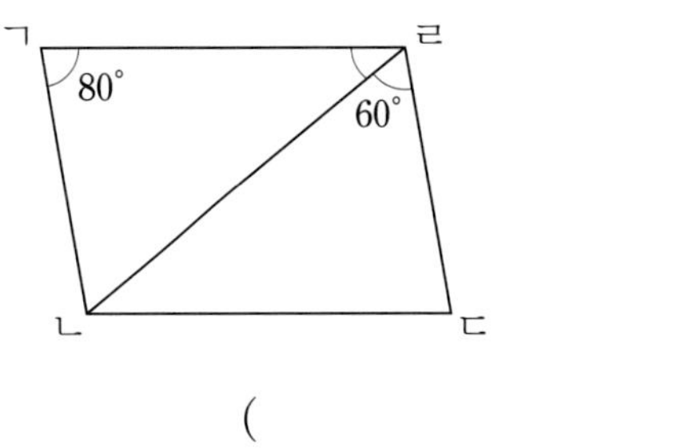

( )

2-3

사각형 ㄱㄴㄷㄹ은 평행사변형입니다. 각 ㄹㄷㅁ의 크기를 구해 보세요.

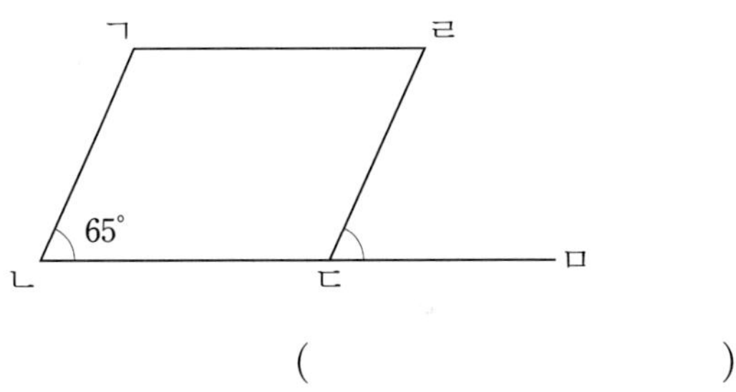

( )

2-4

사각형 ㄱㄴㄷㄹ은 평행사변형입니다. 각 ㄱㄹㄷ의 크기를 구해 보세요.

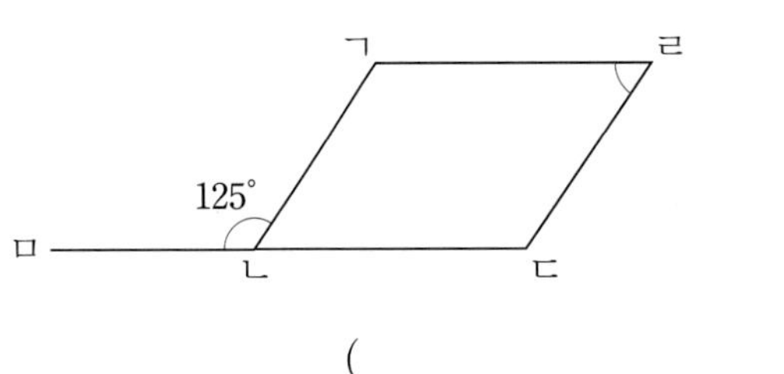

( )

4. 마름모와 여러 가지 사각형 알아보기

개념 1 마름모 알아보기

이미 배운 사다리꼴과 평행사변형

• 사다리꼴

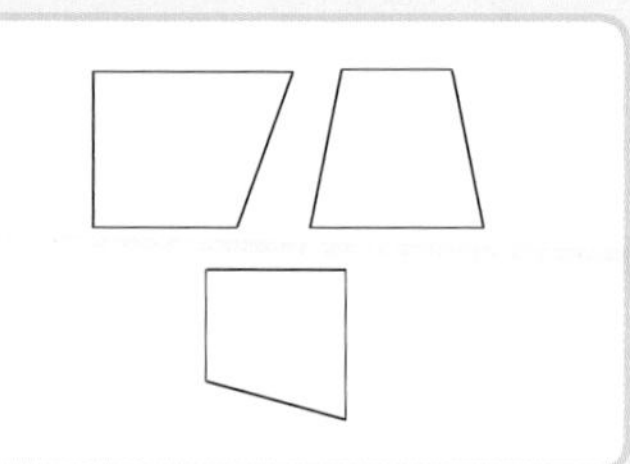

사다리꼴은 평행한 변이 한 쌍이라도 있는 사각형이에요.

• 평행사변형

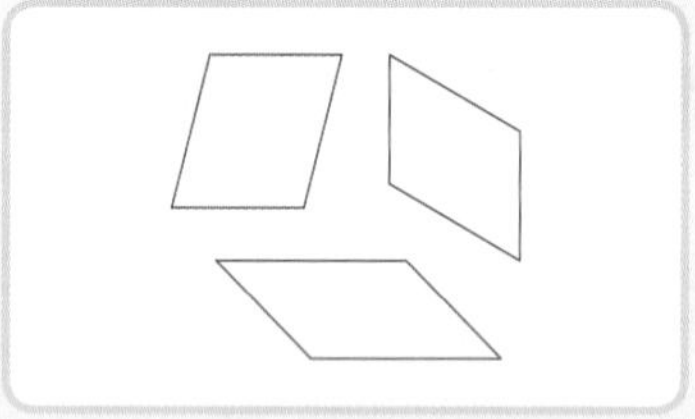

평행사변형은 마주 보는 두 쌍의 변이 서로 평행한 사각형이에요.

새로 배울 마름모

• 변의 길이를 기준으로 사각형 분류하기

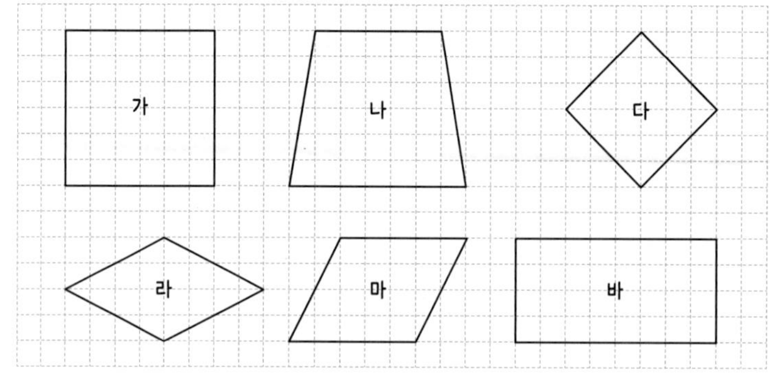

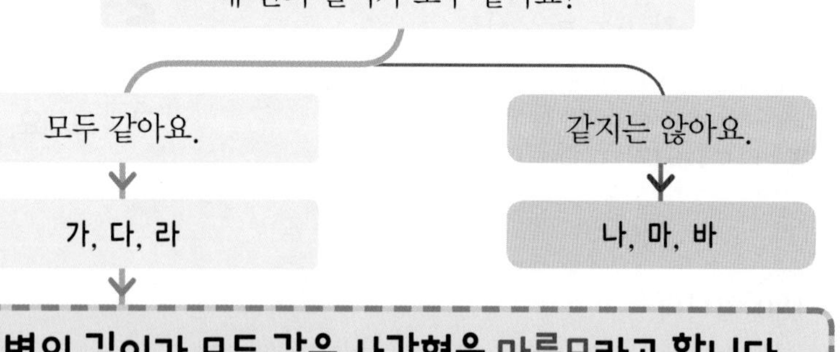

네 변의 길이가 모두 같은 사각형을 마름모라고 합니다.

사다리꼴과 평행사변형의 뜻 알기 ➡ 네 변의 길이가 같은가? ➡ 마름모

마름모는 마주 보는 두 쌍의 변이 서로 평행하므로 사다리꼴이면서 평행사변형이에요.

[생활 속에서 마름모 찾기]

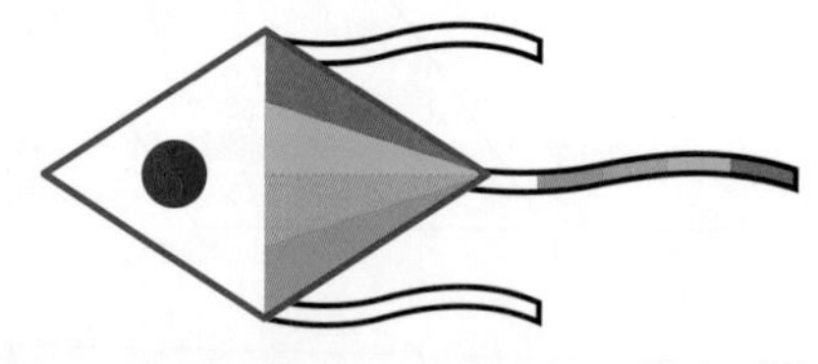

[마름모 그리기]

네 변의 길이가 같은 사각형이 되도록 그려요.

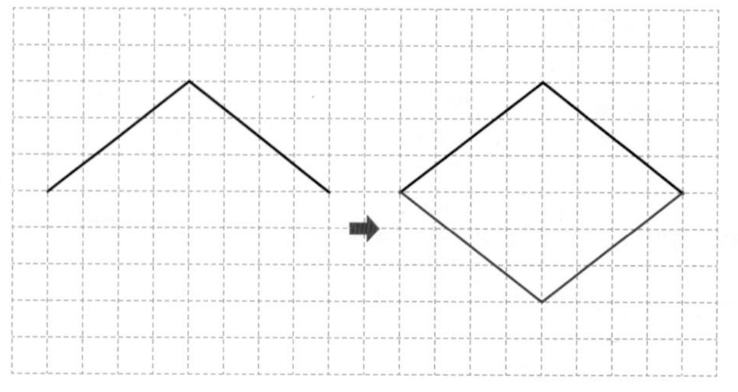

개념 2 마름모의 성질 알아보기

이미 배운 마름모

• 마름모

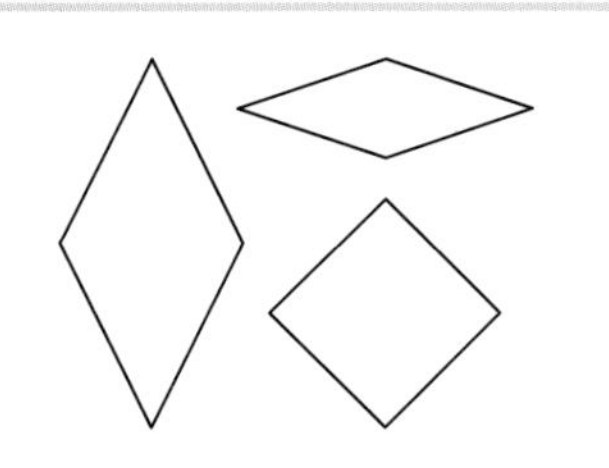

마름모는 네 변의 길이가 모두 같은 사각형이에요.

새로 배울 마름모의 성질

(1)

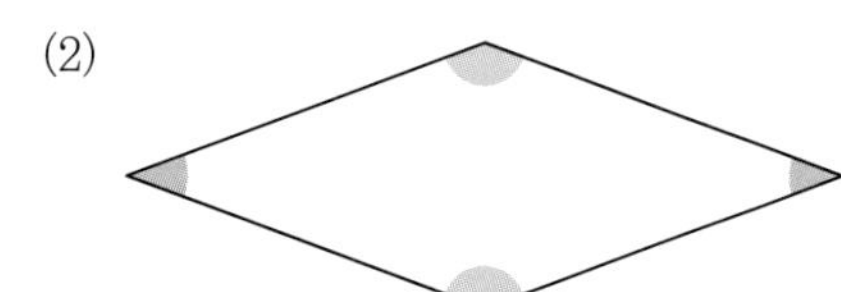

마주 보는 두 쌍의 변이 평행합니다.

(2)

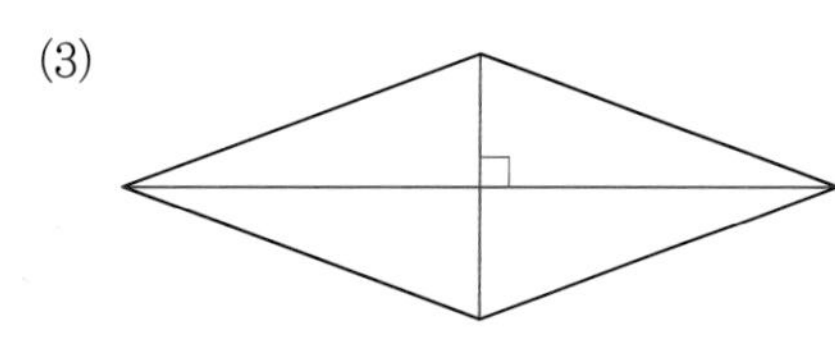

마주 보는 두 각의 크기가 같습니다.

(3)

마주 보는 꼭짓점끼리 이은 두 선분이 서로 수직으로 만납니다.

(4)

마주 보는 꼭짓점끼리 이은 두 선분은 서로를 똑같이 둘로 나눕니다.

마름모는 평행사변형의 성질을 그대로 가지고 있어요.

마름모의 뜻 알기 ➡ • 마주 보는 두 변이 평행한지 확인하기 • 마주 보는 두 각의 크기 비교하기 • 마주 보는 꼭짓점끼리 선분으로 잇기 ➡ 마름모의 성질 알기

마름모는 마주 보는 두 각의 크기가 같아요.

마름모는 마주 보는 꼭짓점끼리 이은 두 선분이 이루는 각이 직각**이에요.**

마름모는 마주 보는 꼭짓점끼리 이은 두 선분이 만나는 점으로부터 양쪽의 길이가 서로 같아요.

[마름모의 성질 더 알아보기]

• 마주 보는 두 변의 길이가 같아요.

• 이웃하는 두 각의 크기의 합은 180°예요.

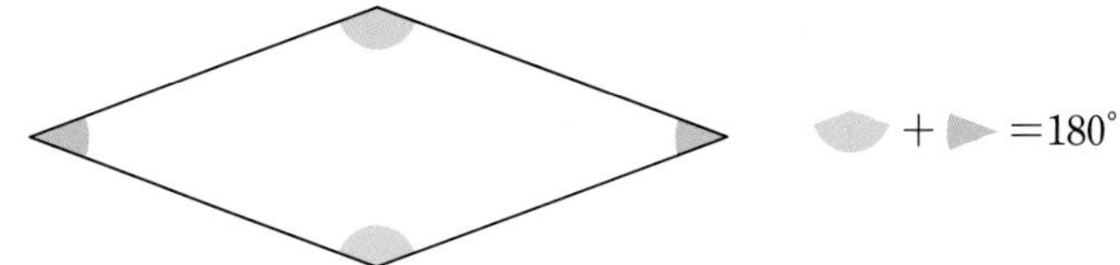

각 2개와 각 2개를 합한 크기가 360°이므로 각 1개와 각 1개를 합한 크기는 360°÷2=180°예요.

• 마주 보는 꼭짓점끼리 이은 선분을 따라 자르면 직각삼각형 4개가 생겨요.

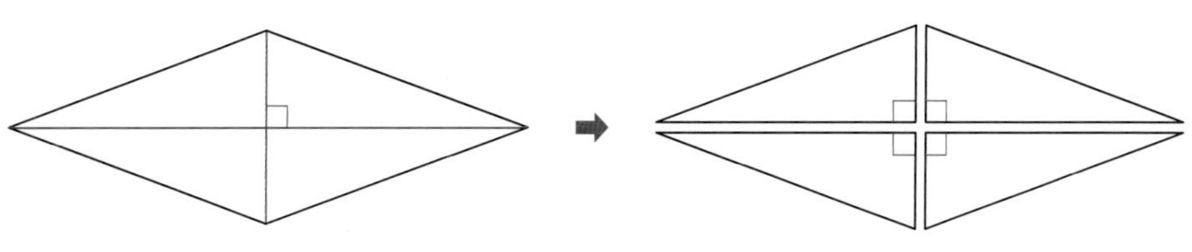

개념 3 직사각형과 정사각형의 성질 알아보기

이미 배운 직사각형과 정사각형

• 직사각형

직사각형은 네 각이 모두 직각인 사각형이에요.

• 정사각형

정사각형은 네 각이 모두 직각이고 네 변의 길이가 모두 같은 사각형이에요.

새로 배울 직사각형과 정사각형의 성질

• 직사각형과 정사각형에서 같은 점과 다른 점을 찾아보기

같은점
• 네 각이 모두 직각이에요.
• 마주 보는 두 쌍의 변이 서로 평행해요.

다른점
• 마주 보는 두 쌍의 변의 길이가 같아요. → 직사각형
• 네 변의 길이가 모두 같아요. → 정사각형

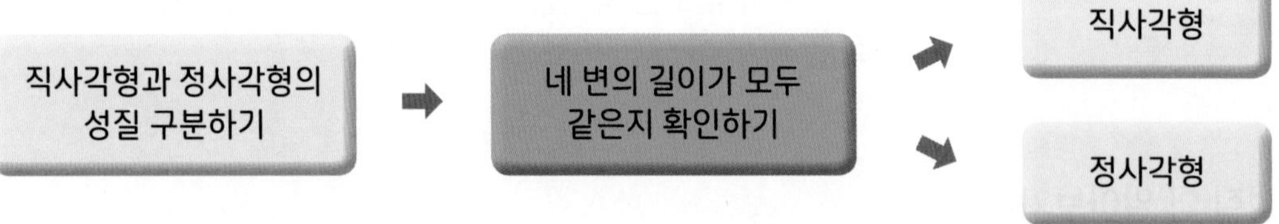

직사각형 중에서 네 변의 길이가 모두 같은 사각형을 정사각형이라고 해요.

개념 4 여러 가지 사각형 알아보기

이미 배운 사각형

사다리꼴

평행사변형

마름모

직사각형

정사각형

새로 배울 여러 가지 사각형의 성질 구분하기

• 각 사각형이 속하는 곳에 ○표 해 보기

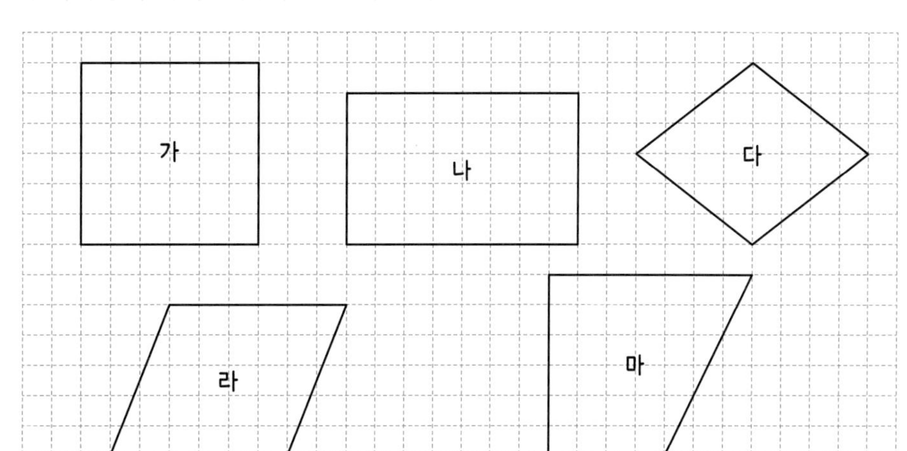

	사다리꼴	평행사변형	마름모	직사각형	정사각형
가	○	○	○	○	○
나	○	○		○	
다	○	○	○		
라	○	○			
마	○				

여러 가지 사각형의 성질 알기 ➡ 여러 가지 사각형의 성질 구분하기 ➡ 여러 가지 사각형의 관계 알기

[여러 가지 사각형의 관계]

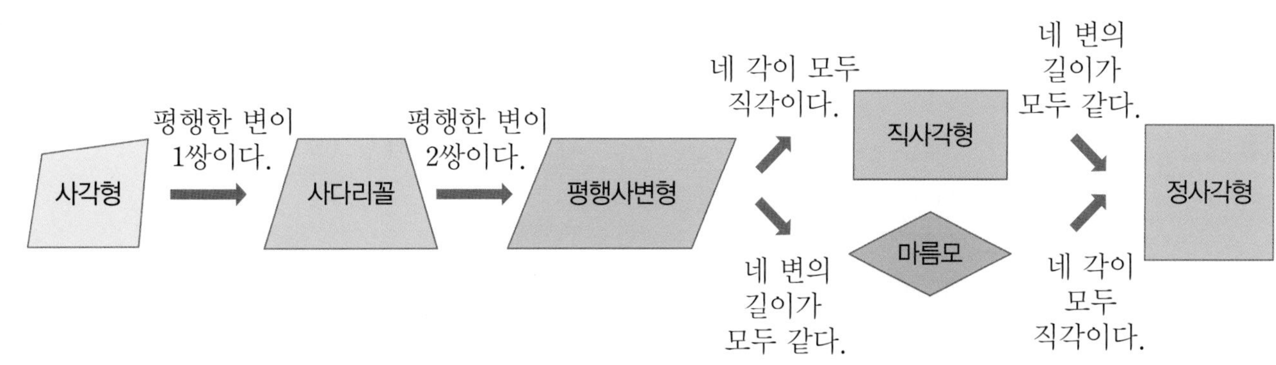

수해력을 확인해요

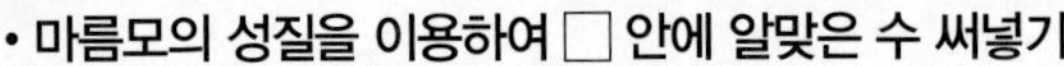

• 마름모의 성질을 이용하여 □ 안에 알맞은 수 써넣기

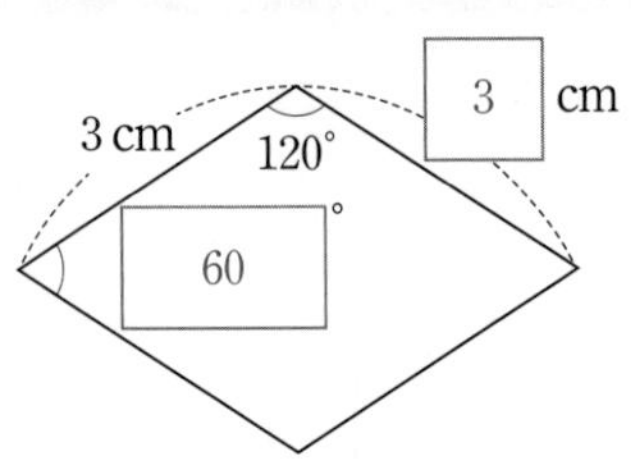

01~09 마름모에서 □ 안에 알맞은 수를 써넣으세요.

01

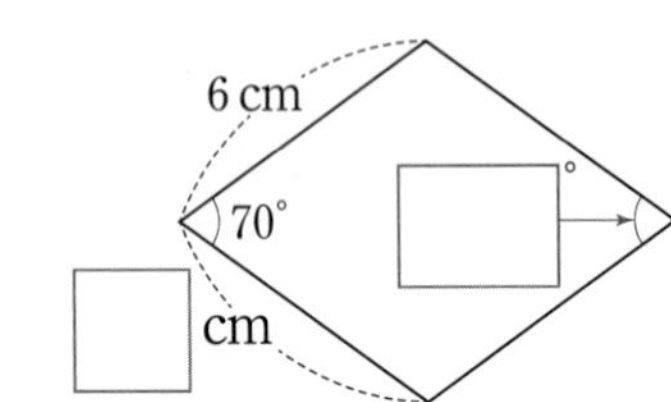

02

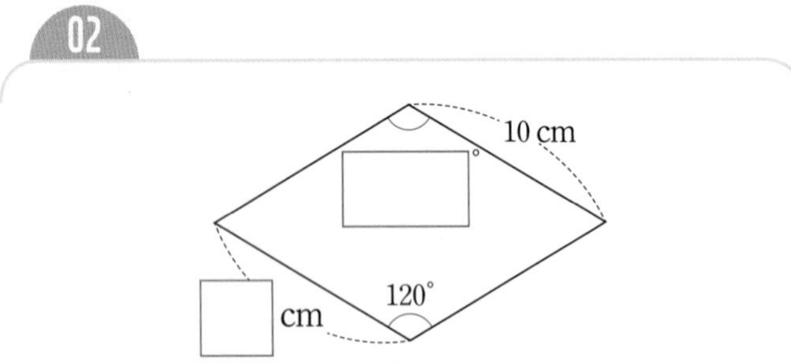

03

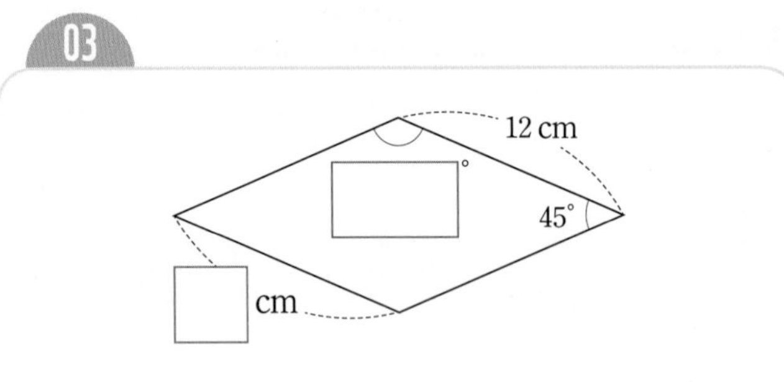

04

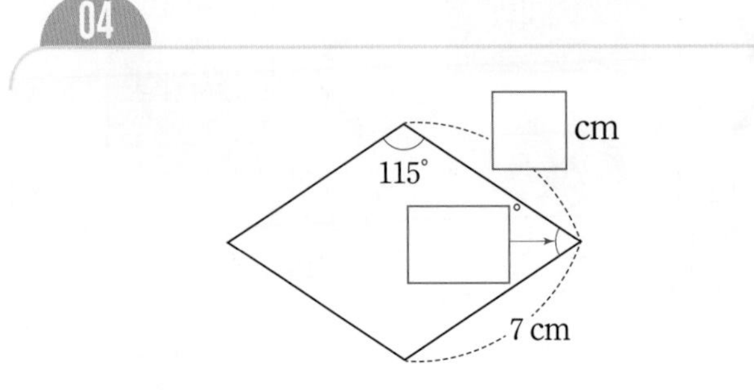

05

네 변의 길이의 합: 48 cm

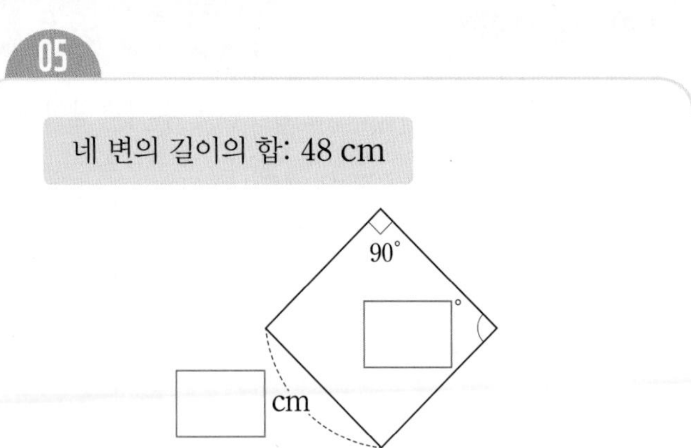

06

네 변의 길이의 합: 28 cm

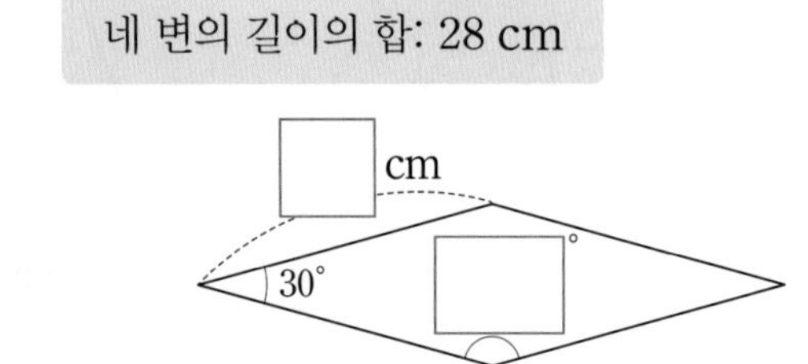

07

네 변의 길이의 합: 16 cm

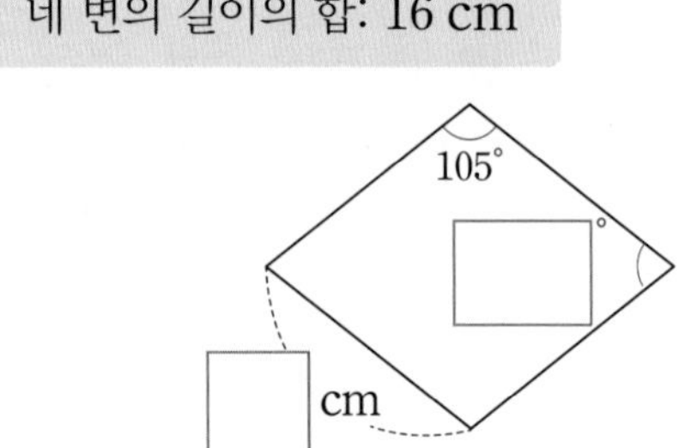

08

네 변의 길이의 합: 20 cm

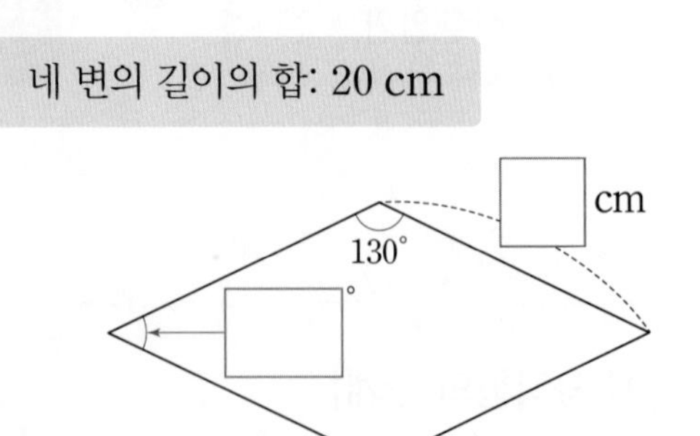

09

네 변의 길이의 합: 36 cm

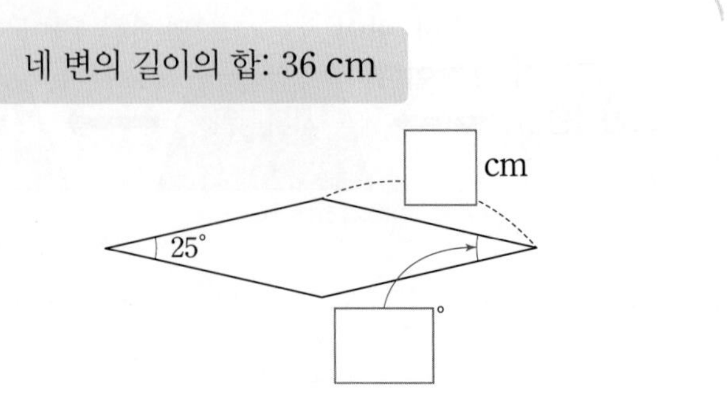

• 여러 가지 사각형

사다리꼴	평행한 변이 한 쌍이에요.
평행사변형	평행한 변이 두 쌍이에요.
마름모	네 변의 길이가 같아요.
직사각형	네 각이 모두 직각이에요.
정사각형	네 변의 길이가 같고, 네 각이 모두 직각이에요.

10~12 다음 도형을 보고 해당되는 도형을 모두 찾아 기호를 써 보세요.

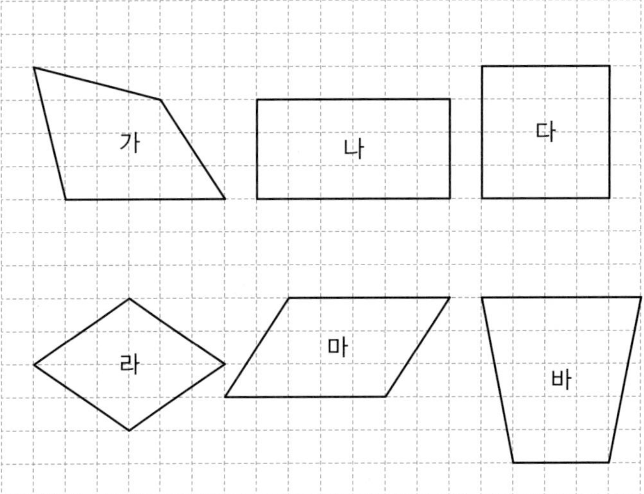

10

사다리꼴 (   )

11

평행사변형 (   )

12

직사각형 (   )

13~16 주어진 조건을 만족하는 도형을 모두 찾아 기호를 써 보세요.

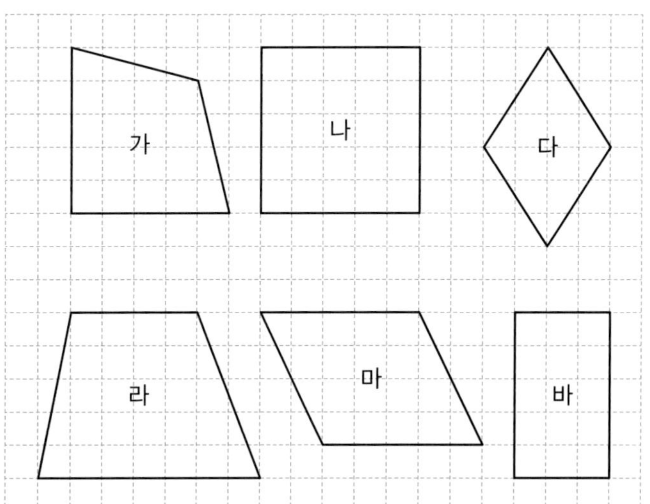

13

네 변의 길이가 모두 같습니다.

(   )

14

마주 보는 두 각의 크기가 같습니다.

(   )

15

마주 보는 꼭짓점을 이은 두 선분의 길이가 같습니다.

(   )

16

이웃하는 두 각의 크기의 합이 180°입니다.

(   )

수해력을 높여요

01 마름모를 모두 찾아 기호를 써 보세요.

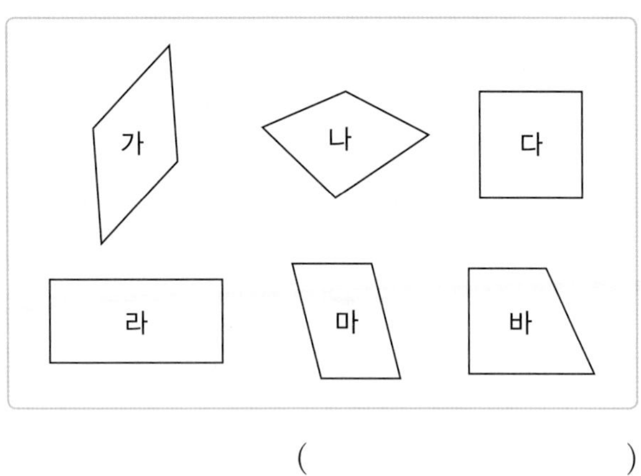

( )

02 다음은 정삼각형 4개를 이어 붙여 만든 것입니다. 마름모는 모두 몇 개인지 구해 보세요.

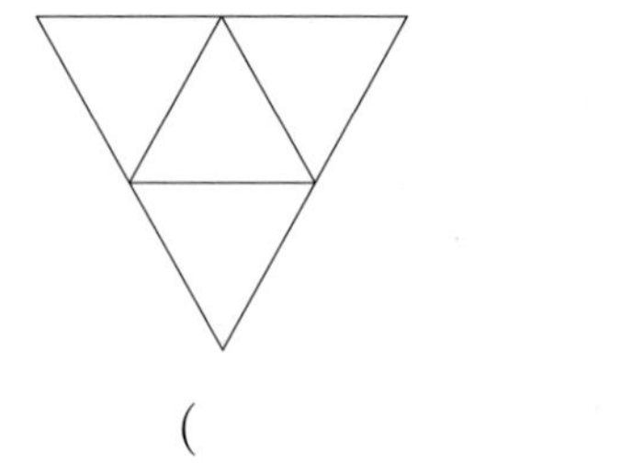

( )

03 마름모의 각에 대한 설명으로 잘못된 것을 모두 찾아 기호를 써 보세요.

㉠ 네 각의 크기가 같습니다.
㉡ 마주 보는 두 각의 크기가 같습니다.
㉢ 마주 보는 꼭짓점끼리 이은 두 선분이 만든 각의 크기는 90°입니다.
㉣ 마주 보는 두 각의 크기의 합은 항상 180°입니다.

( )

04 다음은 마름모에 마주 보는 꼭짓점끼리 선분을 이은 것입니다. 선분 ㄱㄷ과 선분 ㄴㄹ의 길이의 합은 몇 cm인지 구해 보세요.

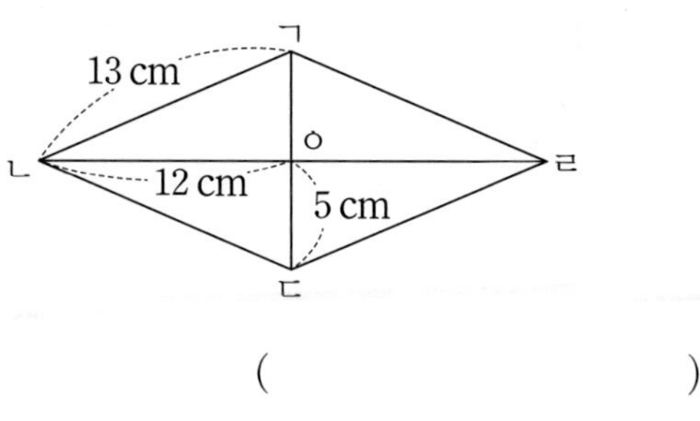

( )

05 길이가 60 cm인 끈을 겹치는 부분 없이 사용하여 한 변의 길이가 13 cm인 마름모 1개를 만들었습니다. 마름모를 만들고 남은 끈의 길이는 몇 cm인지 구해 보세요.

( )

06 다음 도형의 이름이 될 수 있는 것을 모두 찾아 기호를 써 보세요.

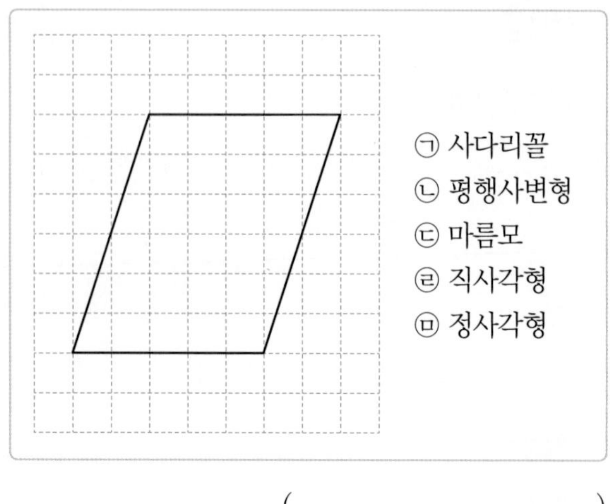

( )

07 직사각형 모양의 종이 테이프를 선을 따라 모두 자르면 평행사변형은 모두 몇 개인가요?

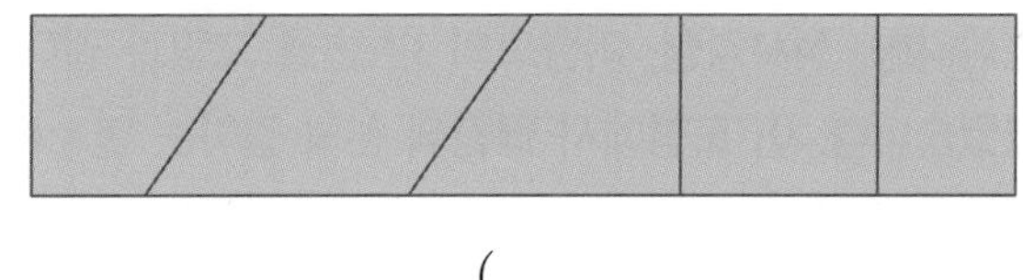

(   )

08 두 사각형의 공통된 이름을 모두 써 보세요.

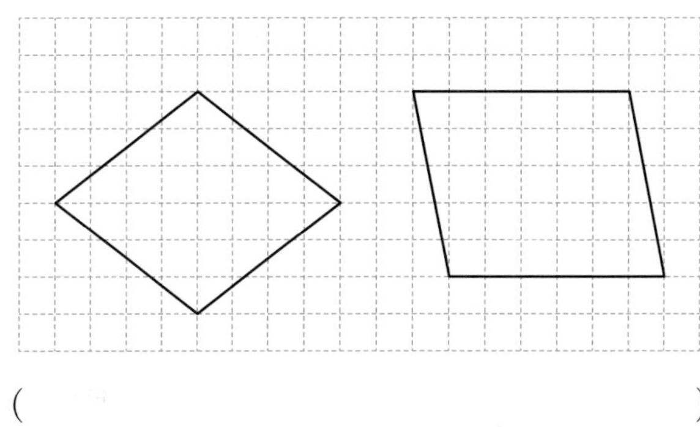

(   )

09 사각형에 대한 설명으로 옳지 않은 것은 어느 것인가요? (   )

① 정사각형은 직사각형입니다.
② 정사각형은 사다리꼴입니다.
③ 직사각형은 마름모입니다.
④ 평행사변형은 사다리꼴입니다.
⑤ 마름모는 평행사변형입니다.

10 다음과 같은 막대로 만들 수 있는 사각형의 이름을 모두 써 보세요.

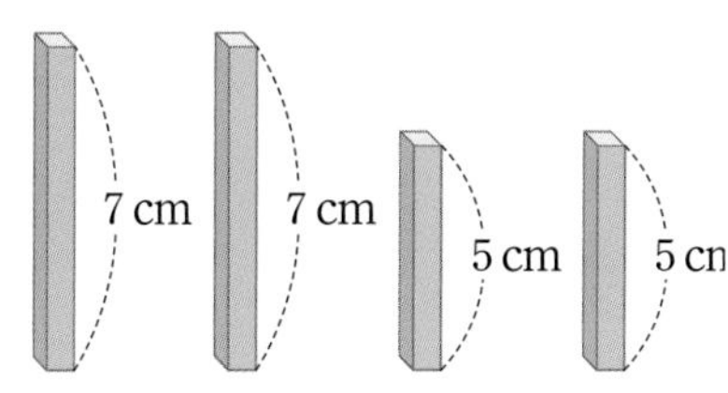

(   )

11 실생활 활용

준성이의 휴대폰 비밀번호는 다음과 같은 규칙으로 만들었습니다.

내 휴대폰 비밀번호는 다음 그림에서 찾을 수 있는 사다리꼴의 수, 마름모의 수, 평행사변형의 수, 정사각형의 수의 순서대로 입력하면 돼!

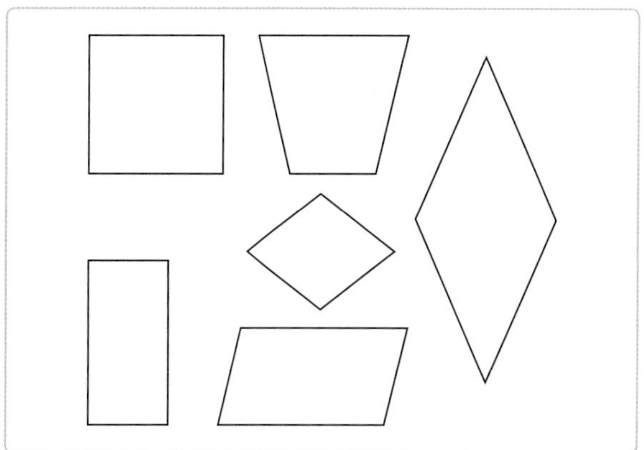

준성이의 휴대폰 비밀번호를 구해 보세요.

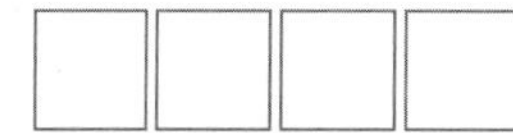

12 교과 융합

다음은 남아프리카 공화국과 체코의 국기입니다. 국기에서 공통으로 찾을 수 있는 사각형의 이름을 써 보세요. (단, 국기 전체의 모양은 생각하지 않습니다.)

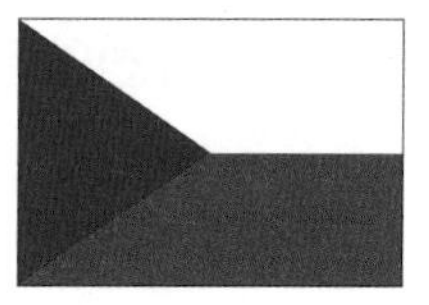

(   )

수해력을 완성해요

대표 응용 1 이어 붙인 도형에서 변의 길이 구하기

정사각형과 마름모의 한 변을 다음과 같이 이어 붙였습니다. 빨간색 선의 길이가 36 cm일 때, 변 ㄱㅂ의 길이를 구해 보세요.

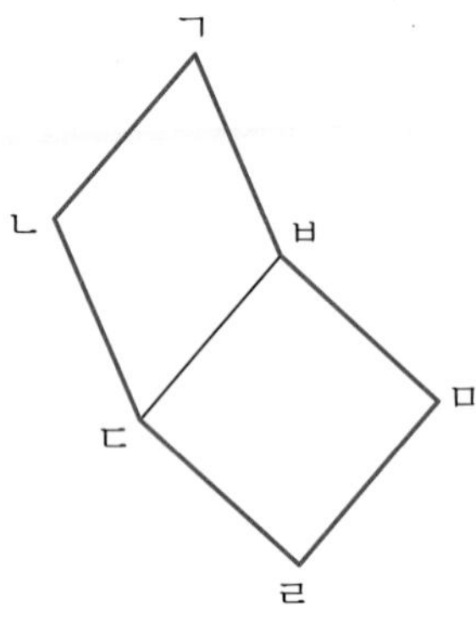

해결하기

1단계 정사각형과 마름모는 네 변의 길이가 같은 사각형입니다.

2단계 정사각형과 마름모가 변 □을 공통으로 가지고 있기 때문에 변 ㄱㄴ, 변 ㄴㄷ, 변 ㄷㄹ, 변 ㄹㅁ, 변 ㅁㅂ, 변 ㄱㅂ의 길이는 모두 같습니다.

3단계 빨간색 선은 변 ㄷㅂ을 □개 합친 것이므로 변 ㄱㅂ의 길이는 36÷□=□(cm)입니다.

1-1

다음 도형은 평행사변형과 마름모의 한 변을 그림과 같이 이어 붙였습니다. 선분 ㄱㄴ과 선분 ㄱㅂ의 길이가 다음과 같을 때, 파란색 선의 길이는 몇 cm인지 구해 보세요.

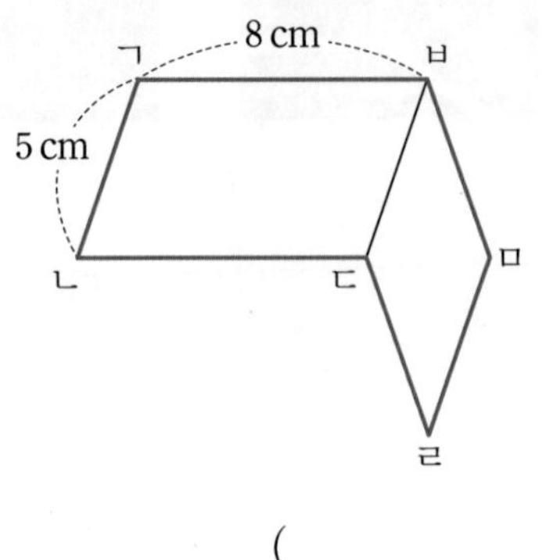

( )

1-2

정삼각형, 정사각형, 마름모의 한 변을 그림과 같이 이어 붙였습니다. 이 도형에서 빨간색 선의 길이는 몇 cm인지 구해 보세요.

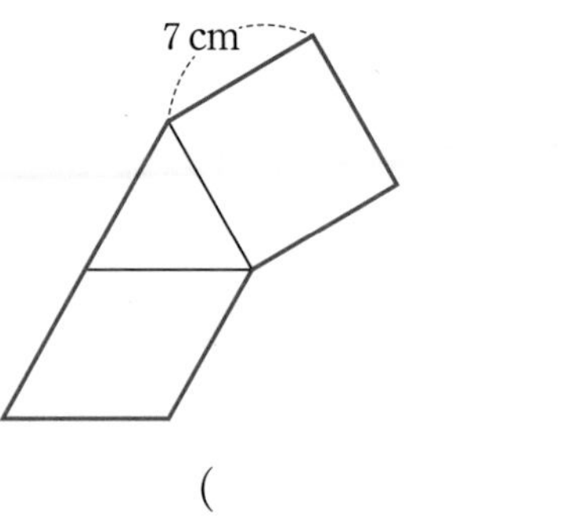

( )

1-3

정삼각형과 마름모를 그림과 같이 이어 붙여 사다리꼴을 만들었습니다. 사다리꼴 ㄱㄴㄷㄹ의 네 변의 길이의 합을 구해 보세요.

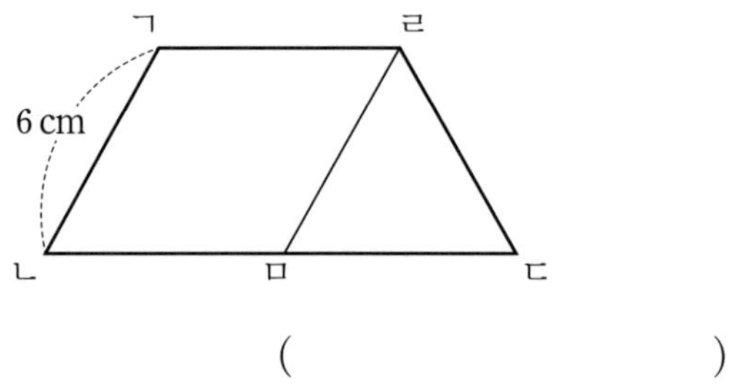

( )

1-4

직사각형, 평행사변형, 마름모를 그림과 같이 이어 붙였습니다. 변 ㄷㄹ과 변 ㅂㅅ의 길이의 합은 몇 cm인지 구해 보세요.

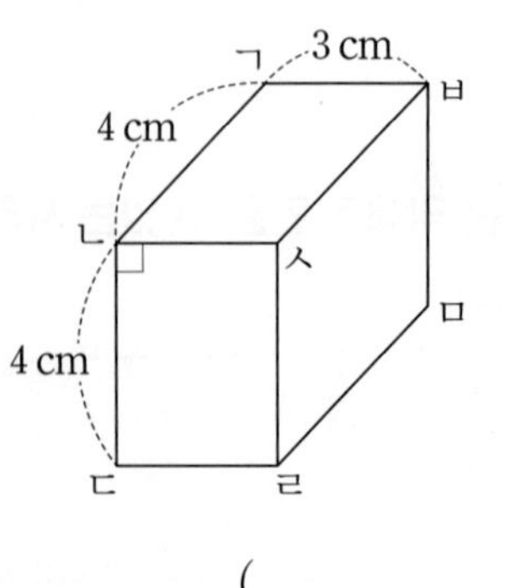

( )

대표 응용 **2**

이어 붙인 도형에서 각의 크기 구하기

다음은 마름모와 평행사변형을 맞닿게 그린 것입니다. 각 ㄴㄷㄹ의 크기는 몇 도인지 구해 보세요.

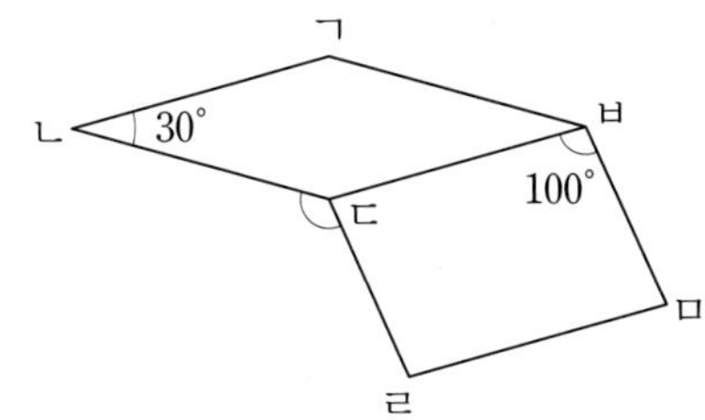

해결하기

1단계 평행사변형은 이웃하는 두 각의 크기의 합이 [　　] 입니다.

$100^\circ+$(각 ㅂㄷㄹ)$=$[　　] 이므로

(각 ㅂㄷㄹ)$=$[　　] 입니다.

2단계 마름모는 이웃하는 두 각의 크기의 합이 [　　] 입니다.

$30^\circ+$(각 ㄴㄷㅂ)$=$[　　] 이므로

(각 ㄴㄷㅂ)$=$[　　] 입니다.

3단계 (각 ㅂㄷㄹ)$+$(각 ㄴㄷㅂ)$+$(각 ㄴㄷㄹ)$=360^\circ$ 이므로 (각 ㄴㄷㄹ)$=$[　　] 입니다.

2-1

다음은 직사각형과 이등변삼각형을 맞닿게 그린 것입니다. 각 ㅁㄹㄷ의 크기를 구해 보세요. (단, 변 ㄹㅁ과 변 ㄹㄷ의 길이는 같습니다.)

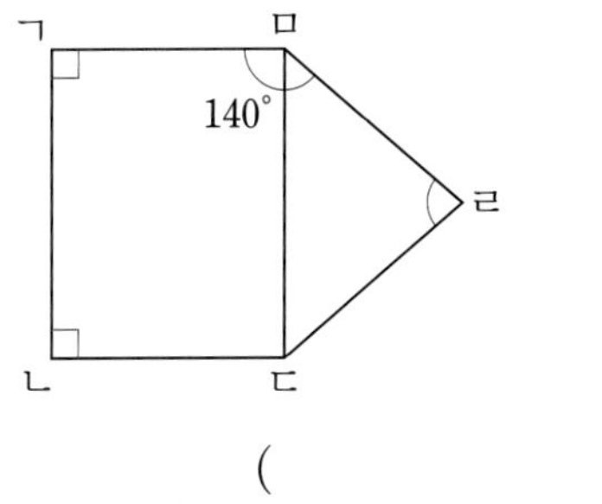

(　　　　　　　　)

2-2

다음은 정삼각형과 평행사변형을 맞닿게 그린 것입니다. 각 ㄱㅁㄹ의 크기를 구해 보세요.

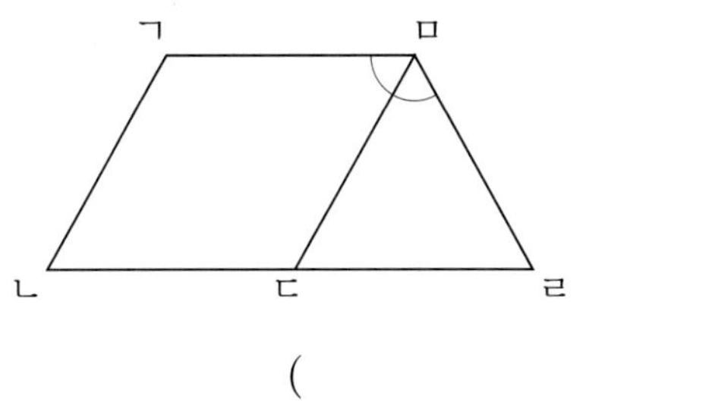

(　　　　　　　　)

2-3

다음은 정사각형과 평행사변형을 맞닿게 그린 것입니다. 각 ㅂㄷㄹ의 크기를 구해 보세요.

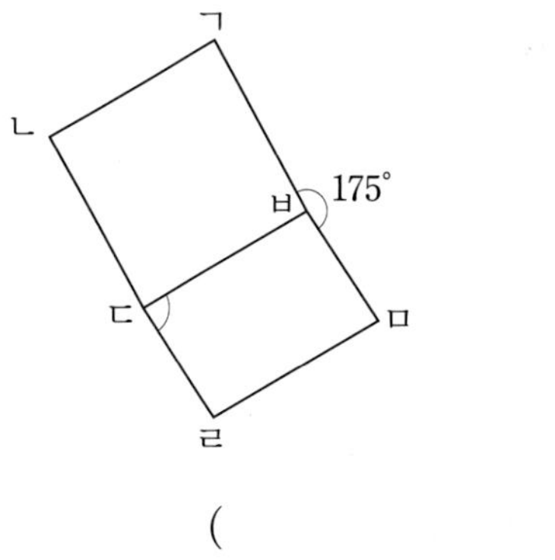

(　　　　　　　　)

2-4

다음은 정사각형과 마름모를 맞닿게 그린 것입니다. 각 ㄴㄷㄹ의 크기가 155°일 때, 각 ㄷㄹㅁ의 크기를 구해 보세요.

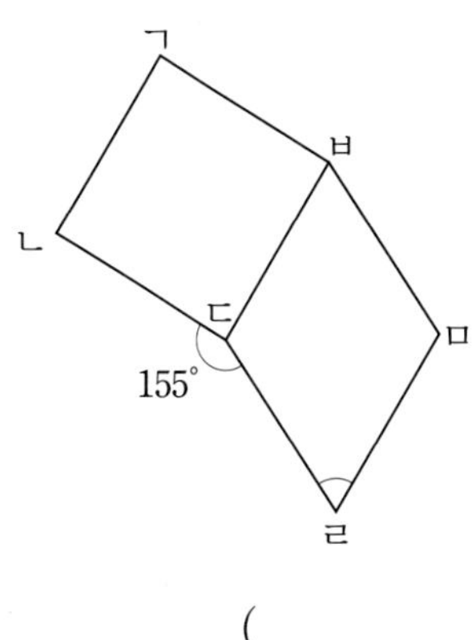

(　　　　　　　　)

수해력을 확장해요

올림픽 경기장에서 도형 찾기

올림픽은 4년마다 열리는 국제 운동 경기 대회에요. 하계 올림픽과 동계 올림픽이 2년마다 번갈아 열려요. 올림픽 경기장에서도 다양한 도형을 찾을 수 있어요. 각 종목의 경기장을 살펴볼까요?

활동 1 **땅 위에서 하는 경기라는 뜻인 육상 경기는 달리기, 뛰기, 던지기 등 다양한 종목을 포함해요.**

(1) 단거리 달리기 경기장의 트랙은 직선으로 이루어져 있어요.
트랙이 (　　　　　)하게 그려져 있어야 선수들이 트랙을 따라 모두 같은 거리를 달릴 수 있어요. 그래서 트랙 사이의 간격은 125 cm로 일정하게 그려져 있답니다.

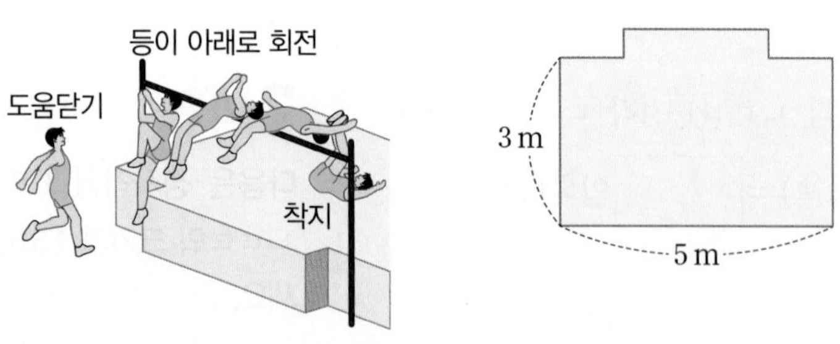

(2) 높이뛰기는 긴 막대기를 이용하여 높이 뛰어올라 가로대를 넘는 육상 경기에요.
오른쪽 위 그림은 경기에서 사용하는 착지 매트를 위에서 본 모양이에요.
도형에서 두 선분이 만나서 수직이 되는 부분을 찾아 ㄴ와 같이 표시해 보세요.

활동 2 **물에서 이루어지는 대표적인 스포츠는 수영이에요. 수영 종목에는 일정한 거리를 헤엄쳐 빠르기를 겨루는 '경영'과 높은 곳에서 물속으로 뛰어드는 동작의 기술을 겨루는 '다이빙' 등이 있어요.**

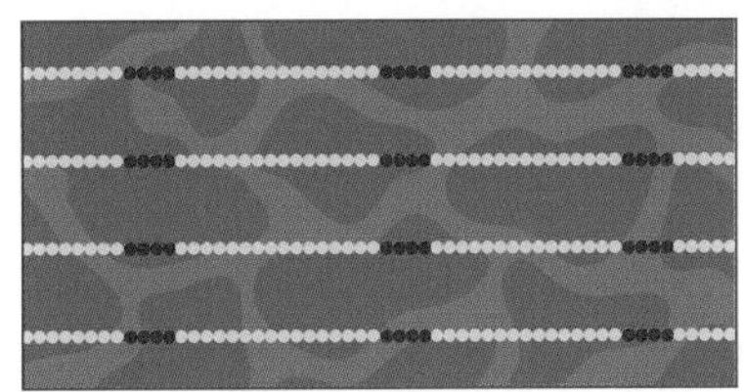

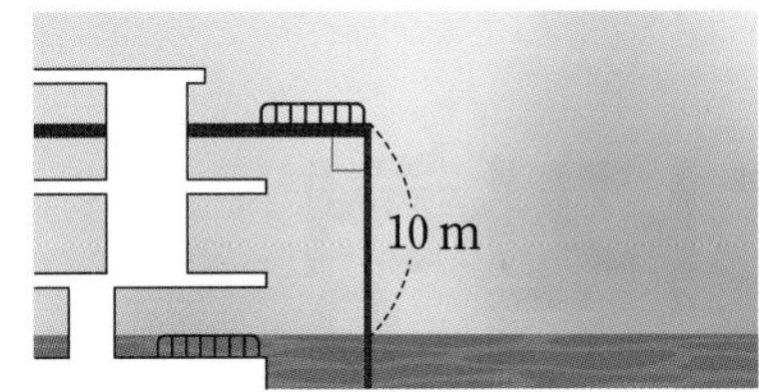

(1) 수영장의 모양은 (　　　　　)이에요. 국제 규격에 따라 길이 50 m, 폭 21 m, 깊이가 1.98 m 이상이 되어야 해요.

(2) 레인은 서로 (　　　　　)하게 설치가 되어 있고, 그 폭은 2.5 m로 정해져 있어요.

(3) 다이빙 종목에서 사용되는 플랫폼 다이빙대는 수면과 10 m 거리로 설치되어 있어요.
다이빙대와 수면 사이의 가장 짧은 거리를 나타내는 선분을 찾아 표시해 보세요.

활동 3 **동계올림픽 종목 중의 하나인 컬링은 빙판 위에서 스톤을 미끄러뜨려 표적 안에 넣는 경기예요. 컬링 경기장은 길이 약 46 m, 너비 5 m의 직사각형 모양이에요. 경기장 양쪽의 원은 '하우스'라 부르고 스톤을 '하우스' 가까이에 넣어야 득점할 수 있어요.**

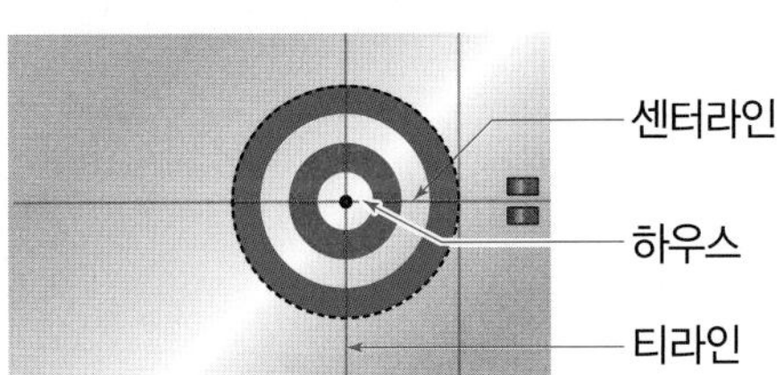

(1) 경기장 가운데의 * 센터라인과 ** 티라인이 만나 이루는 각은 (　　　　　)이에요.

* 센터라인: 경기장의 가운데를 가로지르는 선 ** 티라인: 하우스의 가운데를 가로지르는 선

(2) 센터라인은 티라인에 대한 (　　　　　)이라고 해요.

05 단원

다각형

등장하는 주요 수학 어휘

다각형, **정다각형**, **대각선**

1 다각형 알아보기

학습 계획: 월 일

개념 1 다각형 알아보기
개념 2 정다각형 알아보기

2 대각선 알아보기

개념 강화 연습 강화

학습 계획: 월 일

개념 1 대각선 알아보기
개념 2 대각선의 성질 알아보기

3 모양 만들기와 채우기

학습 계획: 월 일

개념 1 모양 조각으로 모양 만들기
개념 2 여러 가지 모양 채우기

4 도형의 배열에서 규칙 찾기

학습 계획: 월 일

개념 1 모양의 배열에서 규칙 찾기
개념 2 모양의 배열에서 규칙을 찾아 식으로 나타내기

이번 5단원에서는 여러 가지 다각형과 대각선에 대해 배우고, 모양 조각을 사용하여 여러 가지 모양을 만들거나 채워 보면서 그 방법을 설명해 볼 거예요. 또, 모양의 배열에서 규칙을 찾아 식으로 나타내는 활동도 해 볼 거예요.

개념 1 다각형 알아보기

이미 배운 평면도형

• 각

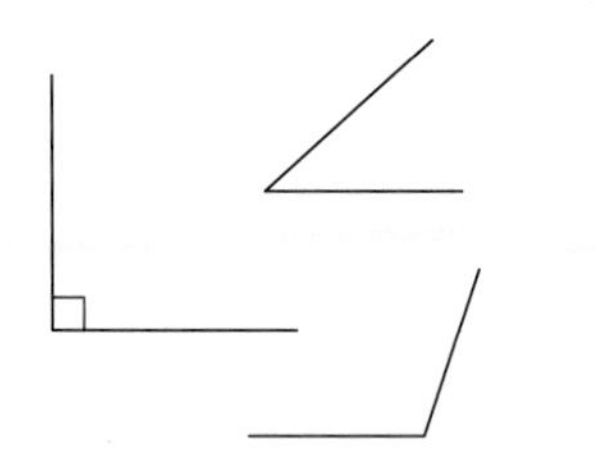

• 삼각형

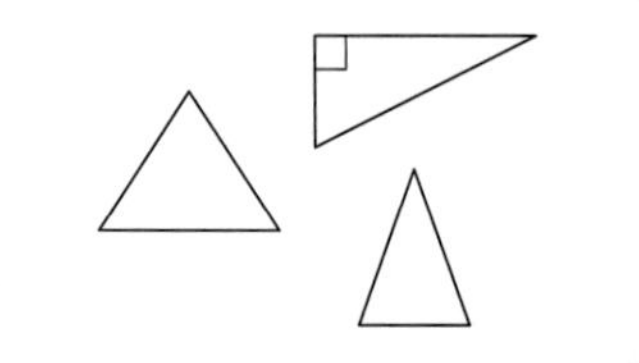

• 사각형

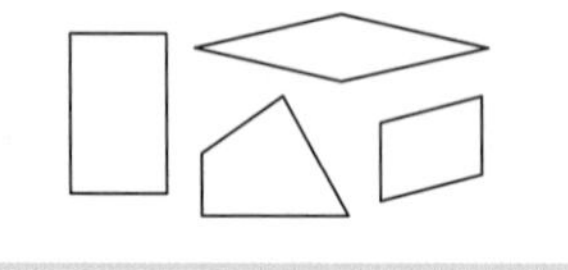

새로 배울 다각형

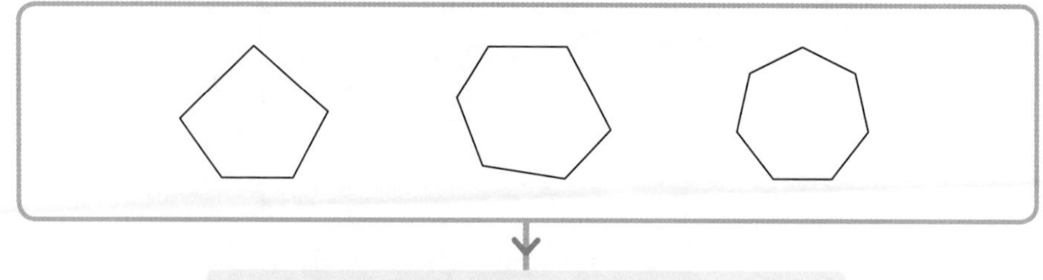

모두 선분으로만 둘러싸인 도형이에요.

선분으로만 둘러싸인 도형을 다각형이라고 합니다.

다각형은 변의 수에 따라 이름을 지어요.

변이 5개이면 오각형, 변이 6개이면 육각형, 변이 7개이면 칠각형이라고 부릅니다.

도형	(오각형 그림)	(육각형 그림)	(칠각형 그림)
변의 수(개)	5	6	7
이름	오각형	육각형	칠각형

여러 가지 평면도형 (각, 삼각형, 사각형 등) ➡ 선분으로만 둘러싸여 있는지 확인하기 ➡ 다각형

한 다각형에서 변의 수, 꼭짓점의 수, 각의 수는 모두 같아요.

[다각형이 아닌 이유]

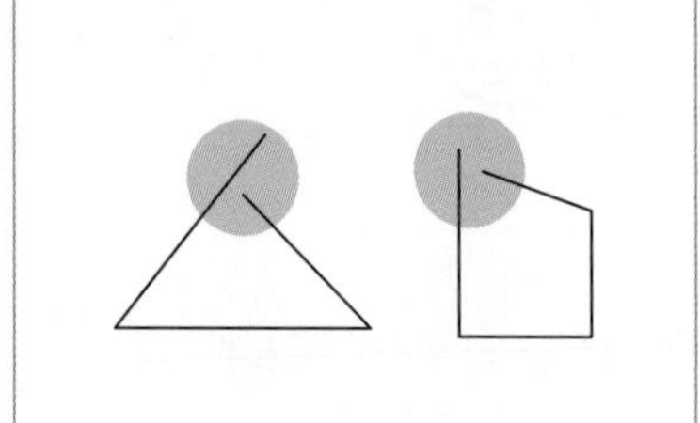

선분으로 완전히 둘러싸여 있지 않고 열려 있기 때문에 다각형이 아니에요.

곡선으로 이루어진 부분이 있기 때문에 다각형이 아니에요.

개념 2 정다각형 알아보기

이미 배운 다각형

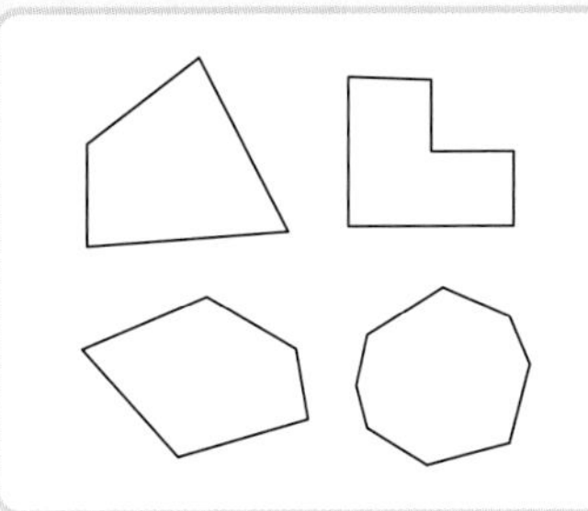

- 선분으로만 둘러싸인 도형을 다각형이라고 해요.
- 변의 수에 따라 삼각형, 사각형, 오각형, 육각형, … 이라고 불러요.

새로 배울 정다각형

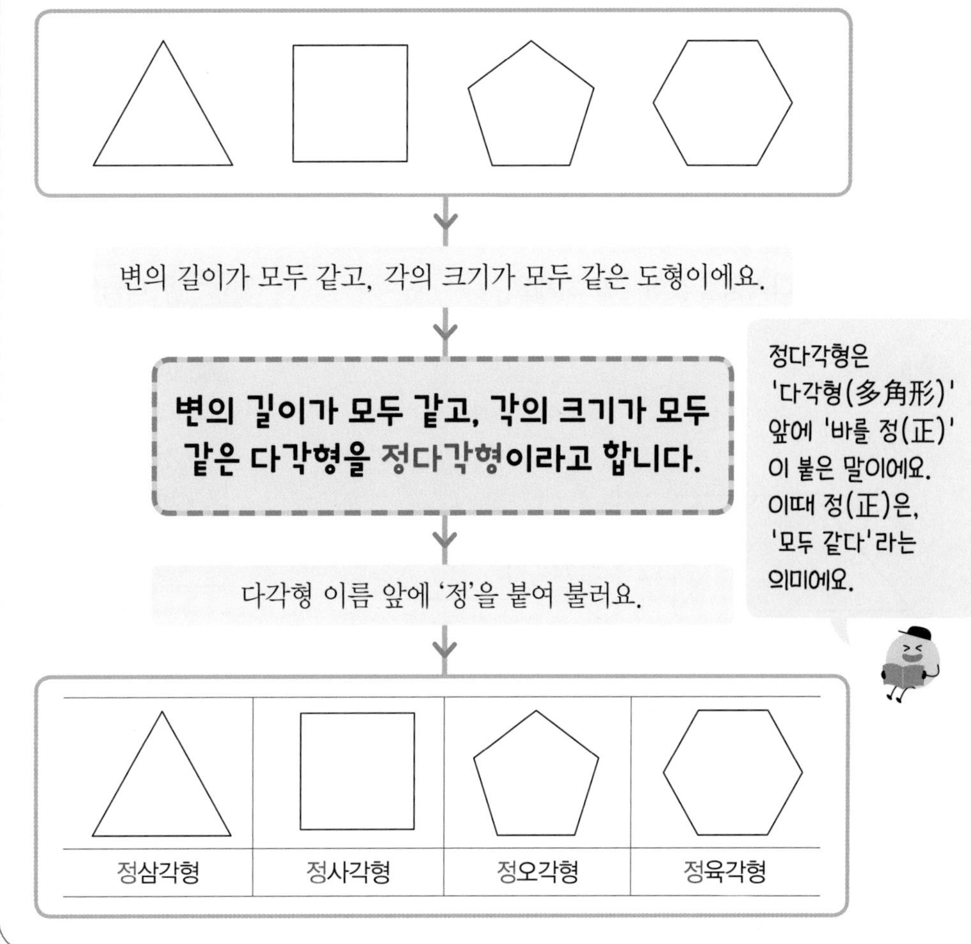

다각형 ➡ 변의 길이가 모두 같고, 각의 크기가 모두 같은지 확인하기 ➡ 정다각형

변이 ♥개인 정다각형을 정 ♥각형이라고 해요.

[정다각형이 아닌 이유]

변의 길이가 달라요.

직사각형

각의 크기는 모두 같지만 변의 길이가 모두 같지는 않으므로 정다각형이 아니에요.

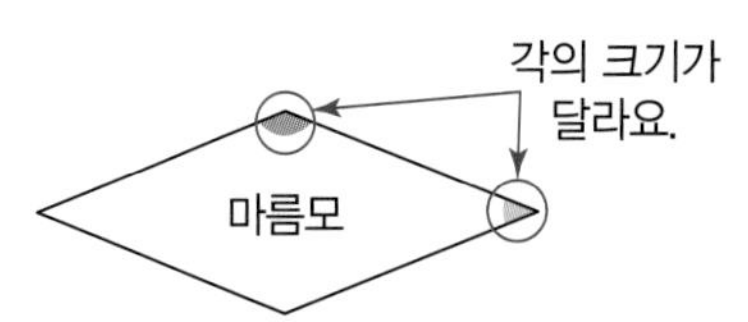

변의 길이는 모두 같지만 각의 크기가 모두 같지는 않으므로 정다각형이 아니에요.

수해력을 확인해요

• 주어진 이름에 맞는 다각형 찾기

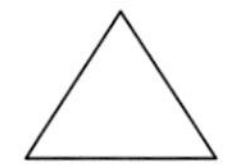 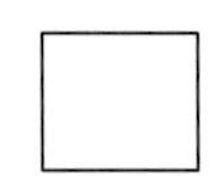 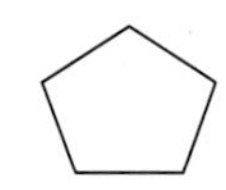 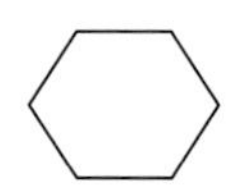

(삼각형) (사각형) (오각형) (육각형)

• 주어진 설명에 맞는 정다각형 찾기

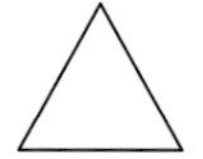 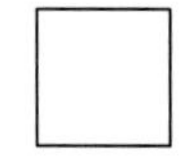 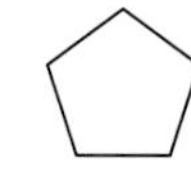 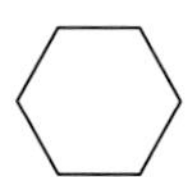

(정삼각형) (정사각형) (정오각형) (정육각형)

01~04 주어진 다각형을 찾아 ○표 하세요.

01

삼각형

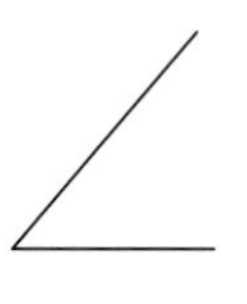 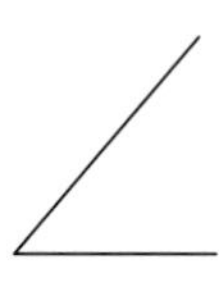     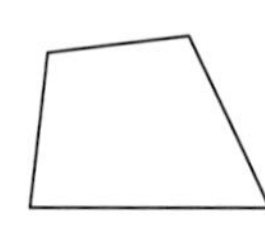 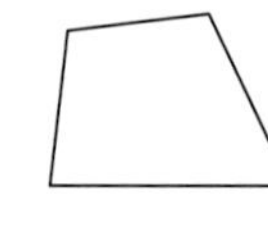

(   ) (   ) (   ) (   )

02

사각형

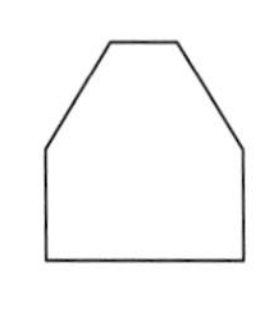 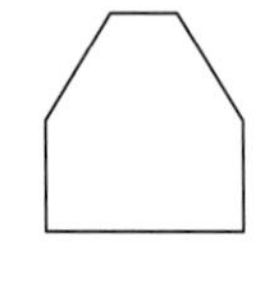 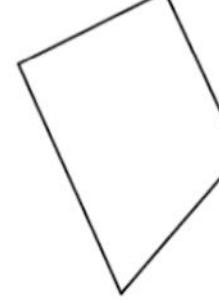 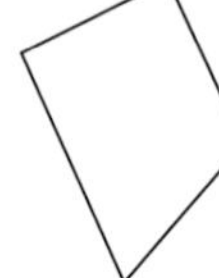   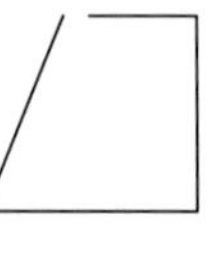 

(   ) (   ) (   ) (   )

03

오각형

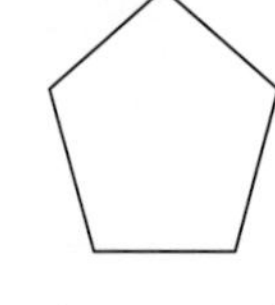 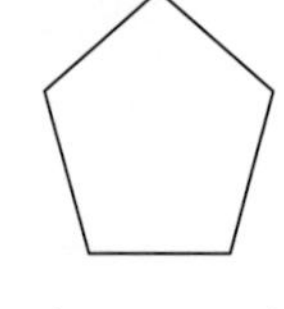  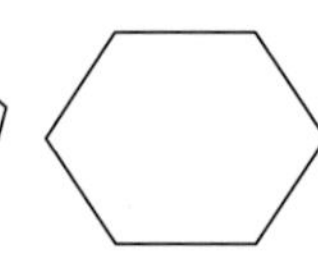 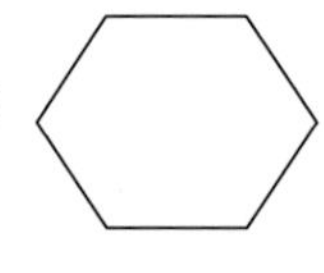 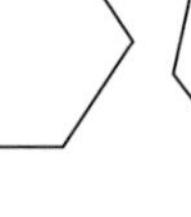 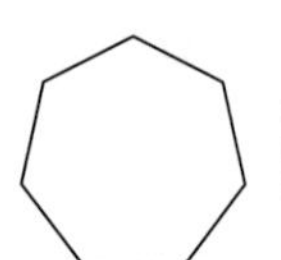 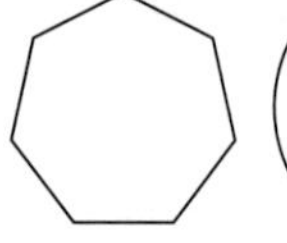  

(   ) (   ) (   ) (   )

04

육각형

(   ) (   ) (   ) (   )

05~08 다음에서 설명하는 정다각형의 이름을 써 보세요.

05

• 선분 5개로만 둘러싸여 있습니다.
• 변의 길이가 모두 같고 각의 크기가 모두 같습니다.

(   )

06

• 변이 4개인 다각형입니다.
• 네 각이 모두 90°입니다.
• 네 변의 길이가 모두 같습니다.

(   )

07

• 꼭짓점이 7개인 다각형입니다.
• 변의 길이가 모두 같고 각의 크기가 모두 같습니다.

(   )

08

• 변의 길이가 모두 같고 각의 크기가 모두 같은 다각형입니다.
• 모든 변의 수와 각의 수를 합하면 12개입니다.

(   )

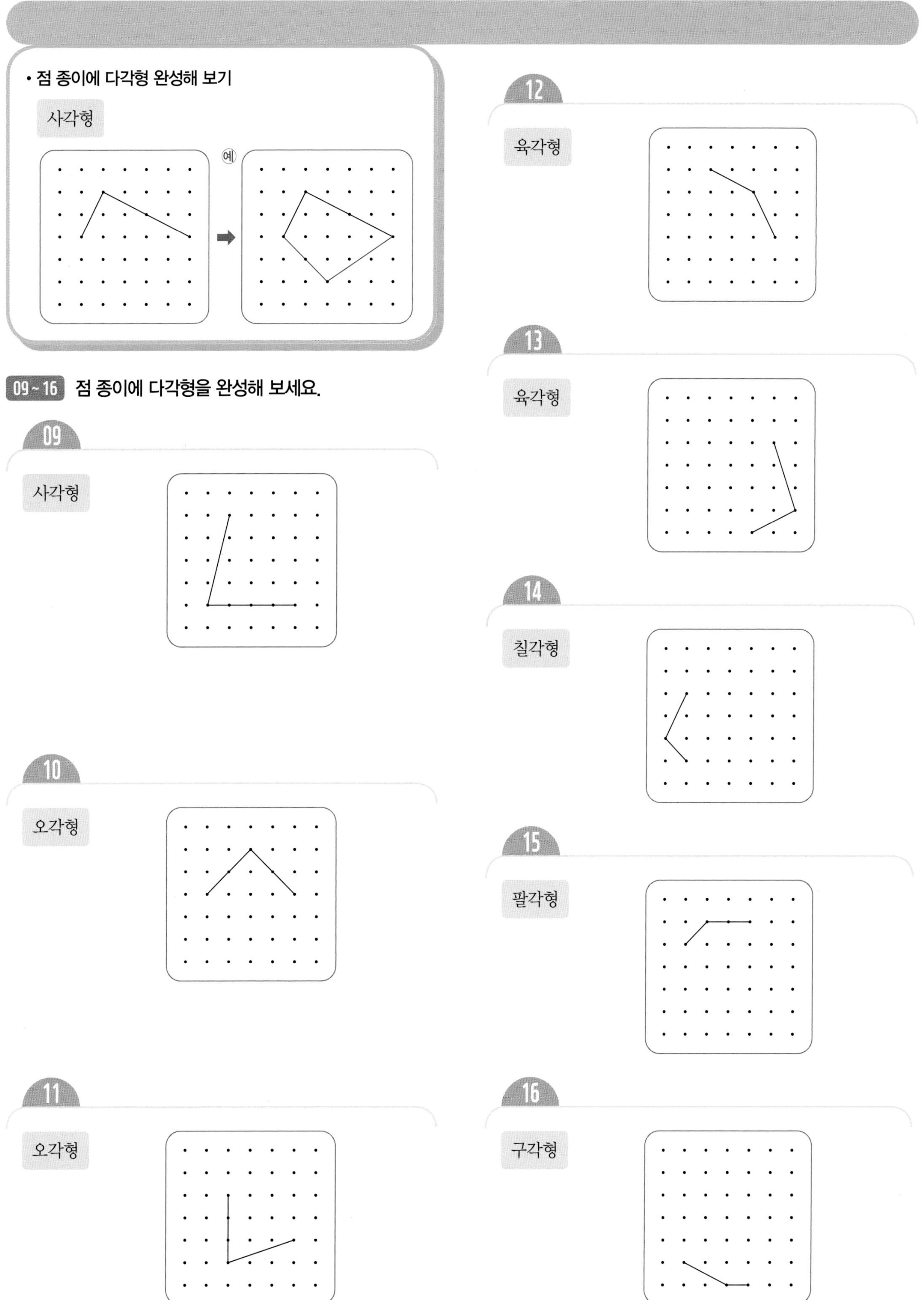

• 점 종이에 다각형 완성해 보기
사각형
예
09 ~ 16 점 종이에 다각형을 완성해 보세요.
09
사각형
10
오각형
11
오각형
12
육각형
13
육각형
14
칠각형
15
팔각형
16
구각형

수해력을 높여요

01 다각형을 찾아 ○표 하세요.

02 육각형을 모두 찾아 기호를 써 보세요.

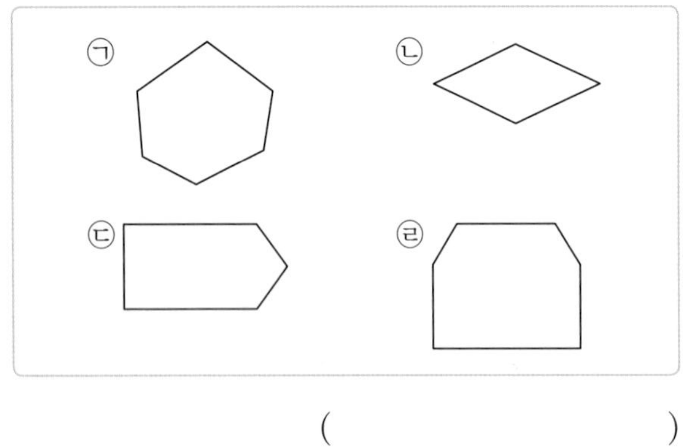

(　　　　　　　　　　)

03 주어진 도형에 대한 설명으로 옳지 않은 것은 어느 것인가요? (　　　)

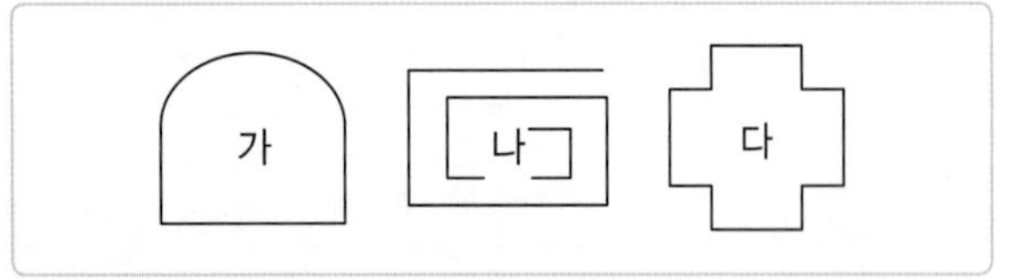

① 가는 선분으로만 둘러싸여 있지 않습니다.
② 가는 굽은 선으로 이루어진 부분이 있습니다.
③ 나는 선분으로 둘러싸여 있지 않고 열려 있는 부분이 있습니다.
④ 나는 다각형입니다.
⑤ 다는 선분으로만 둘러싸여 있습니다.

04 점 종이에 그려진 선분을 이용하여 오각형을 완성해 보세요.

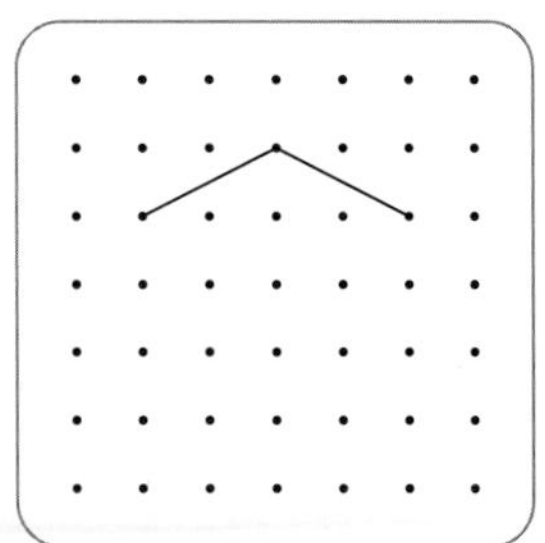

05 관계있는 것끼리 선으로 이어 보세요.

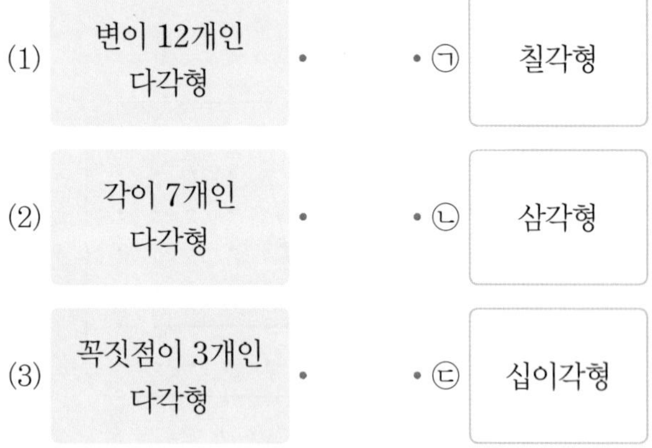

(1)	변이 12개인 다각형	㉠	칠각형
(2)	각이 7개인 다각형	㉡	삼각형
(3)	꼭짓점이 3개인 다각형	㉢	십이각형

06 정다각형을 모두 찾아 기호를 써 보세요.

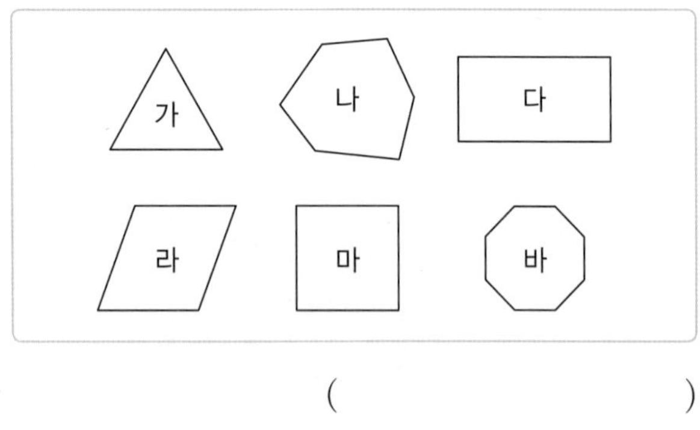

(　　　　　　　　　　)

07 정다각형에 대한 설명으로 옳지 않은 것은 어느 것인가요? (　　　)

① 변의 길이가 모두 같습니다.
② 각의 크기가 모두 같습니다.
③ 변의 수가 8개인 정다각형은 정팔각형입니다.
④ 정삼각형의 한 각의 크기는 60°입니다.
⑤ 마름모는 네 변의 길이가 모두 같으므로 정다각형입니다.

08 다음 도형은 정다각형입니다. 도형의 변의 수, 각의 수, 꼭짓점의 수를 모두 합하면 몇 개인가요?

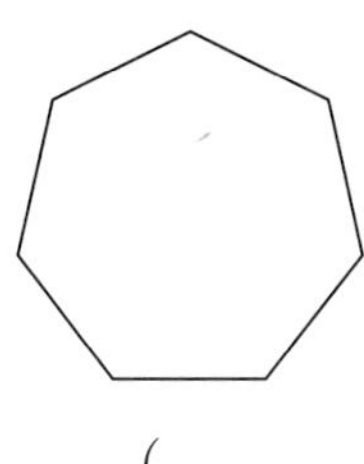

(　　　　　　　　)

09 다음 도형은 정팔각형입니다. □ 안에 알맞은 수를 써넣으세요.

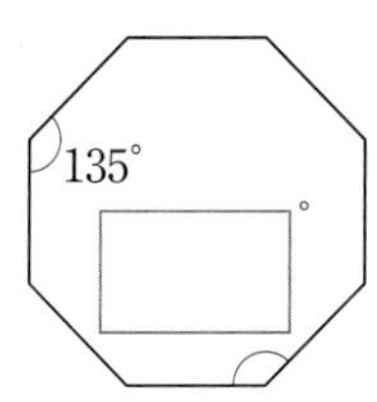

10 변이 4개인 정다각형이 있습니다. 모든 각의 크기의 합이 360°일 때 한 각의 크기는 몇 도인지 구해 보세요.

(　　　　　　　　)

11 실생활 활용

농장 둘레에 정오각형 모양으로 울타리를 설치하려고 합니다. 울타리 전체의 길이는 몇 m인지 구해 보세요.

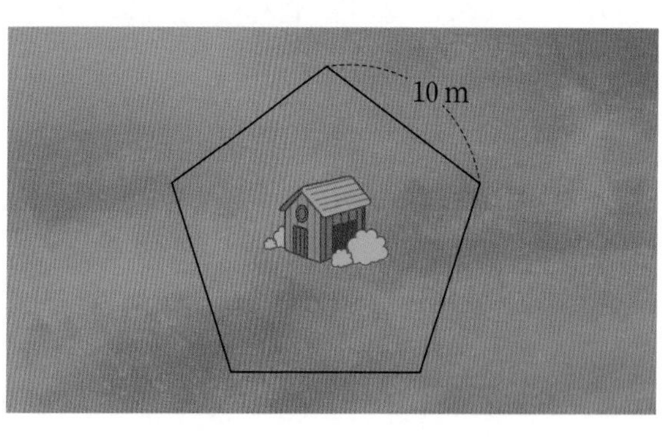

(　　　　　　　　)

12 교과 융합

구름을 이루고 있는 물방울들이 얼음알갱이가 되어 크기가 커져 무거워지면 눈이 되어 내립니다. 눈 결정은 얼음알갱이가 붙어 있는 모양에 따라 크기와 모양이 달라집니다. 아래 눈 결정에서 가장 많이 찾을 수 있는 정다각형의 이름을 써 보세요.

(　　　　　　　　)

대표 응용 1

정다각형의 한 변의 길이 구하기

길이가 42 cm인 철사를 겹치지 않게 모두 사용하여 정육각형 1개를 만들었습니다. 만든 정육각형의 한 변의 길이는 몇 cm인지 구해 보세요.

해결하기

1단계 정다각형의 모든 변의 길이는 같습니다.

2단계 길이가 42 cm인 철사를 모두 사용하였으므로 정육각형의 모든 변의 길이의 합은

□ cm입니다.

3단계 정육각형의 한 변의 길이는

□ ÷ 6 = □ (cm)입니다.

1-1

길이가 60 cm인 철사를 겹치지 않게 모두 사용하여 정오각형 1개를 만들었습니다. 만든 정오각형의 한 변의 길이는 몇 cm인지 구해 보세요.

( )

1-2

길이가 72 cm인 철사를 겹치지 않게 사용하여 정육각형 1개를 만들었습니다. 철사가 6 cm 남았을 때, 만든 정육각형 한 변의 길이는 몇 cm인지 구해 보세요.

( )

1-3

도형 가와 나는 정다각형입니다. 두 정다각형의 모든 변의 길이의 합이 같을 때, 도형 가의 한 변의 길이는 몇 cm인지 구해 보세요.

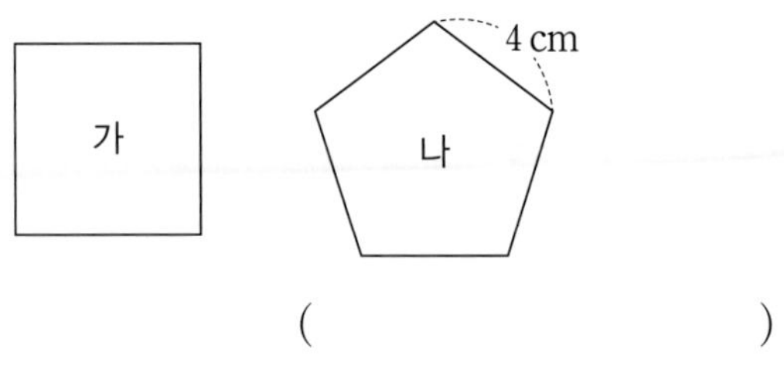

( )

1-4

도형 가와 나는 정다각형입니다. 두 정다각형의 모든 변의 길이의 합이 같을 때, 도형 나의 한 변의 길이는 몇 cm인지 구해 보세요.

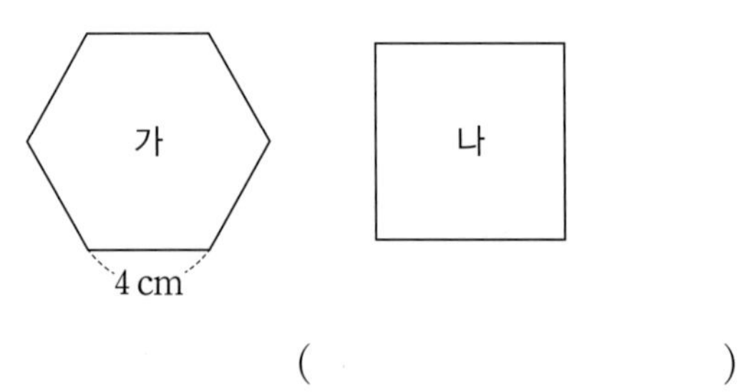

( )

대표 응용 **2**

다각형에서 각의 크기 구하기

정오각형의 한 각의 크기를 구하려고 정오각형을 삼각형 3개로 나누었습니다. 정오각형의 한 각의 크기를 구해 보세요.

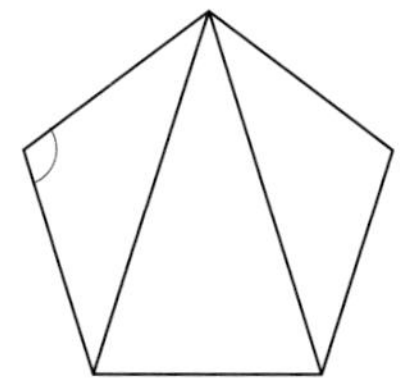

해결하기

1단계 삼각형의 세 각의 크기의 합은 ☐입니다.

2단계 정오각형을 삼각형 3개로 나누었으므로 정오각형의 다섯 각의 크기의 합은

☐$\times 3=$☐입니다.

3단계 정오각형은 다섯 각의 크기가 모두 같으므로 정오각형의 한 각의 크기는

☐$\div 5=$☐입니다.

2-1

정육각형의 한 각의 크기는 몇 도인지 구해 보세요.

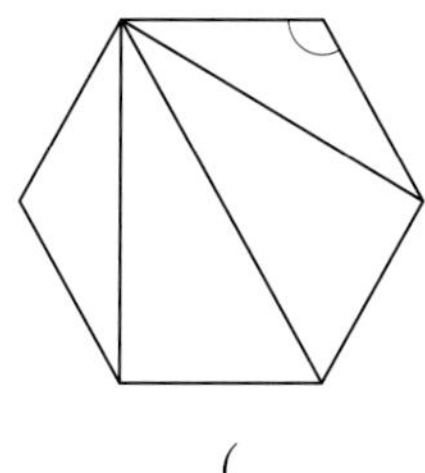

(　　　　　　　　)

2-2

정팔각형의 한 각의 크기는 135°입니다. 각 ㄷㄹㄱ과 각 ㄴㄱㄹ의 크기의 합을 구해 보세요.

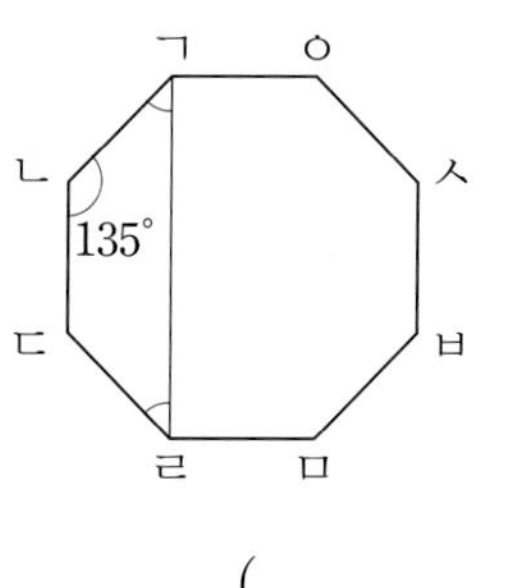

(　　　　　　　　)

2-3

정사각형과 정오각형의 한 변을 겹치지 않게 이어 붙였습니다. 각 ㉠의 크기를 구해 보세요.

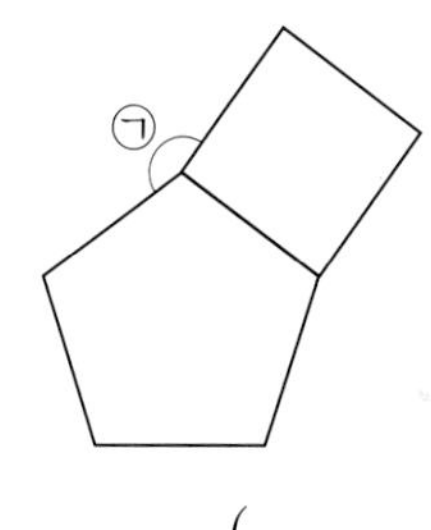

(　　　　　　　　)

2-4

정육각형과 평행사변형의 한 변을 겹치지 않게 이어 붙였습니다. 각 ㉠의 크기를 구해 보세요.

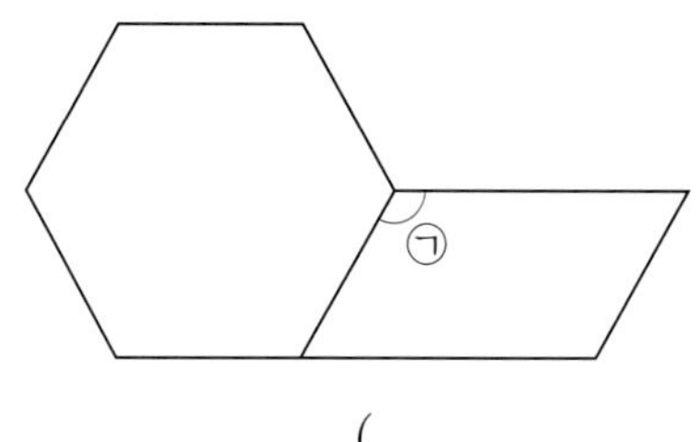

(　　　　　　　　)

2. 대각선 알아보기

개념 1 대각선 알아보기

이미 배운 다각형과 정다각형

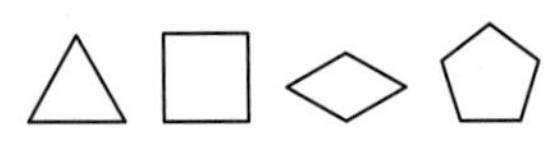

- 선분으로만 둘러싸인 도형을 다각형이라고 해요.
- 다각형 중에서도 변의 길이가 모두 같고, 각의 크기가 모두 같은 다각형을 정다각형이라고 해요.

새로 배울 대각선의 의미

서로 이웃하는 꼭짓점

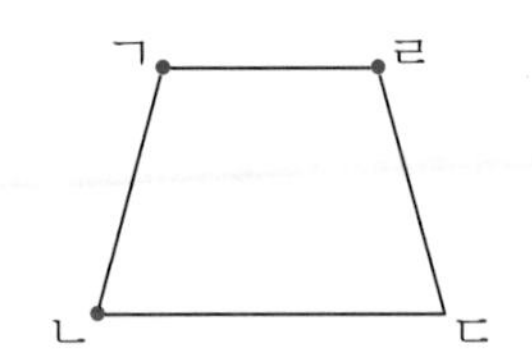

점 ㄱ과 서로 이웃하는 꼭짓점은 점 ㄴ과 점 ㄹ이에요.

서로 이웃하지 않는 꼭짓점

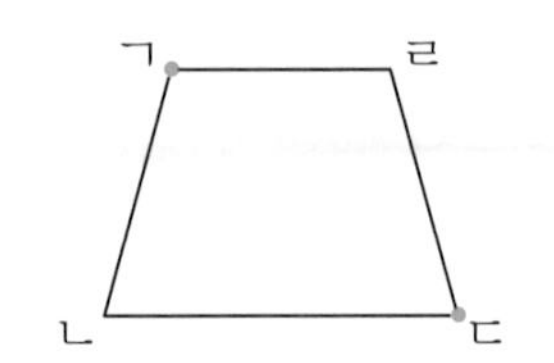

점 ㄱ과 서로 이웃하지 않는 꼭짓점은 점 ㄷ이에요.

'서로 이웃하지 않는 두 꼭짓점'은 다각형에서 '하나의 변을 이루고 있는 두 꼭짓점이 아닌 꼭짓점'을 의미해요.

다각형에서 서로 이웃하지 않는 두 꼭짓점을 이은 선분을 대각선이라고 합니다.

점 ㄱ은 점 ㄷ과 연결하여, 점 ㄴ은 점 ㄹ과 연결하여 대각선을 그을 수 있으므로 선분 ㄱㄷ, 선분 ㄴㄹ이 대각선이에요.

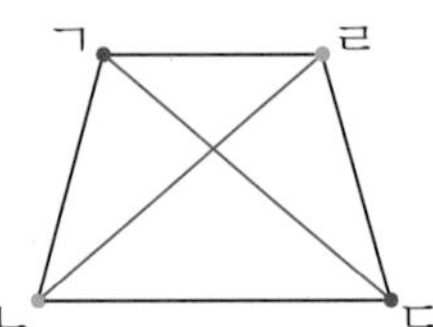

다각형에서 주어진 점과 이웃하지 않는 꼭짓점 찾기 ➡ 서로 이웃하지 않는 두 꼭짓점을 잇는 선분 긋기 ➡ 대각선 알기

[대각선을 긋고 대각선의 수 세어 보기]

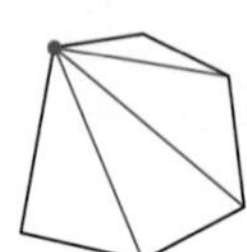

다각형에서 모든 대각선을 빠짐없이 그으려면 한 꼭짓점에서 그을 수 있는 대각선을 먼저 확인해 보아요.

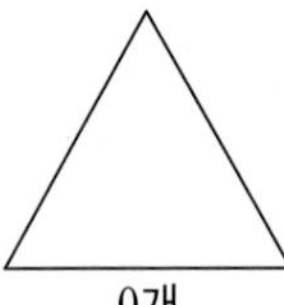

0개

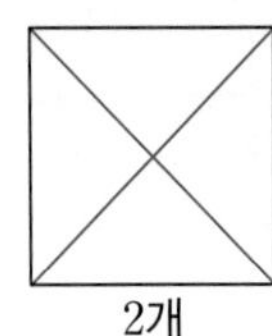

2개

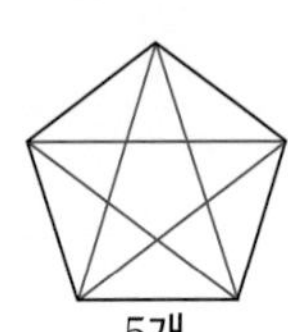

5개

9개

삼각형은 모든 꼭짓점이 서로 이웃하고 있으므로 대각선을 그을 수 없어요.

대각선의 수를 셀 때에는 중복해서 세거나 빠뜨리지 않도록 주의해요.

개념 2 대각선의 성질 알아보기

이미 배운 대각선

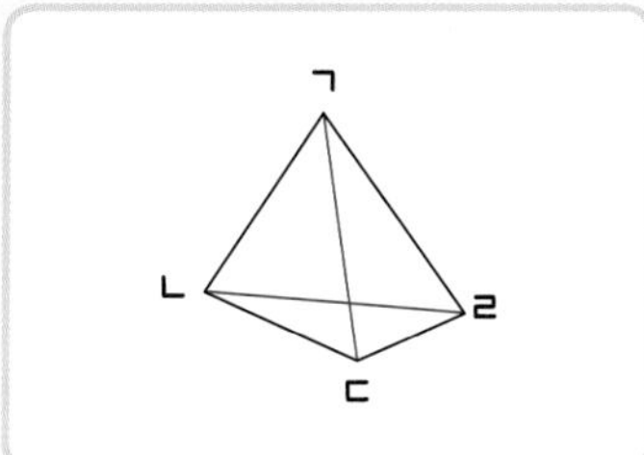

다각형에서 선분 ㄱㄷ, 선분 ㄴㄹ과 같이 서로 이웃하지 않는 두 꼭짓점을 이은 선분을 대각선이라고 해요.

새로 배울 대각선의 성질

• 여러 가지 사각형의 대각선 살펴보기

여러 가지 사각형에 대각선을 모두 그어 보아요.

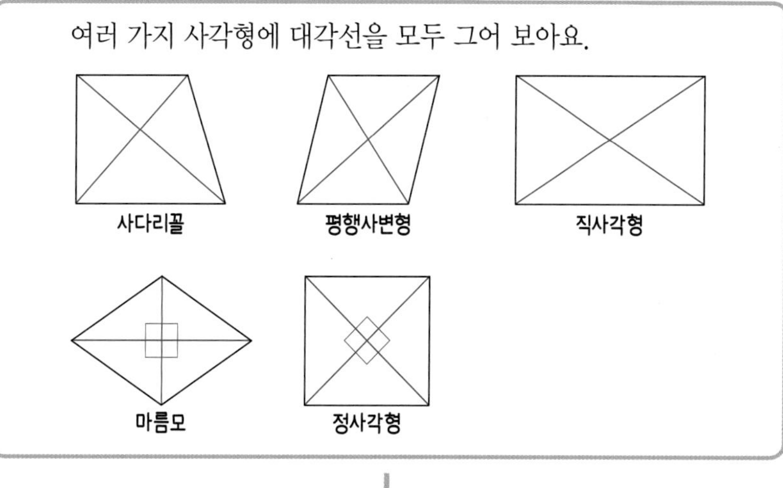

↓

두 대각선의 길이와 두 대각선이 만나 이루는 각의 크기를 살펴보아요.

여러 가지 사각형의 대각선의 성질

- 두 대각선의 길이가 같아요. → 직사각형, 정사각형
- 두 대각선이 서로 수직으로 만나요. → 마름모, 정사각형
- 한 대각선이 다른 대각선을 똑같이 둘로 나누어요. → 평행사변형, 직사각형, 마름모, 정사각형

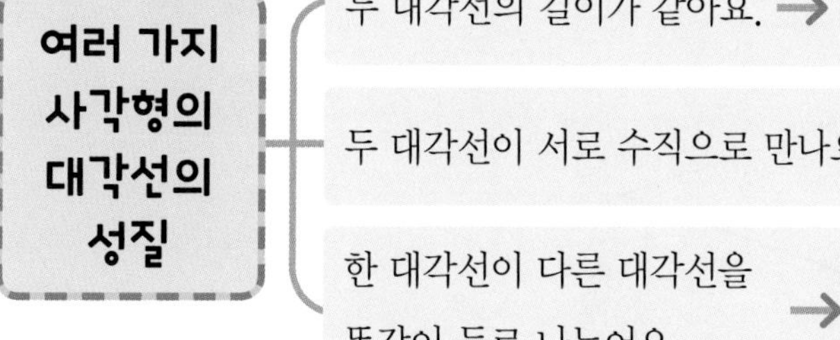

다각형에서 서로 이웃하지 않는 두 꼭짓점을 이은 선분은 대각선 ➡ 사각형에 대각선 긋기 ➡ 사각형에서 대각선의 성질 알기

[한 대각선이 다른 대각선을 똑같이 둘로 나누는 사각형 알아보기]

평행사변형과 마름모의 대각선

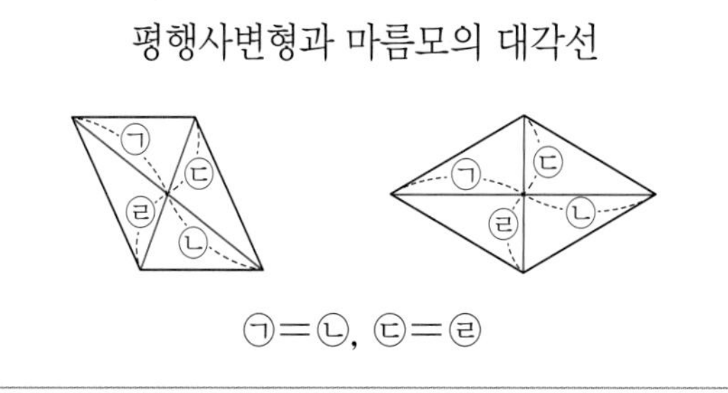

직사각형과 정사각형의 대각선

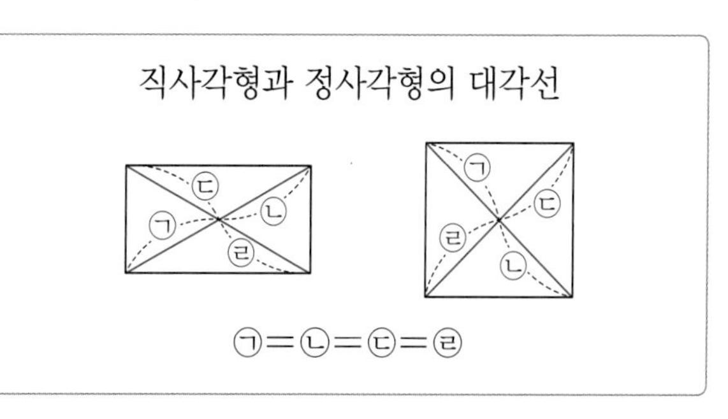

수해력을 확인해요

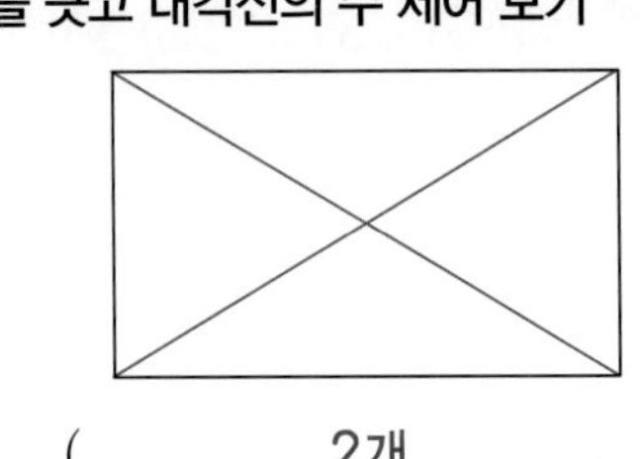

• 대각선을 긋고 대각선의 수 세어 보기

(2개)

01~09 도형에 대각선을 모두 긋고 대각선의 수를 세어 보세요.

01

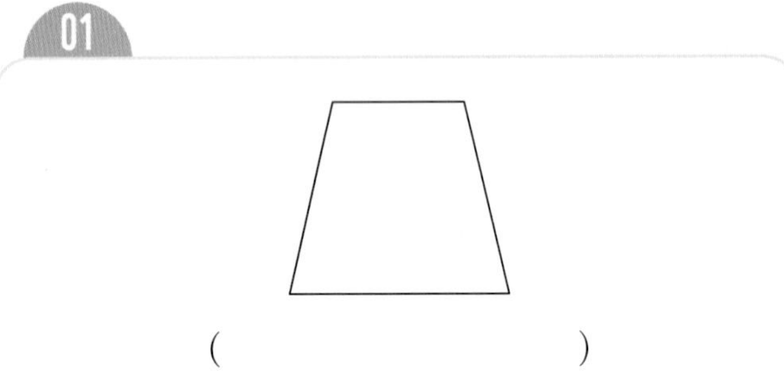

( )

02

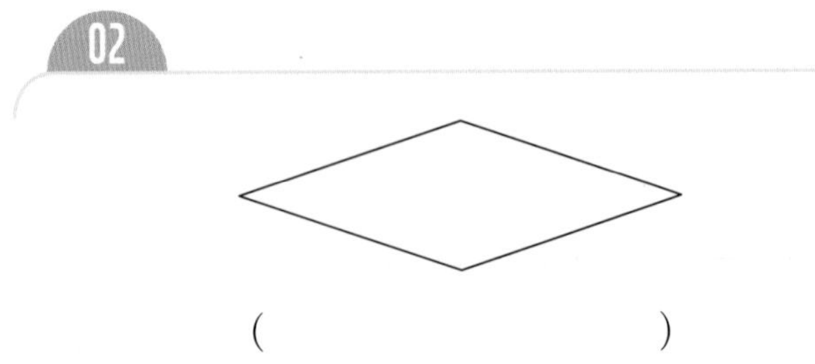

( )

03

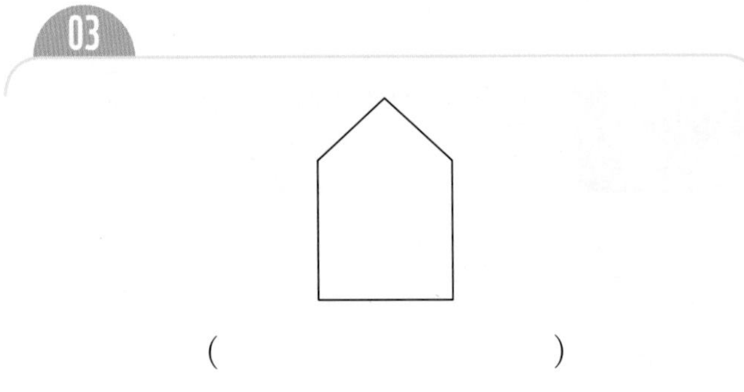

( )

04

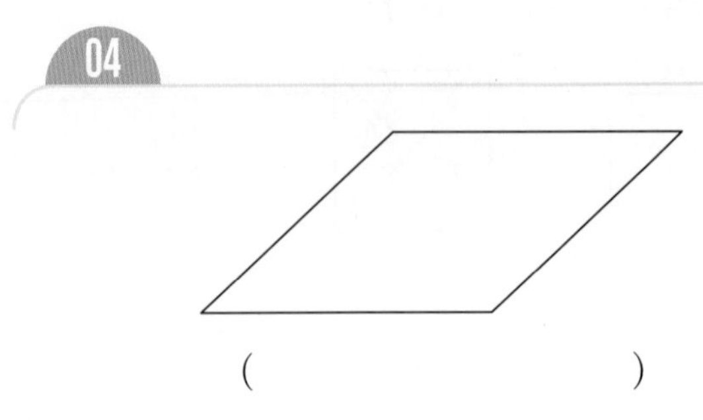

( )

05

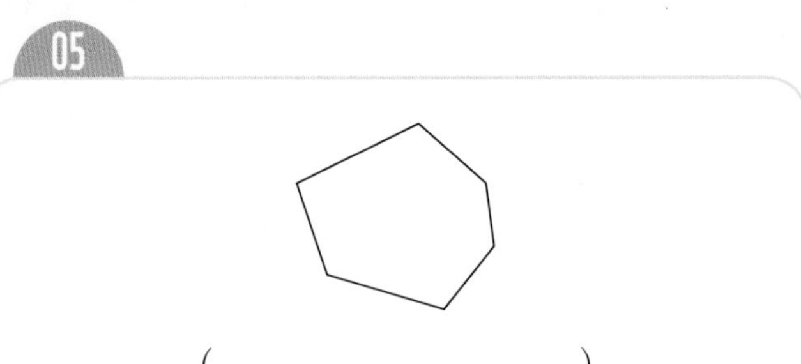

( )

06

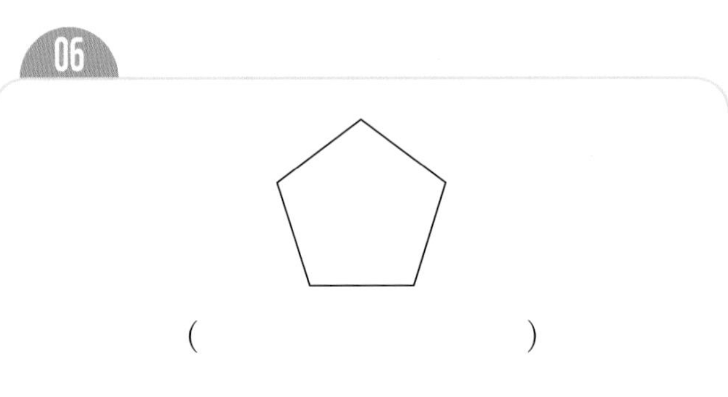

( )

07

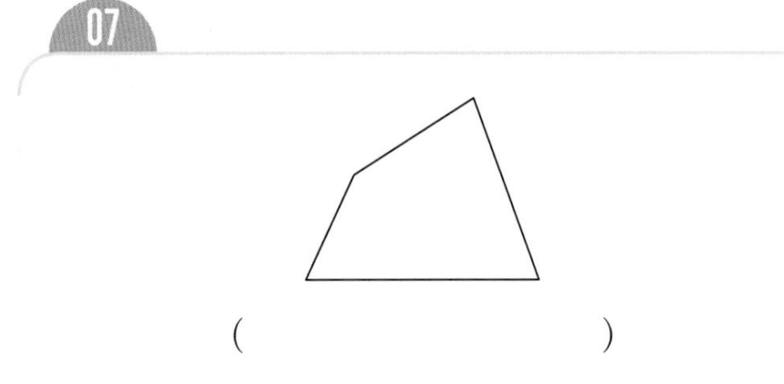

( )

08

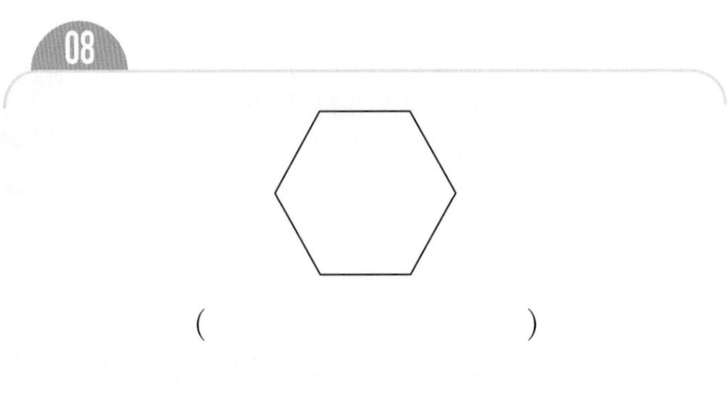

( )

09

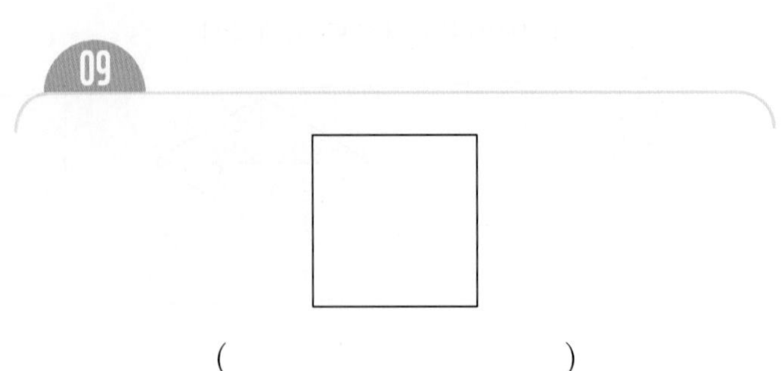

( )

01 다음 중 대각선이 아닌 것은 어느 것인가요? (   )

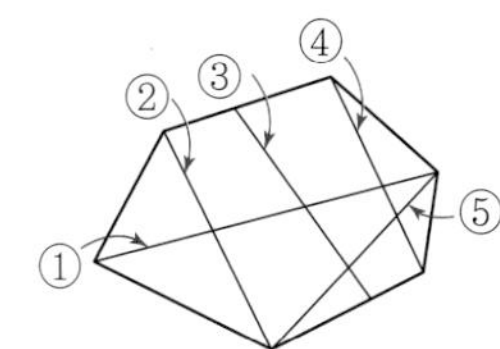

02 대각선의 수가 적은 것부터 차례대로 기호를 써 보세요.

㉠ 각의 수가 3개인 다각형
㉡ 변의 수가 6개인 다각형
㉢ 꼭짓점의 수가 5개인 다각형
㉣ 4개의 선분으로 둘러싸인 다각형

(   )

03 점 ㄱ에서 그을 수 있는 대각선의 수는 모두 몇 개인가요?

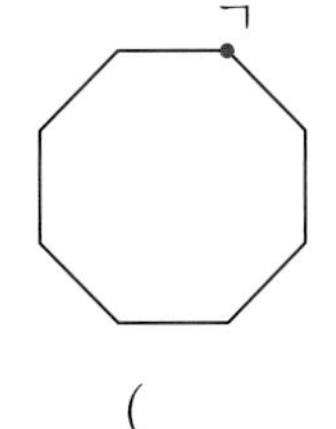

(   )

04 두 도형에 그을 수 있는 모든 대각선의 수의 차를 구해 보세요.

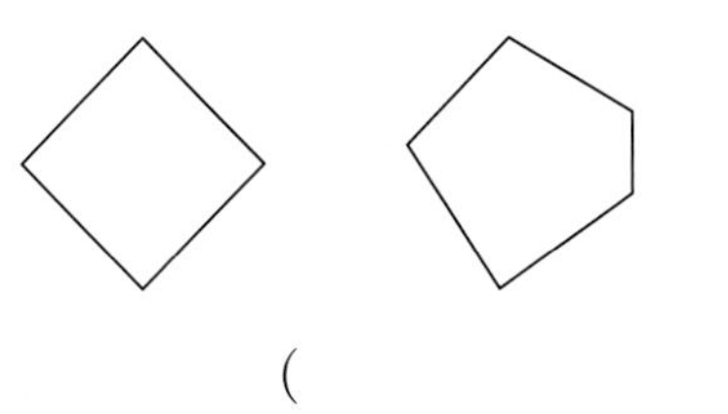

(   )

05 도형을 보고 바르게 설명한 것을 모두 찾아 기호를 써 보세요.

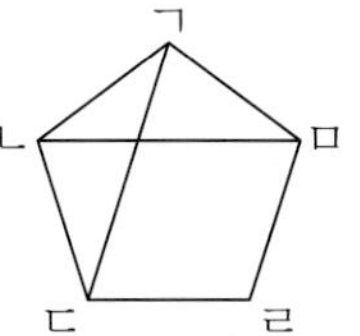

㉠ 변 ㄴㄷ은 대각선입니다.
㉡ 점 ㄱ에서 그을 수 있는 대각선은 모두 2개입니다.
㉢ 선분 ㄱㄷ은 선분 ㄴㅁ을 똑같이 둘로 나눕니다.
㉣ 도형에서 그을 수 있는 대각선은 모두 5개입니다.

(   )

06 여러 가지 사각형의 대각선에 대한 설명으로 옳지 않은 것은 어느 것인가요? (   )

① 사각형은 2개의 대각선을 그을 수 있습니다.
② 직사각형의 두 대각선의 길이는 같습니다.
③ 마름모의 두 대각선은 서로 수직으로 만납니다.
④ 정사각형의 한 대각선은 다른 대각선을 똑같이 둘로 나눕니다.
⑤ 평행사변형의 두 대각선의 길이는 같습니다.

07 다음 도형은 평행사변형입니다. □ 안에 알맞은 수를 써넣으세요.

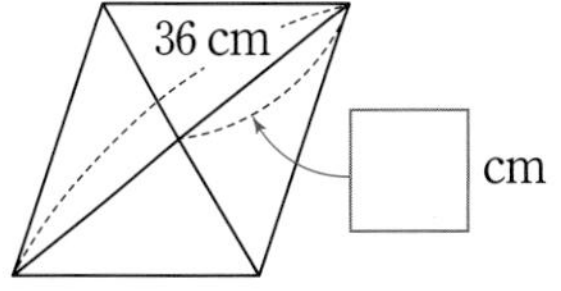

08 다음 도형은 마름모입니다. 각 ㉠의 크기를 구해 보세요.

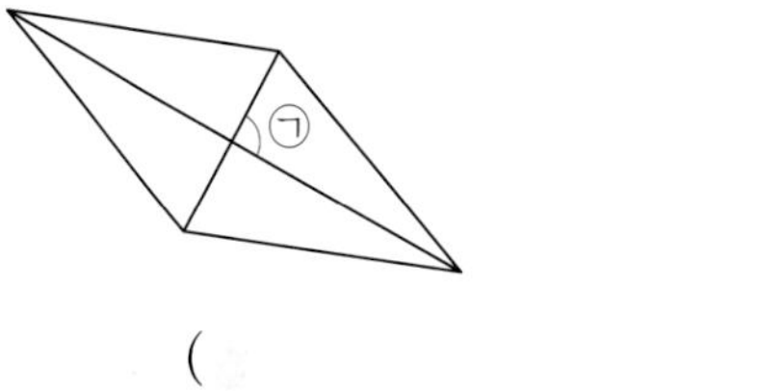

(   )

09 다음 중 한 대각선이 다른 대각선을 똑같이 둘로 나누는 사각형이 아닌 것은 어느 것인가요? (　　)

① 사다리꼴　② 평행사변형
③ 마름모　④ 직사각형
⑤ 정사각형

10 다음 조건을 모두 만족시키는 도형은 어떤 도형인지 써 보세요.

- 마주 보는 두 쌍의 변이 평행합니다.
- 대각선이 모두 2개입니다.
- 대각선이 서로 수직으로 만납니다.
- 대각선의 길이가 모두 같습니다.

(　　　　　　)

11 실생활 활용

학생들의 안전한 통학을 위하여 재인이네 학교 앞 사거리에 대각선 횡단보도를 그리기로 하였습니다. 대각선 횡단보도의 모양이 다음과 같을 때, 학교와 문방구 사이의 거리는 몇 m인지 구해 보세요.

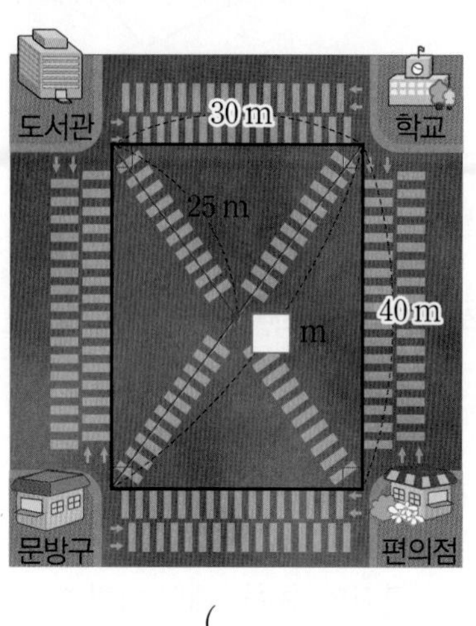

(　　　　　　)

12 교과 융합

정인이는 미술 시간에 마름모 모양의 가오리연을 만들었습니다. 아래와 같이 연 몸통의 대각선 부분에 나무로 된 지지대를 각각 1개씩 붙이려고 할 때, 필요한 나무 지지대의 전체 길이는 몇 cm인지 구해 보세요.

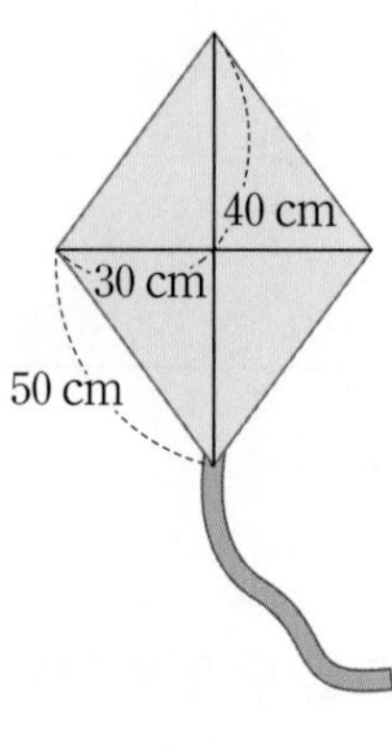

(　　　　　　)

수해력을 완성해요

정답과 풀이 34쪽

대표 응용 1 도형에서 대각선의 길이 구하기

다음은 평행사변형에 대각선을 그은 것입니다. 평행사변형의 두 대각선 길이의 합은 몇 cm인지 구해 보세요.

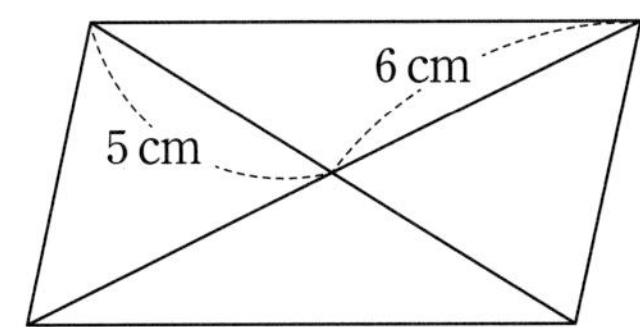

해결하기

1단계 평행사변형의 한 대각선은 다른 대각선을 똑같이 둘로 나눕니다.

2단계 한 대각선의 길이는 5×□=□(cm)이고 다른 대각선의 길이는 6×□=□(cm)입니다.

3단계 평행사변형의 두 대각선 길이의 합은 □cm입니다.

1-1

정사각형의 대각선의 길이의 합이 36 cm일 때, □ 안에 알맞은 수를 구해 보세요.

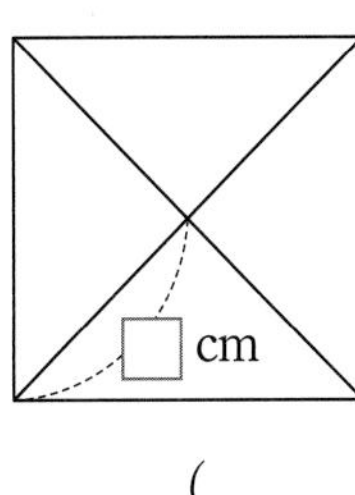

(　　　　　　　　)

1-2

다음 도형은 정사각형과 직사각형을 이어 붙여 만든 것입니다. □ 안에 들어갈 수의 합을 구해 보세요.

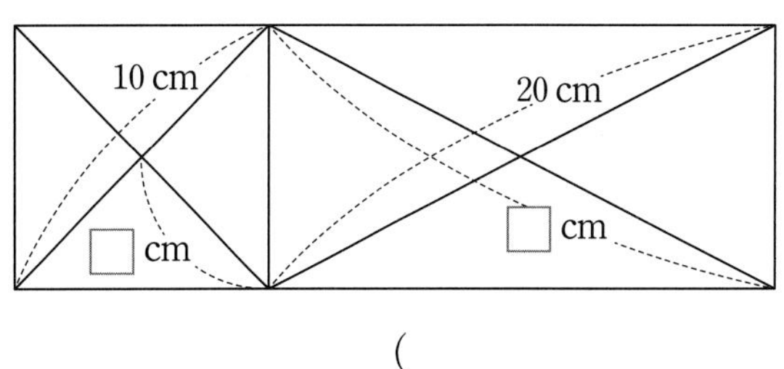

(　　　　　　　　)

1-3

평행사변형에서 변 ㄱㄴ의 길이가 10 cm, 선분 ㄱㅇ의 길이가 8 cm, 선분 ㄴㄹ의 길이가 14 cm일 때, 삼각형 ㄱㅇㄴ 세 변의 길이의 합은 몇 cm인지 구해 보세요.

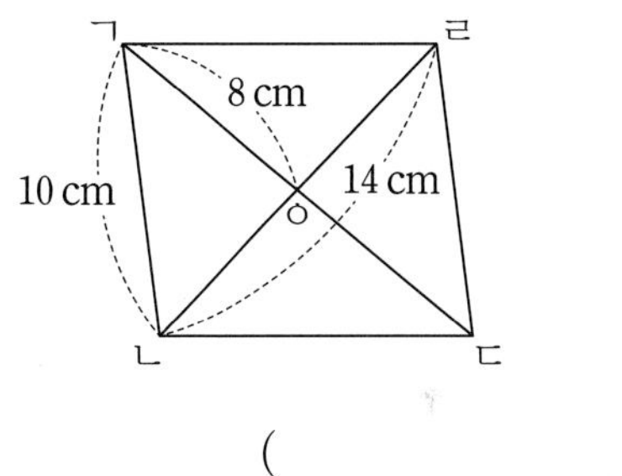

(　　　　　　　　)

1-4

다음은 마름모에 대각선을 그은 것입니다. 삼각형 ㄱㅇㄹ의 세 변의 길이의 합이 24 cm일 때, 선분 ㄴㄹ의 길이는 몇 cm인지 구해 보세요.

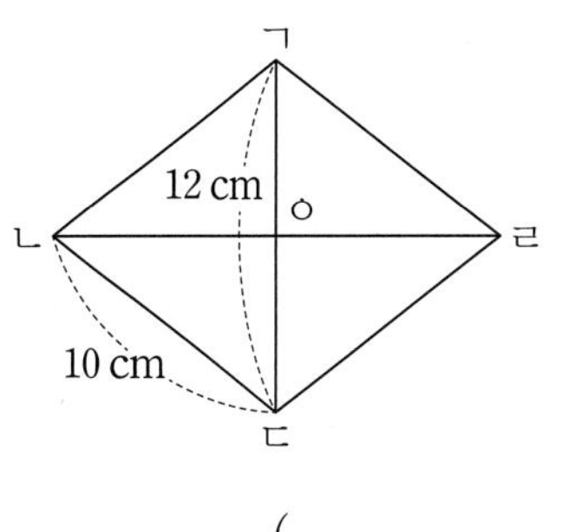

(　　　　　　　　)

개념 1 모양 조각으로 모양 만들기

이미 배운 칠교판으로 모양 만들기

• 칠교판

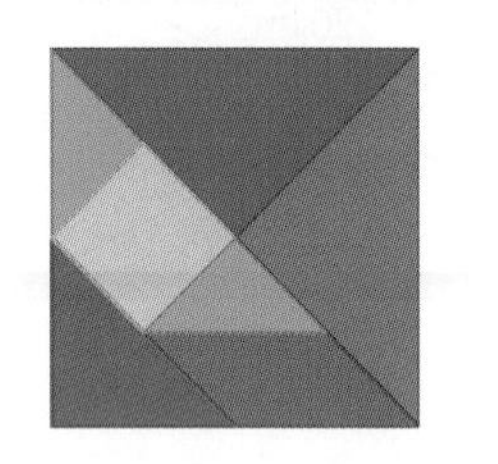

• 칠교 조각으로 모양 만들기

칠교판에는 삼각형 모양 조각 5개, 사각형 모양 조각 2개가 있어요.

새로 배울 모양 조각으로 모양 만들기

• 여러 가지 다각형 모양 조각

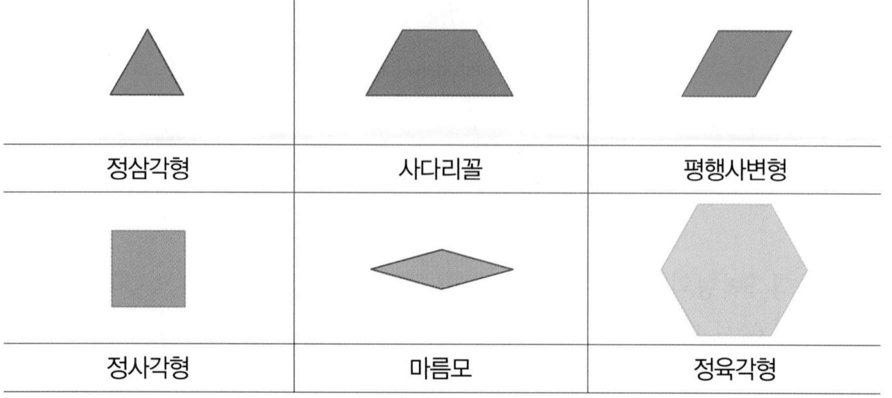

정삼각형	사다리꼴	평행사변형
정사각형	마름모	정육각형

• 모양 조각을 변끼리 이어 붙여 다각형 만들기

예 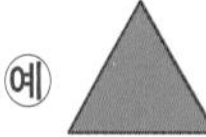 모양 조각을 겹치지 않게 이어 붙여 다각형 만들기

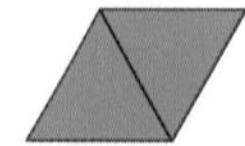

모양 조각 2개를 사용하였을 때	모양 조각 3개를 사용하였을 때
➡ 평행사변형 (또는 사다리꼴, 마름모)	➡ 사다리꼴

서로 다른 모양 조각을 겹치지 않게 이어 붙여 다각형을 만들 수도 있어요.

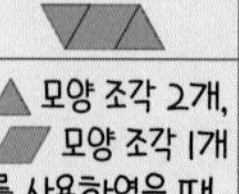

모양 조각 2개, 모양 조각 1개를 사용하였을 때	모양 조각 2개를 사용하였을 때
➡ 평행사변형 (또는 사다리꼴)	➡ 평행사변형 (또는 사다리꼴)

칠교 조각으로 여러 가지 모양 만들기 ➡ 여러 가지 모양 조각으로 다각형 만들기 ➡ 여러 가지 모양 조각으로 나만의 모양 만들고 설명하기

[여러 가지 모양 조각을 사용하여 나만의 모양 만들고 설명하기]

어떤 모양 조각을 몇 개 사용하여 무엇을 만들었나요?

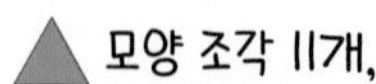 모양 조각 11개,  모양 조각 3개,  모양 조각 6개를 사용하여 꽃을 만들었어요.

개념 2 여러 가지 모양 채우기

이미 배운 모양 조각으로 모양 만들기

정삼각형, 정육각형, 사다리꼴, 평행사변형 모양 조각을 사용하여 강아지를 만들었어요.

새로 배울 모양 조각으로 모양 채우기

• 한 가지 모양 조각으로 정육각형 채우기

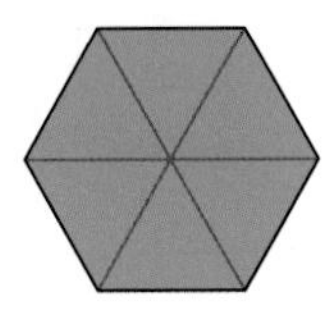 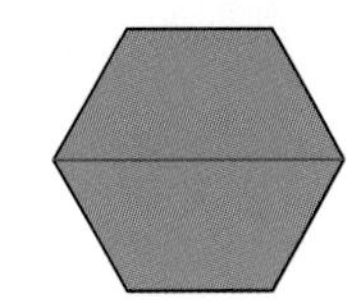 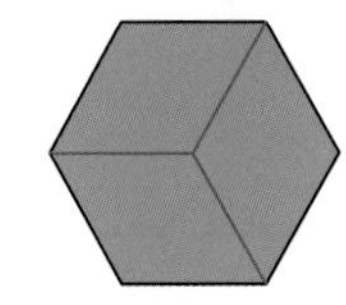

• 여러 가지 모양 조각으로 정육각형 채우기

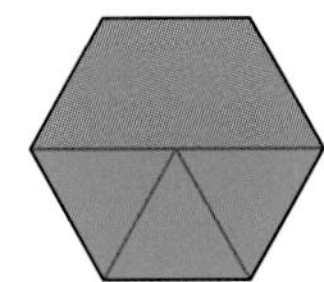 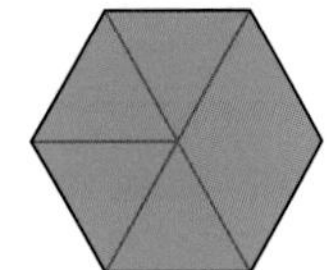 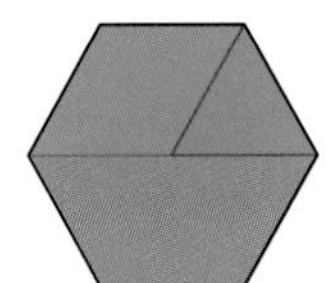

모양을 채울 때에는 모양 조각을 서로 겹치지 않고 빈틈없이 채워야 하므로 같은 변끼리 이어 붙여요.

여러 가지 모양 조각으로 모양 만들기  여러 가지 모양 조각으로 주어진 모양 채우기  여러 가지 모양 조각으로 주어진 모양 채우고 설명하기

[여러 가지 모양 조각으로 주어진 모양 채우기]

예

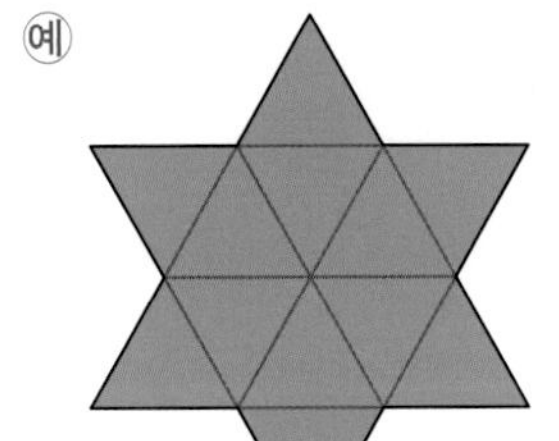 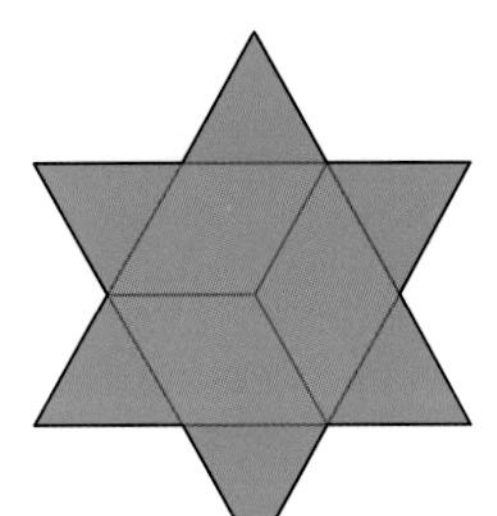

주어진 모양이 같아도 여러 가지 모양 조각을 사용하여 서로 다른 방법으로 채울 수 있어요.

[여러 가지 모양 조각으로 주어진 모양 채우고 설명하기]

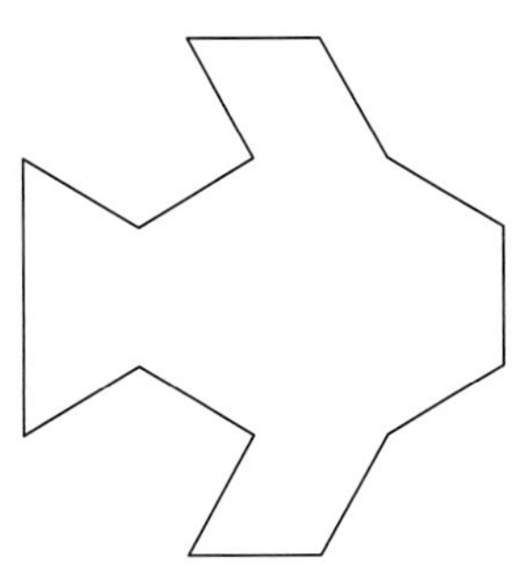

예

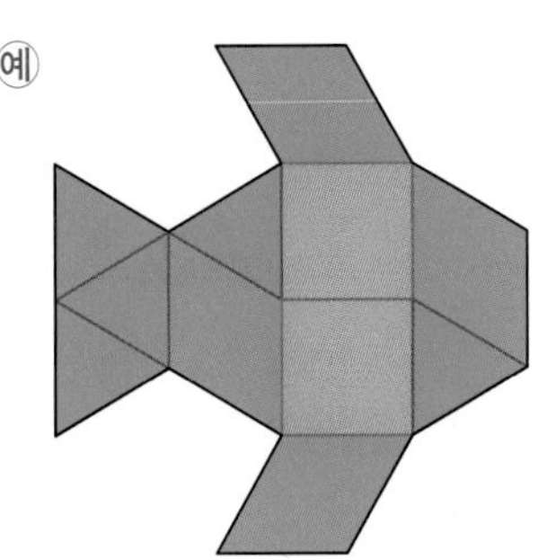

물고기의 꼬리 부분은 △ 모양 조각 3개를 사용하여 채웠고, 지느러미 부분은 ▱ 모양 조각으로 채웠습니다.

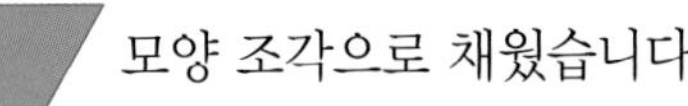

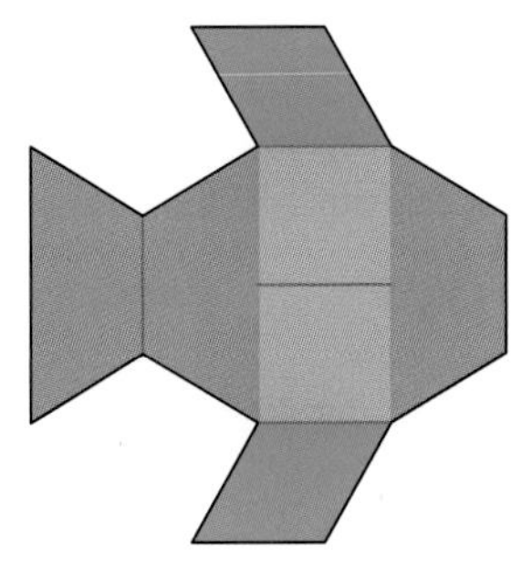

⏢ 모양 조각 3개, ▱ 모양 조각 2개,  모양 조각 2개를 사용하여 모양을 채웠습니다.

수해력을 확인해요

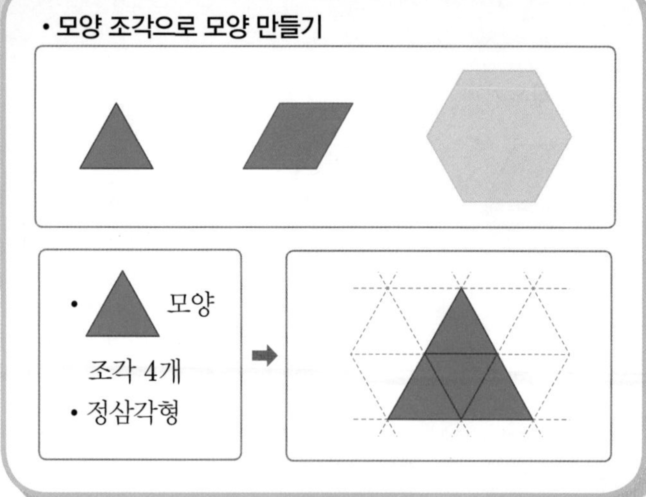

01~05 모양 조각을 여러 번 사용하여 주어진 다각형을 만들어 보세요.

01

• 모양 조각 2개, 모양 조각 1개

• 정삼각형

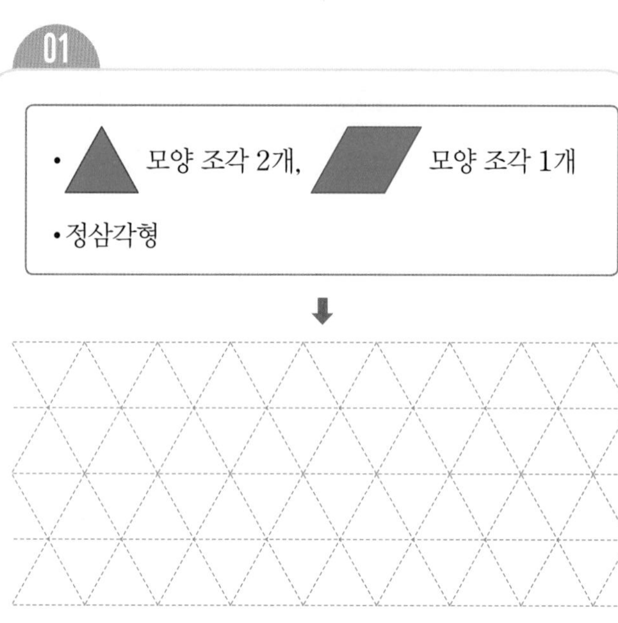

02

• 모양 조각 4개

• 평행사변형

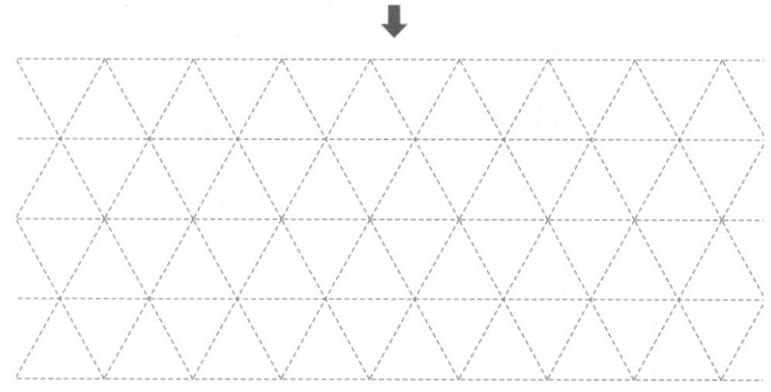

03

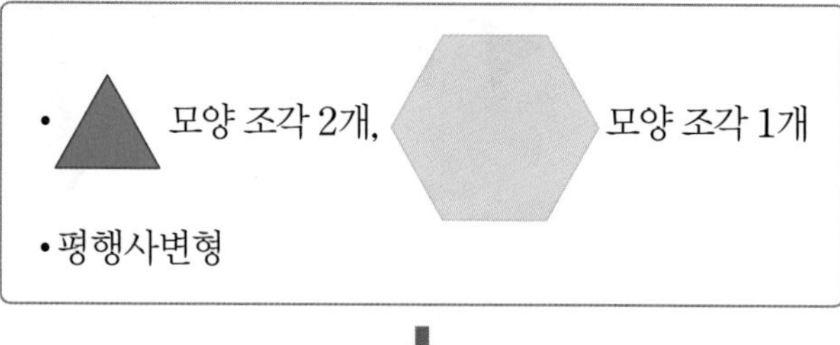

04

• 모양 조각 3개, 모양 조각 1개

• 정삼각형

05

• 모양 조각 2개, 모양 조각 2개

• 정육각형

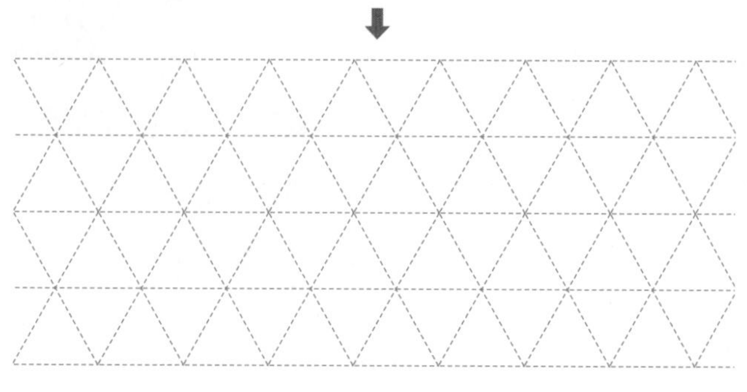

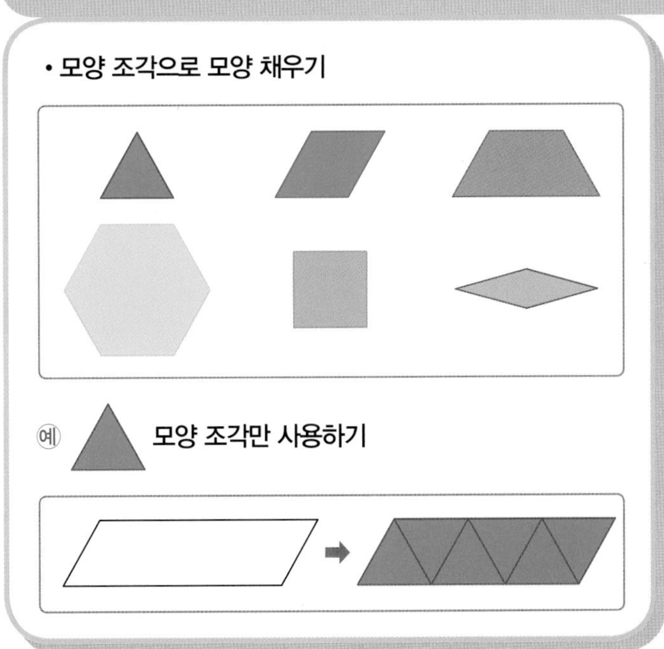

06~10 모양 조각을 여러 번 사용하여 주어진 도형을 그려서 채워 보세요. (단, 모양 조각이 겹치지 않게 빈틈없이 채워야 합니다.)

06

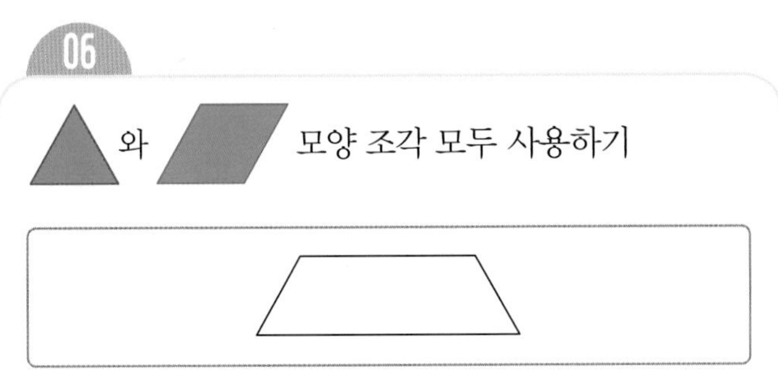

07

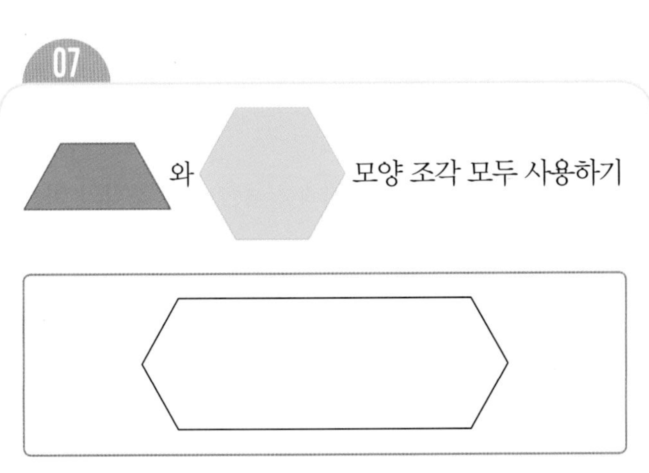

08

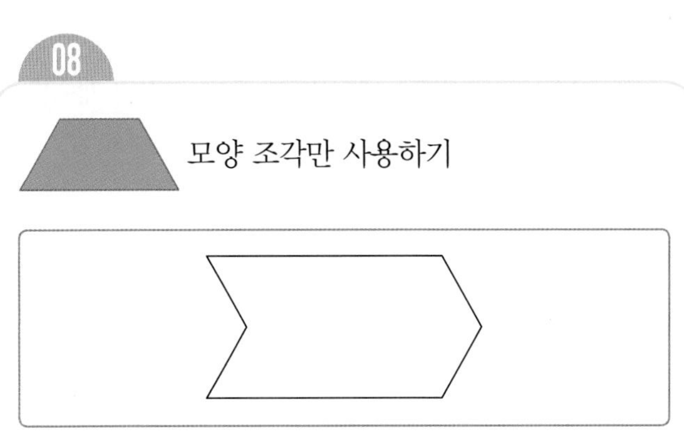

09

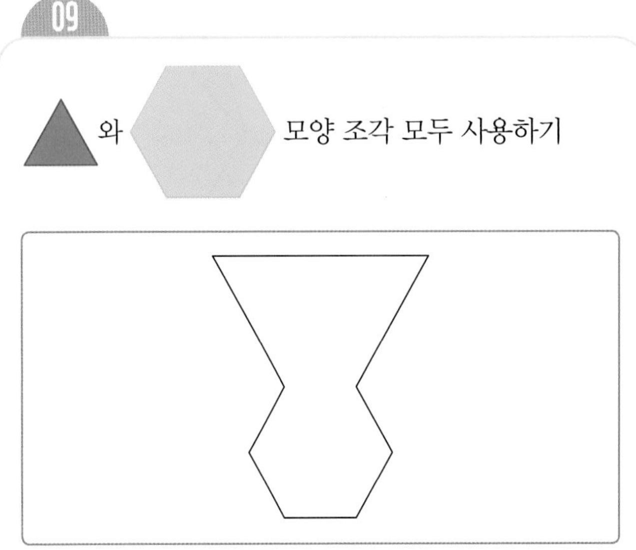

10

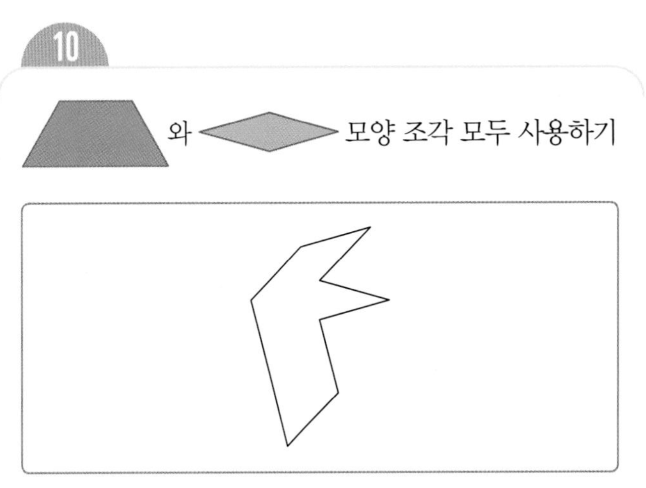

수해력을 높여요

01 다음 모양을 만드는 데 필요한 모양 조각의 개수를 구해 보세요.

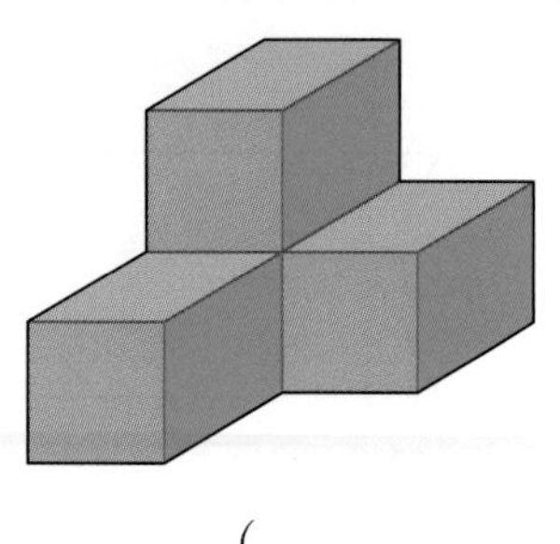

(   )

02 다음 모양을 만드는 데 사용한 정다각형을 모두 찾아 이름을 써 보세요.

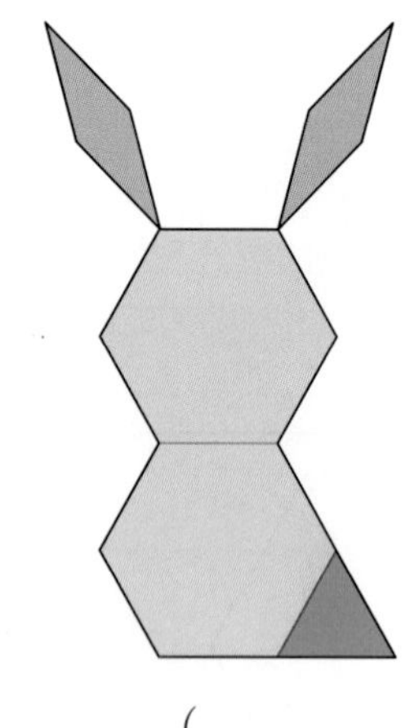

(   )

03 가 모양 조각을 사용하여 나 모양 조각을 만들려면 가 모양 조각은 몇 개가 필요한지 구해 보세요.

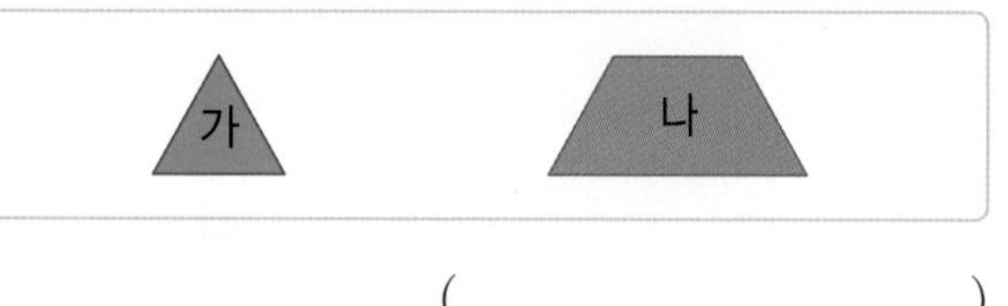

(   )

04 다음 모양 조각 중 2가지 모양 조각을 한 번씩 사용하여 오각형을 만들려고 합니다. 필요한 모양 조각의 기호를 써 보세요.

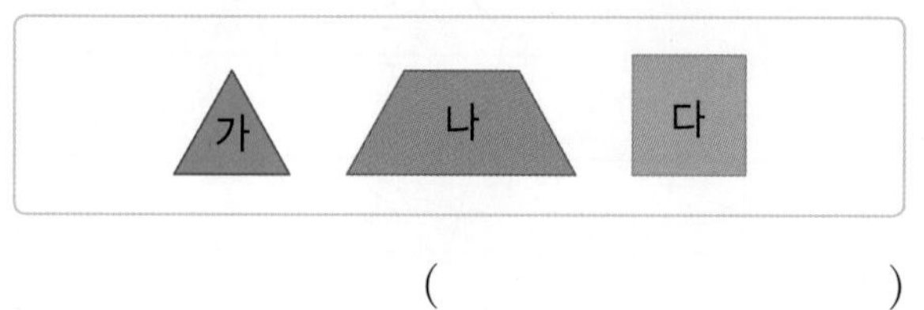

(   )

05 ▲ 모양 조각 여러 개를 겹치지 않게 이어 붙여 만들 수 있는 다각형이 아닌 것은 어느 것인가요? (   )

① 정삼각형　② 사다리꼴
③ 평행사변형　④ 정오각형
⑤ 정육각형

06 모양 조각을 보고 □ 안에 알맞은 수를 써넣으세요.

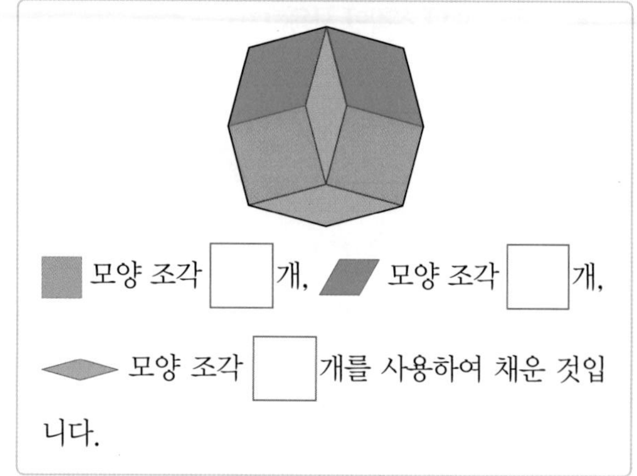

모양 조각 □개, 모양 조각 □개, 모양 조각 □개를 사용하여 채운 것입니다.

07 다음과 같이 모양 채우기를 했습니다. 설명 중 옳지 않은 것을 골라 기호를 써 보세요.

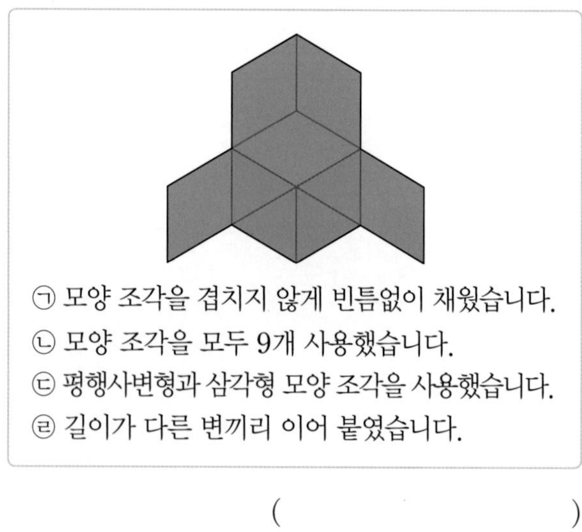

㉠ 모양 조각을 겹치지 않게 빈틈없이 채웠습니다.
㉡ 모양 조각을 모두 9개 사용했습니다.
㉢ 평행사변형과 삼각형 모양 조각을 사용했습니다.
㉣ 길이가 다른 변끼리 이어 붙였습니다.

(   )

08 다음 모양을 채우기 위해 사용한 모양 조각의 이름을 모두 골라 ○표 하세요.

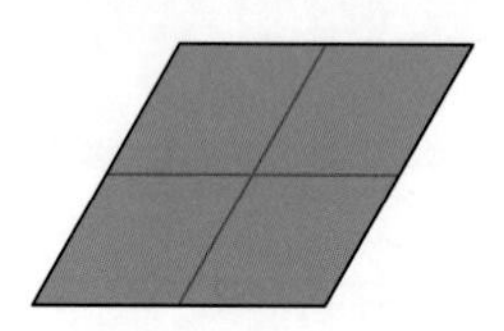

사각형　사다리꼴
평행사변형　직사각형
마름모

09 한 가지 모양 조각만을 사용하여 아래의 모양을 빈틈없이 채우려면 (정육각형) 모양 조각은 몇 개가 필요한지 구해 보세요.

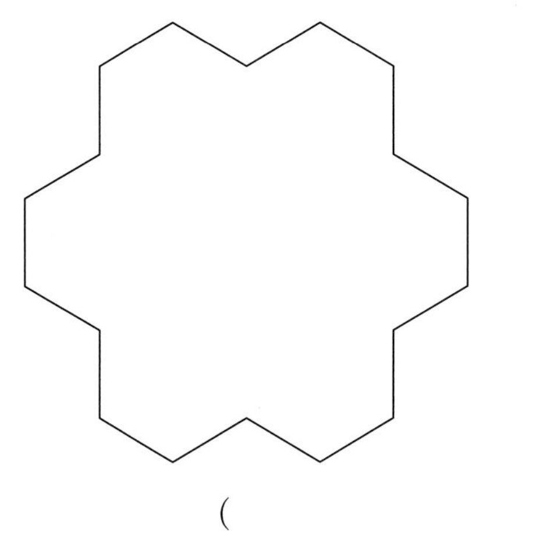

(　　　　　　　　　　)

10 가 모양 조각 1개, 나 모양 조각 2개를 사용하고 남은 부분은 다 모양 조각을 사용하여 모양을 채웠습니다. 사용한 다 모양 조각은 모두 몇 개인지 구해 보세요.

보기

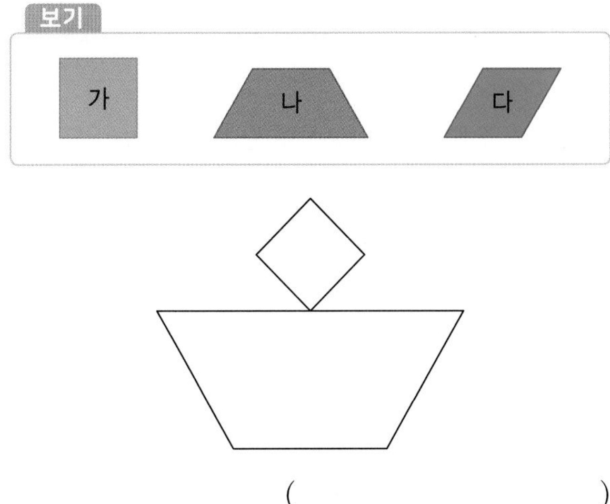

(　　　　　　　　　　)

11 실생활 활용

지아네 집 화장실 타일 6개가 깨져서 새 타일로 바꾸려고 합니다. 평행사변형 모양의 타일을 정삼각형 모양의 타일로 바꾼다면 필요한 타일의 개수가 몇 개인지 구해 보세요. (단, 평행사변형 모양의 타일과 삼각형 모양의 타일의 한 변의 길이는 같습니다.)

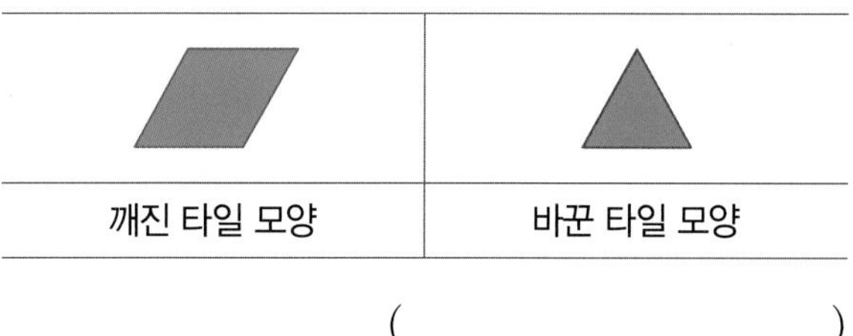

(　　　　　　　　　　)

12 교과 융합

데칼코마니란 종이 한쪽 면에 물감을 두껍게 칠하고, 종이를 반으로 접어 좌우가 같은 무늬를 만드는 미술 기법입니다. 서진이가 미술 시간에 다음과 같은 무늬를 만들었습니다. 좌우의 무늬가 같도록 오른쪽 모양을 채워 보세요.

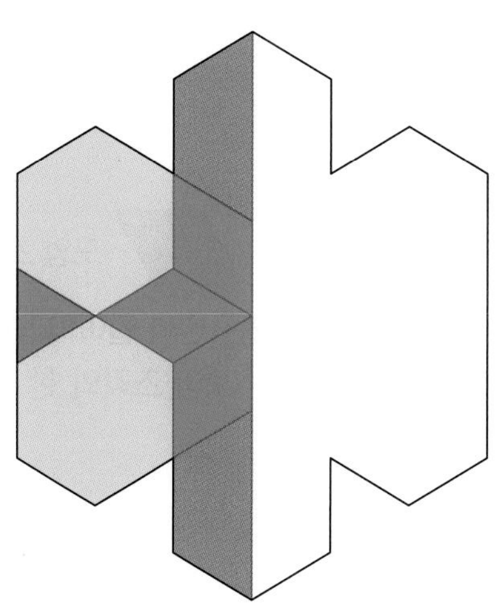

수해력을 완성해요

대표 응용 1 모양 조각을 사용하여 만든 도형의 변의 길이의 합 구하기

모양 조각 3개와 모양 조각 2개를 사용하여 만들 수 있는 삼각형의 세 변의 길이의 합은 몇 cm인지 구해 보세요. (단, 모양 조각은 한 변의 길이가 3cm인 정삼각형이고 모양 조각의 짧은 변의 길이는 모두 3cm입니다.)

해결하기

1단계 주어진 모양 조각으로 삼각형을 만듭니다.

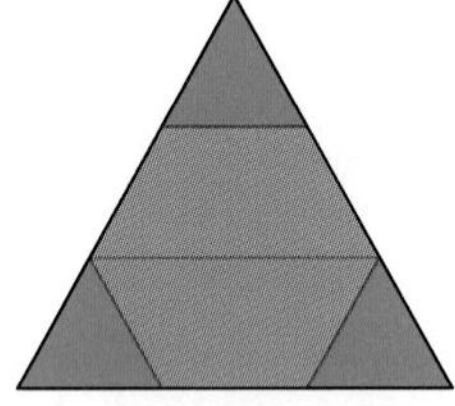

2단계 만들어진 삼각형의 한 변의 길이는

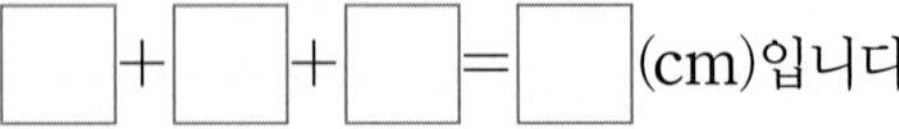

(cm)입니다.

3단계 만들어진 삼각형의 세 변의 길이의 합은

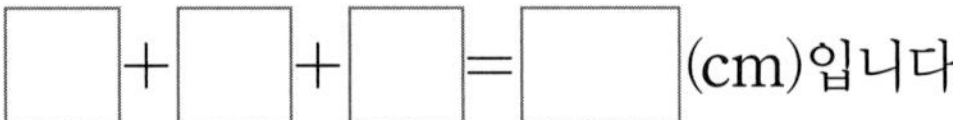

(cm)입니다.

1-1

모양 조각 2개와 모양 조각 2개를 사용하여 만든 정육각형의 모든 변의 길이의 합은 몇 cm인지 구해 보세요. (단, 주어진 모양 조각의 한 변의 길이는 모두 2 cm입니다.)

( )

1-2

모양 조각 4개를 사용하여 만든 평행사변형의 네 변의 길이의 합은 몇 cm인지 구해 보세요. (단, 주어진 모양 조각의 한 변의 길이는 5 cm입니다.)

( )

1-3

모양 조각 4개와 모양 조각 1개를 사용하여 만든 도형이 다음과 같습니다. 모양 조각의 한 변의 길이가 7 cm일 때 빨간색 선의 길이의 합은 몇 cm인지 구해 보세요. (단, 모양 조각은 정삼각형입니다.)

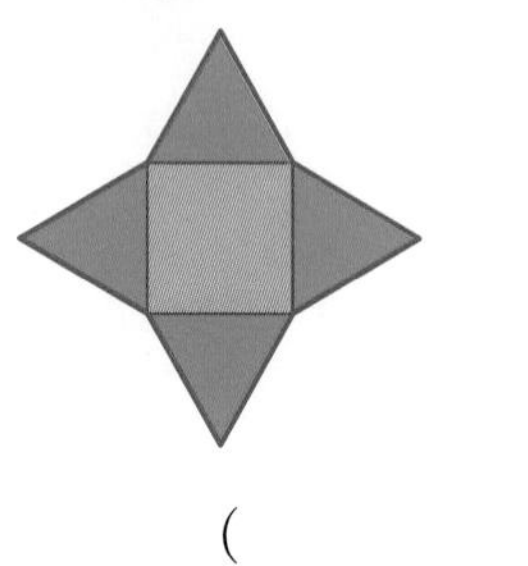

( )

1-4

모양 조각 3개, 모양 조각 2개, 모양 조각 1개를 사용하여 만든 도형이 다음과 같습니다.  모양 조각의 한 변의 길이가 6 cm일 때 빨간색 선의 전체 길이는 몇 cm인지 구해 보세요. (단, 모양 조각은 정육각형입니다.)

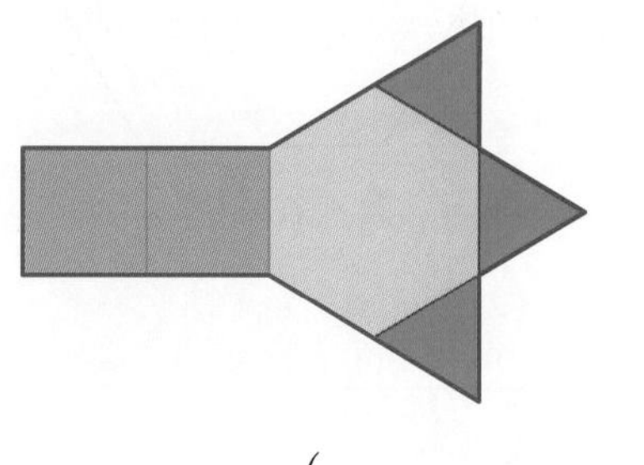

( )

대표 응용 2 모양 채우기를 할 때 필요한 모양 조각의 개수 구하기

아래의 두 도형을 각각 한 가지 모양 조각만으로 겹치지 않게 빈틈없이 채운다면 필요한 모양 조각은 모두 몇 개인가요? (단, 두 도형은 크기와 모양이 같은 정삼각형입니다.)

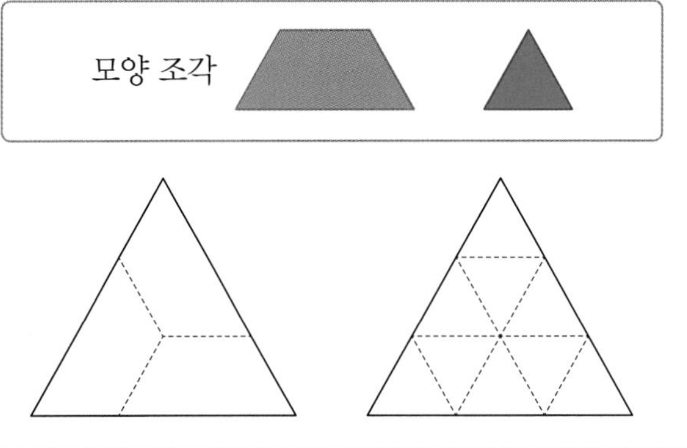

해결하기

1단계 모양 조각만을 사용하여 주어진 도형을 채우면 □개가 필요합니다.

2단계 모양 조각만을 사용하여 주어진 도형을 채우면 □개가 필요합니다.

3단계 두 도형을 채우는 데 필요한 모양 조각의 개수는 모두 □개입니다.

2-1

아래의 두 도형을 각각 한 가지 모양 조각만으로 겹치지 않게 빈틈없이 채운다면 필요한 모양 조각은 모두 몇 개인가요? (단, 두 도형은 크기와 모양이 같은 평행사변형입니다.)

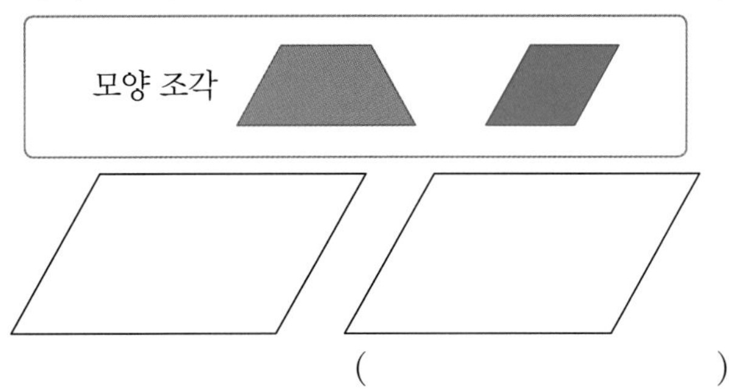

(　　　　　　　　　　)

2-2

아래의 두 도형을 각각 한 가지 모양 조각만으로 겹치지 않게 빈틈없이 채운다면 필요한 모양 조각은 모두 몇 개인지 구해 보세요. (단, 두 도형은 크기와 모양이 같습니다.)

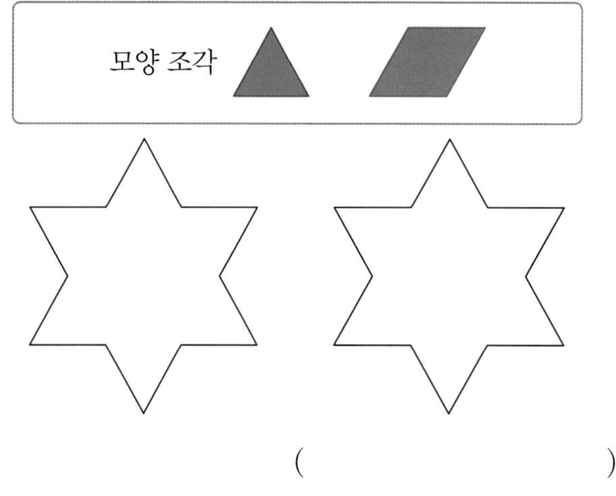

(　　　　　　　　　　)

2-3

아래의 모양을 모양 조각 1개, 모양 조각 2개를 사용하고 남은 부분은 모양 조각을 사용하여 채웠습니다. 이 모양을 채우는 데 필요한

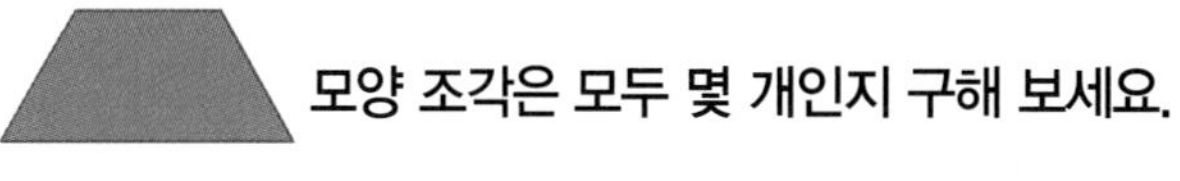

모양 조각은 모두 몇 개인지 구해 보세요.

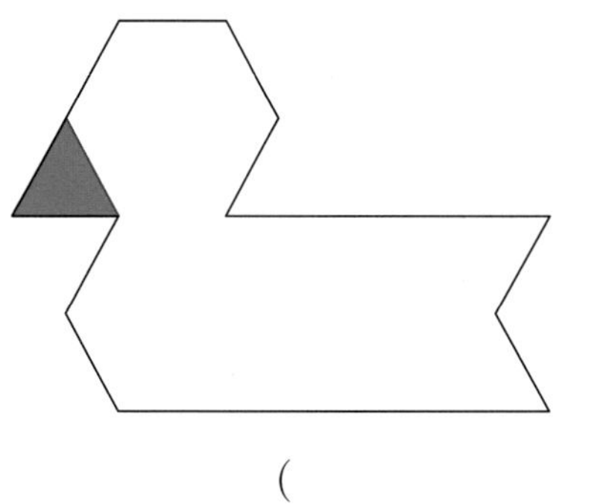

(　　　　　　　　　　)

4. 도형의 배열에서 규칙 찾기

개념 1 모양의 배열에서 규칙 찾기

이미 배운 무늬에서 규칙 찾기

벽지에 빨간색 원, 파란색 원, 노란색 원이 순서대로 반복되는 규칙이 있어요.

새로 배울 모양의 배열에서 규칙 찾기

• 모양의 배열에서 규칙을 찾아보세요.

첫째	둘째	셋째	넷째
▲ ▲	▲▲ ▲▲	▲▲▲ ▲▲▲	▲▲▲▲ ▲▲▲▲

삼각형이 2개씩 늘어나는 규칙이 있어요.

• 모양의 수를 수의 배열로 나타내 보세요.

2	4	6	8

규칙적인 모양 ➡ 모양의 배열에서 규칙 찾기 ➡ 수의 배열로 나타내기

[쌓기나무 배열에서 규칙을 찾아 수의 배열로 나타내기]

첫째	둘째	셋째	넷째
			?
5	6	7	

쌓기나무가 1개씩 늘어나는 규칙이 있어요.

넷째 모양을 쌓으려면 7개에서 1개 늘어나니까, 쌓기나무가 8개 필요해요.

개념 2 모양의 배열에서 규칙을 찾아 식으로 나타내기

이미 배운 규칙 나타내기

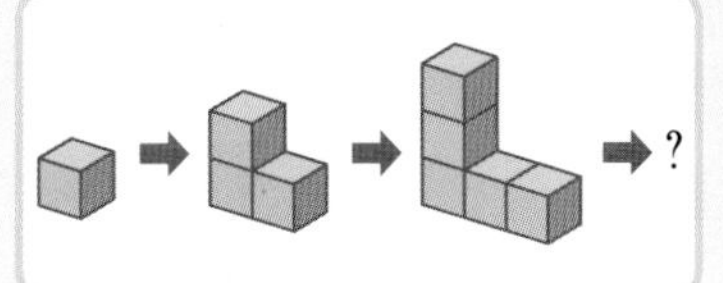

- 쌓기나무가 2개씩 늘어나는 규칙이 있어요.
- 다음에 이어질 모양을 만들기 위해서는 쌓기나무 7개가 필요해요.

새로 배울 규칙을 찾아 식으로 나타내기

- 모양의 배열에서 규칙을 찾아보세요.

첫째	둘째	셋째	넷째
1	3	6	10

+2 +3 +4

블럭 모형이 1개에서 2개, 3개, 4개씩 늘어나는 규칙이 있어요.

- 규칙을 식으로 나타내 보세요.

첫째	둘째	셋째	넷째
1	1+2	1+2+3	1+2+3+4

규칙적인 모양 ➡ 모양의 배열에서 규칙 찾기 ➡ 찾은 규칙을 식으로 나타내기

[규칙을 두 가지의 식으로 나타내기]

순서	첫째	둘째	셋째	넷째
모양				
덧셈식	1	1+3	1+3+5	1+3+5+7
곱셈식	1×1	2×2	3×3	4×4
사각형의 수(개)	1	4	9	16

수해력을 확인해요

정답과 풀이 37쪽

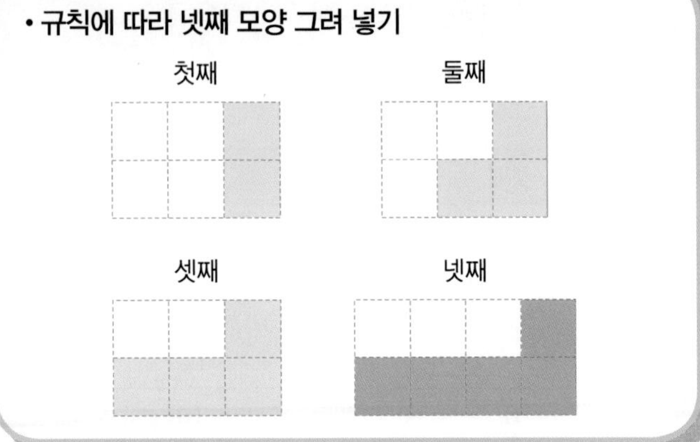

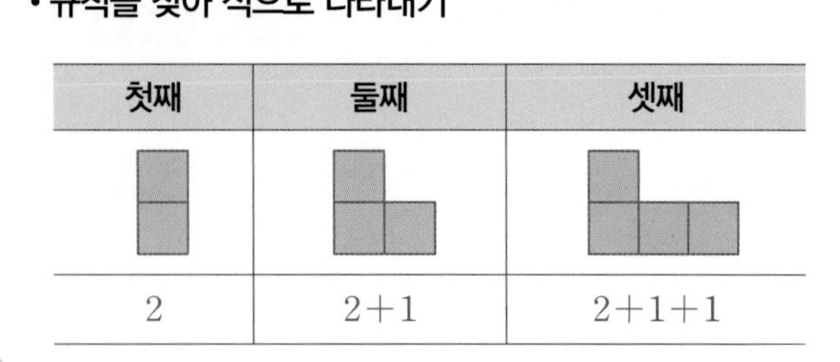

• 규칙을 찾아 식으로 나타내기

첫째	둘째	셋째
2	2+1	2+1+1

01~02 도형의 배열을 보고 규칙에 따라 넷째에 알맞은 도형을 그려 보세요.

01

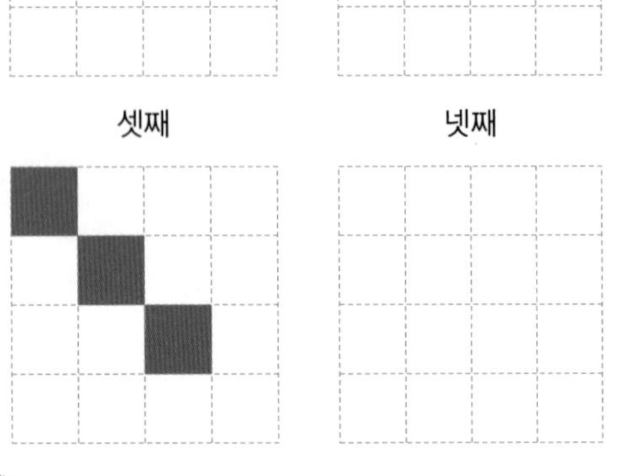

02

첫째 둘째

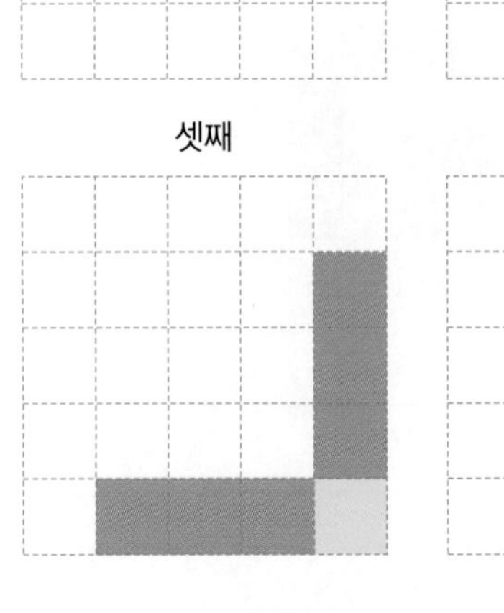

03~05 모양의 배열에서 규칙을 찾아 식으로 나타내 보세요.

03

첫째	둘째	셋째
$1+2$	$1+2+3$	

03

첫째	둘째	셋째
2×2		

05

첫째	둘째	셋째
1×3		

수해력을 높여요

01~02 도형의 배열을 보고 물음에 답하세요.

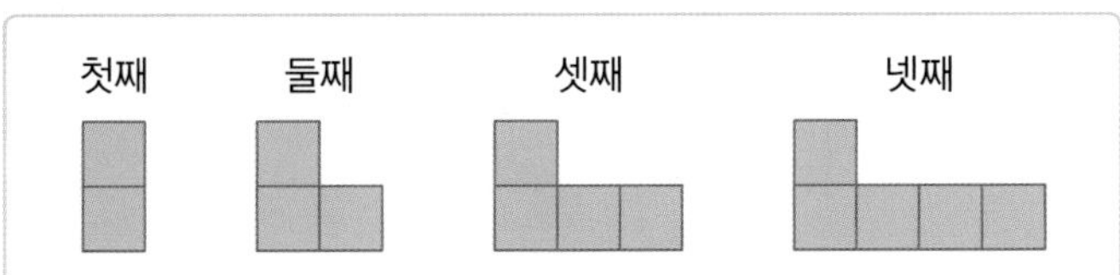

01 □ 안에 알맞은 수를 써넣으세요.

사각형의 수가 □개에서 시작하여 오른쪽으로 □개씩 늘어나는 규칙입니다.

02 다섯째 모양은 사각형이 몇 개인가요?

( )

03 원을 놓은 규칙을 찾아 수의 배열로 나타내 보세요.

첫째	둘째	셋째	넷째	다섯째	여섯째
○	○○	○○ ○○	○	○○	○○ ○○
1	2				

04~06 도형의 배열을 보고 물음에 답하세요.

첫째	둘째	셋째	넷째

04 도형의 규칙을 바르게 말한 사람은 누구인가요?

다영: 왼쪽으로 사각형의 수가 2개씩 늘어나는 규칙이야.
재희: 노란색 사각형은 1개에서 시작해서, 홀수째에 늘어나는 규칙이야.
지후: 다섯째에서 파란색 사각형의 수가 늘어날 거야.

( )

05 도형의 규칙을 식으로 나타내 표를 완성해 보세요.

첫째	둘째	셋째	넷째
1	1+2		

06 다섯째에 알맞은 도형을 그려 보세요.

다섯째

07 도형의 배열을 보고 알맞은 것에 ○표 하세요.

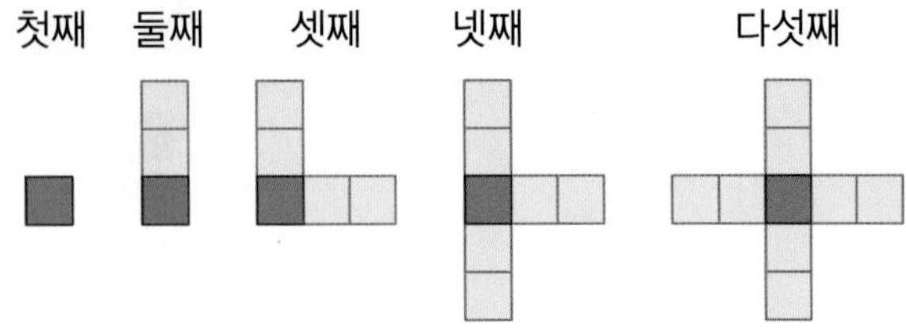

빨간색 사각형을 중심으로 (시계 , 시계반대) 방향으로 노란색 사각형이 각각 (1 , 2)개씩 늘어나는 규칙입니다.

08 도형의 배열을 보고 다섯째에 알맞은 모양을 찾아 ○표 하세요.

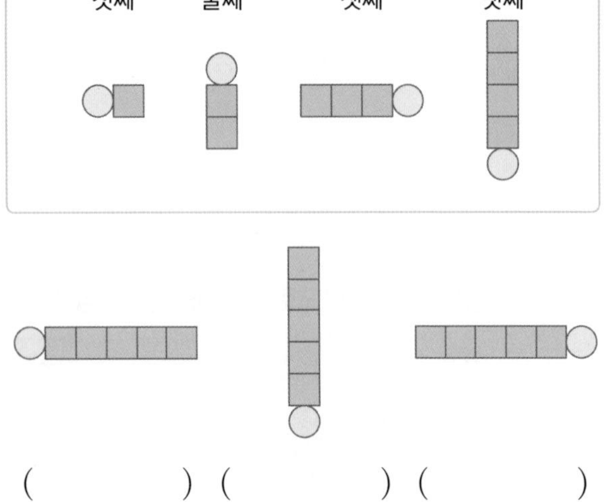

( ) ( ) ( )

09 구슬을 놓은 규칙을 식으로 나타내었습니다. 넷째에 알맞은 식을 써 보세요.

첫째	둘째	셋째	넷째
1	1+3	1+3+5	

10 쌓기나무를 쌓은 규칙을 찾아 식으로 나타내었습니다. □ 안에 알맞은 수를 써넣으세요.

첫째	둘째	셋째	넷째
1×2	2×3	3×□	□×□

11 바둑돌을 놓은 규칙을 찾아 다섯째 모양의 바둑돌의 수는 몇 개인지 구해 보세요.

첫째	둘째	셋째	넷째

( )

12 실생활 활용

두 가지 색 타일로 화장실 벽을 꾸미려고 합니다. 다음과 같은 규칙으로 타일을 붙이려고 할 때, 다섯째에 필요한 빨간색 타일과 초록색 타일의 수는 각각 몇 개인지 구해 보세요.

첫째	둘째	셋째	넷째

빨간색 타일 ( )
초록색 타일 ( )

대표 응용 1 규칙에 따라 도형 만들기

성냥개비로 정사각형이 1개씩 늘어나도록 모양을 만들었습니다. 정사각형 5개를 만드는 데 필요한 성냥개비는 모두 몇 개인지 구해 보세요.

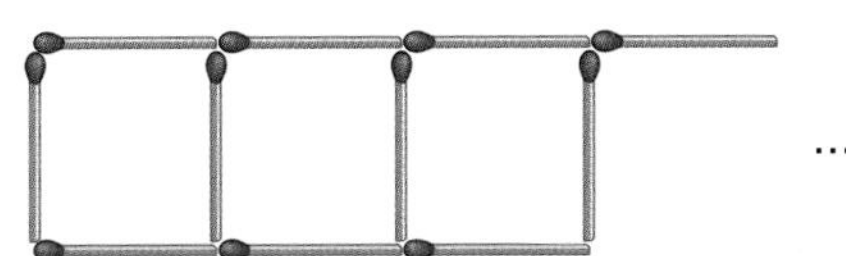

해결하기

1단계 첫째 정사각형 1개를 만드는 데 필요한 성냥개비의 수는 ☐개입니다.

2단계 정사각형 2개, 정사각형 3개를 만들 때 성냥개비의 수는 ☐개씩 늘어나는 규칙이 있습니다.

3단계 따라서 정사각형 5개를 만드는 데 필요한 성냥개비의 수는 ☐개입니다.

1-1

성냥개비로 정삼각형이 1개씩 늘어나도록 모양을 만들었습니다. 정삼각형 5개를 만드는 데 필요한 성냥개비의 수는 모두 몇 개인지 구해 보세요.

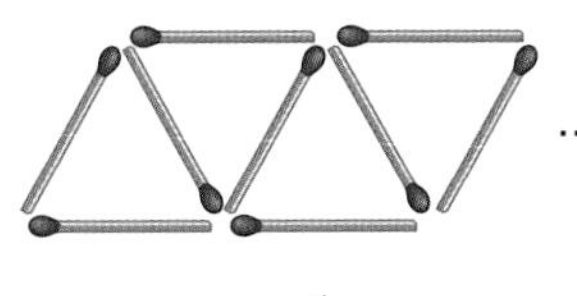

(　　　　　　　　)

1-2

성냥개비로 정사각형이 1개씩 늘어나도록 모양을 만들었습니다. 정사각형 6개를 만드는 데 필요한 성냥개비의 수는 모두 몇 개인지 구해 보세요.

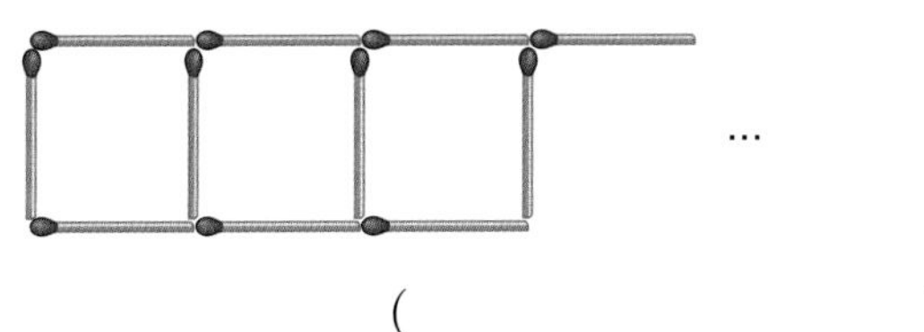

(　　　　　　　　)

대표 응용 2 규칙의 순서 구하기

바둑돌을 규칙적으로 배열했습니다. 모양을 만드는 데 필요한 바둑돌의 수가 21개인 것은 몇째 모양인가요?

첫째　둘째　셋째　넷째

해결하기

1단계 오른쪽으로 바둑돌의 수가 ☐개씩 늘어나는 규칙입니다.

2단계 규칙을 식으로 나타내면 첫째는 3×1, 둘째는 3×2, 셋째는 $3\times$☐, 넷째는 $3\times$☐입니다.

3단계 따라서 바둑돌의 수가 21개인 순서는 $3\times$☐$=21$로 찾을 수 있습니다. 바둑돌의 수가 21개인 것은 (여섯째 , 일곱째 , 여덟째) 모양입니다.

2-1

사각형을 규칙적으로 배열했습니다. 모양을 만드는 데 필요한 사각형의 수가 64개인 것은 몇째 모양인가요?

첫째　둘째　셋째　넷째

(　　　　　　　　)

2-3

쌓기나무를 규칙적으로 쌓았습니다. 모양을 만드는 데 필요한 쌓기나무의 수가 17개인 것은 몇째 모양인가요?

첫째　둘째　셋째　넷째

(　　　　　　　　)

수해력을 확장해요

테셀레이션

마루나 욕실의 타일, 거리의 보도 블럭처럼 도형을 빈틈이나 포개짐없이 이어 붙여 평면을 완전하게 덮는 것을 테셀레이션(쪽매맞춤)이라고 해요.

우리가 배운 정다각형으로도 테셀레이션을 만들 수 있어요. 그런데 정삼각형, 정사각형, 정육각형만으로는 테셀레이션이 가능하지만, 정오각형만으로는 테셀레이션을 만들 수 없대요.
그 이유를 알아볼까요?

활동 1

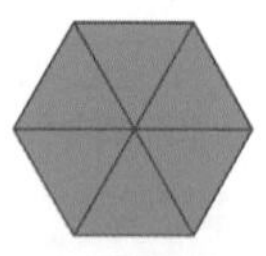

한 각의 크기가 60°인 정삼각형은 → 6개가 모이면 한 점에서 만나요.

한 각의 크기가 90°인 정사각형은 → 4개가 모이면 한 점에서 만나요.

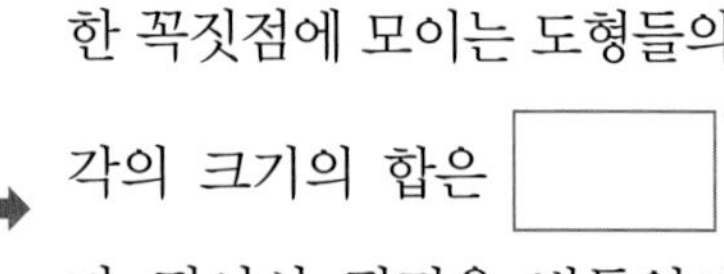

→ 한 꼭짓점에 모이는 도형들의 각의 크기의 합은 □°가 되어서 평면을 빈틈없이 채울 수 있어요.

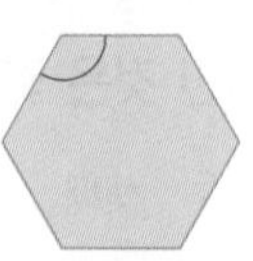
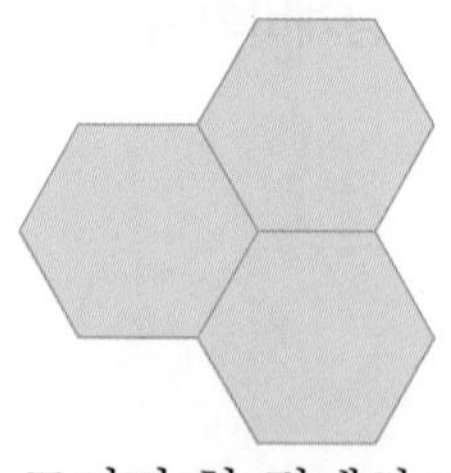

한 각의 크기가 120°인 정육각형은 → 3개가 모이면 한 점에서 만나요.

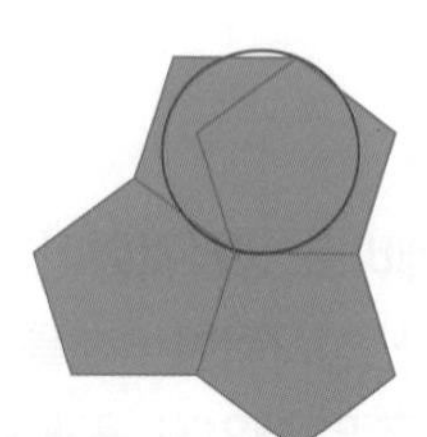

하지만 한 각의 크기가 108°인 정오각형은 → 3개가 모이면 빈틈이 생기고, → 4개가 모이면 겹치는 부분이 생겨서 테셀레이션이 만들어지지 않아요.

활동 2 정다각형을 사용하여 테셀레이션을 만들어 보세요.

정삼각형으로만 이루어진 테셀레이션	정사각형으로만 이루어진 테셀레이션	정육각형으로만 이루어진 테셀레이션

활동 3 정사각형을 변형한 테셀레이션으로 나만의 무늬를 만들어 보세요.

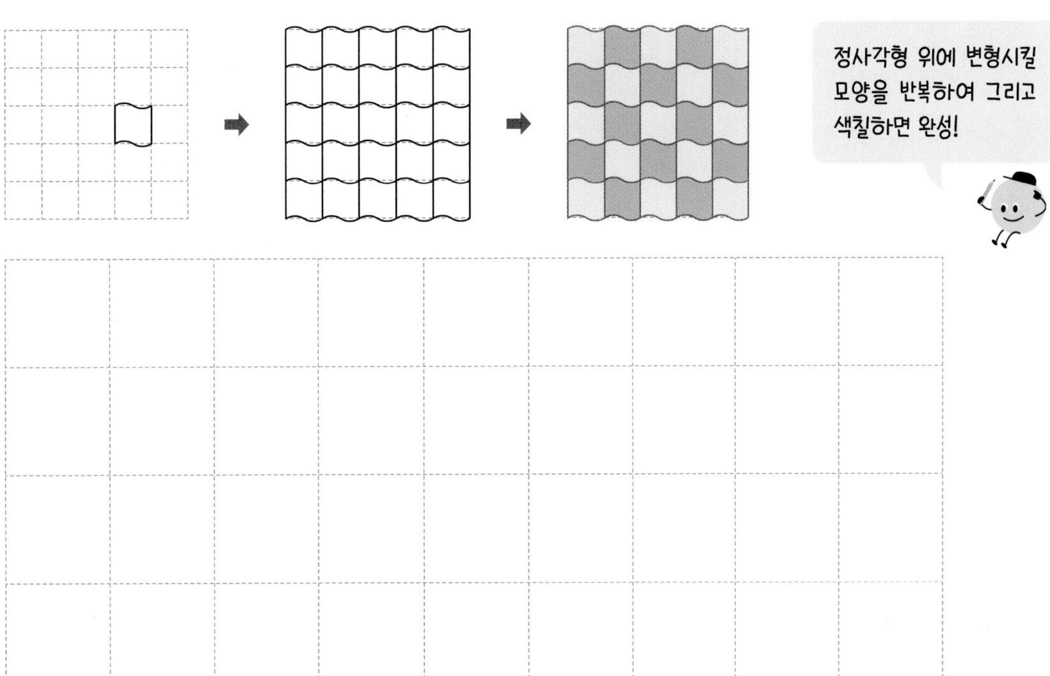

MEMO

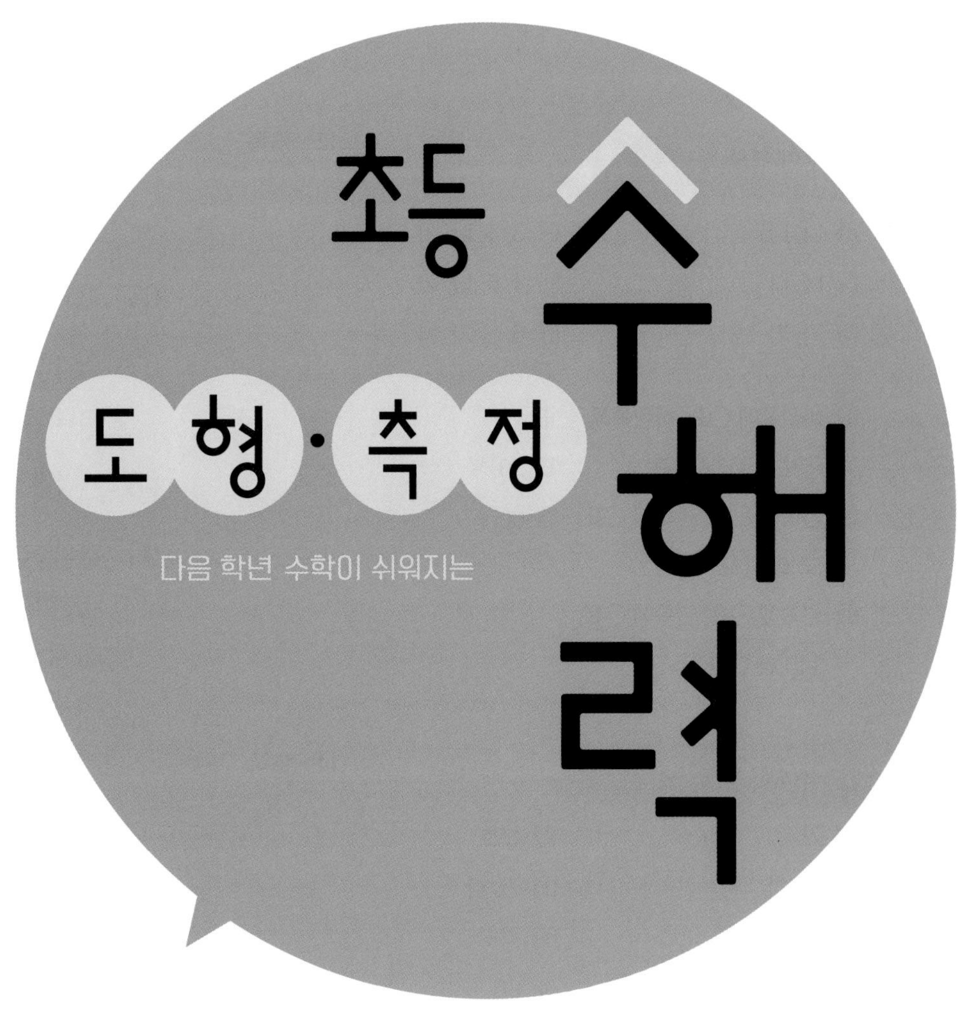

4단계

| 초등 4학년 권장 |

정답과 풀이

각도

1. 각의 크기

수해력을 확인해요
12~13쪽

01 나, 나
02 나, 나
03 가, 가
04 3, 4, 나, 가
05 4, 5, 나, 가
07 6, 5, 가, 나

07 바깥쪽에 ○표, 바깥쪽에 ○표, 100°에 ○표
08 안쪽에 ○표, 안쪽에 ○표, 30°에 ○표
09 안쪽에 ○표, 안쪽에 ○표, 140°에 ○표
10 120°
11 30°
12 90°

수해력을 높여요
14~15쪽

01 가
02 은호
03 나, 가, 다
04 가, 나
05 다
06 각도
07 1
08 90
09 ㉢, ㉣, ㉡, ㉠
10 ③
11 (1) 60° (2) 40° (3) 80° (4) 110°
12 각도기의 중심과 각의 꼭짓점을 맞춰야 해.
13 가
14 85°

01 각의 두 변이 적게 벌어져 있는 도형의 각의 크기가 더 작습니다.
따라서 더 작은 각은 가입니다.

02 각의 두 변이 많이 벌어져 있는 도형의 각의 크기가 더 큽니다. 각의 두 변이 더 많이 벌어져 있는 피자 조각을 가진 사람은 은호입니다.

03 각의 두 변이 많이 벌어져 있는 도형의 각의 크기가 더 큽니다. 각의 크기가 큰 순서대로 기호를 쓰면 나, 가, 다입니다.

04 각의 두 변이 많이 벌어져 있는 도형의 각의 크기가 더 큽니다. 각의 두 변이 가장 많이 벌어져 있는 각의 기호는 가, 가장 적게 벌어져 있는 각의 기호는 나입니다.

05 시계의 긴바늘과 짧은바늘이 이루는 작은 쪽의 각의 크기가 가장 크게 벌어져 있는 시각은 3시 50분입니다. 따라서 정답은 다입니다.

06 각의 크기를 각도라고 합니다.

07 직각(90°)을 똑같이 90으로 나눈 것 중의 하나는 1°입니다.

08 직각은 90°입니다.

09 각의 크기를 재는 방법은
① 각도기의 중심과 각의 꼭짓점을 맞춥니다.
② 각도기의 밑금과 각의 한 변을 겹치게 합니다.
③ 각도기의 밑금과 각이 겹친 쪽의 0의 눈금을 찾습니다.
④ 0의 눈금부터 올라가서 나머지 변이 각도기의 눈금과 만나는 부분을 읽습니다.
따라서 정답은 ㉢, ㉣, ㉡, ㉠입니다.

10 각도기의 이용 방법을 묻는 문제입니다.
①은 각도기의 밑금과 각의 한 변이 겹치지 않습니다.
②는 각도기의 중심과 각의 꼭짓점이 맞지 않습니다.
③은 각도기의 중심과 각의 꼭짓점도 맞고, 각도기의 밑금과 변이 겹치도록 하였고, 50°로 정확히 쟀습니다.
④는 각도기의 밑금과 각의 한 변이 겹치지 않습니다.
⑤는 각도기의 중심과 각의 꼭짓점도 맞고, 각도기의 밑금과 변이 겹치도록 하였지만 130°입니다.

11 각도기로 재어 보면 휴대폰 거치대는 60°, 옷걸이는 40°, 청소봉은 80°, 의자는 110°입니다.

12 각을 바르게 재려면 각도기의 중심과 각의 꼭짓점을 맞춰야 합니다.

13 타는 곳의 각이 좁을수록 경사가 급해 속도가 빠릅니다. 따라서 정답은 가입니다.

14 각도기로 재어 보면 85°입니다.

수해력을 완성해요

16~17쪽

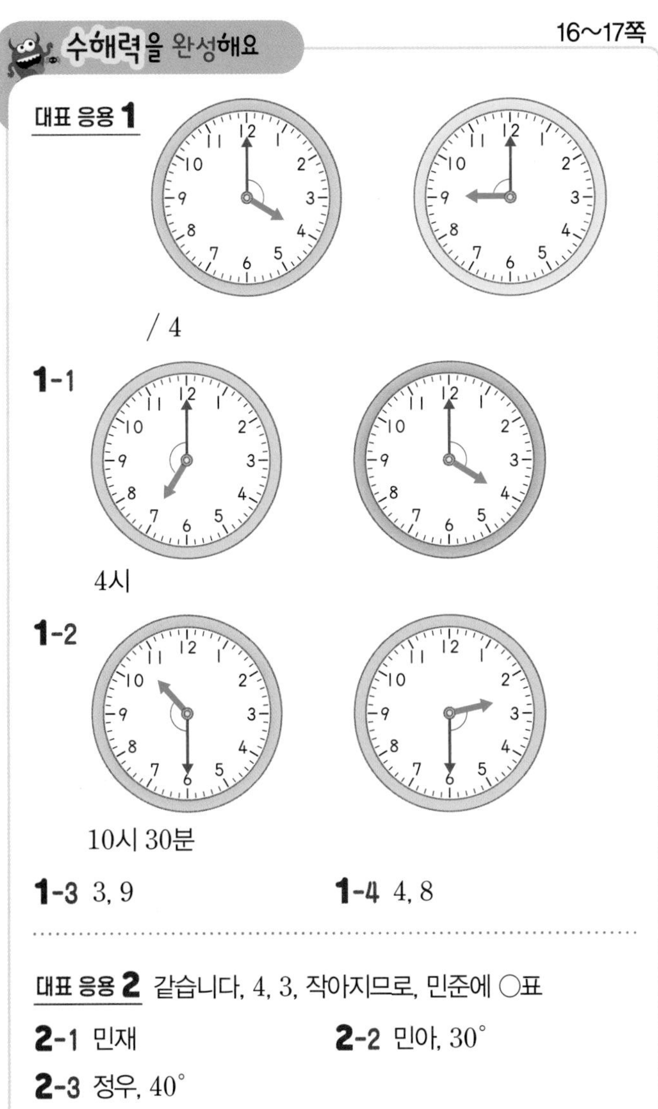

대표 응용 **1** / 4

1-1 4시

1-2 10시 30분

1-3 3, 9　　**1-4** 4, 8

대표 응용 **2** 같습니다, 4, 3, 작아지므로, 민준에 ○표

2-1 민재　　**2-2** 민아, 30°

2-3 정우, 40°

1 4시와 9시를 그려 보면 그림과 같은 각이 나옵니다.

각의 크기가 더 큰 시각은 4시입니다.

1-1 7시와 4시를 그려 보면 그림과 같은 각이 나옵니다.

각의 크기가 더 작은 시각은 4시입니다.

1-2 10시 30분과 2시 30분을 그려 보면 그림과 같은 각이 나옵니다.

각의 크기가 더 큰 시각은 10시 30분입니다.

1-3 시계의 긴바늘이 12를 가리키므로 긴바늘과 짧은바늘이 이루는 작은 쪽의 각의 크기가 직각인 시각은 3시, 9시입니다.

> **해설 플러스**
> 각도기를 이용해서 직각을 만들어봐도 좋아요.

1-4 시계의 긴바늘이 12를 가리키므로 긴바늘과 짧은바늘이 이루는 작은 쪽의 각의 크기가 120°인 시각은 4시, 8시입니다.

> **해설 플러스**
> 각도기를 이용해서 120°를 만들어봐도 좋아요.

2 부챗살이 이루는 작은 각이 연희는 4개, 민준이는 3개 있습니다. 두 사람이 가진 부채의 전체 각도가 같을 때는 부챗살이 이루는 작은 각의 개수가 적을수록 부챗살 한 개의 각의 크기는 커집니다. 따라서 민준이의 부챗살이 이루는 한 개의 각이 더 큽니다.

2-1 똑같이 자른 피자 조각이 민재는 4개, 지효는 6개 있습니다. 두 사람이 가진 피자의 전체 각도가 같을 때는 똑같이 자른 피자의 개수가 많아질수록 피자 한 조각의 각의 크기는 더 작아집니다. 따라서 민재의 피자 한 조각의 각이 더 큽니다.

2-2 부챗살이 이루는 작은 각이 민아는 5개, 유찬이는 6개 있습니다. 두 사람이 가진 부채의 전체 각도가 같을 때는 부챗살이 이루는 작은 각의 개수가 적을수록 부챗살 한 개의 각의 크기는 더 커집니다. 따라서 민아의 부챗살이 이루는 작은 각이 더 크고, 각도는 $150° \div 5 = 30°$입니다.

2-3 똑같이 자른 피자 조각이 정우는 9개, 채영이는 10개 있습니다. 두 사람이 가진 피자의 전체 각도가 같을 때

는 똑같이 자른 피자 조각의 개수가 많아질수록 피자 한 조각의 각의 크기는 더 작아집니다. 따라서 정우의 피자 한 조각의 각이 더 크고, 각도는 $360° \div 9 = 40°$입니다.

2. 예각과 둔각

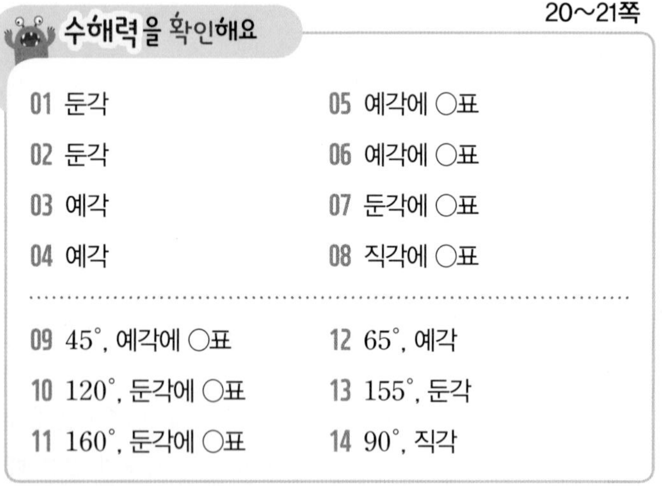

수해력을 확인해요 20~21쪽

01 둔각
02 둔각
03 예각
04 예각
05 예각에 ○표
06 예각에 ○표
07 둔각에 ○표
08 직각에 ○표
09 45°, 예각에 ○표
10 120°, 둔각에 ○표
11 160°, 둔각에 ○표
12 65°, 예각
13 155°, 둔각
14 90°, 직각

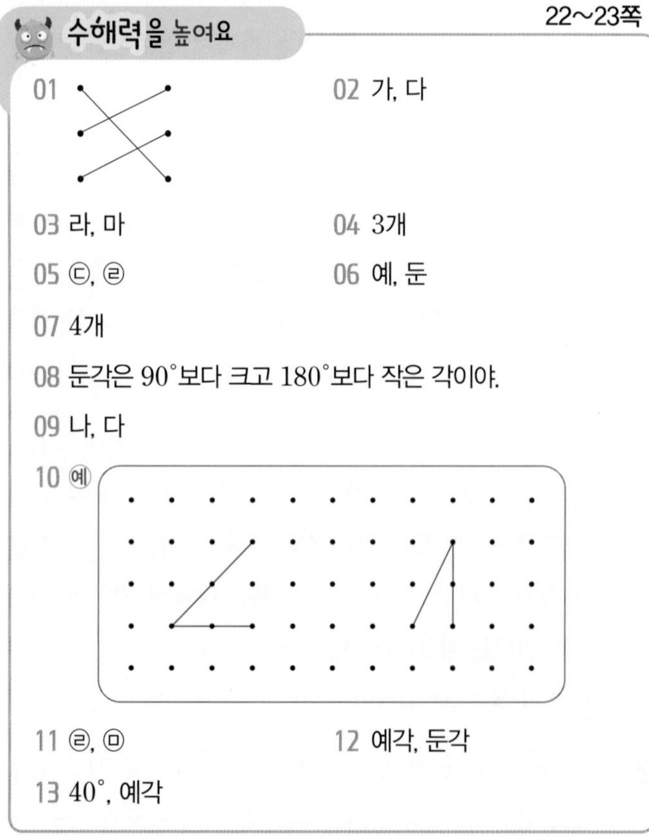

수해력을 높여요 22~23쪽

01
02 가, 다
03 라, 마
04 3개
05 ㉢, ㉣
06 예, 둔
07 4개
08 둔각은 90°보다 크고 180°보다 작은 각이야.
09 나, 다
10 예
11 ㉣, ㉤
12 예각, 둔각
13 40°, 예각

01 예각은 $0° < □ < 90°$, 직각은 90°, 둔각은 $90° < □ < 180°$입니다.

02 0°보다 크고 90°보다 작은 각은 예각입니다. 예각을 모두 찾으면 가, 다입니다.

03 90°보다 크고 180°보다 작은 각은 둔각입니다. 둔각을 모두 찾으면 라, 마입니다.

04 예각은 0°보다 크고 90°보다 작은 각입니다. 예각은 가, 나, 다이므로 3개입니다.

05 둔각은 90°보다 크고 180°보다 작은 각입니다. 둔각은 ㉢, ㉣입니다.

06 민희가 펼친 부채는 0°보다 크고 90°보다 작으므로 예각이고, 진호가 펼친 부채는 90°보다 크고 180°보다 작으므로 둔각입니다.

07 다음 두 도형에서 찾을 수 있는 둔각은 그림에 나타낸 것과 같이 모두 4개입니다.

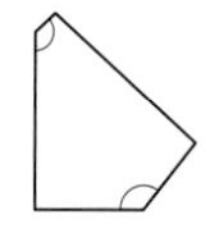 

08 동현이가 그린 각도는 180°입니다. 둔각은 90°보다 크고 180°보다 작은 각이므로 둔각이라고 할 수 없습니다.

09 예각은 0°보다 크고 90°보다 작은 각입니다. 가는 둔각, 나와 다는 예각, 라는 0°, 마는 180°, 바는 90°입니다. 따라서 정답은 나와 다입니다.

10 0°보다 크고 90°보다 작은 각을 2개 그립니다.

11 둔각이 되려면 90°보다 크고 180°보다 작아야 합니다. ㉠, ㉡은 예각, ㉢은 직각, ㉣, ㉤은 둔각이 될 수 있는 점입니다.

12 몸의 앞쪽과 물 표면을 각으로 재어 보면 첫 번째는 예각, 두 번째는 둔각이 됩니다.

13 쇼트트랙은 곡선 구간을 빨리 돌기 위해 몸을 왼쪽으로 기울여서 돕니다. 기울인 각도를 재어 보면 40°이므로 예각입니다.

수해력을 완성해요 24~25쪽

대표 응용 1 1, 2, 1, 2

1-1 4시, 5시, 7시, 8시

1-2 6시 30분, 7시 30분, 8시 30분

1-3 4번

대표 응용 2 30°, 6, 5, 6, 5, 11, 11

2-1 9개 **2-2** 5개

2-3 2개

1 정시에 시계를 확인했으므로 시계의 긴바늘은 12를 가리킵니다. 12시부터 오후 9시까지 예각인 경우를 알아보면 짧은바늘이 1, 2를 가리킬 때입니다. 시계의 긴바늘과 짧은바늘이 이루는 작은 쪽의 각이 예각인 경우는 1시, 2시입니다.

1-1 정시에 시계를 확인했으므로 시계의 긴바늘은 12를 가리킵니다. 12시부터 오후 9시까지 둔각인 경우를 알아보면 짧은바늘이 4, 5, 7, 8을 가리킬 때입니다. 시계의 긴바늘과 짧은바늘이 이루는 작은 쪽의 각이 둔각인 경우는 4시, 5시, 7시, 8시입니다.

1-2 매시 30분에 시계를 확인했으므로 시계의 긴바늘은 6을 가리킵니다. 오후 6시부터 밤 12시까지 예각인 경우는 6시 30분, 7시 30분, 8시 30분입니다.

1-3 매시 30분에 시계를 확인했으므로 시계의 긴바늘은 6을 가리킵니다. 오후 2시부터 오후 10시까지 예각인 경우는 3시 30분, 4시 30분, 5시 30분, 6시 30분, 7시 30분, 8시 30분으로 6번입니다. 그리고 둔각인 경우는 2시 30분, 9시 30분으로 2번입니다. 예각인 경우와 둔각인 경우의 차는 6－2＝4(번)입니다.

2 직선은 180°이고 각을 6개로 나누었으므로 다른 선을 포함하지 않는 한 개의 각은 30°입니다. 각을 3개 또는 그보다 많이 포함하는 경우는 예각이 되지 않으므로 1개만 포함하는 경우와 2개를 포함하는 경우로 나누어 생각합니다.

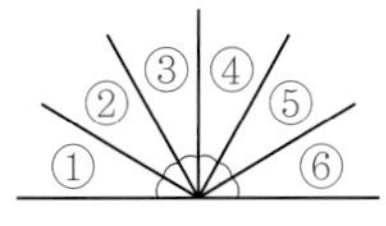

1개만 포함하는 경우는 ①, ②, ③, ④, ⑤, ⑥ 6개이고 2개를 포함하는 경우는 ①＋②, ②＋③, ③＋④, ④＋⑤, ⑤＋⑥ 5개입니다. 따라서 이 도형에서 찾을 수 있는 크고 작은 예각은 모두 11개입니다.

2-1 직선은 180°이고 각을 5개로 나누었으므로 다른 선을 포함하지 않는 한 개의 각은 36°입니다. 각을 3개 또는 그보다 많이 포함하는 경우는 예각이 되지 않으므로 1개만 포함하는 경우와 2개를 포함하는 경우로 나누어 생각합니다.

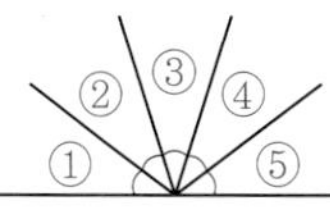

1개만 포함하는 경우는 ①, ②, ③, ④, ⑤ 5개이고 2개를 포함하는 경우는 ①＋②, ②＋③, ③＋④, ④＋⑤ 4개입니다. 따라서 이 도형에서 찾을 수 있는 크고 작은 예각은 모두 9개입니다.

2-2 직선은 180°이고 각을 6개로 나누었으므로 다른 선을 포함하지 않는 한 개의 각은 30°입니다. 각을 4개 또는 5개를 포함하는 경우가 둔각이 되므로 4개만 포함하는 경우와 5개를 포함하는 경우로 나누어 생각합니다.

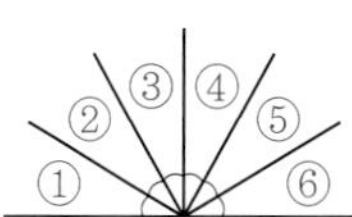

4개를 포함하는 경우는 ①＋②＋③＋④, ②＋③＋④＋⑤, ③＋④＋⑤＋⑥ 3개이고 5개를 포함하는 경우는 ①＋②＋③＋④＋⑤, ②＋③＋④＋⑤＋⑥ 2개입니다. 따라서 이 도형에서 찾을 수 있는 크고 작은 둔각은 모두 5개입니다.

2-3 직선은 180°이고 각을 4개로 나누었으므로 다른 선을 포함하지 않는 한 개의 각은 45°입니다.

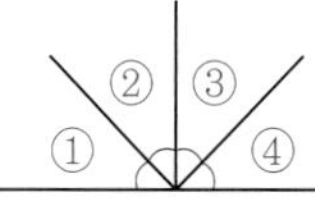

예각인 경우는 각을 1개 포함하는 경우만 있으므로 ①, ②, ③, ④ 4개입니다. 둔각인 경우는 각을 3개 포함하는 경우만 있으므로 ①＋②＋③, ②＋③＋④ 2개입니다. 예각인 경우와 둔각인 경우의 수의 차는 4－2＝2(개)입니다.

3. 각도의 계산

수해력을 확인해요 28~29쪽

01 예 80°, 70°
02 예 125°, 120°
03 예 110°, 100°
04 예 30°, 30°
05 ( )(○)
06 ( )(○)
07 (○)( )
08 ( )(○)

09 60°
10 100°
11 150°
12 (1) 123° (2) 145°
13 30°
14 50°
15 70°
16 (1) 95° (2) 82°

수해력을 높여요 30~31쪽

01 85
02 90
03 예 40°, 45°
04 예 120°, 110°
05 수진
06 예 30°, 30°
07 ③
08 ㉡, ㉣, ㉢, ㉠
09 60
10 50
11 나, 15°
12 60°
13 사자, 코끼리, 거북이

01 □=160°−75°=85°입니다.

02 □=135°−45°=90°입니다.

03 각도를 재면 45°입니다.

04 둔각의 크기를 재면 110°입니다.

05 각의 크기를 재어 보면 75°이므로 수진이가 어림을 더 잘 하였습니다.

06 각도를 재어 보면 30°입니다.

07 각도의 합은 자연수의 덧셈과 똑같은 방법으로 계산합니다.
① 60°+90°=150°이므로 맞습니다.
② 15°+82°=97°이므로 맞습니다.
③ 137°+24°=161°이므로 잘못 계산했습니다.
④ 98°+75°=173°이므로 맞습니다.
⑤ 37°+137°=174°이므로 맞습니다.
따라서 잘못 계산한 것은 ③번입니다.

08 각도의 뺄셈은 자연수의 뺄셈과 똑같은 방법으로 계산합니다.
㉠ 102°−53°=49°, ㉡ 180°−75°=105°,
㉢ 140°−90°=50°, ㉣ 150°−49°=101°입니다.
계산 결과가 가장 큰 식부터 기호를 쓰면 ㉡, ㉣, ㉢, ㉠ 입니다.

09 직각은 90°입니다. 여기서 30°를 빼면 60°입니다.

10 직선은 180°입니다. 여기서 40°와 직각(90°)을 빼면 50°입니다.

11 가 등산로는 20°, 나 등산로는 35°입니다. 나 등산로가 35°−20°=15° 더 높습니다.

12 의자의 등받이 각도가 첫 번째는 90°, 두 번째는 150° 입니다. 150°−90°=60°입니다.

13 선우가 탈 수 있는 각도는 최대 20°입니다. 20°와 같거나 작은 각도의 경사로의 이름은 사자, 코끼리, 거북이 입니다.

수해력을 완성해요 32~33쪽

대표 응용 **1** 60°, 120°, 120°, 119°
1-1 134°
1-2 61°
1-3 45°, 135°
1-4 50°, 140°

대표 응용 **2** 90°, 90°, 90°, 180°
2-1 75°
2-2 105°, 120°, 135°, 150°
2-3 120°, 150°, 180°

1 주어진 각도는 60°입니다. 둔각은 90°보다 크고 180°보다 작은 각이므로 더하는 각도는 180°−60°=120°보다 작아야 합니다. 각도는 자연수이므로 더하는 각도 중 가장 큰 각도는 120°보다 1° 작은 119°입니다.

1-1 주어진 각도는 45°입니다. 둔각은 90°보다 크고 180°보다 작은 각이므로 더하는 각도는 180°−45°=135°

보다 작아야 합니다. 각도는 자연수이므로 더하는 각도 중 가장 큰 각도는 135°보다 1° 작은 134°입니다.

1-2 주어진 각도는 150°입니다.
예각은 0°보다 크고 90°보다 작은 각입니다.
가장 큰 예각은 89°이므로 구하는 각도는
150°−89°=61°입니다.

1-3 주어진 각도는 45°입니다. 둔각은 90°보다 크고 180°보다 작은 각이므로 더하는 각도의 범위는
90°−45°=45°보다 크고, 180°−45°=135°보다 작습니다.

1-4 주어진 각도는 140°입니다.
예각은 0°보다 크고 90°보다 작은 각입니다.
가장 작은 예각은 0°보다 커야 하므로
140°−0°=140°보다 작아야 합니다. 그리고 가장 큰 예각은 90°보다 작아야 하므로 빼는 각도는
140°−90°=50°보다 커야 합니다.
따라서 50°보다 크고 140°보다 작습니다.

2 두 직각 삼각자에서 각도가 가장 큰 각은 모두 90°입니다. 만들 수 있는 가장 큰 각도는 90°+90°=180°입니다.

2-1 두 직각 삼각자에서 각도가 가장 작은 각은 30°와 45°입니다. 만들 수 있는 가장 작은 각도는
30°+45°=75°입니다.

2-2 두 직각 삼각자의 각도를 더하여 둔각인 경우를 모두 찾습니다.
30°+45°=75, 60°+45°=105°,
30°+90°=120°, 60°+90°=150°,
90°+45°=135°, 90°+90°=180°
따라서 이 중에서 둔각인 각도는
105°, 120°, 135°, 150°입니다.

2-3 직각 삼각자와 직사각형의 각도를 더합니다.
30°+90°=120°, 60°+90°=150°,
90°+90°=180°입니다.
따라서 만들 수 있는 모든 각도는 120°, 150°, 180°입니다.

4. 삼각형의 세 각의 크기의 합과 사각형의 네 각의 크기의 합

수해력을 확인해요

36~37쪽

01 60°, 60°, 60°, 180°
02 30°, 90°, 60°, 180°
03 20°, 40°, 120°, 180°
04 120°, 60°, 120°, 60°, 360°
05 110°, 70°, 70°, 110°, 360°
06 100°, 80°, 100°, 80°, 360°

07 50
08 55
09 30
10 100
11 150
12 135

수해력을 높여요

38~39쪽

01 35°
02 360°
03 (1) 135° (2) 230°
04 (1) 115 (2) 70
05 70°
06 성은
07 29°
08 145°
09 (1) 60° (2) 35°
10 ㉠
11 20°
12 135°

01 삼각형의 세 각의 크기의 합은 180°입니다.
㉠+110°+35°=180°이므로 ㉠=35°입니다.

02 사각형의 네 각의 크기의 합은 360°입니다.

03 (1) ㉠+㉡+45°=180°이므로
㉠+㉡=180°−45°=135°입니다.
(2) ㉠+㉡+85°+45°=360°이므로
㉠+㉡=360°−85°−45°=230°입니다.

04 (1) 삼각형의 두 각이 70°, 45°이므로 나머지 한 각의 크기는 180°−70°−45=65°입니다.
직선은 180°이므로 180°−65°=115°입니다.
(2) 사각형의 세 각이 80°, 100°, 70°이므로 나머지 한 각의 크기는 360°−80°−100°−70°=110°입니다. 직선은 180°이므로 180°−110°=70°입니다.

05 첫 번째 도형은 사각형이므로
㉠$+40°+100°+90°=360°$입니다.
따라서 ㉠$=360°-40°-100°-90=130°$입니다.
두 번째 도형은 삼각형이므로 ㉡$+60°+60°=180°$입니다. 따라서 ㉡$=180°-60°-60°=60°$입니다.
㉠과 ㉡의 차를 구하면 $130°-60°=70°$입니다.

06 삼각형 세 각의 크기의 합은 $180°$입니다.
태호는 $70°+60°+60°=190°$이므로 잘못 재었습니다. 따라서 바르게 재서 표시한 사람은 성은입니다.

07 삼각형의 세 각의 크기의 합은 $180°$이므로
$180°-115°-36°=29°$입니다.

08 사각형의 네 각의 크기의 합은 $360°$입니다.
사각형의 두 각이 $120°$와 $95°$이므로 합하면 $215°$입니다. 따라서 나머지 두 각의 크기의 합은
$360°-215°=145°$입니다.

09 (1) 직선은 $180°$이므로 $180°-90°=90°$입니다.
사각형의 네 각의 크기의 합은 $360°$이므로 나머지 한 각의 크기는 $120°$입니다.
㉠$=180°-120°=60°$입니다.

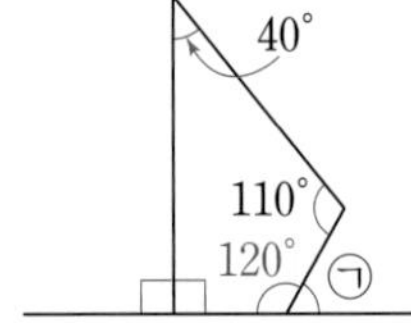

(2) 삼각형의 세 각의 크기의 합은 $180°$이므로

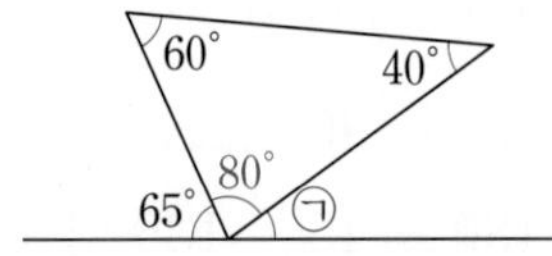

$180°-60°-40°=80°$입니다.
직선은 $180°$이므로 ㉠$=180°-65°-80°=35°$입니다.

10 사각형의 네 각의 크기의 합은 $360°$이므로
㉠$=360°-90°-90°-55°=125°$입니다.
삼각형의 세 각의 크기의 합은 $180°$이므로
㉡$=180°-30°-30°=120°$입니다.
따라서 ㉠ > ㉡입니다.

11 삼각형의 세 각의 크기의 합은 $180°$입니다.
□$=180°-90°-70°=20°$입니다.

12 사각형의 네 각의 크기의 합은 $360°$입니다.
□$=360°-50°-50°-125=135°$입니다.

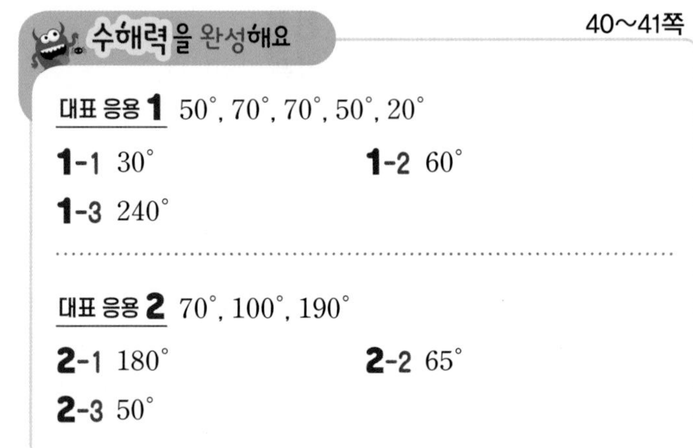

수해력을 완성해요 40~41쪽

대표 응용 1 50°, 70°, 70°, 50°, 20°

1-1 30° **1-2** 60°
1-3 240°

대표 응용 2 70°, 100°, 190°

2-1 180° **2-2** 65°
2-3 50°

1 직선은 $180°$이므로 ㉠$=180°-130°=50°$입니다.
삼각형의 세 각의 크기의 합은 $180°$이므로
㉡$=180°-60°-50°=70°$입니다.
㉠과 ㉡의 차를 구해야 하므로 $70°-50°=20°$입니다.

1-1 직선은 $180°$이므로 ㉠$=180°-150°=30°$입니다.
삼각형의 세 각의 크기의 합은 $180°$이므로
㉡$=180°-90°-30°=60°$입니다.
㉠과 ㉡의 차를 구해야 하므로 $60°-30°=30°$입니다.

1-2 직선은 $180°$이므로 $180°-60°=120°$입니다.
삼각형의 세 각의 크기의 합은 $180°$이므로
㉠$+$㉡$+120°=180°$입니다.
따라서 ㉠$+$㉡$=180°-120°=60°$입니다.

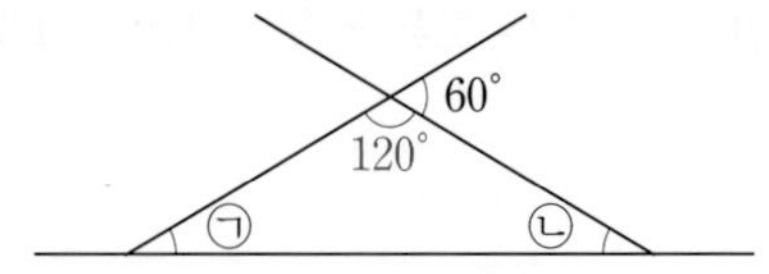

1-3 삼각형의 세 각의 크기의 합은 180°이므로 나머지 한 각의 크기는 180°−60°−60°=60°입니다.
직선은 180°이므로 ㉠=180°−60°=120°입니다.
마찬가지로 ㉡=180°−60°=120°입니다.
㉠과 ㉡의 각도의 합을 구해야 하므로
120°+120°=240°입니다.

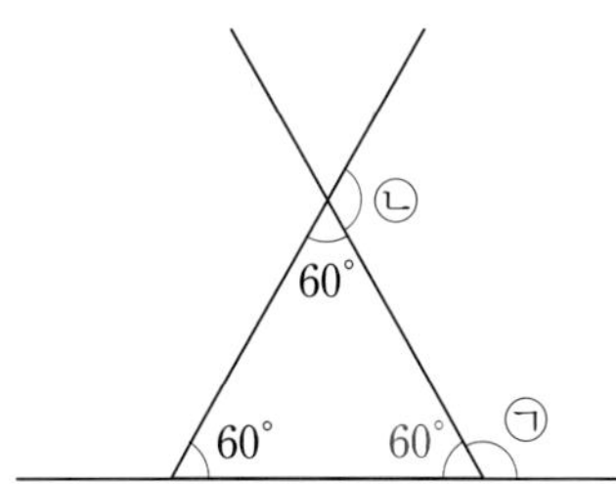

2 직선은 180°이므로 △=180°−110°=70°입니다.
또한 ⊙=180°−80°=100°입니다.
㉠+㉡+70°+100°=360°이므로
㉠+㉡=360°−70°−100=190°입니다.

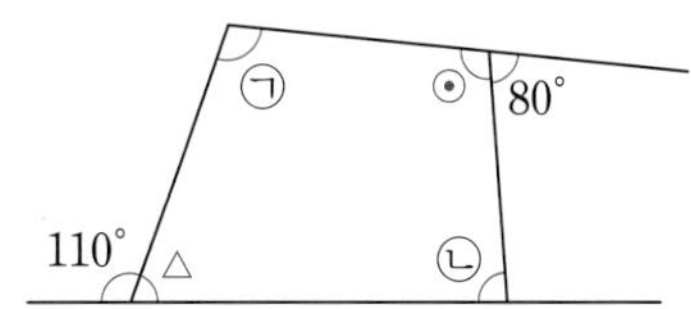

2-1 직선은 180°이므로 사각형 안의 두 각이 모두 직각입니다. ㉠+㉡+90°+90°=360°이므로
㉠+㉡=360°−90°−90=180°입니다.

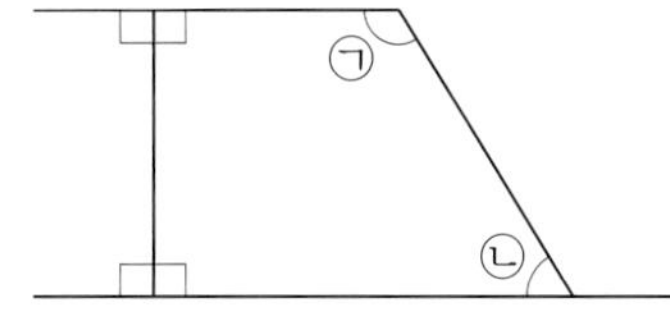

2-2 직선은 180°이므로 ㉠=180°−45°=135°입니다.
또한 △=180°−110°=70°입니다.
사각형의 네 각의 크기의 합은 360°이므로
㉡=360°−85°−70°−135°=70°입니다.
㉠과 ㉡의 각도의 차를 구해야 하므로
135°−70°=65°입니다.

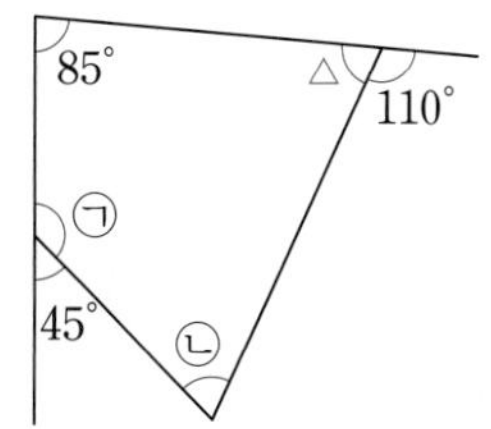

2-3 삼각형의 세 각의 크기의 합은 180°이므로 삼각형의 나머지 한 각의 크기는 180°−20°−100=60°입니다.
직선은 180°이므로 ㉠=180°−60=120°입니다. 또한 사각형의 네 각의 크기는 ㉠, ㉡,
180°−100°=80°, 180°−90°=90°입니다.
사각형의 네 각의 크기의 합은 360°이므로
㉡=360°−80°−90°−120=70°입니다.
㉠과 ㉡의 각도의 차를 구해야 하므로
120°−70°=50°입니다.

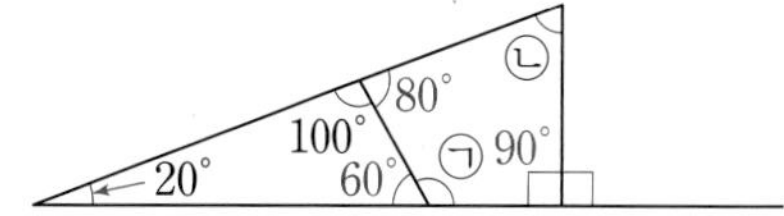

수해력을 확장해요

42~43쪽

활동 1 45°, 45°
활동 2 90°, 90°
활동 3 180°

활동1 지구를 꼭짓점으로 하고 태양과 지구, 지구와 달을 각각 한 변으로 하는 각을 재어 보면 45°가 됩니다.

활동2 활동1번과 마찬가지로 재어 보면 90°가 됩니다.

활동3 활동1번과 마찬가지로 재어 보면 일직선이므로 180°가 됩니다.

평면도형의 이동

1. 평면도형의 밀기와 뒤집기

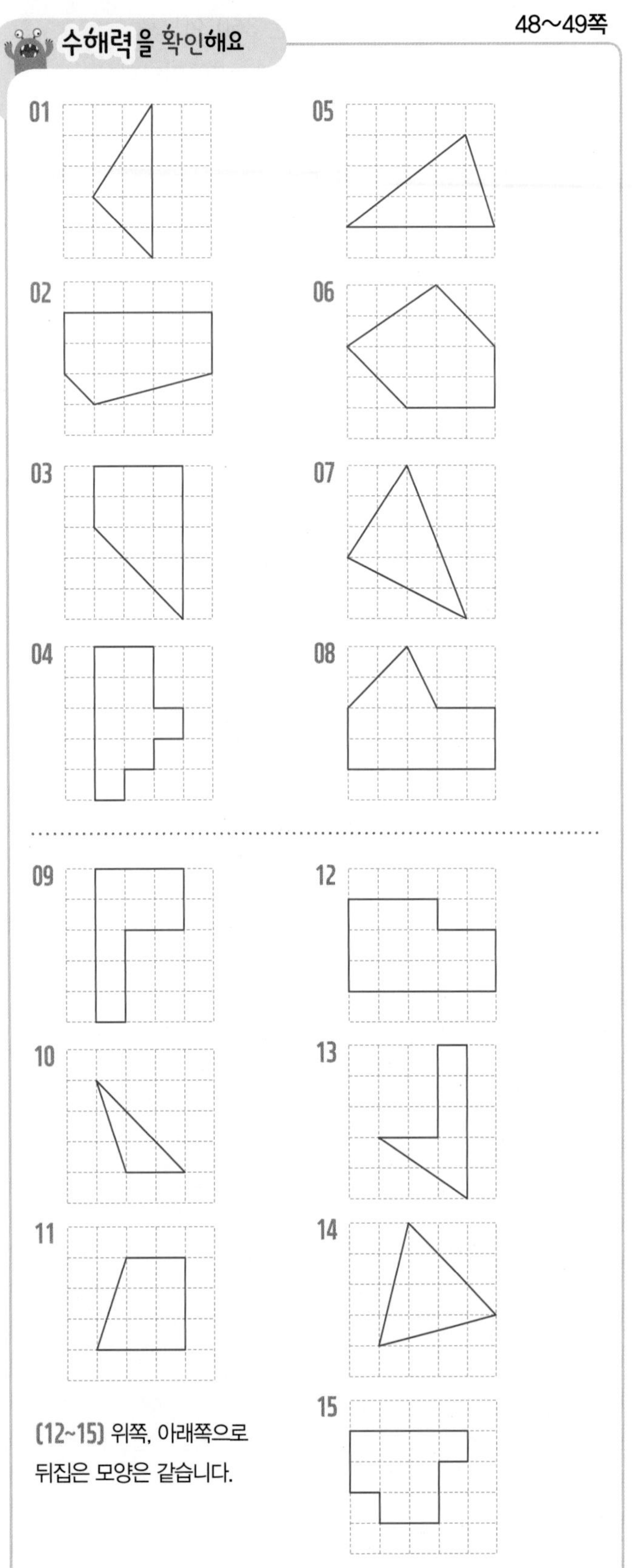

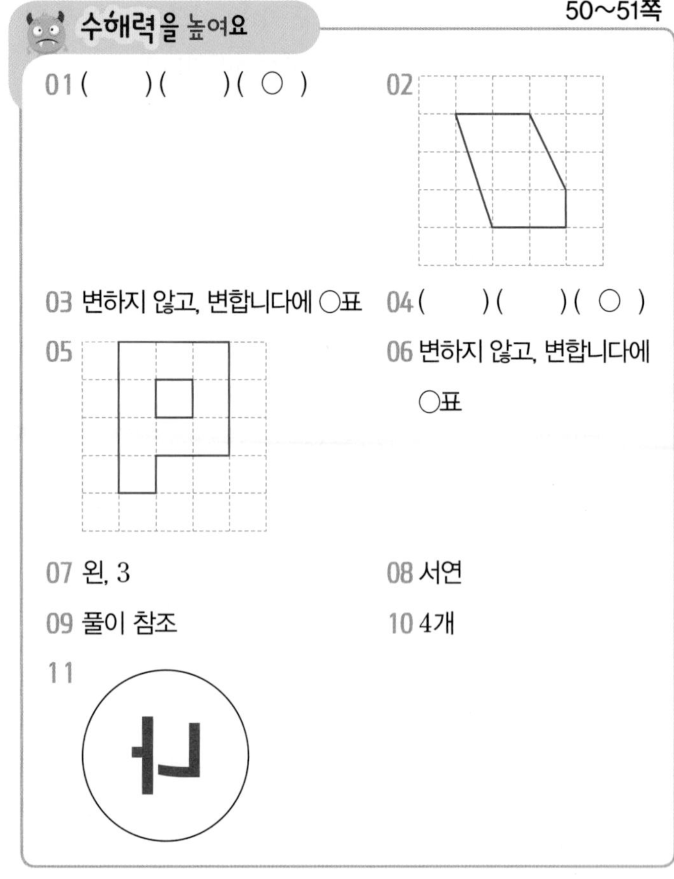

01 모양 조각을 오른쪽으로 밀면 모양과 방향이 변하지 않습니다.

02 도형을 위쪽으로 밀면 모양과 방향은 변하지 않고, 위치가 변합니다.

03 도형을 위쪽, 아래쪽, 오른쪽, 왼쪽으로 밀면 모양이 변하지 않고, 위치가 변합니다.

04 모양 조각을 아래쪽으로 뒤집으면 모양은 변하지 않으나, 모양 조각의 위쪽과 아래쪽이 서로 바뀝니다.

05 도형을 왼쪽으로 뒤집으면 모양은 변하지 않으나, 도형의 오른쪽과 왼쪽이 서로 바뀝니다.

06 도형을 위쪽, 아래쪽, 오른쪽, 왼쪽으로 뒤집으면 모양이 변하지 않고, 방향이 변합니다.

07 빨간색 조각의 오른쪽 아래 꼭짓점을 기준으로 생각하면 왼쪽으로 3 cm 밀기 한 것을 알 수 있습니다.

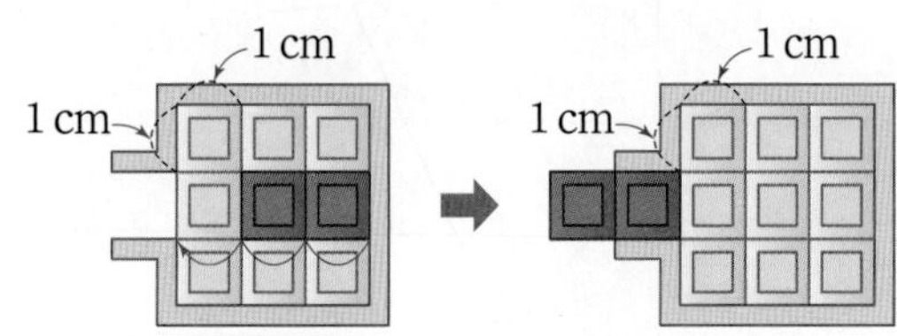

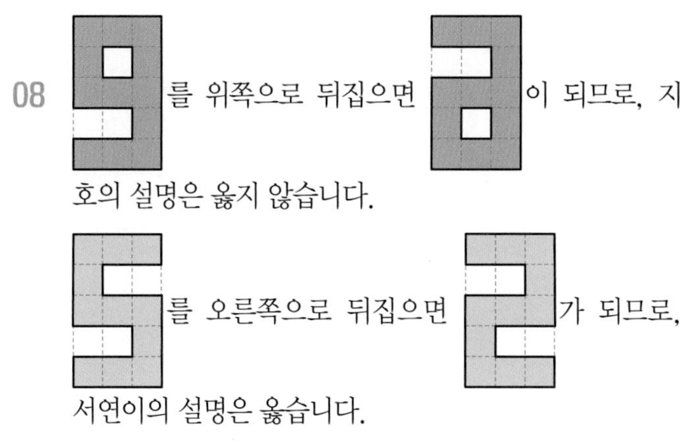

08 를 위쪽으로 뒤집으면 이 되므로, 지호의 설명은 옳지 않습니다.

를 오른쪽으로 뒤집으면 가 되므로, 서연이의 설명은 옳습니다.

09 주어진 도형이 오른쪽으로 5 cm 밀었을 때의 도형이므로, 주어진 도형을 왼쪽으로 5 cm 밀면 처음 도형을 찾을 수 있습니다. 사각형의 한 꼭짓점을 기준으로 왼쪽으로 5 cm 밀어 꼭짓점을 찾으면 처음 도형을 그릴 수 있습니다.

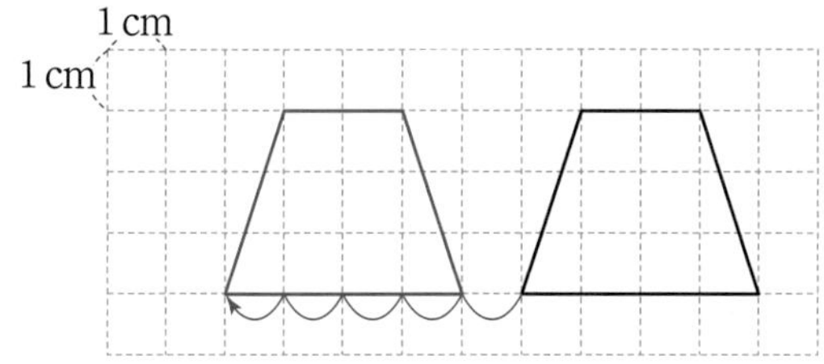

10 모양을 왼쪽으로 뒤집으면 모양의 왼쪽과 오른쪽이 바뀝니다. 모양을 왼쪽으로 뒤집어도 처음 모양과 같으려면 모양의 왼쪽 부분과 오른쪽 부분이 서로 같아야 합니다.

11 도장을 찍으면 도장에 새긴 모양의 오른쪽과 왼쪽이 바뀌어 나타납니다. 따라서 도장을 종이에 찍은 모양이

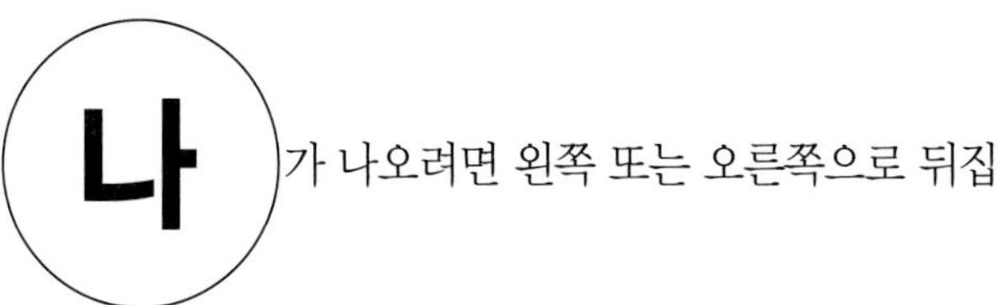

가 나오려면 왼쪽 또는 오른쪽으로 뒤집은 모양을 도장에 새겨야 합니다.

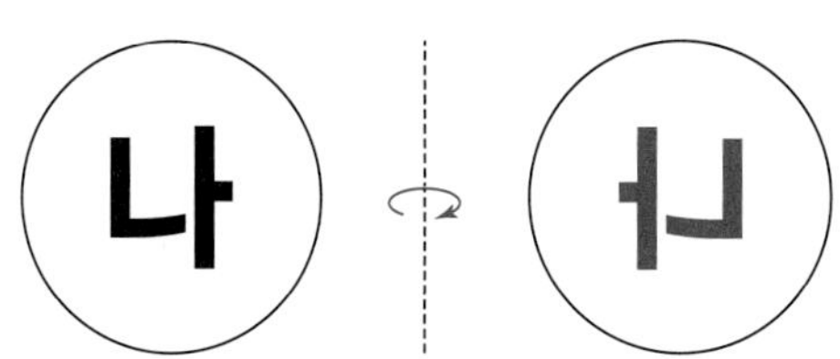

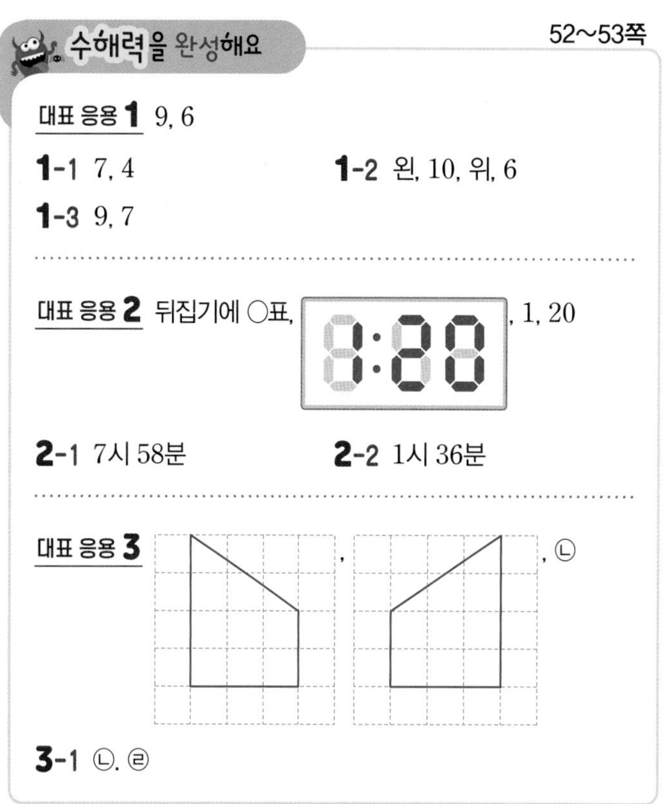

수해력을 완성해요 52~53쪽

대표 응용 1 9, 6

1-1 7, 4　　**1-2** 왼, 10, 위, 6

1-3 9, 7

대표 응용 2 뒤집기에 ○표, , 1, 20

2-1 7시 58분　　**2-2** 1시 36분

대표 응용 3 , , ㉡

3-1 ㉡, ㉣

1-1 직각이 있는 꼭짓점을 기준으로 생각하면 도형을 오른쪽으로 7 cm, 아래쪽으로 4 cm 밀었습니다.

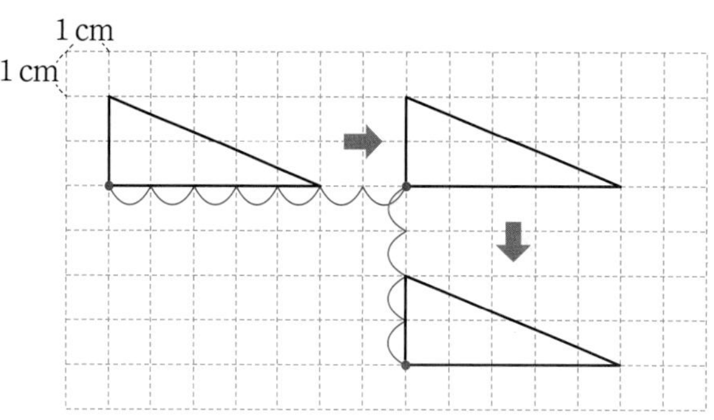

1-2 화살표 끝 꼭짓점을 기준으로 생각하면 왼쪽으로 10 cm, 위쪽으로 6 cm 밀었습니다.

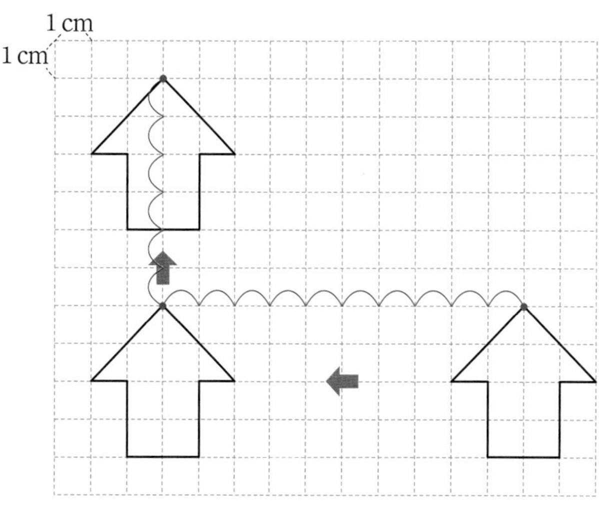

1-3 한 꼭짓점을 기준으로 생각하면 아래쪽으로 9 cm, 왼쪽으로 7 cm 밀었습니다.

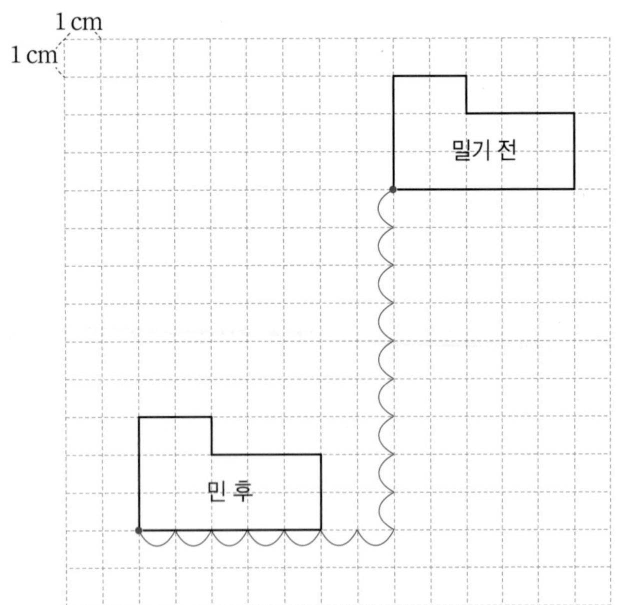

2-1 거울에 비친 시계의 모습을 오른쪽으로 뒤집으면 다음과 같습니다. 따라서 시계가 나타내는 시각은 7시 58분입니다.

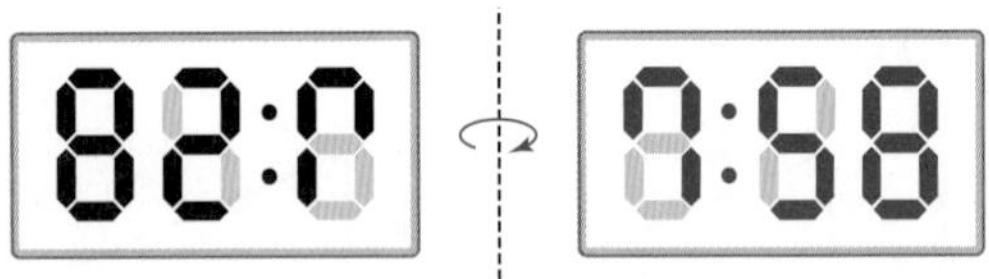

2-2 거울에 비친 시계의 모습을 오른쪽으로 뒤집으면 다음과 같습니다. 따라서 시계가 나타내는 시각은 1시 36분입니다.

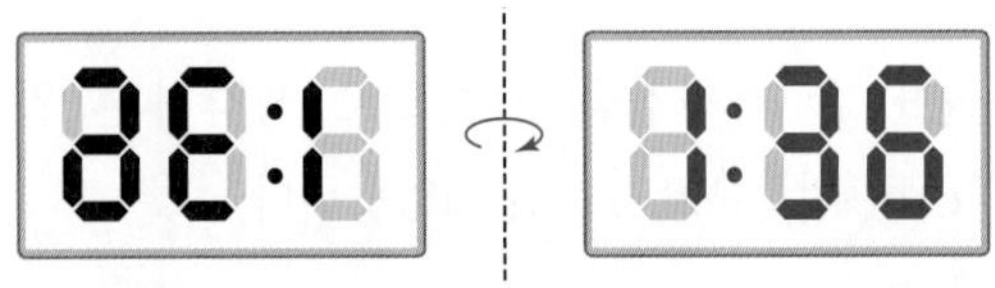

3-1 ㉠ 도형을 위쪽으로 3번 뒤집으면 위쪽으로 1번 뒤집은 모양과 같습니다. 따라서 처음 도형과 위, 아래가 바뀝니다.

㉢ 도형을 아래쪽으로 뒤집고 오른쪽으로 뒤집으면 위, 아래, 왼쪽, 오른쪽이 바뀝니다.

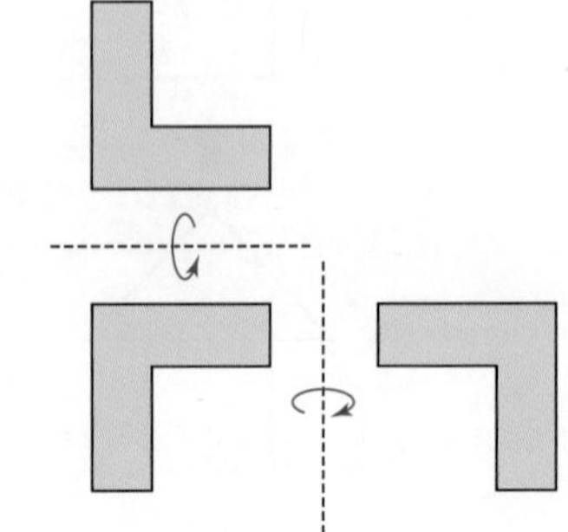

해설 플러스

처음 도형을 왼쪽과 오른쪽으로 뒤집은 것은 서로 같습니다. 또, 처음 도형을 위쪽과 아래쪽으로 뒤집은 것도 서로 같습니다. 또한 같은 방향으로 짝수 번 뒤집으면 처음과 같은 모양이 나타납니다.

2. 평면도형의 돌리기와 점의 이동

수해력을 확인해요 57~59쪽

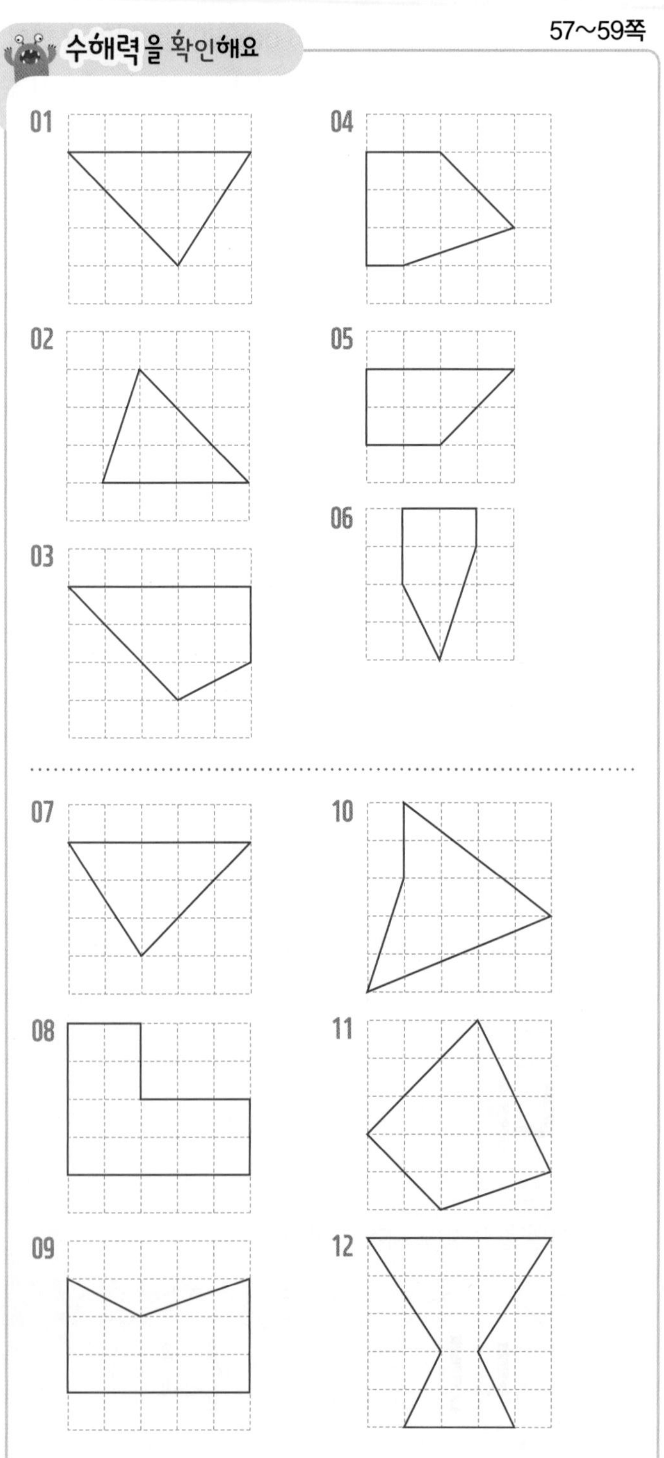

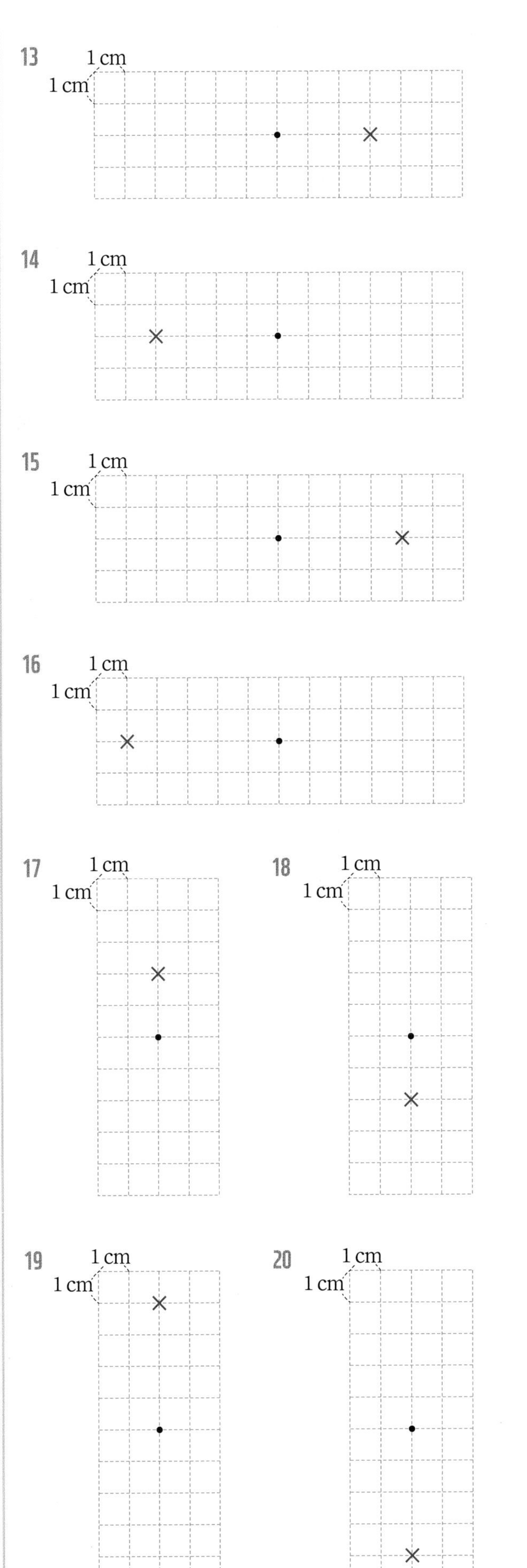

수해력을 높여요 60~61쪽

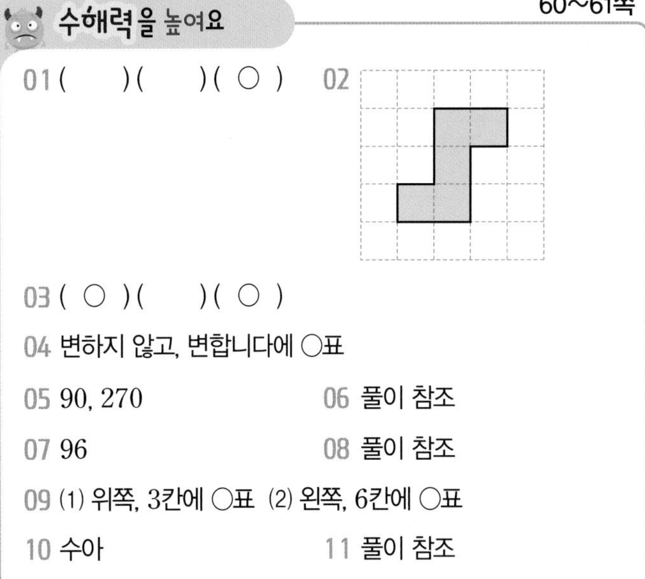

03 (○)(   )(○)

04 변하지 않고, 변합니다에 ○표

05 90, 270

06 풀이 참조

07 96

08 풀이 참조

09 (1) 위쪽, 3칸에 ○표 (2) 왼쪽, 6칸에 ○표

10 수아

11 풀이 참조

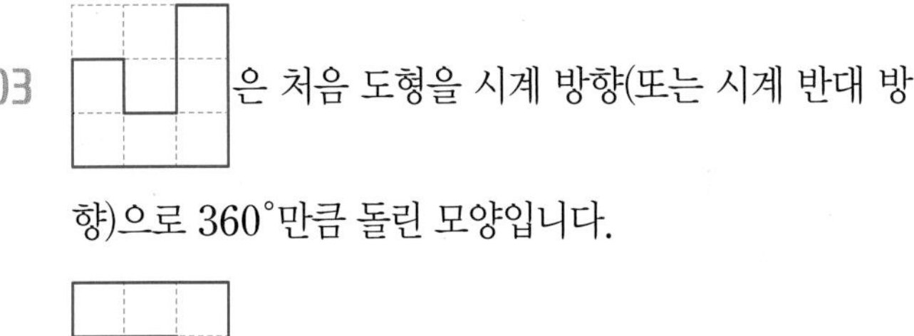

03 은 처음 도형을 시계 방향(또는 시계 반대 방향)으로 360°만큼 돌린 모양입니다.

은 처음 도형을 시계 방향으로 270° 또는 시계 반대 방향으로 90°만큼 돌린 모양입니다.

04 도형을 돌리면 모양이 변하지 않고, 방향이 변합니다.

05 돌린 도형은 처음 도형을 시계 방향으로 270° 또는 시계 반대 방향으로 90°돌린 모양입니다.

06 〈방법 1〉 움직인 도형은 처음 도형을 시계 방향으로 90°만큼 돌린 모양입니다.
〈방법 2〉 움직인 도형은 처음 도형을 시계 반대 방향으로 270°만큼 돌린 모양입니다.

07 수 카드를 시계 방향으로 180°만큼 돌리면 다음과 같습니다.

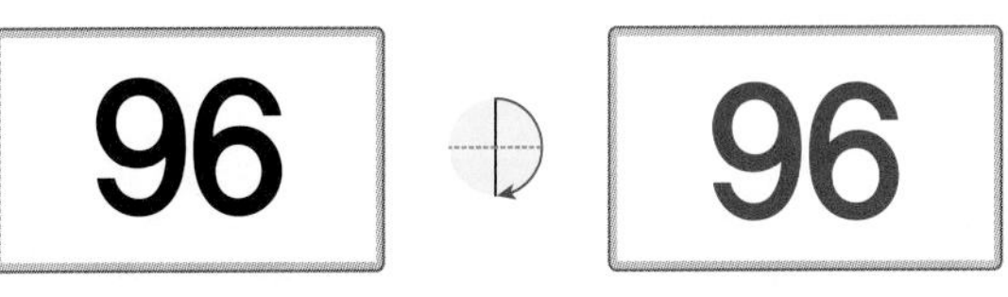

08 점 가를 아래쪽으로 모눈 3칸, 오른쪽으로 모눈 5칸 이동시키면 다음과 같습니다.

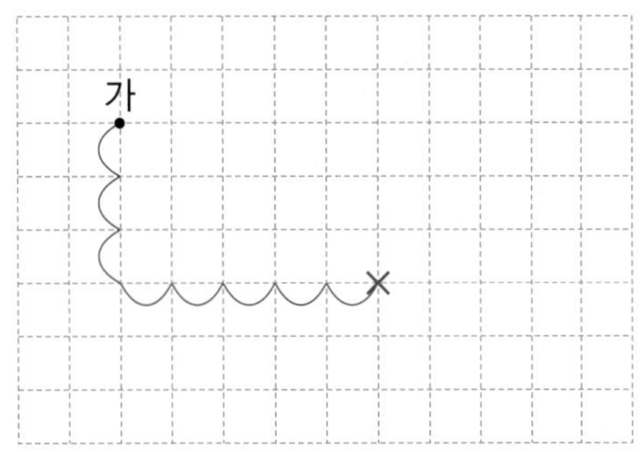

09 점 가를 점 나의 위치로 이동시키려면 먼저, 점 가를 위쪽으로 3칸 이동시킵니다. 그리고 그 점을 왼쪽으로 6칸 이동시키면 점 나에 도착합니다.

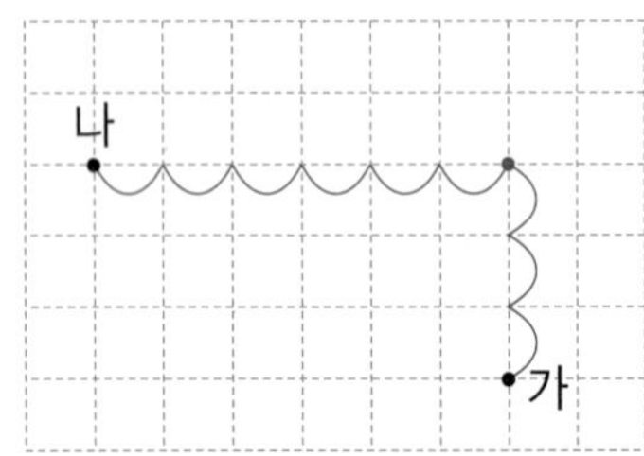

10 서준이는 점 가를 위쪽으로 3칸, 왼쪽으로 4칸 이동시켰으므로 모두 7칸을 이동시켰습니다. 수아는 점 가를 아래쪽으로 3칸, 오른쪽으로 5칸 이동시켰으므로 모두 8칸 이동시켰습니다. 따라서 더 많은 칸을 이동시킨 사람은 수아입니다.

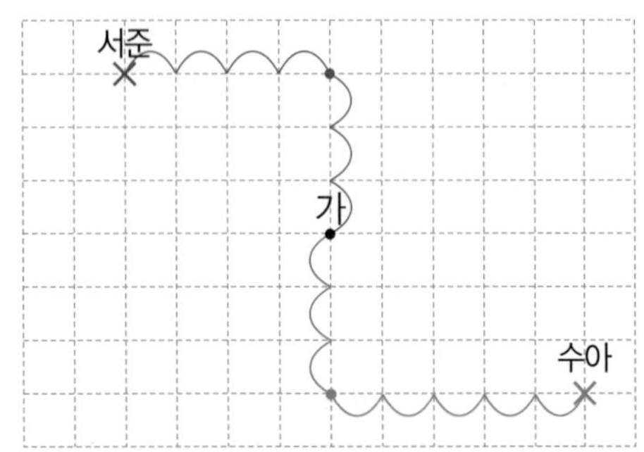

11 설아는 오빠 자리에서 오른쪽으로 7칸, 아래쪽으로 3칸 이동시킨 자리이므로 설아의 자리는 다음과 같습니다.

수해력을 완성해요

62~63쪽

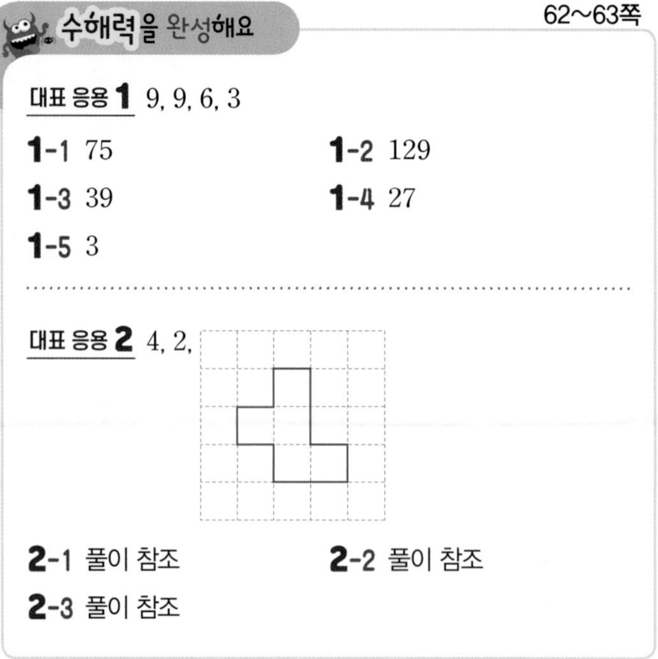

대표 응용 1 9, 9, 6, 3

1-1 75
1-2 129
1-3 39
1-4 27
1-5 3

대표 응용 2 4, 2,

2-1 풀이 참조
2-2 풀이 참조
2-3 풀이 참조

1-1 수 카드를 시계 방향으로 180°만큼 돌리면 다음과 같습니다.

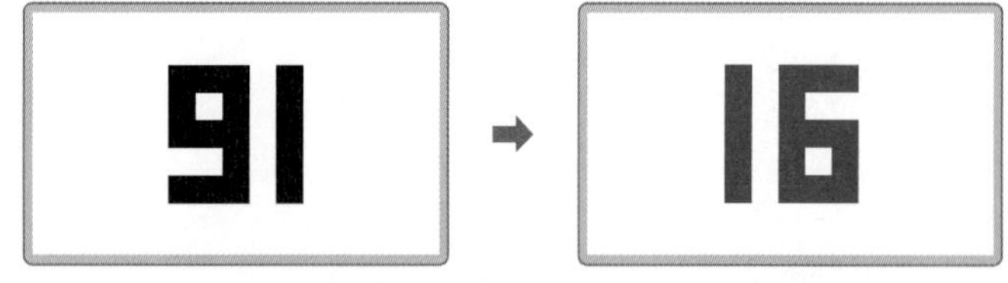

따라서 두 수의 차는 91－16＝75입니다.

1-2 수 카드를 시계 방향으로 180°만큼 돌리면 다음과 같습니다.

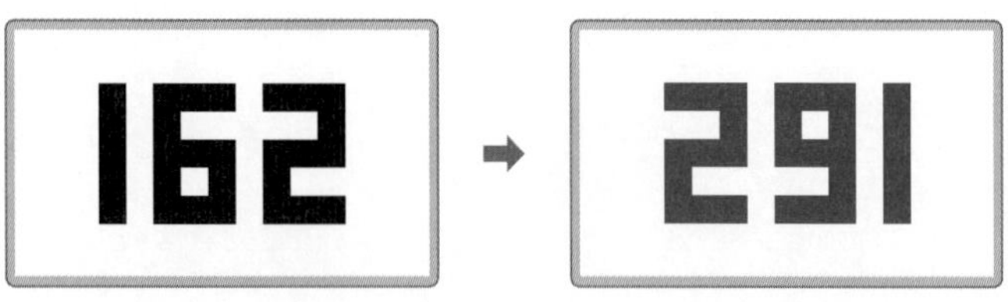

따라서 두 수의 차는 291－162＝129입니다.

1-3 수 카드를 시계 방향으로 180°만큼 돌리면 다음과 같습니다.

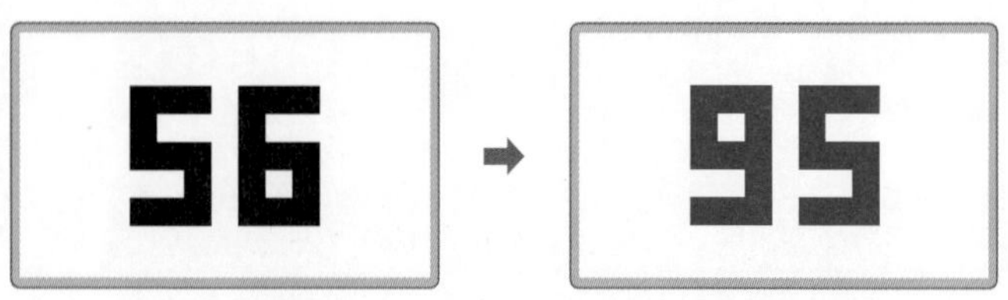

따라서 두 수의 차는 95－56＝39입니다.

1-4 수 카드를 오른쪽으로 뒤집으면 다음과 같습니다.

수 카드를 시계 방향으로 180°만큼 돌리면 다음과 같습니다.

따라서 두 수의 차는 52－25＝27입니다.

1-5 수 카드를 왼쪽으로 뒤집으면 다음과 같습니다.

수 카드를 시계 방향으로 180°만큼 돌리면 다음과 같습니다.

따라서 두 수의 차는 105－102＝3입니다.

2-1 도형을 시계 방향으로 90°만큼 6번 돌리기한 도형은 시계 방향으로 90°만큼 2번 돌리기 한 도형과 같습니다. 따라서 주어진 도형을 시계 방향으로 180°만큼 돌리면 됩니다.

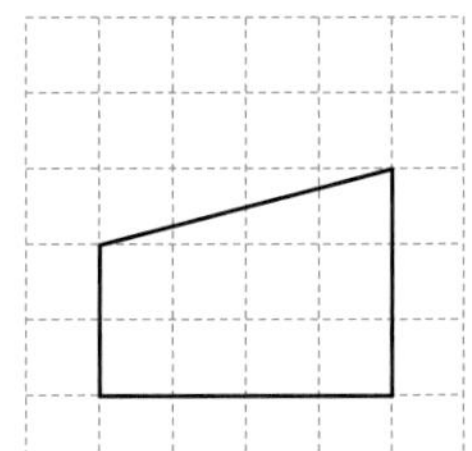 

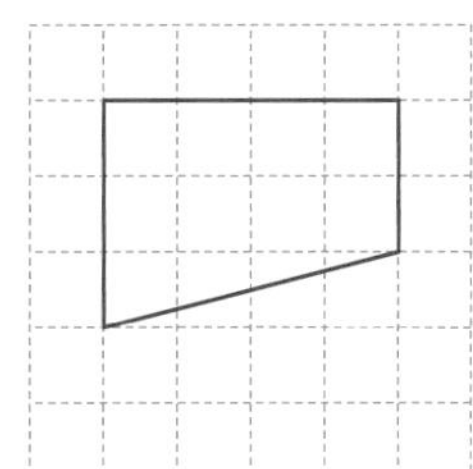

해설 플러스

도형을 시계 방향 또는 시계 반대 방향으로 90°만큼 4번 돌리면 360°만큼 돌린 것과 같으므로 처음 도형과 같습니다. 따라서 90°만큼 6번 돌리기 한 도형은 90°만큼 2번 돌리기 한 도형과 같습니다.

2-2 도형을 시계 반대 방향으로 90°만큼 12번 돌리기 한 도형은 90°만큼 8번, 90°만큼 4번 돌리기 한 도형과 같습니다. 90°만큼 4번 돌리면 360°만큼 돌린 것과 같으므로 처음 도형과 같습니다.

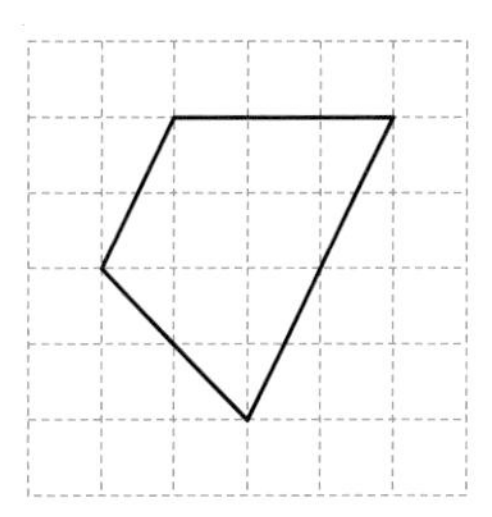 

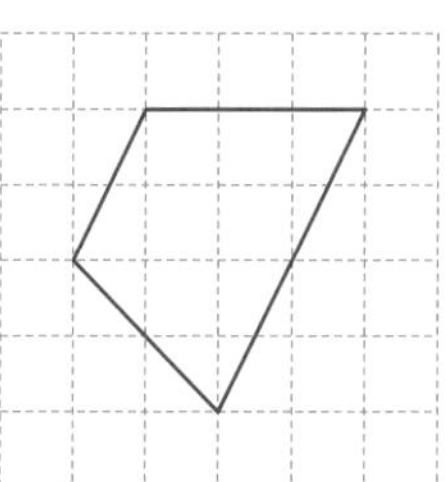

2-3 도형을 시계 방향으로 90°만큼 10번 돌리기 한 도형은 90°만큼 6번, 90°만큼 2번 돌리기 한 도형과 같습니다. 따라서 주어진 도형을 시계 방향으로 180°만큼 돌린 도형과 같습니다.

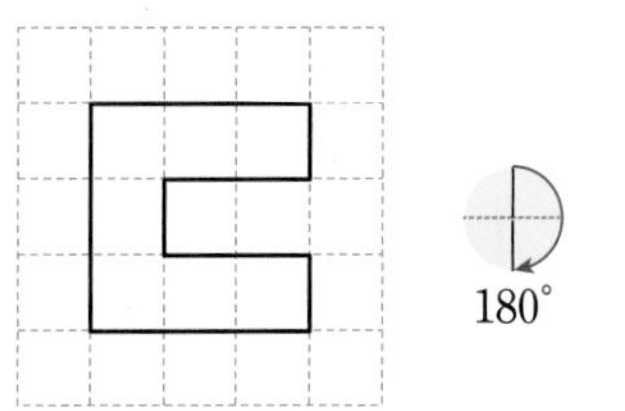

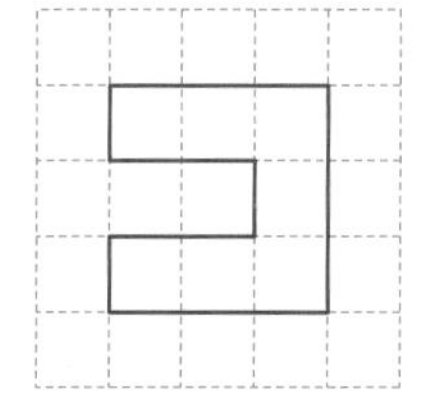

수해력을 확장해요

64~65쪽

활동 1 풀이 참조
활동 2 풀이 참조
활동 3 풀이 참조

활동1 (1) 블록을 왼쪽으로 밀어 완성합니다.

(2) 블록을 아래로 밀어 완성합니다.

활동2 예 을 시계 방향으로 180° 돌려 완성합니다.

예 을 시계 방향으로 90° 돌려 완성합니다.

활동3 예 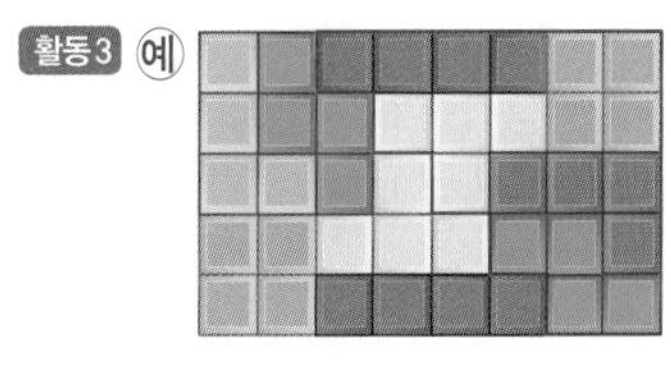 예 

1. 이등변삼각형과 정삼각형

수해력을 확인해요 72~73쪽

01	5	05	45
02	7	06	70
03	6	07	75
04	8	08	30
09	6	13	60
10	8	14	60, 60
11	3, 3	15	60, 60
12	9, 9	16	60, 60

수해력을 높여요 74~75쪽

01	가, 나, 마, 바	02	가, 마
03	(1) 7 (2) 2	04	( )(○)( )
05	35, 35	06	풀이 참조
07	㉢	08	(○)( )
09	33 cm	10	8 cm
11	㉡, ㉣	12	45°
13	120°		

01 이등변삼각형은 두 변의 길이가 같은 삼각형입니다. 따라서 두 변의 길이가 같은 가, 나, 마, 바가 이등변삼각형입니다.

02 정삼각형은 세 변의 길이가 같은 삼각형입니다. 따라서 세 변의 길이가 모두 같은 가, 마가 정삼각형입니다.

해설 나침반

이등변삼각형은 두 변의 길이가 같고, 정삼각형은 세 변의 길이가 모두 같은 삼각형입니다. 정삼각형도 두 변의 길이가 같으므로 이등변삼각형이라고 할 수 있습니다.

03 이등변삼각형은 두 변의 길이가 같습니다.

04 정삼각형은 세 변의 길이가 모두 같습니다. 첫 번째 삼각형과 세 번째 삼각형은 두 변의 길이만 같으므로 이등변삼각형입니다.

05 이등변삼각형은 길이가 같은 두 변에 있는 두 각의 크기가 같습니다.
삼각형의 세 각의 크기의 합은 $180°$이므로 두 각의 크기의 합은 $180°-110°=70°$입니다.
두 각의 크기가 같으므로 한 각의 크기는
$70°\div2=35°$입니다.

06 정삼각형은 세 변의 길이가 같으므로 주어진 변과 길이가 같은 변을 그려 삼각형을 완성합니다.

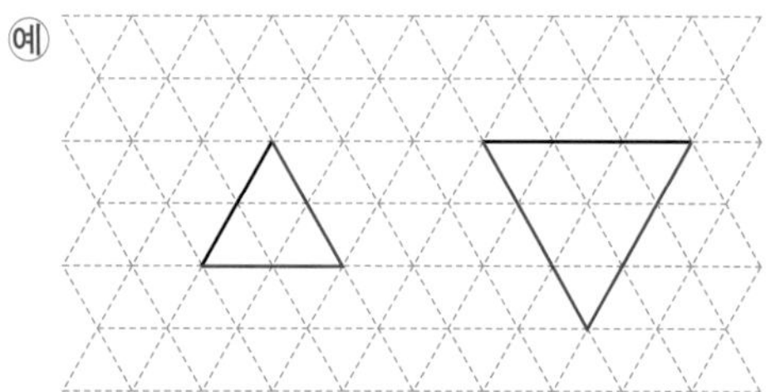

07 ㉢ 정삼각형은 세 변의 길이와 세 각의 크기가 같습니다. 정삼각형의 세 각의 크기가 같으므로 정삼각형 한 각의 크기는 $180°\div3=60°$입니다.

08 이등변삼각형은 두 각의 크기가 같습니다. 첫 번째 삼각형에서 나머지 한 각의 크기는
$180°-55°-70°=55°$입니다.
따라서 두 각의 크기가 같으므로 이등변삼각형이 됩니다. 두 번째 삼각형에서 나머지 한 각의 크기는
$180°-30°-80°=70°$입니다. 세 각의 크기가 모두 다르므로 이등변삼각형이 아닙니다.

09 이등변삼각형은 두 변의 길이가 같으므로 나머지 한 변의 길이는 9 cm입니다.
따라서 삼각형의 세 변의 길이의 합은
$9+9+15=33$ (cm)입니다.

10 삼각형 가의 세 변의 길이의 합은
$7+7+10=24$ (cm)입니다. 삼각형 나는 정삼각형이므로 세 변의 길이가 모두 같습니다.
따라서 삼각형 나의 한 변의 길이는 $24\div3=8$ (cm)입니다.

11 이등변삼각형은 두 변의 길이가 같습니다. 두 변의 길이가 같은 것을 찾으면 ㉡, ㉣입니다.

12 이등변삼각형은 두 각의 크기가 같습니다.
따라서 각 ㉠은 75°입니다.
삼각형의 세 각의 크기의 합은 180°이므로, 각 ㉡의 크기는 180°−75°−75°=30°입니다.
각 ㉠과 각 ㉡의 크기의 차를 구하면 75°−30°=45°입니다.

13 각 ㄱㄴㄷ은 두 정삼각형이 이어져 만들어진 각입니다.
정삼각형의 한 각의 크기는 60°이므로
(각 ㄱㄴㄷ의 크기)=60°+60°=120°입니다.

수해력을 완성해요

76~77쪽

대표 응용 1 같습니다에 ○표, 20, 60, 60, 30

1-1 15 cm　　**1-2** 20 cm

대표 응용 2 70°, 40°, 40°, 55°, 55°, 55°, 70°

2-1 30°

대표 응용 3 4, 4, 1, 4, 1, 5

3-1 13개　　**3-2** 17개

대표 응용 4 같습니다에 ○표, 4, 10, 10

4-1 13 cm　　**4-2** 14 cm

1-1 삼각형 ㄱㄴㄷ은 이등변삼각형이므로
변 ㄱㄴ과 변 ㄱㄷ의 길이는 같습니다.
삼각형 ㄱㄴㄷ의 세 변의 길이의 합이 50 cm이므로
(변 ㄱㄴ)+(변 ㄱㄷ)=50−20=30 (cm)입니다.
변 ㄱㄴ과 변 ㄱㄷ의 길이가 같으므로
(변 ㄱㄴ)=30÷2=15 (cm)입니다.

1-2 삼각형 ㄱㄴㄷ은 이등변삼각형이므로 변 ㄱㄷ과 변 ㄴㄷ의 길이는 같습니다. 삼각형 ㄱㄴㄷ의 세 변의 길이의 합이 75 cm이므로
(변 ㄱㄷ)+(변 ㄴㄷ)=75−35=40 (cm)입니다.
변 ㄱㄷ과 변 ㄴㄷ의 길이가 같으므로
(변 ㄱㄷ)=40÷2=20 (cm)입니다.

2-1 삼각형 ㄱㄴㄷ은 이등변삼각형이므로
(각 ㄴㄱㄷ)=65°이고,
(각 ㄱㄷㄴ)=180°−65°−65°=50°입니다.
따라서 (각 ㄱㄷㄹ)=125°−50°=75°입니다.
삼각형 ㄱㄷㄹ은 이등변삼각형이므로
(각 ㄷㄱㄹ)=75°이고,
(각 ㄱㄹㄷ)=180°−75°−75°=30°입니다.

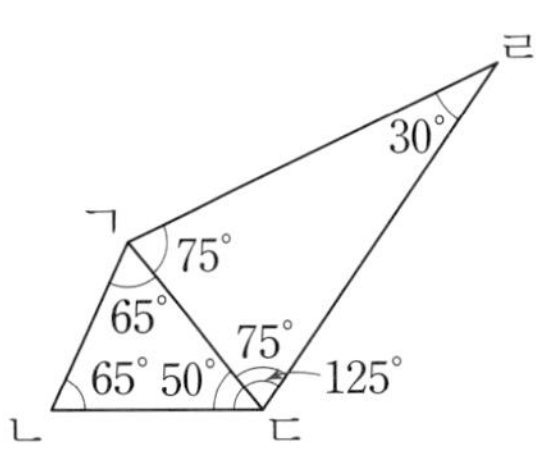

해설 플러스

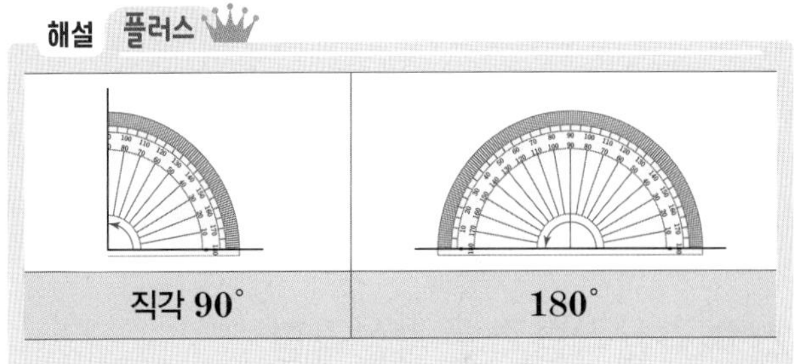

직각 90°	180°

3-1 정삼각형 1개로 이루어진 정삼각형은 9개입니다.
정삼각형 4개로 이루어진 정삼각형은 3개입니다.
정삼각형 9개로 이루어진 정삼각형은 1개입니다.
따라서 크고 작은 정삼각형은 모두 9+3+1=13(개)입니다.

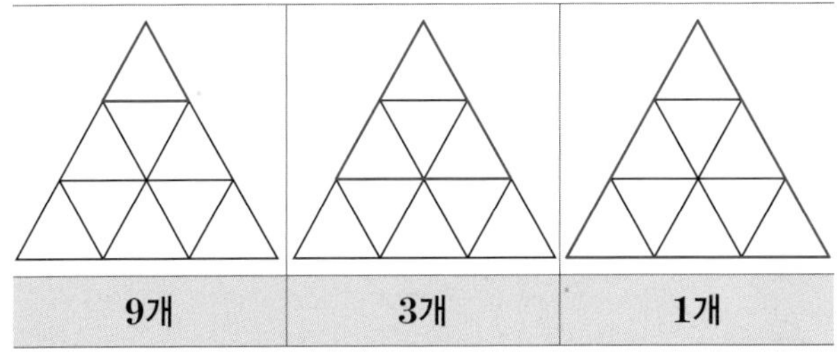

9개	3개	1개

3-2 가장 작은 정삼각형은 12개이고, 가장 작은 정삼각형 4개가 모인 크기의 정삼각형은 4개입니다. 바깥쪽 가장 큰 정삼각형은 1개이므로 크고 작은 정삼각형은 모두 12+4+1=17(개)입니다.

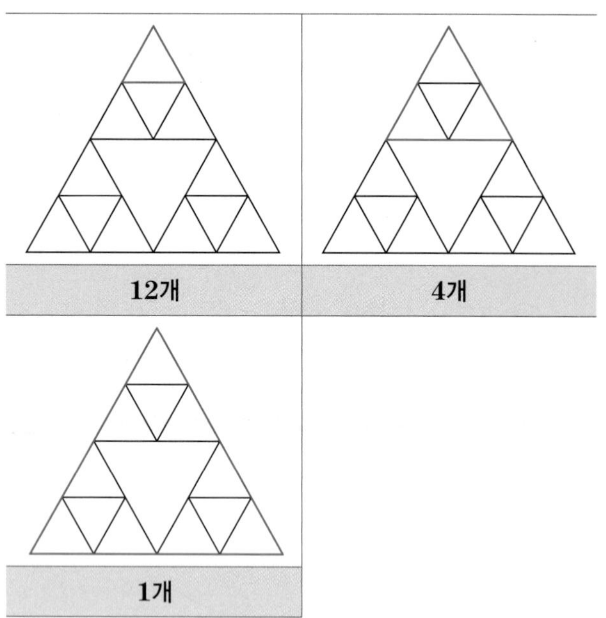

4-1 주어진 사각형은 정삼각형의 한 변 5개로 이루어져 있습니다. 사각형의 네 변의 길이의 합이 65 cm이므로 정삼각형의 한 변의 길이는 $65 \div 5 = 13$(cm)입니다.

4-2 주어진 육각형은 정삼각형의 한 변 6개로 이루어져 있습니다. 육각형의 여섯 변의 길이의 합이 84 cm이므로 정삼각형의 한 변의 길이는 $84 \div 6 = 14$(cm)입니다.

2. 예각삼각형과 둔각삼각형

수해력을 확인해요

80~81쪽

01 (　　)(○)

02 (○)(　　)

03 (○)(　　)

04 예

05 예

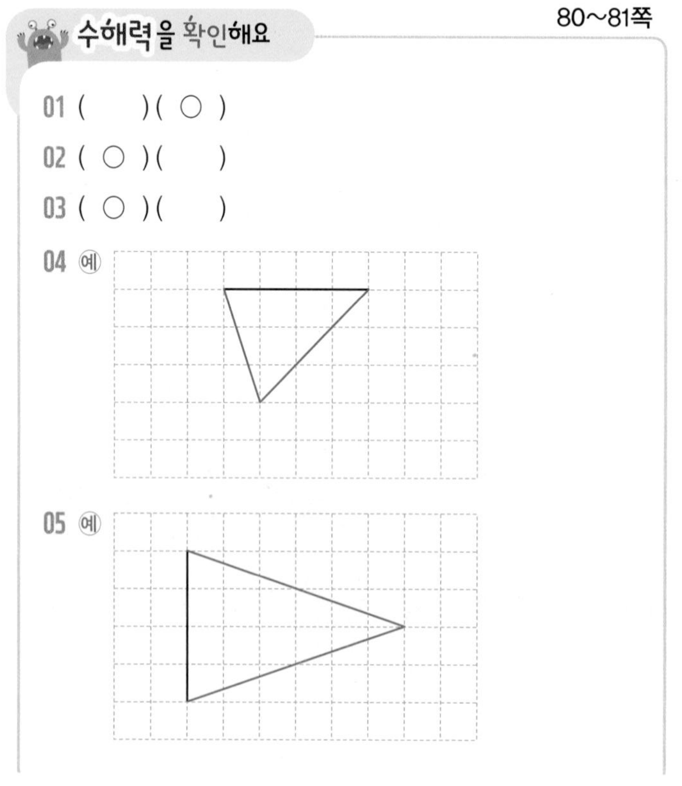

06 예

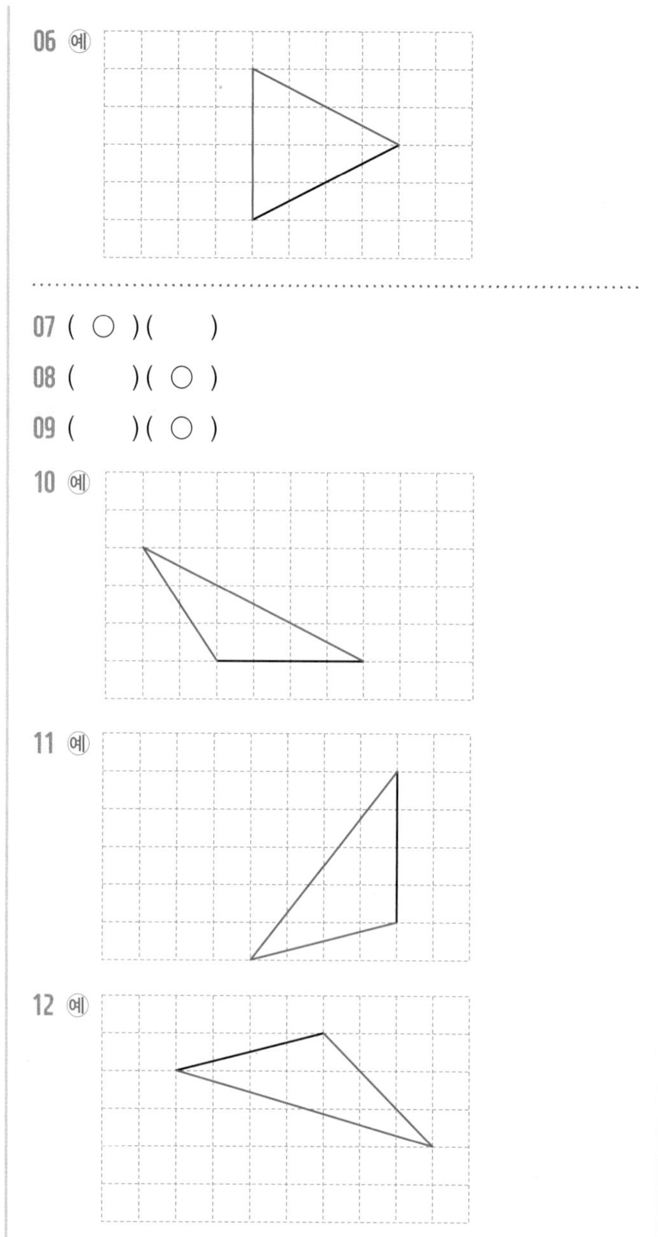

07 (○)(　　)

08 (　　)(○)

09 (　　)(○)

10 예

11 예

12 예

수해력을 높여요

82~83쪽

01 가, 다

02 나, 라, 바

03 예

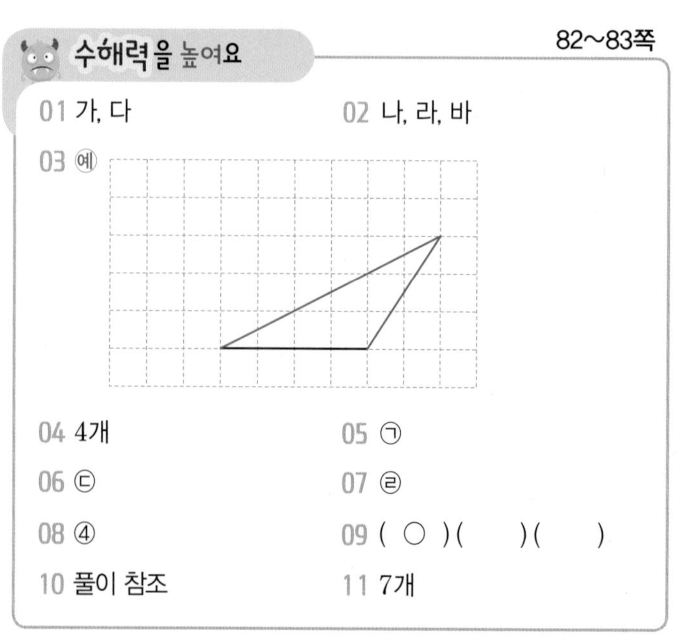

04 4개

05 ㉠

06 ㉢

07 ㉣

08 ④

09 (○)(　　)(　　)

10 풀이 참조

11 7개

01 가와 다는 세 각이 모두 예각이므로 예각삼각형입니다.

02 나, 라, 바는 한 각이 둔각이므로 둔각삼각형입니다.

04 직사각형 모양의 종이를 점선을 따라 자르면 삼각형 7개가 생깁니다. 그중 세 각이 모두 예각인 삼각형은 나, 다, 마, 바이므로 예각삼각형은 모두 4개입니다. 가와 사는 한 각이 직각이므로 직각삼각형이고, 라는 한 각이 둔각이므로 둔각삼각형입니다.

05 ㉠ 세 각이 모두 예각이어야 예각삼각형입니다. 둔각삼각형과 직각삼각형에도 각각 예각이 2개씩 있습니다.

06 종이를 반을 접어 만든 삼각형은 이등변삼각형입니다. 주어진 각의 크기가 40°이므로 접었을 때 포개어졌던 각의 크기도 40°입니다. 나머지 한 각의 크기는 180°−40°−40°=100°입니다. 세 각 중 한 각이 둔각이므로 색종이로 만든 삼각형은 둔각삼각형입니다.

07 예각삼각형은 세 각이 모두 예각이어야 하므로 ㉣은 예각삼각형입니다. ㉠은 한 각이 90°이므로 직각삼각형이고, ㉡은 한 각이 100°이므로 둔각삼각형입니다. ㉢ 또한 한 각이 120°이므로 둔각삼각형입니다.

08 둔각삼각형은 한 각이 둔각이어야 합니다. 점 ㄱ을 ①과 ③으로 옮기면 한 각이 직각이 되므로 직각삼각형입니다. 점 ㄱ을 ②로 옮기면 세 각이 모두 예각이므로 예각삼각형입니다. 점 ㄱ을 ④로 옮기면 둔각이 생기므로 둔각삼각형을 만들 수 있습니다.

09 주어진 삼각형은 세 변의 길이가 같으므로 정삼각형입니다. 정삼각형의 세 각은 모두 60°입니다. 따라서 주어진 삼각형은 세 각이 모두 예각이므로 예각삼각형입니다.

10 예 예각삼각형은 세 각이 모두 예각이야. 이 삼각형은 두 각이 예각이지만 둔각이 한 개 있으니까 둔각삼각형이야.

11 오각형 모양의 헝겊을 선을 따라 자르면 둔각삼각형 2개, 예각삼각형 1개가 생깁니다. 둔각삼각형에는 예각이 각각 2개씩 있고, 예각삼각형에는 예각이 3개 있으므로 잘라서 생기는 삼각형에서 찾을 수 있는 예각은 모두 7개입니다.

수해력을 완성해요

84~85쪽

대표 응용 1 이등변삼각형, 직각삼각형

1-1 ㉠, ㉢ **1-2** ㉠, ㉤

1-3 ㉠, ㉡, ㉢ **1-4** ㉠, ㉣

대표 응용 2 4, 4, 2, 6

2-1 6개 **2-2** 3개

2-3 5개 **2-4** 12개, 12개

1-1 삼각형의 두 각이 같으므로 이등변삼각형입니다. 나머지 한 각의 크기는 180°−70°−70°=40°이므로 예각삼각형입니다.

1-2 삼각형의 두 변의 길이가 같으므로 이등변삼각형입니다. 이등변삼각형은 길이가 같은 두 변에 있는 두 각의 크기가 같으므로 다른 한 각은 44°입니다. 나머지 한 각의 크기는 180°−44°−44°=92°이므로 둔각삼각형입니다.

1-3 삼각형의 두 변의 길이가 같으므로 이등변삼각형입니다. 이등변삼각형은 길이가 같은 두 변에 있는 두 각의 크기가 같으므로 다른 한 각은 60°입니다. 나머지 한 각의 크기는 180°−60°−60°=60°입니다. 세 각의 크기가 모두 같으므로 정삼각형이라고 할 수 있습니다. 또한 세 각이 모두 예각이므로 예각삼각형입니다.

1-4 삼각형의 한 각이 직각이므로 직각삼각형입니다. 나머지 한 각의 크기를 구하면 180°−90°−45°=45°입니다. 두 각이 45°로 같으므로 이등변삼각형이라고 할 수 있습니다.

2-1 삼각형 1개로 이루어진 예각삼각형은 4개, 삼각형 4개로 이루어진 예각삼각형은 2개입니다. 따라서 크고 작은 예각삼각형은 모두 6개입니다.

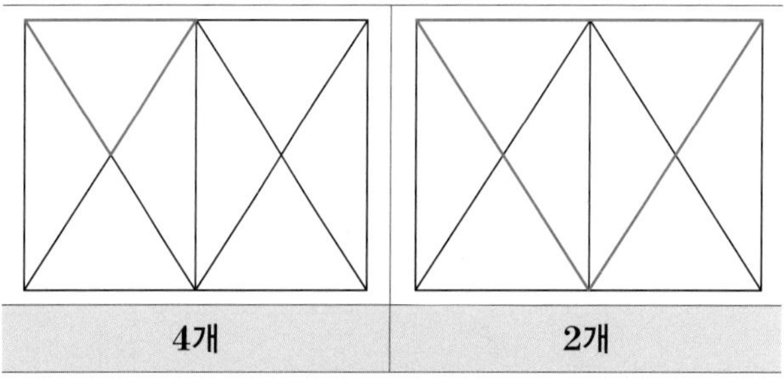

2-2 삼각형 1개로 이루어진 둔각삼각형은 2개, 삼각형 2개로 이루어진 둔각삼각형은 1개입니다.
따라서 크고 작은 둔각삼각형은 모두 3개입니다.

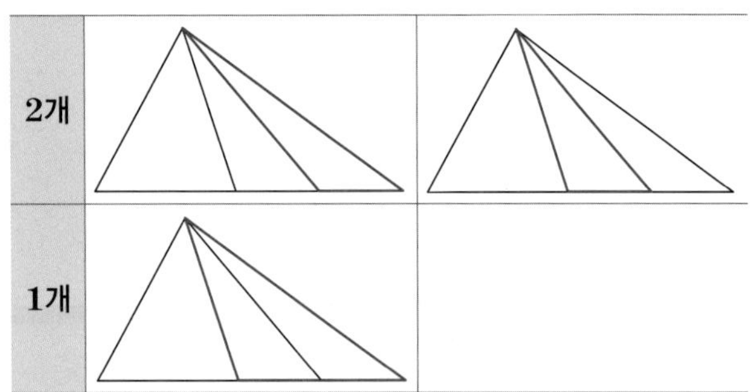

2-3 삼각형 1개로 이루어진 예각삼각형은 1개, 삼각형 2개로 이루어진 예각삼각형은 2개, 삼각형 3개로 이루어진 예각삼각형은 2개입니다.
따라서 크고 작은 예각삼각형은 모두 5개입니다.

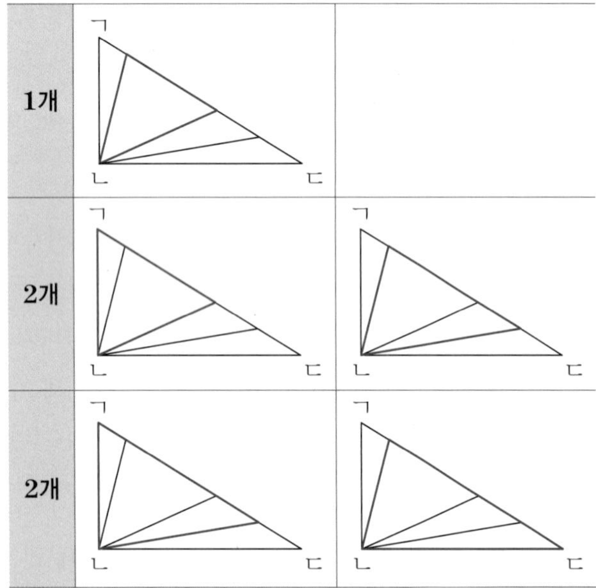

2-4 삼각형 1개로 이루어진 예각삼각형은 8개, 삼각형 4개로 이루어진 예각삼각형은 4개입니다.
따라서 크고 작은 예각삼각형은 모두 12개입니다.

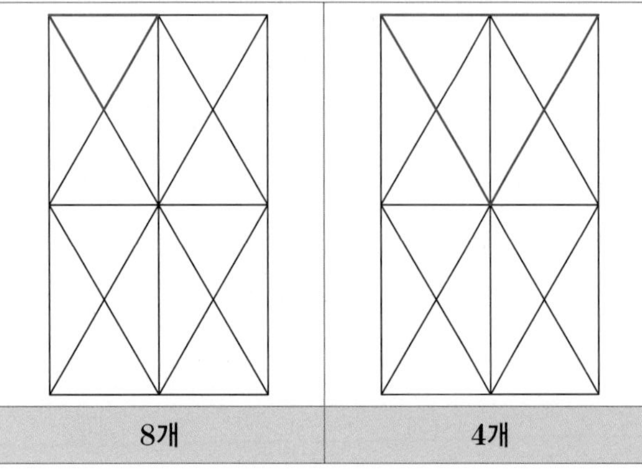

삼각형 1개로 이루어진 둔각삼각형은 8개, 삼각형 4개로 이루어진 둔각삼각형은 4개입니다.
따라서 크고 작은 둔각삼각형은 모두 12개입니다,

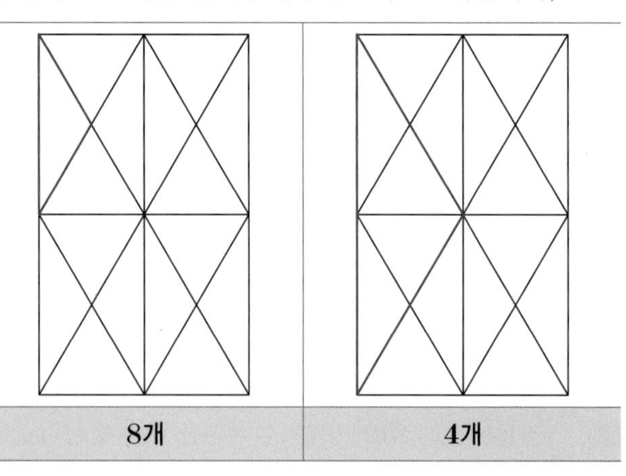

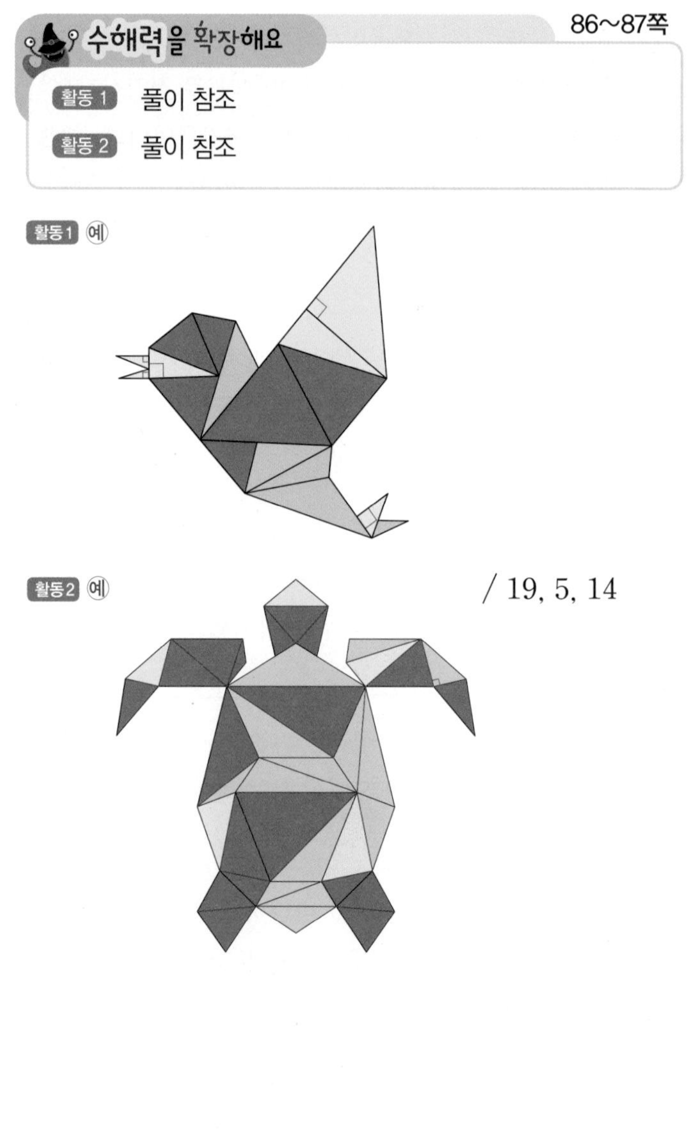

1. 수직 알아보기

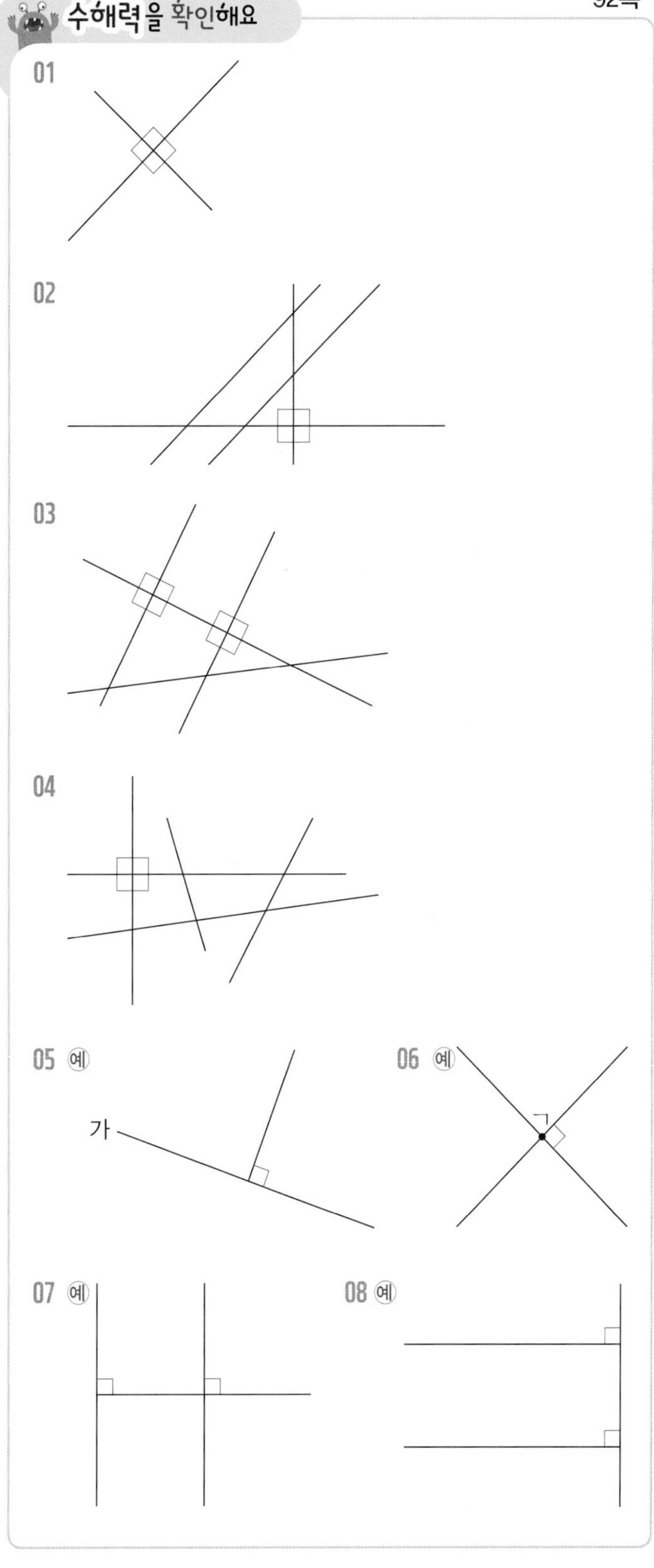

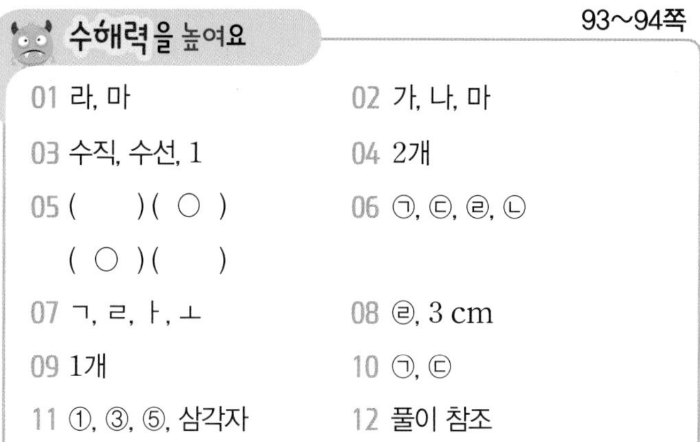

수해력을 높여요 93~94쪽

01 라, 마	02 가, 나, 마
03 수직, 수선, 1	04 2개
05 ( )(○) (○)( )	06 ㉠, ㉢, ㉣, ㉡
07 ㄱ, ㄹ, ㅏ, ㅗ	08 ㉣, 3 cm
09 1개	10 ㉠, ㉢
11 ①, ③, ⑤, 삼각자	12 풀이 참조

01 직선 가의 수선은 직선 라와 직선 마입니다.

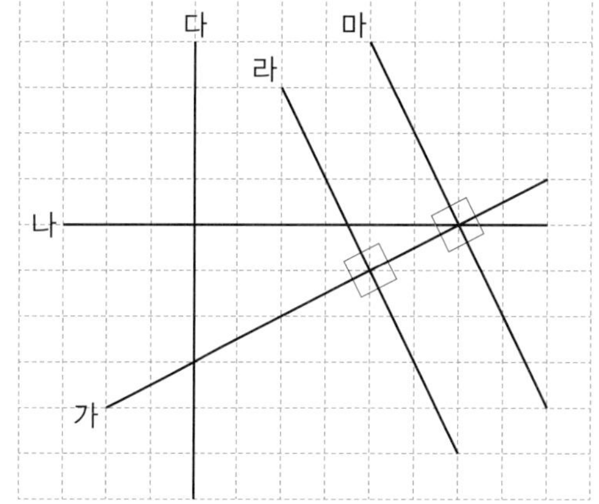

02

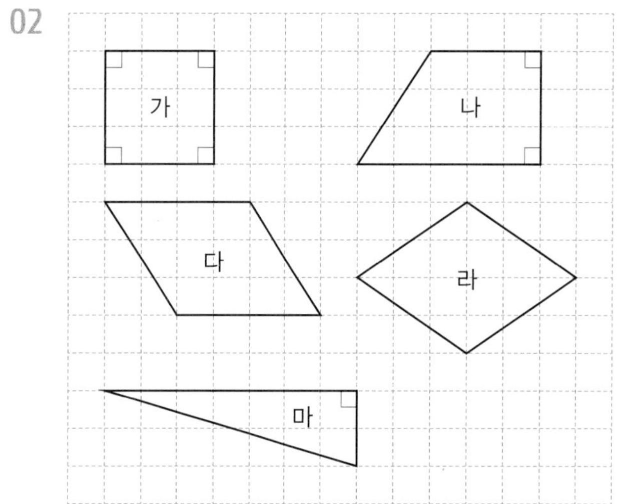

03 한 직선에 대한 수선은 무수히 많이 그을 수 있지만 한 점을 지나고 주어진 직선에 대한 수선은 1개만 그릴 수 있습니다.

04 변 ㄱㄴ과 수직인 변은 변 ㄱㅅ과 변 ㄴㄷ입니다.

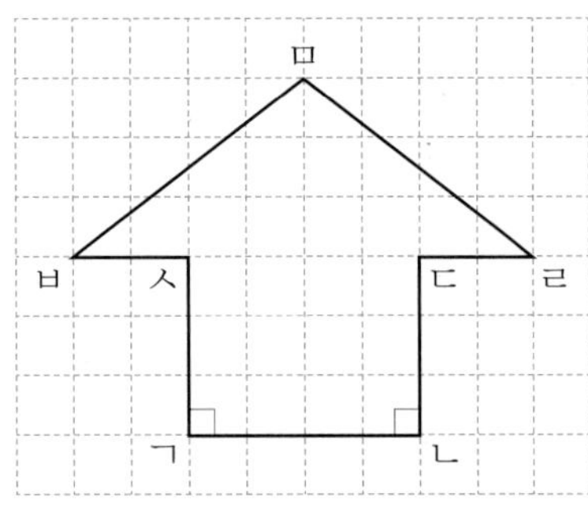

05 삼각자의 직각을 낀 변을 따라 직선을 긋거나 각도기에서 90°가 되는 눈금 위에 점을 찍어 직선으로 이어야 합니다.

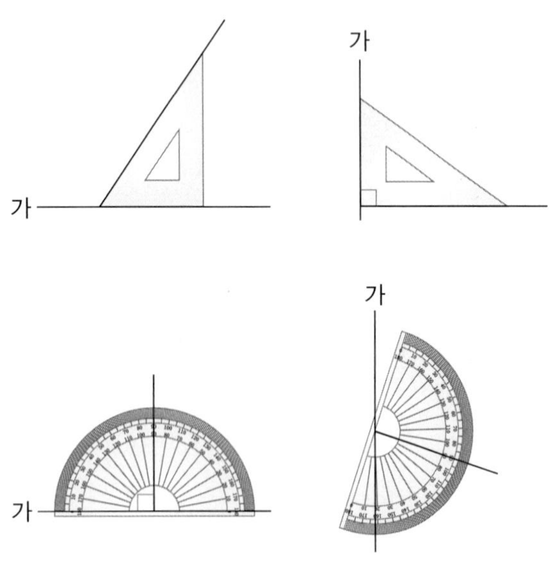

07 두 직선이 수직으로 만나는 부분을 찾으면 다음과 같습니다.

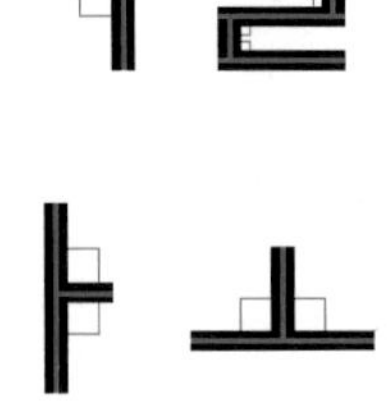

08 표시한 변과 만나 직각을 이루는 선은 ㉣입니다. ㉣의 길이는 3 cm입니다.

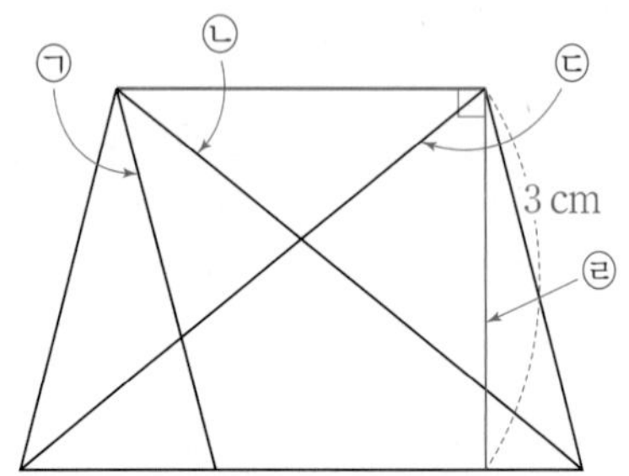

09 한 점을 지나고 주어진 선에 수직인 직선은 1개 그릴 수 있습니다. 점 ㄱ을 지나고 표시한 변에 수직인 직선은 다음과 같이 1개 그릴 수 있습니다.

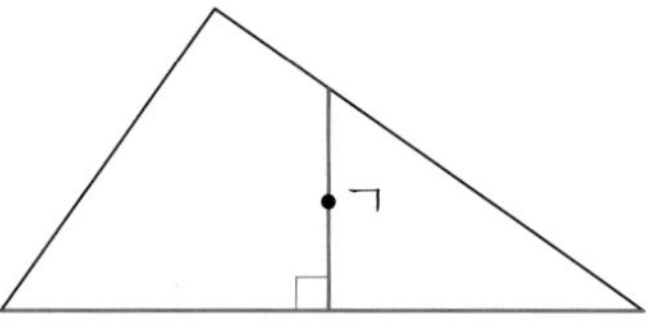

10 긴바늘과 짧은바늘이 수직으로 만나는 시각은 9시와 3시입니다.

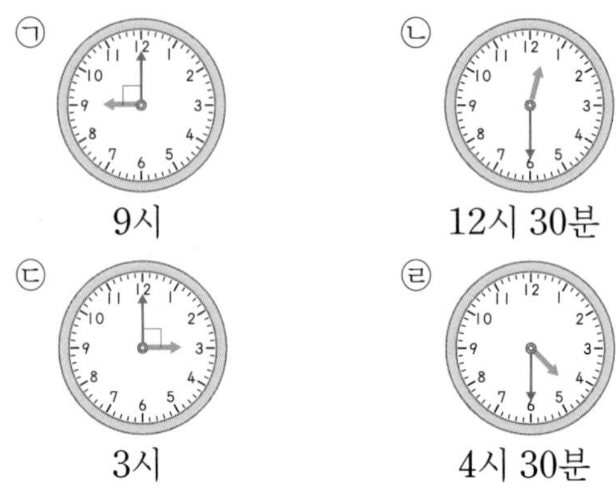

11 수직인 변이 있는 도형을 도형의 번호가 작은 순서대로 배열하면 다음과 같습니다.

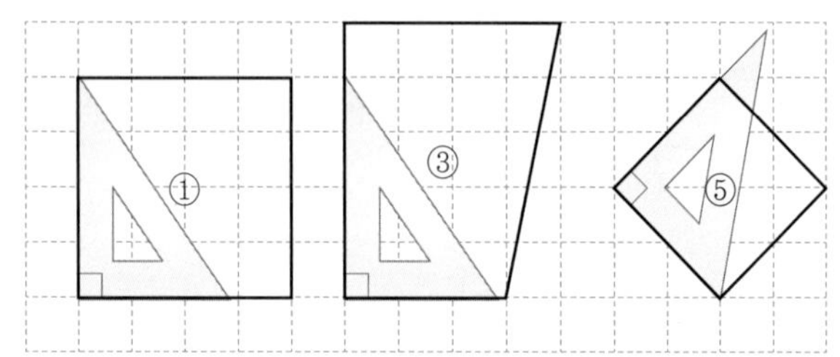

12

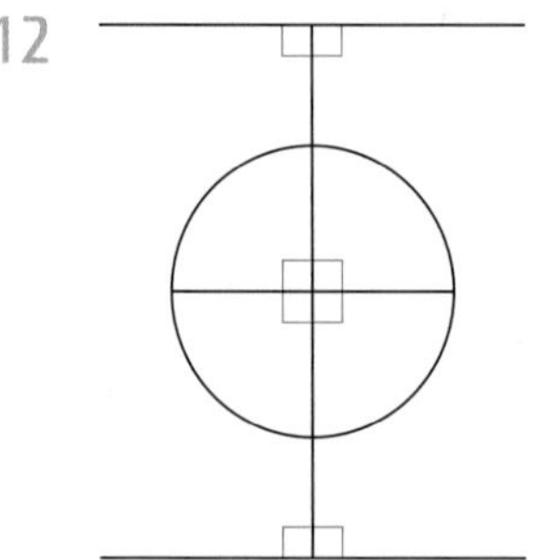

수해력을 완성해요

95쪽

대표 응용 1 90°, 90°, 18°, 90°, 18°, 36°, 90°, 36°, 126°

1-1 120° **1-2** 150°

1-3 25° **1-4** 30°

1-1 각 ㄱㄷㄹ의 크기는 90°이므로
(각 ㄱㄷㅂ)=(각 ㅂㄷㅁ)=(각 ㅁㄷㄹ)
=90÷3=30°입니다.
(각 ㄴㄷㅂ)=(각 ㄴㄷㄱ)+(각 ㄱㄷㅂ)
=90°+30°=120°입니다.

1-2 각 ㄱㅇㅅ을 똑같이 6개로 나누었을 때, 나누어진 한 각의 크기는 90°÷6=15°입니다.
(각 ㅁㅇㅈ)=(각 ㄱㅇㅈ)+(각 ㄱㅇㅁ)이고,
각 ㄱㅇㅁ의 크기는 각 ㄱㅇㅅ을 똑같이 6개로 나눈 각 중 4개를 합한 것이므로 15°×4=60°입니다.
따라서 (각 ㅁㅇㅈ)=90°+60°=150°입니다.

1-3 각 ㄴㄷㄱ, 각 ㄱㄷㅁ, 각 ㅁㄷㄹ은 한 직선 위에 있으므로 세 각의 크기를 더하면 180°입니다.
(각 ㄴㄷㄱ)+(각 ㄱㄷㅁ)+(각 ㅁㄷㄹ)=180°
65°+90°+(각 ㅁㄷㄹ)=180°이므로
(각 ㅁㄷㄹ)=25°입니다.

1-4 직선 가, 직선 나, 직선 다가 만나 생긴 삼각형의 꼭짓점에 ㄱ, ㄴ, ㄷ 기호를 붙입니다.

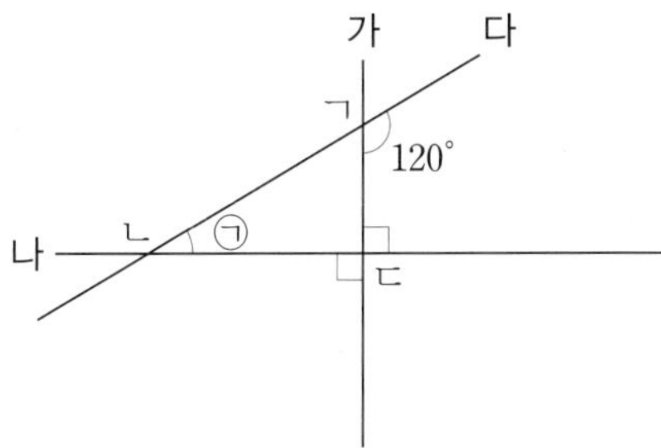

(각 ㄴㄱㄷ)=180°−120°=60°입니다.
각 ㄴㄷㄱ의 크기는 직선 가와 직선 나가 수직으로 만나므로 90°입니다.
삼각형 세 각의 크기의 합이 180°이므로
(각 ㄱㄴㄷ)+(각 ㄴㄱㄷ)+(각 ㄴㄷㄱ)=180°
(각 ㄱㄴㄷ)+60°+90°=180°
(각 ㄱㄴㄷ)=30°입니다.

2. 평행과 평행선 사이의 거리 알아보기

수해력을 확인해요

100~101쪽

01 (1) 예

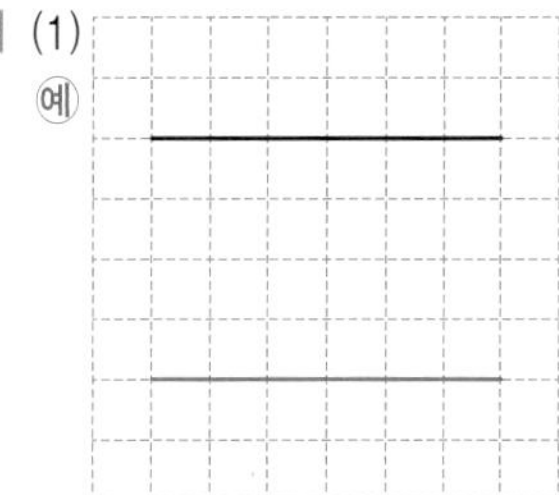

(2) 예

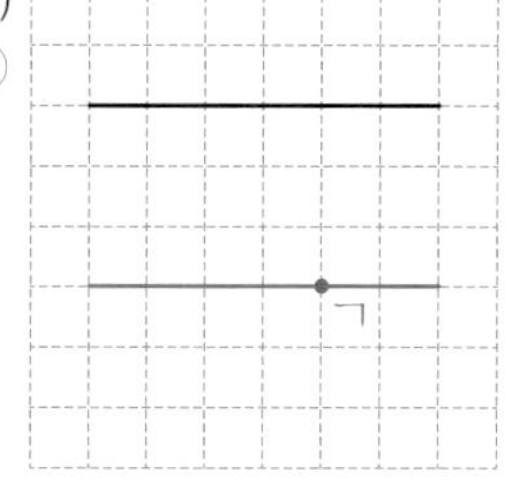

02 (1) 예

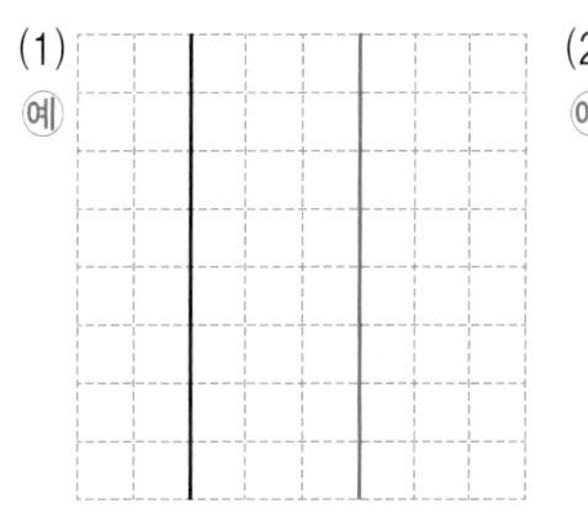

(2) 예

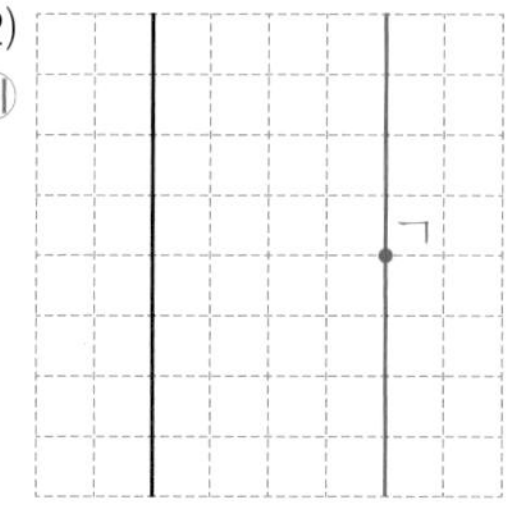

03 (1) 예

(2) 예

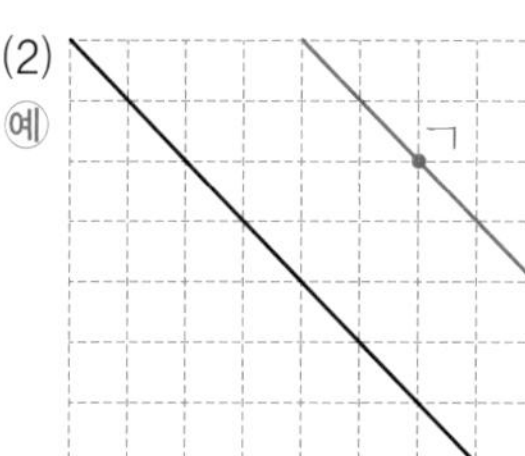

04

05

06

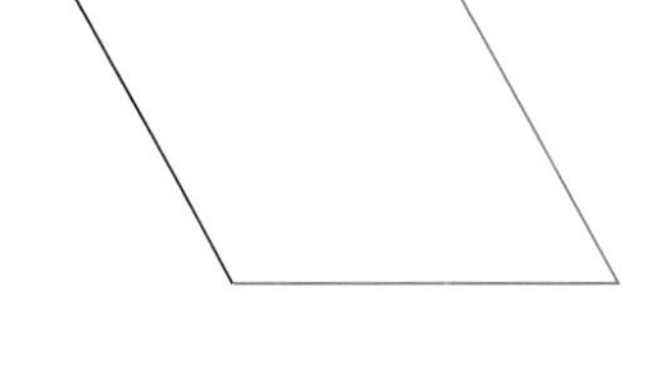

07

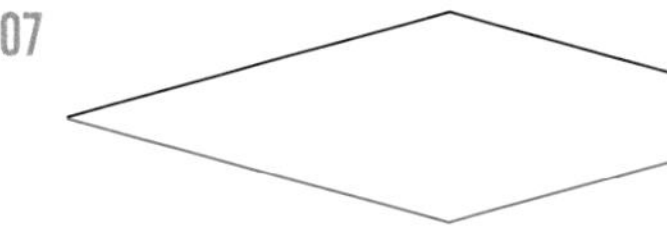

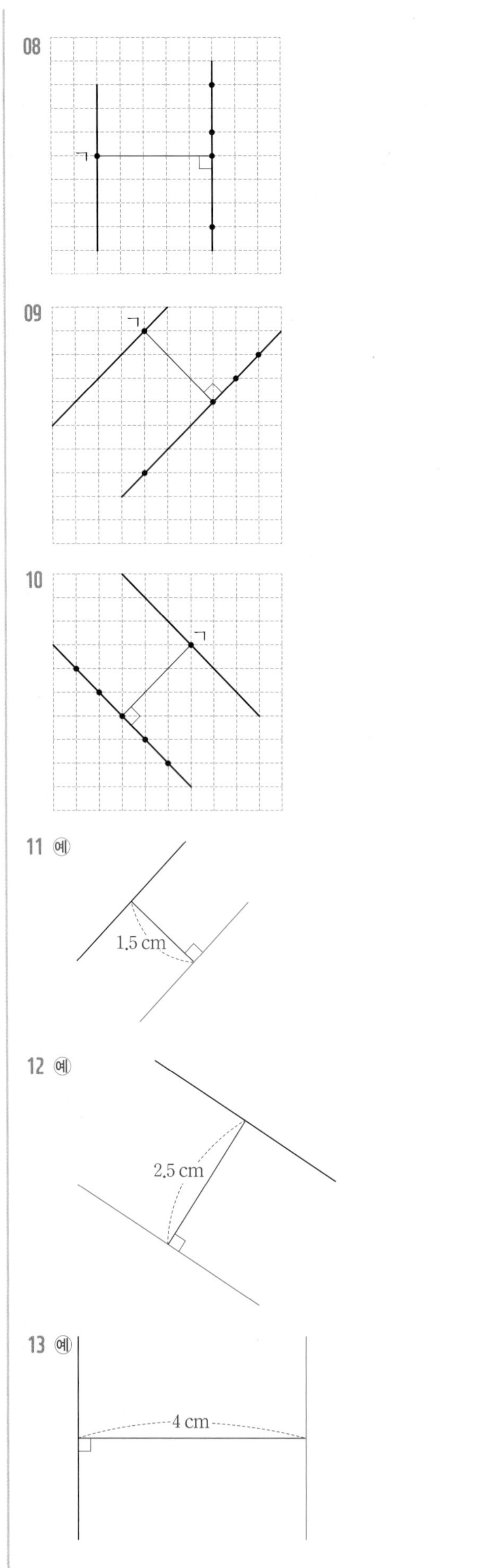

수해력을 높여요

102~103쪽

01 (1) 수직 (2) 수선 (3) 마, 평행

02 ④

03 (1) 평행선에 ○표 (2) 만나지 않습니다에 ○표
(3) 무수히 많이에 ○표

04 해, 돋

05 ㉡

06 ㉢

07 ㉡, 3

08 8 cm

09 15 cm

10 10 cm

11 풀이 참조

12 예

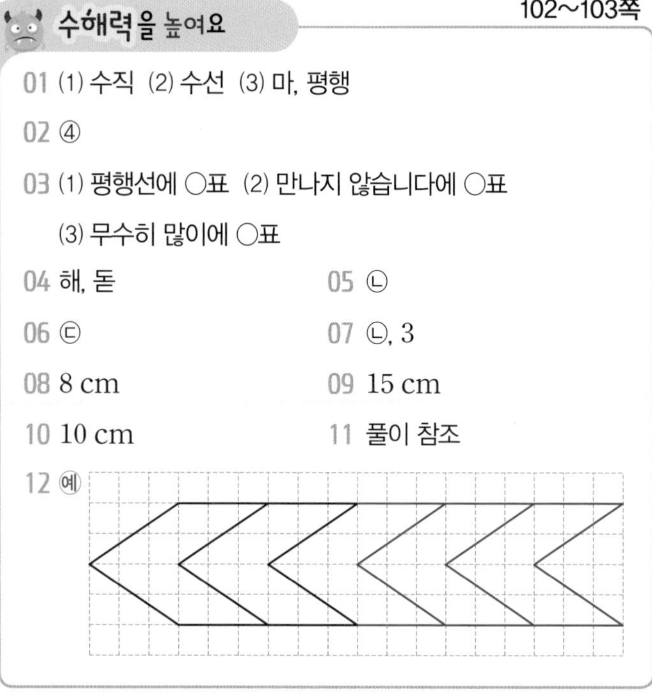

04 **해 돋 이**

05 고무줄을 점 ㉡으로 옮기면 평행선이 두 쌍이 되는 도형이 만들어집니다.

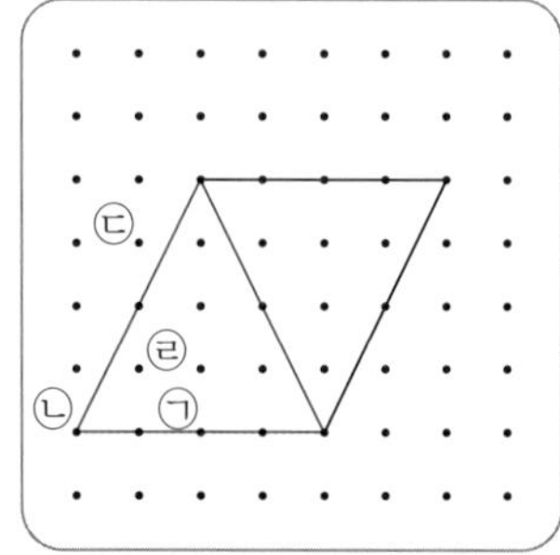

06 평행선에 수직인 선분(수선)이 가장 짧습니다.

08 도형에서 두 변과 직각인 변의 길이가 평행선 사이의 거리와 같습니다.

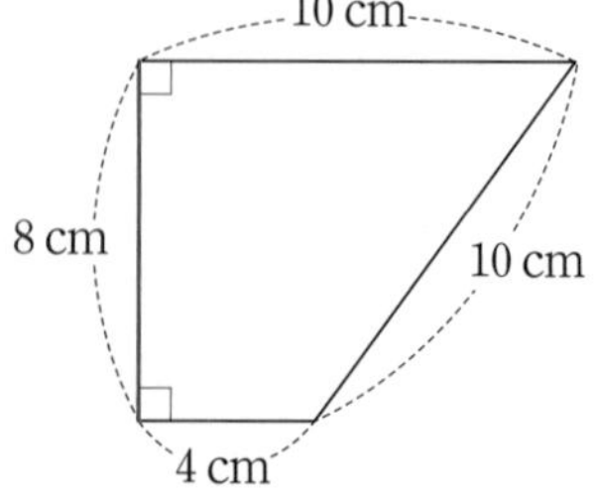

09 직선 가와 직선 나는 평행하므로 직선 가와 직선 나의 거리는 6 cm입니다. 마찬가지로 직선 나와 직선 다도 평행하므로 직선 나와 직선 다의 거리는 9 cm입니다. 직선 가와 직선 다 사이의 거리는 직선 가와 직선 나 사이

의 거리와 직선 나와 직선 다 사이의 거리를 더한 값인 6+9=15(cm)입니다.

10 변 ㄱㄴ과 변 ㄱㄷ, 변 ㄹㅁ과 변 ㄷㅁ이 각각 직각으로 만나므로 변 ㄱㄴ과 변 ㄹㅁ 사이의 거리는 변 ㄱㄷ의 길이와 변 ㄷㅁ의 길이를 더한 값과 같습니다.
변 ㄱㅁ의 길이는 4+6=10(cm)입니다.

11 가 막대 모양에 대하여 거리가 각각 1cm, 3cm인 평행선을 긋습니다.

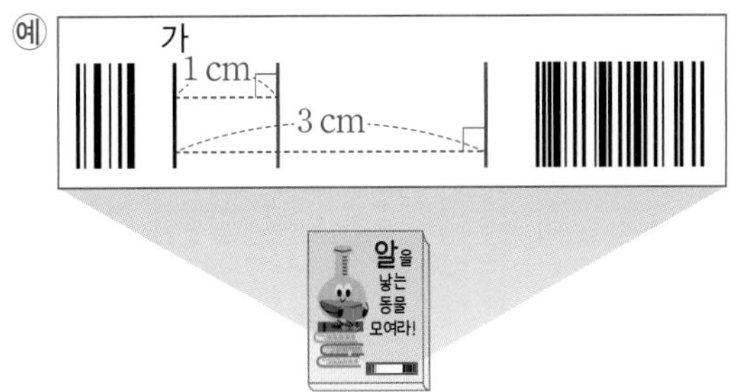

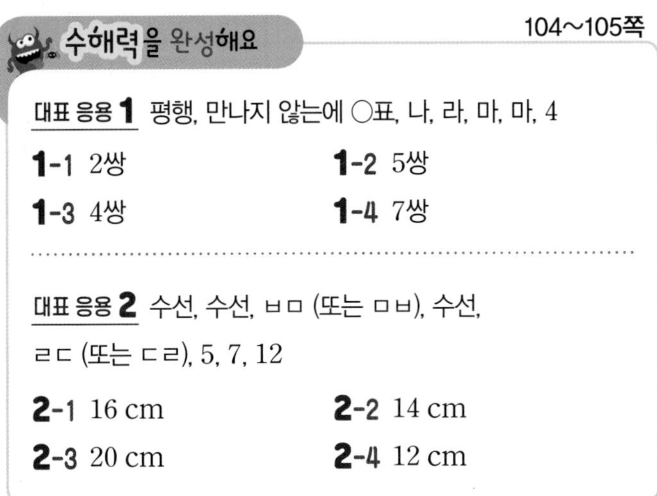

12 주어진 선분에 각각 평행한 선분을 그려 나갑니다.

수해력을 완성해요 104~105쪽

대표 응용 1 평행, 만나지 않는에 ○표, 나, 라, 마, 마, 4

1-1 2쌍	**1-2** 5쌍
1-3 4쌍	**1-4** 7쌍

대표 응용 2 수선, 수선, ㅂㅁ (또는 ㅁㅂ), 수선, ㄹㄷ (또는 ㄷㄹ), 5, 7, 12

2-1 16 cm	**2-2** 14 cm
2-3 20 cm	**2-4** 12 cm

1-1 평행한 두 직선을 짝지어 보면
가-나, 다-라
이므로 평행선은 모두 2쌍입니다.

1-2 평행한 두 직선을 짝지어 보면
가-마, 나-다, 라-바, 라-사, 바-사이므로 평행선은 모두 5쌍입니다.

1-3 가로선의 위에서부터 가, 나, 다 순서대로 기호를 붙인 뒤 평행한 두 직선을 짝지어 보면
가-나, 가-다, 나-다 3쌍이고 세로선에서도 평행선을 1쌍 찾을 수 있으므로 찾을 수 있는 평행선은 모두 4쌍입니다.

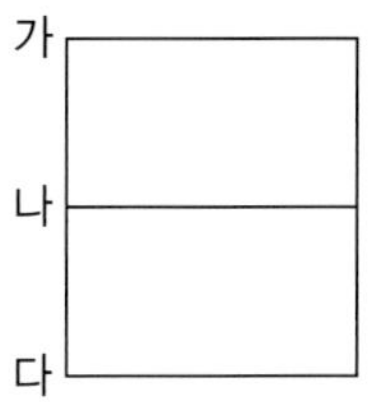

1-4 세로선의 위에서부터 가, 나, 다, 라 순서대로 기호를 붙인 뒤 평행한 두 직선을 짝지어 보면
가-나, 가-다, 가-라, 나-다, 나-라, 다-라 6쌍의 평행선을 찾을 수 있습니다. 가로선에서도 1쌍의 평행선을 찾을 수 있으므로 평행선은 모두 7쌍입니다.

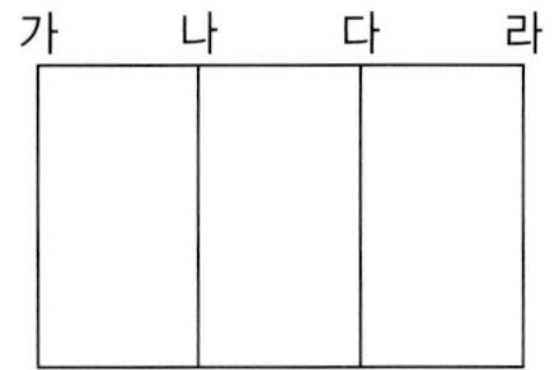

2-1 변 ㄱㅇ과 변 ㄴㄷ 사이의 거리는
변 ㄱㅇ의 수선인 변 ㅇㅅ의 길이, 변 ㅅㅂ의 수선인 변 ㅂㅁ, 변 ㅁㄹ의 수선인 변 ㄹㄷ의 길이를 더해서 구합니다.
(변 ㅇㅅ)+(변 ㅂㅁ)+(변 ㄹㄷ)
=5+4+7=16(cm)입니다.

2-2 변 ㄱㅅ과 변 ㄹㅁ 사이의 거리는
변 ㄱㅅ의 수선인 변 ㄱㄴ의 길이와 변 ㄹㅁ의 수선인 변 ㄷㄹ의 길이를 더해서 구합니다.
(변 ㄱㄴ)+(변 ㄷㄹ)=6+8=14(cm)입니다.

2-3 변 ㄱㄴ과 변 ㅁㄹ 사이의 거리는 변 ㄱㄴ의 수선인 변 ㄱㅅ과 변 ㅁㄹ의 수선인 변 ㅁㅂ 길이를 더해서 구할 수 있습니다.
변 ㄱㅅ의 길이를 □cm라고 한다면
□+12=32, □=20(cm)입니다.

2-4 변 ㄱㄴ과 변 ㄹㄷ 사이의 거리는 36 cm입니다.
두 변 사이의 거리는 변 ㄱㅇ의 길이, 변 ㅅㅂ의 길이, 변 ㅁㄹ의 길이를 더해서 구할 수 있습니다.
(변 ㄱㅇ)+(변 ㅅㅂ)+(변 ㅁㄹ)=36 cm,
변 ㅅㅂ의 길이를 □cm라고 한다면
12+□+12=36(cm),
□=12(cm)입니다.

3. 사다리꼴과 평행사변형 알아보기

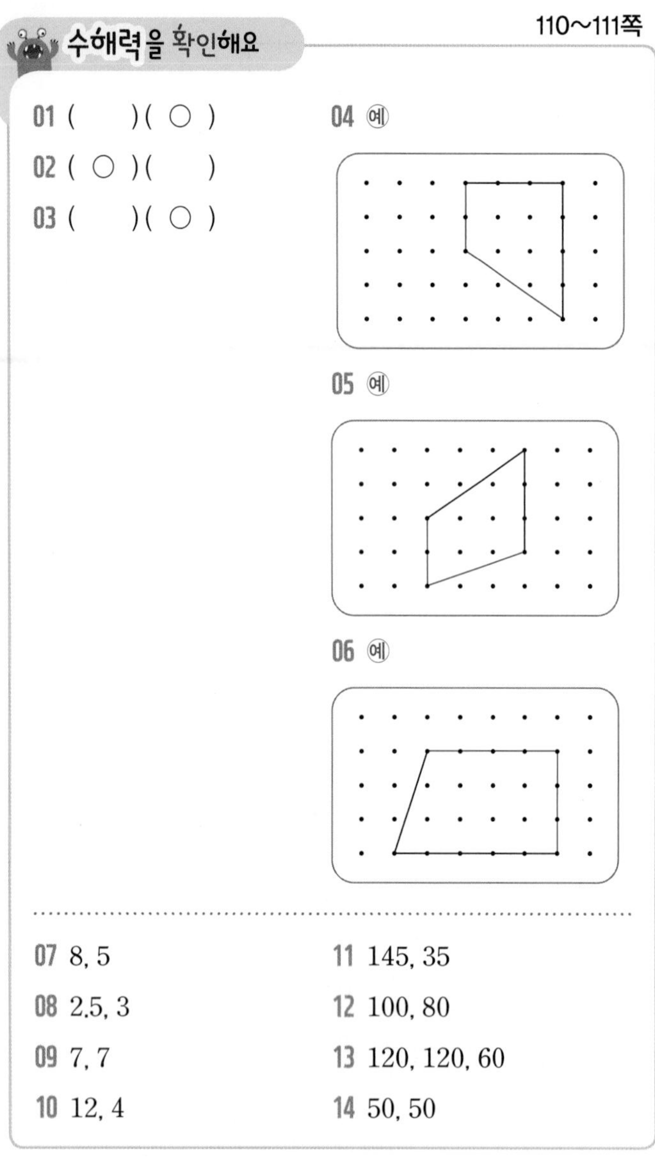

수해력을 확인해요 110~111쪽

01 (　　)(○)
02 (○)(　　)
03 (　　)(○)
04 예
05 예
06 예

07 8, 5
08 2.5, 3
09 7, 7
10 12, 4
11 145, 35
12 100, 80
13 120, 120, 60
14 50, 50

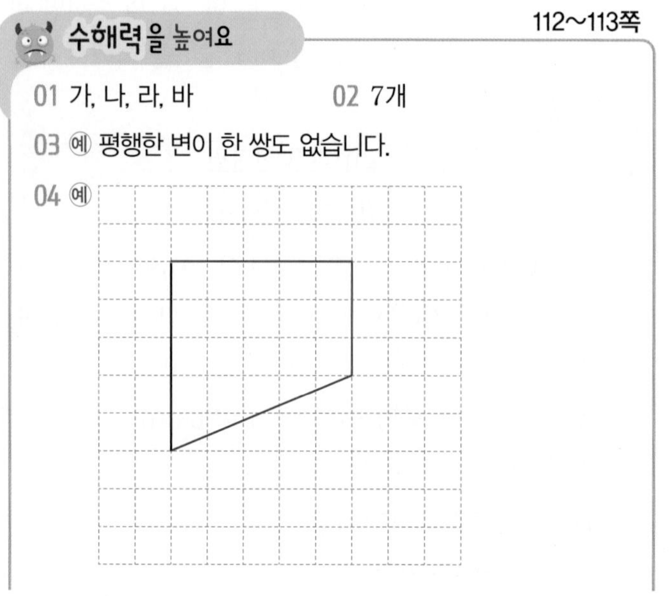

수해력을 높여요 112~113쪽

01 가, 나, 라, 바　　02 7개
03 예 평행한 변이 한 쌍도 없습니다.
04 예

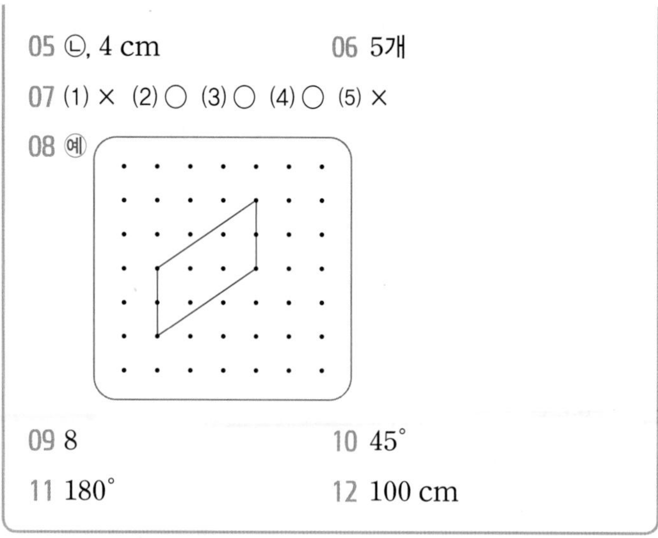

05 ㉡, 4 cm　　06 5개
07 (1) × (2) ○ (3) ○ (4) ○ (5) ×
08 예
09 8　　10 45°
11 180°　　12 100 cm

01 사다리꼴은 적어도 한 쌍의 변이 평행한 사각형입니다.

02 선을 따라 잘라낸 도형은 위와 아래의 두 변이 서로 평행하므로 7개 모두 사다리꼴입니다.

03 사다리꼴은 평행한 변이 한 쌍이라도 있어야 하는데 이 도형은 평행한 변이 없습니다.

05 ㉡ 직선을 따라 도형을 잘랐을 때 평행한 변이 생깁니다. 잘라낸 사다리꼴에서 표시한 빨간색 부분이 사다리꼴의 평행인 변과 수직으로 만나므로 사다리꼴의 평행한 변 사이의 거리는 4 cm입니다.

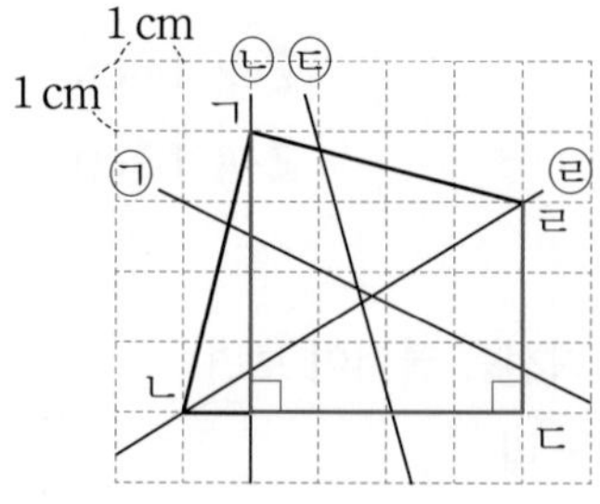

06 다는 한 쌍의 변만 평행하므로 평행사변형이 아닙니다.

07 (1) 네 각이 모두 직각인 사각형은 직사각형, 정사각형입니다.
(5) 평행사변형은 이웃하는 두 각의 크기의 합이 180°입니다.

08 예

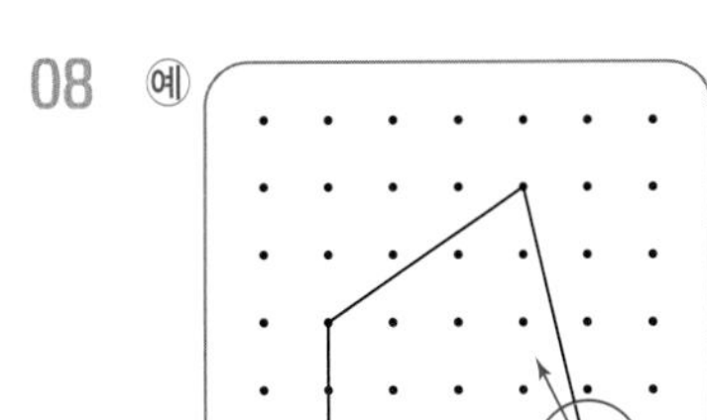

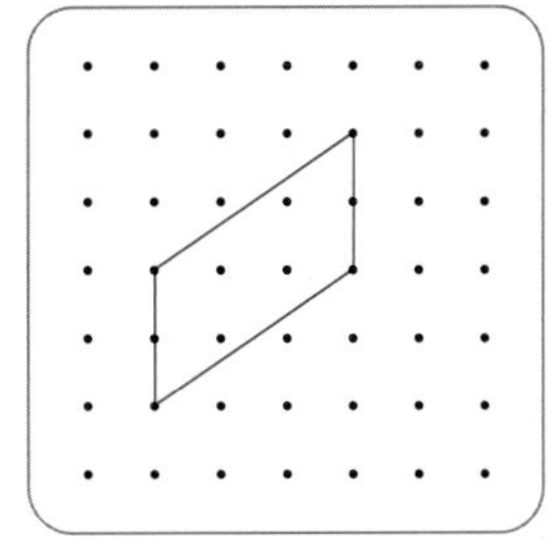

09 평행사변형은 마주 보는 두 변의 길이가 같습니다. 평행사변형의 네 변의 길이의 합이 24 cm이므로 $4+4+\square+\square=24$, $\square=8$ (cm)입니다.

10 해설 나침반

평행사변형은 이웃하는 두 각의 크기의 합이 180°입니다.

각 ㄱㄴㄷ과 이웃하는 각은 각 ㄴㄷㄹ이므로
(각 ㄱㄴㄷ)+(각 ㄴㄷㄹ)=180°,
55°+(각 ㄴㄷㄹ)=180°, (각 ㄴㄷㄹ)=125°입니다.
삼각형의 세 각의 크기의 합은 180°이므로
(각 ㄱㄴㄷ)+(각 ㄴㄱㄷ)+(각 ㄴㄷㄱ)=180°,
55°+45°+(각 ㄴㄷㄱ)=180°, (각 ㄴㄷㄱ)=80°입니다.
(각 ㄴㄷㄹ)=(각 ㄴㄷㄱ)+(각 ㄱㄷㄹ)이므로
125°=80°+(각 ㄱㄷㄹ), (각 ㄱㄷㄹ)=45°입니다.

11 평행사변형은 이웃하는 두 각의 크기의 합이 180°입니다. 3개의 도형은 모두 크기와 모양이 같은 평행사변형이므로 각 ㉡은 표시된 부분의 각(●)과 같습니다.

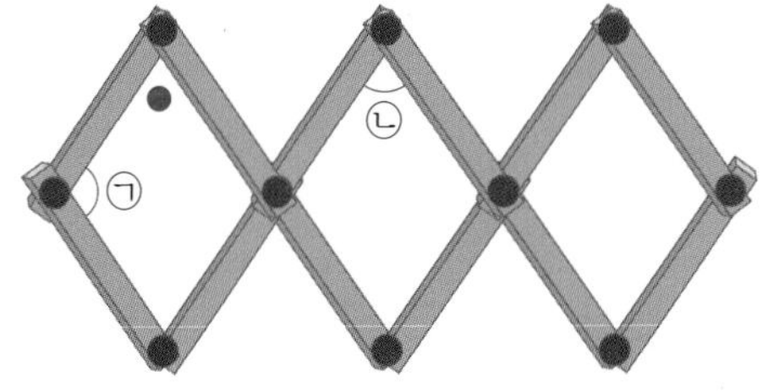

(각 ㉠)+(각 ㉡)=(각 ㉠)+●=180°입니다.

12 뜀틀의 높이는 평행한 각 변 사이에 수직으로 그어진 선분의 길이를 더한 값과 같으므로 뜀틀의 높이는 $30+20+50=100$ (cm)입니다.

수해력을 완성해요 114~115쪽

대표 응용 1 3, 2, 1, 3, 2, 1, 6

1-1 18개 1-2 6개
1-3 9개 1-4 12개

대표 응용 2 180°, 이웃하는에 ○표, ㄴㄷㄱ (또는 ㄱㄷㄴ), 25°

2-1 15° 2-2 40°
2-3 65° 2-4 55°

1-1 작은 사다리꼴 1개로 이루어진 사다리꼴: 6개
작은 사다리꼴 2개로 이루어진 사다리꼴: 7개
작은 사다리꼴 3개로 이루어진 사다리꼴: 2개
작은 사다리꼴 4개로 이루어진 사다리꼴: 2개
작은 사다리꼴 6개로 이루어진 사다리꼴: 1개
따라서 찾을 수 있는 크고 작은 사다리꼴은 $6+7+2+2+1=18$(개)입니다.

해설 플러스

작은 사다리꼴로 이루어진 사다리꼴의 개수를 빠짐없이 중복되지 않게 세어야 합니다.

1-2 정삼각형 3개로 이루어진 사다리꼴: 3개
정삼각형 2개로 이루어진 사다리꼴: 3개
따라서 찾을 수 있는 크고 작은 사다리꼴은 6개입니다.

1-3 작은 평행사변형 1개로 이루어진 평행사변형: 4개
작은 평행사변형 2개로 이루어진 평행사변형: 4개
작은 평행사변형 4개로 이루어진 평행사변형: 1개
따라서 찾을 수 있는 크고 작은 평행사변형은 9개입니다.

1-4 정삼각형 2개로 이루어진 평행사변형: 8개
정삼각형 4개로 이루어진 평행사변형: 4개
찾을 수 있는 평행사변형은 12개입니다.

2-1 각 ㄴㄱㄹ과 각 ㄱㄴㄷ은 서로 이웃하는 각입니다.
(각 ㄴㄱㄹ)+(각 ㄱㄴㄷ)
=(각 ㄴㄱㄹ)+(각 ㄱㄴㄹ)+(각 ㄹㄴㄷ)=180°
130°+(각 ㄱㄴㄹ)+35°=180°
(각 ㄱㄴㄹ)=15°입니다.

2-2 각 ㄴㄱㄹ과 각 ㄷㄹㄱ은 서로 이웃하는 각입니다.
(각 ㄴㄱㄹ)+(각 ㄷㄹㄱ)=180°

(각 ㄴㄱㄹ)+(각 ㄱㄹㄴ)+(각 ㄷㄹㄴ)=180°
80°+(각 ㄱㄹㄴ)+60°=180°이므로
(각 ㄱㄹㄴ)=40°입니다.

2-3 각 ㄱㄴㄷ과 각 ㄴㄷㄹ은 서로 이웃하는 각입니다.
(각 ㄱㄴㄷ)+(각 ㄴㄷㄹ)=180°
65°+(각 ㄴㄷㄹ)=180°
(각 ㄴㄷㄹ)=115°입니다.
각 ㄴㄷㄹ과 각 ㄹㄷㅁ은 한 직선 위에 있으므로
(각 ㄴㄷㄹ)+(각 ㄹㄷㅁ)=180°
115°+(각 ㄹㄷㅁ)=180°
(각 ㄹㄷㅁ)=65°입니다.

2-4 각 ㅁㄴㄱ과 각 ㄱㄴㄷ은 한 직선 위에 있으므로
(각 ㅁㄴㄱ)+(각 ㄱㄴㄷ)=180°
125°+(각 ㄱㄴㄷ)=180°
(각 ㄱㄴㄷ)=55°입니다.
평행사변형은 마주 보는 두 각의 크기가 같으므로 각 ㄱㄴㄷ과 마주 보는 각인 각 ㄱㄹㄷ의 크기는 55°입니다.

4. 마름모와 여러 가지 사각형 알아보기

수해력을 확인해요 120~121쪽

01 6, 70	05 12, 90
02 10, 120	06 7, 150
03 12, 135	07 4, 75
04 7, 65	08 5, 50
	09 9, 25
10 나, 다, 라, 마, 바	13 나, 다
11 나, 다, 라, 마	14 나, 다, 마, 바
12 나, 다	15 나, 바
	16 나, 다, 마, 바

01-09 마름모는 네 변의 길이가 모두 같은 사각형입니다. 마름모는 마주 보는 두 각의 크기가 같습니다. 마름모는 이웃하는 두 각의 크기의 합이 180°입니다.

10 한 쌍의 변이 평행한 사각형이 사다리꼴이므로 나, 다, 라, 마, 바입니다.

11 두 쌍의 변이 평행한 사각형이 평행사변형이므로 나, 다, 라, 마입니다.

12 네 각이 모두 직각인 사각형이 직사각형이므로 나, 다입니다.

13-16

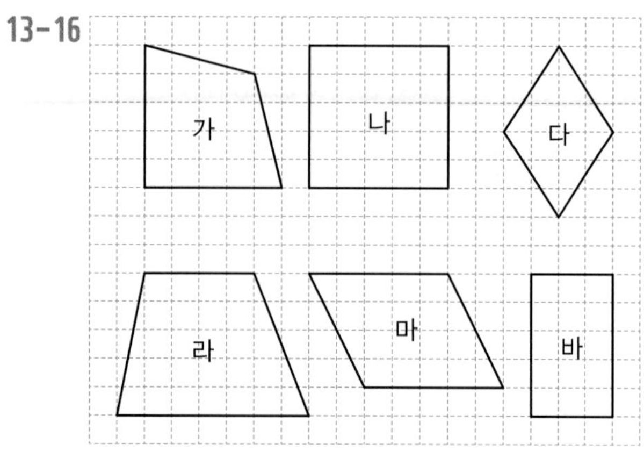

13 네 변의 길이가 모두 같은 사각형을 찾으면 나, 다입니다.

14 마주 보는 두 각의 크기가 같은 사각형을 찾으면 나, 다, 마, 바입니다.

15 마주 보는 꼭짓점을 이은 두 선분의 길이가 같은 사각형을 찾으면 나, 바입니다.

16 이웃하는 두 각의 크기의 합이 180°인 사각형을 찾으면 나, 다, 마, 바입니다.

수해력을 높여요 122~123쪽

01 가, 다	02 3개
03 ㉠, ㉣	04 34 cm
05 8 cm	06 ㉠, ㉡
07 3개	08 사다리꼴, 평행사변형
09 ③	

10 사다리꼴, 평행사변형, 직사각형
11 6351
12 사다리꼴

01 마름모는 네 변의 길이가 모두 같은 사각형입니다.

02 그림에서 찾을 수 있는 마름모는 모두 3개입니다.

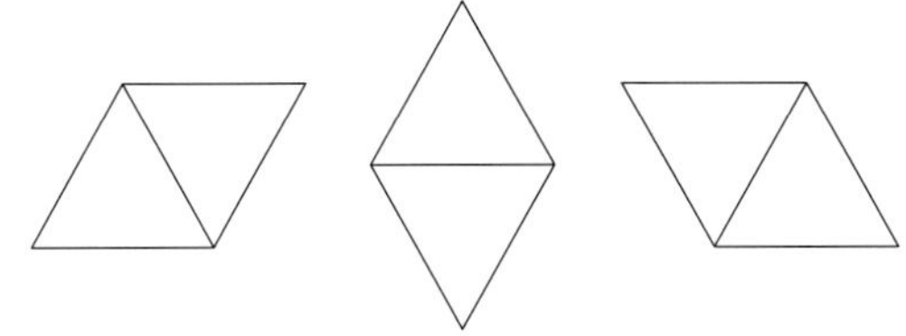

03 ㉠ 마름모는 네 변의 길이가 같습니다.
㉣ 마름모는 이웃하는 두 각의 크기의 합이 180°입니다.

해설 나침반
마름모는 마주 보는 꼭짓점끼리 이은 두 선분이 서로를 똑같이 둘로 나눕니다.

04 (선분 ㄱㅇ의 길이)=(선분 ㄷㅇ의 길이)
(선분 ㄴㅇ의 길이)=(선분 ㄹㅇ의 길이)
(선분 ㄱㄷ의 길이)$=5+5=10$(cm)
(선분 ㄴㄹ의 길이)$=12+12=24$(cm)
선분 ㄱㄷ과 선분 ㄴㄹ 길이의 합은
$10+24=34$(cm)입니다.

05 마름모는 네 변의 길이가 모두 같은 사각형이므로 한 변의 길이가 13 cm인 마름모 1개를 만드는 데 사용한 끈의 길이는 $13\times4=52$(cm)입니다. 따라서 마름모를 만들고 남은 끈의 길이는 $60-52=8$(cm)입니다.

06 평행한 변이 있으면서 마주 보는 두 쌍의 변이 평행하기 때문에 사다리꼴, 평행사변형입니다.

07 평행사변형은 마주 보는 두 쌍의 변이 평행해야 합니다.

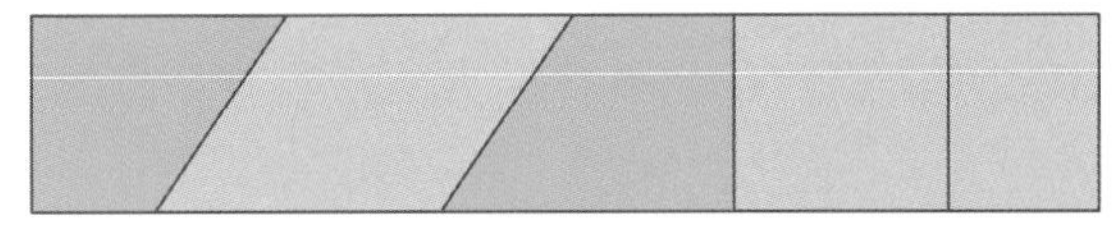

08 평행한 변이 있으면서 마주 보는 두 쌍의 변이 평행하므로 사다리꼴, 평행사변형입니다.

09 ③ 마름모는 네 변의 길이가 모두 같은 사각형이므로 직사각형은 마름모가 아닙니다.

10 길이가 같은 두 쌍의 변이 있는 사각형을 만들 수 있으므로 사다리꼴, 평행사변형, 직사각형을 만들 수 있습니다.

11

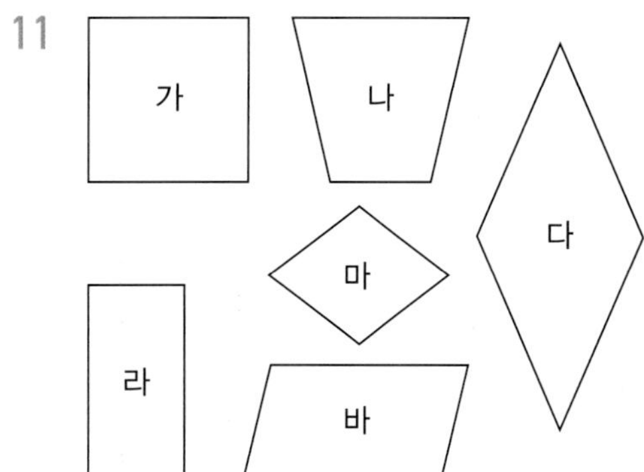

	가	나	다	라	마	바	합계
사다리꼴	○	○	○	○	○	○	6
마름모	○		○		○		3
평행사변형	○		○	○	○	○	5
정사각형	○						1

준성이의 휴대폰 비밀번호는 6351입니다.

12 남아프리카 공화국 국기의 빨간색 및 파란색 사각형과 체코 국기의 하얀색 및 빨간색 사각형은 마주 보는 한 쌍의 변이 평행한 사다리꼴입니다.

수해력을 완성해요

124~125쪽

대표 응용 **1** ㄷㅂ (또는 ㅂㄷ), 6, 6, 6

1-1 36 cm **1-2** 49 cm
1-3 30 cm **1-4** 7 cm

대표 응용 **2** 180°, 180°, 80°, 180°, 180°, 150°, 130°

2-1 80° **2-2** 120°
2-3 85° **2-4** 65°

1-1 평행사변형은 마주 보는 두 변의 길이가 같으므로 변 ㄴㄷ의 길이는 8 cm, 변 ㄷㅂ의 길이는 5 cm입니다. 변 ㄷㅂ을 평행사변형과 마름모가 공통으로 가지고 있으므로 마름모의 한 변의 길이는 5 cm입니다.

파란색 선의 길이는 길이가 5 cm인 변 4개, 길이가 8 cm인 변 2개를 더한 것이므로 $(5\times4)+(8\times2)=36$(cm)입니다.

해설 플러스

이어 붙인 도형들이 공통으로 가지고 있는 변을 확인하고 색선 안에 해당하는 변이 몇 번 들어 있는지 세어 봅니다.

1-2 정사각형의 한 변과 정삼각형의 한 변이 겹치므로 정삼각형 한 변의 길이도 7 cm입니다. 정삼각형의 한 변과 마름모의 한 변이 겹치므로 마름모의 한 변의 길이도 7 cm입니다.
빨간색 선의 길이는 길이가 7 cm인 변 7개를 더한 것이므로 $7\times7=49$(cm)입니다.

1-3 변 ㄱㄴ의 길이가 6 cm이므로 변 ㄱㄹ, 변 ㄴㅁ, 변 ㄹㅁ의 길이도 6 cm입니다.
변 ㄹㅁ은 정삼각형의 변이기도 하므로 정삼각형의 한 변의 길이는 6 cm입니다.
사다리꼴 ㄱㄴㄷㄹ 전체 변의 길이의 합은 $6+6+12+6=30$(cm)입니다.

1-4 평행사변형은 마주 보는 두 변의 길이가 같으므로 변 ㄴㅅ의 길이는 3 cm, 변 ㅂㅅ의 길이는 4 cm입니다.
변 ㄴㅅ은 직사각형의 변이기도 하므로 변 ㄴㅅ과 마주 보는 변인 변 ㄷㄹ의 길이는 3 cm입니다.
변 ㄷㄹ과 변 ㅂㅅ의 길이의 합은 $3+4=7$(cm)입니다.

2-1 각 ㄱㅁㄷ의 크기는 90°이므로
(각 ㄷㅁㄹ)$=140^\circ-90^\circ=50^\circ$입니다.
삼각형 ㄹㅁㄷ은 두 변의 길이가 같은 이등변삼각형이므로 두 밑각인 (각 ㄹㅁㄷ)=(각 ㄹㄷㅁ)$=50^\circ$입니다.
삼각형의 세 각의 크기의 합은 180°이므로
(각 ㅁㄹㄷ)$=180^\circ-50^\circ-50^\circ=80^\circ$입니다.

2-2 정삼각형의 한 각의 크기는 $180^\circ\div3=60^\circ$입니다.
(각 ㅁㄷㄹ)$=60^\circ$이므로
(각 ㄴㄷㅁ)$=180^\circ-60^\circ=120^\circ$입니다.
평행사변형은 이웃하는 두 각의 크기의 합이 180°이므로 (각 ㄱㅁㄷ)$=180^\circ-120^\circ=60^\circ$입니다.
(각 ㄱㅁㄹ)=(각 ㄱㅁㄷ)+(각 ㄷㅁㄹ)
$=60^\circ+60^\circ=120^\circ$입니다.

2-3

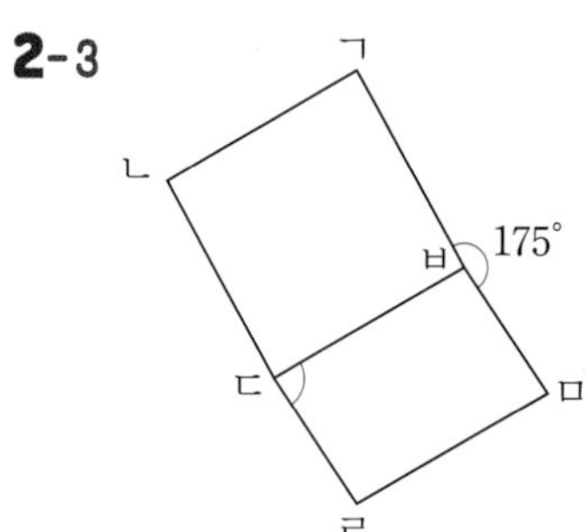

사각형 ㄱㄴㄷㅂ은 정사각형이므로 네 각의 크기가 모두 90°로 같습니다.
(각 ㄱㅂㄷ)+(각 ㅁㅂㄷ)+(각 ㄱㅂㅁ)$=360^\circ$이므로
(각 ㅁㅂㄷ)$=360^\circ-175^\circ-90^\circ=95^\circ$입니다.
사각형 ㅂㄷㄹㅁ은 평행사변형이므로 이웃한 두 각의 크기의 합은 180°입니다. (각 ㅁㅂㄷ)$=95^\circ$이므로
(각 ㅂㄷㄹ)$=180^\circ-95^\circ=85^\circ$입니다.

2-4 정사각형의 한 각의 크기는 90°입니다.
(각 ㄴㄷㅂ)+(각 ㄴㄷㄹ)+(각 ㅂㄷㄹ)$=360^\circ$이므로
(각 ㅂㄷㄹ)$=360^\circ-90^\circ-155^\circ=115^\circ$입니다.
마름모는 이웃하는 두 각의 크기의 합이 180°이므로
(각 ㅂㄷㄹ)+(각 ㄷㄹㅁ)$=180^\circ$입니다.
(각 ㄷㄹㅁ)$=180^\circ-115^\circ=65^\circ$입니다.

수해력을 확장해요

126~127쪽

활동 1 (1) 평행 (2) 풀이 참조
활동 2 (1) 직사각형 (2) 평행 (3) 풀이 참조
활동 3 (1) 직각(또는 90°) (2) 수선

활동1 (2)

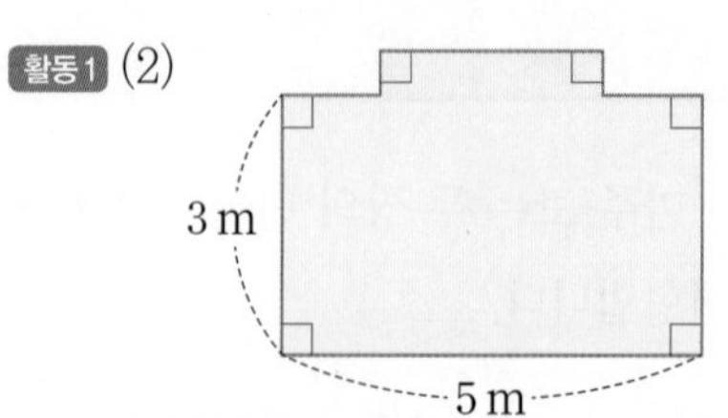

활동2 (3)

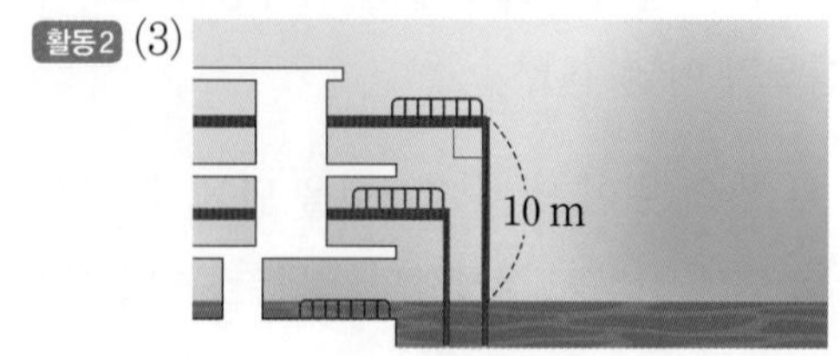

1. 다각형 알아보기

수해력을 확인해요 132~133쪽

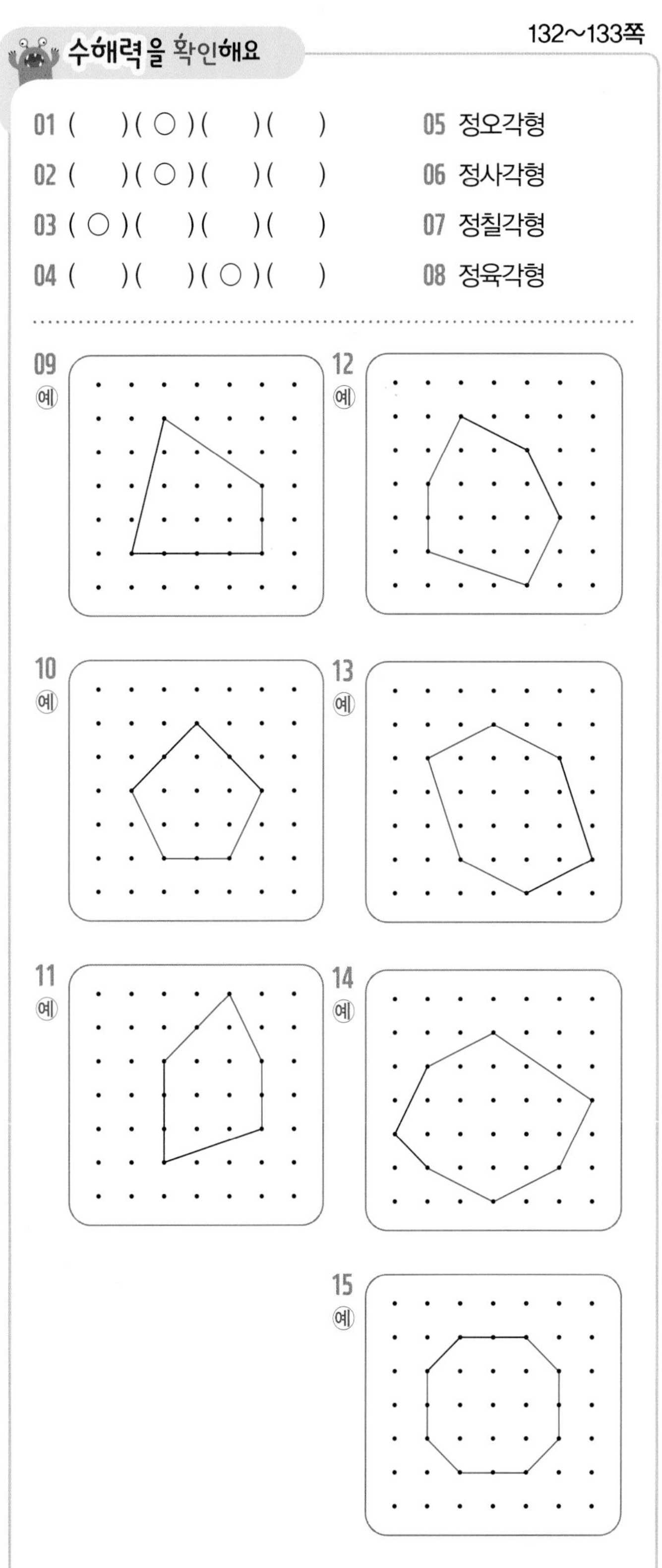

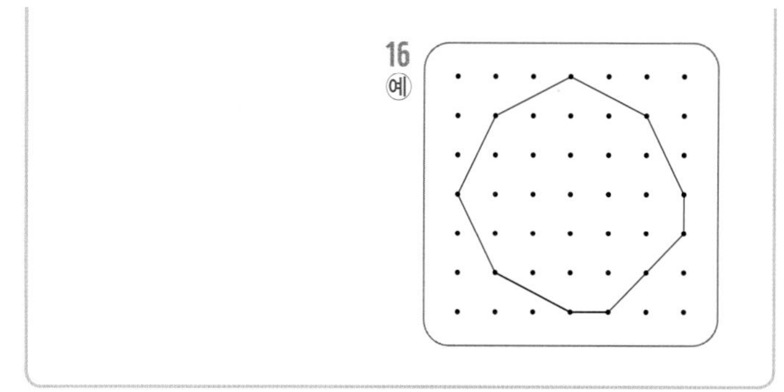

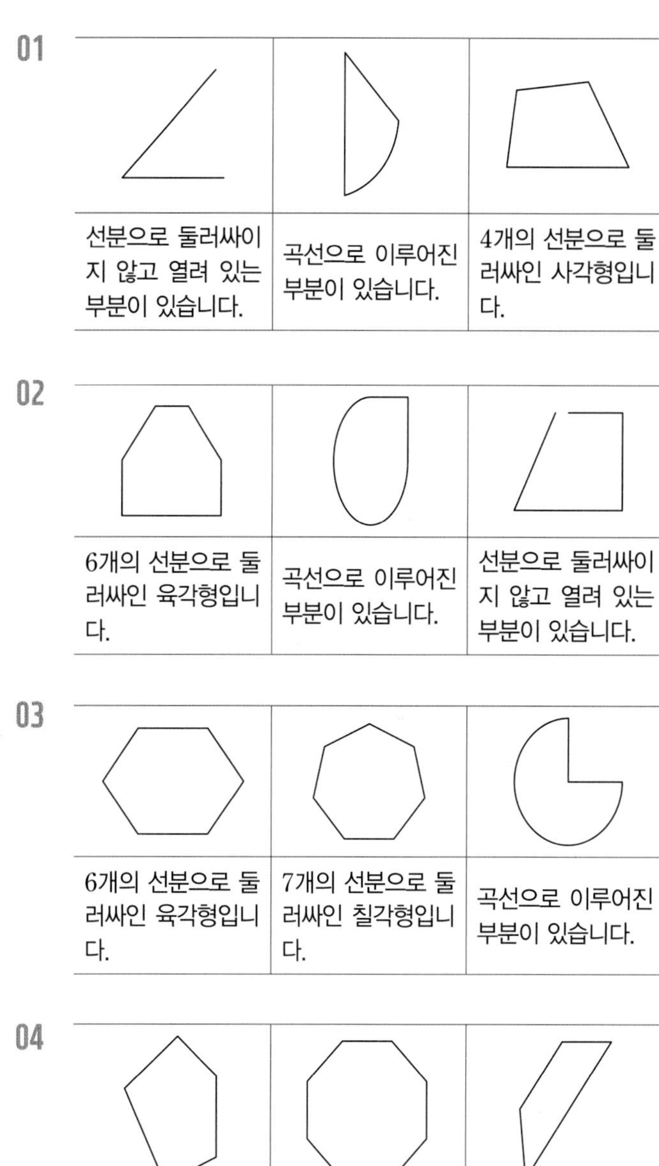

01

선분으로 둘러싸이지 않고 열려 있는 부분이 있습니다.	곡선으로 이루어진 부분이 있습니다.	4개의 선분으로 둘러싸인 사각형입니다.

02

6개의 선분으로 둘러싸인 육각형입니다.	곡선으로 이루어진 부분이 있습니다.	선분으로 둘러싸이지 않고 열려 있는 부분이 있습니다.

03

6개의 선분으로 둘러싸인 육각형입니다.	7개의 선분으로 둘러싸인 칠각형입니다.	곡선으로 이루어진 부분이 있습니다.

04

5개의 선분으로 둘러싸인 오각형입니다.	8개의 선분으로 둘러싸인 팔각형입니다.	4개의 선분으로 둘러싸인 사각형입니다.

08 (정)다각형은 변의 수와 각의 수가 서로 같습니다.
정다각형의 (변의 수)+(각의 수)=12,
(변의 수)=(각의 수)=6으로 주어진 설명의 정다각형은 정육각형입니다.

수해력을 높여요

134~135쪽

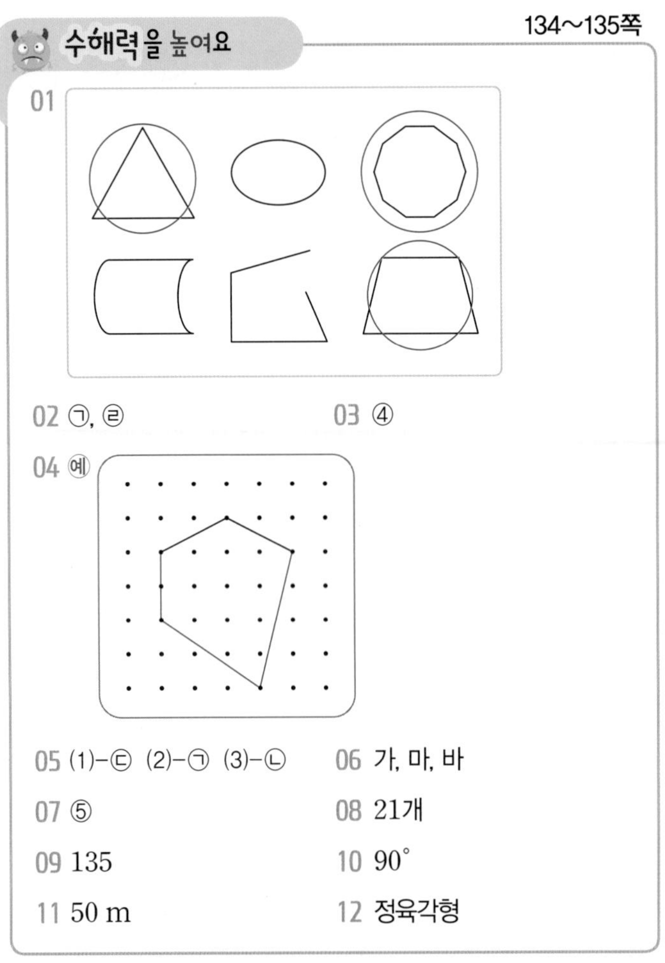

02 ㉠, ㉣　03 ④

04 예

05 (1)-㉢ (2)-㉠ (3)-㉡　06 가, 마, 바

07 ⑤　08 21개

09 135　10 90°

11 50 m　12 정육각형

01

(타원)	(곡선 도형)	(열린 도형)
곡선으로만 이루어져 있습니다.	곡선으로 이루어진 부분이 있습니다.	선분으로 둘러싸여 있지 않고 열려 있는 부분이 있습니다.

02 육각형은 변, 꼭짓점, 각이 각각 6개 있는 다각형입니다. ㉡은 사각형, ㉢은 오각형입니다.

03 ④ 나는 선분으로 둘러싸여 있지 않기 때문에 다각형이 아닙니다.

04 두 개의 변이 주어져 있으므로 3개의 선분을 더 그리면 오각형이 완성됩니다.

06 정다각형은 변의 길이가 모두 같고, 각의 크기가 모두 같은 다각형입니다. 나, 다, 라는 변의 길이가 모두 같지는 않거나 각의 크기가 모두 같지는 않기 때문에 정다각형이 아닙니다.

07 ⑤ 마름모는 변의 길이는 모두 같지만 각의 크기가 모두 같지는 않으므로 정다각형이 아닙니다.

08 한 다각형에서 변의 수, 각의 수, 꼭짓점의 수는 모두 같습니다. 주어진 도형은 칠각형이므로 칠각형의 변의 수, 각의 수, 꼭짓점의 수를 모두 합하면 $7+7+7=21$(개)입니다.

09 정다각형은 각의 크기가 모두 같습니다. 정팔각형의 한 각의 크기는 135°입니다.

10 변이 4개인 정다각형은 정사각형입니다. 정다각형은 각의 크기가 모두 같으므로 정사각형 한 각의 크기를 □°라고 한다면 $\square \times 4=360°$, $\square=90°$입니다.

11 정오각형 모양의 울타리 한 변의 길이가 10 m이므로 울타리 전체의 길이는 $10 \times 5=50$(m)입니다.

12 눈 결정에서 변의 길이가 모두 같고 각의 크기가 모두 같은 정육각형 모양을 가장 많이 찾을 수 있습니다.

수해력을 완성해요

136~137쪽

대표 응용 1 42, 42, 7

1-1 12 cm　**1-2** 11 cm

1-3 5 cm　**1-4** 6 cm

대표 응용 2 180°, 180°, 540°, 540°, 108°

2-1 120°　**2-2** 90°

2-3 162°　**2-4** 120°

1-1 60 cm인 철사를 모두 사용하여 정오각형 1개를 만들었으므로 만든 정오각형의 모든 변의 길이의 합도 60 cm입니다. 정오각형은 5개의 변의 길이가 모두 같으므로 정오각형의 한 변의 길이는 $60 \div 5=12$(cm)입니다.

1-2 길이가 72 cm인 철사를 겹치지 않게 사용하여 정육각형을 만들고 남은 철사가 6 cm이므로 정육각형을 만드는 데 사용한 철사의 길이는 $72-6=66$(cm)입니다. 정육각형 6개의 변의 길이는 모두 같으므로 정육각형의 한 변의 길이는 $66 \div 6=11$(cm)입니다.

해설 플러스

철사를 모두 사용하지 않았으므로 전체 철사의 길이에서 사용하고 남은 철사의 길이를 빼 주어야 사용한 철사의 길이를 구할 수 있습니다.

1-3 가는 정사각형, 나는 정오각형입니다. 나는 한 변의 길이가 4 cm인 변이 5개 있으므로 나의 모든 변의 길이의 합은 $4\times5=20$(cm)입니다. 가는 변이 4개 있고 모든 변의 길이의 합이 나와 같으므로 가의 한 변의 길이를 □cm라고 한다면 □$\times4=20$, □$=5$(cm)입니다.

1-4 가는 정육각형, 나는 정사각형입니다. 가는 한 변의 길이가 4 cm인 변이 6개 있으므로 모든 변의 길이의 합은 $4\times6=24$(cm)입니다. 나는 변이 4개 있고 모든 변의 길이의 합이 가와 같으므로 나의 한 변의 길이를 □cm라고 한다면 □$\times4=24$, □$=6$(cm)입니다.

2-1 정육각형은 삼각형 4개로 나눌 수 있으므로 정육각형의 모든 각의 크기의 합은 $180°\times4=720°$입니다. 정육각형의 각의 크기는 모두 같으므로 정육각형 한 각의 크기는 $720°\div6=120°$입니다.

해설 플러스

삼각형의 세 각의 크기의 합은 180°입니다.

2-2 사각형의 네 각의 크기의 합은 360°입니다.
사각형 ㄱㄴㄷㄹ에서
(각 ㄱㄴㄷ)+(각 ㄴㄷㄹ)+(각 ㄷㄹㄱ)+(각 ㄴㄱㄹ)
$=360°$이고
(각 ㄱㄴㄷ)=(각 ㄴㄷㄹ)$=135°$이므로
$135°+135°+$(각 ㄷㄹㄱ)
+(각 ㄴㄱㄹ)$=360°$
따라서 각 ㄷㄹㄱ과 각 ㄴㄱㄹ의 크기의 합은
$360°-135°-135°=90°$입니다.

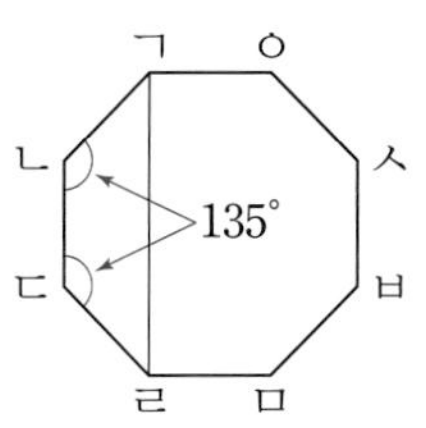

2-3 정오각형의 한 각의 크기는 108°이고 정사각형의 한 각의 크기는 90°입니다. 각 ㉠의 크기를 □°라고 한다면 □$°+108°+90°=360°$이므로 □$°=162°$입니다.

2-4 정육각형의 한 각의 크기는 120°입니다.

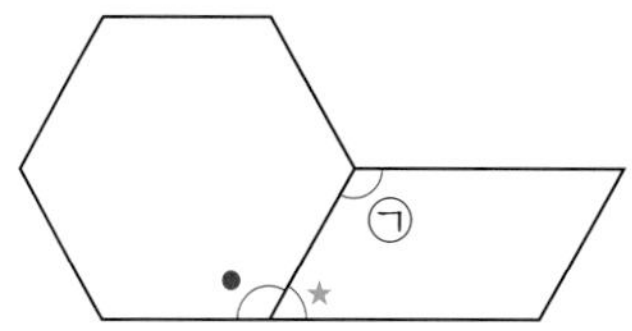

표시한 정육각형의 한 각 •과 표시한 평행사변형 한 각 ⋆의 크기의 합은 180°입니다. $•+⋆=180°$, $•=120°$이므로 $⋆=60°$입니다.
평행사변형은 이웃하는 두 각의 크기의 합이 180°이므로 ⋆과 이웃한 각인 각 ㉠과의 합도 180°가 됩니다.
⋆+(각 ㉠)$=180°$, $⋆=60°$이므로 각 ㉠의 크기는 120°입니다.

2. 대각선 알아보기

수해력을 확인해요 140쪽

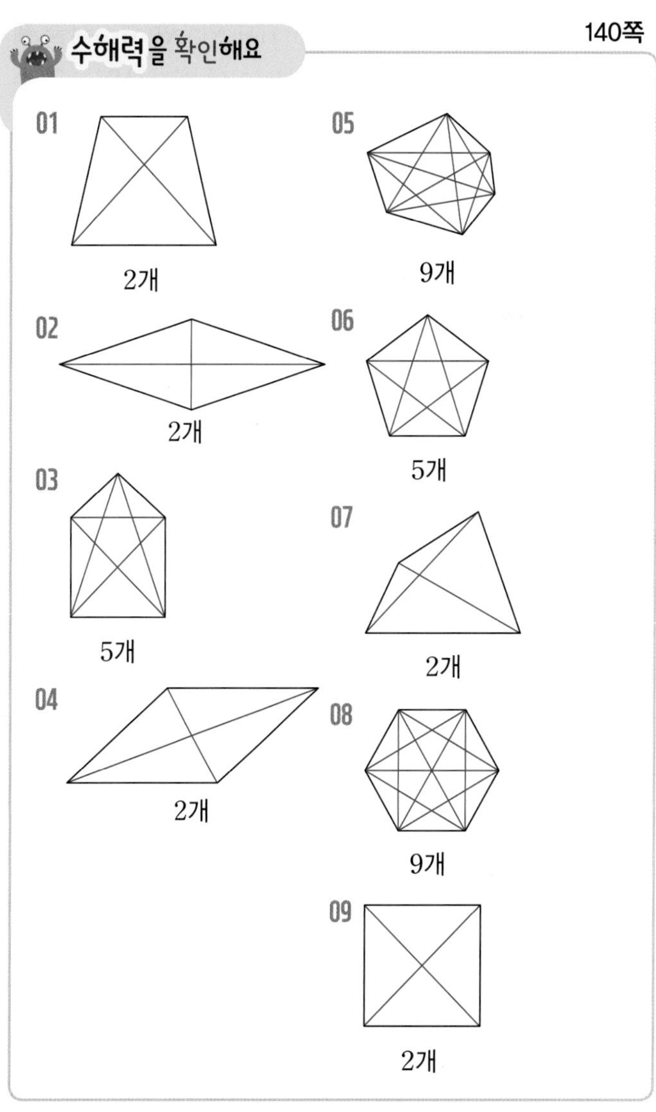

수해력을 높여요

141~142쪽

01 ③	02 ㉠, ㉣, ㉢, ㉡
03 5개	04 3
05 ㉡, ㉣	06 ⑤
07 18	08 90°
09 ①	10 정사각형
11 50 m	12 140 cm

01 대각선은 서로 이웃하지 않는 두 꼭짓점을 이은 선분입니다.

02 ㉠ 삼각형은 3개의 꼭짓점이 모두 이웃하고 있으므로 대각선을 그을 수 없습니다. (0개)
㉡ 육각형의 대각선의 수는 9개입니다.
㉢ 오각형의 대각선의 수는 5개입니다.
㉣ 사각형의 대각선의 수는 2개입니다.

03 8개의 꼭짓점 중에서 주어진 점과 이웃한 점 2개를 제외하면 점 ㄱ과 5개의 꼭짓점을 이어 대각선을 그을 수 있습니다.

04 사각형의 대각선의 수는 2개, 오각형의 대각선의 수는 5개이므로 대각선 수의 차는 $5-2=3$(개)입니다.

05 ㉠ 변 ㄴㄷ은 대각선이 아닙니다.
㉢ 선분 ㄱㄷ과 선분 ㄴㅁ은 서로를 똑같이 둘로 나누지 않습니다.

06 ⑤ 평행사변형의 두 대각선의 길이는 같을 수도 있고 다를 수도 있습니다.

07 평행사변형의 한 대각선은 다른 대각선을 똑같이 둘로 나눕니다. 구하는 부분의 길이는 주어진 평행사변형의 한 대각선의 길이의 절반이므로
$36\div2=18$(cm)입니다.

08 마름모의 두 대각선은 서로 수직으로 만납니다. 따라서 각 ㉠의 크기는 90°입니다.

11 사각형의 각 꼭짓점에 ㄱ, ㄴ, ㄷ, ㄹ의 기호를 붙이면 다음과 같습니다. 검정색 선으로 그려진 사각형은 직사각형이므로 한 대각선이 다른 대각선을 똑같이 둘로 나눕니다. 따라서 선분 ㄱㄷ의 길이는 $25\times2=50$(m)입니다. 또 직사각형은 두 대각선의 길이가 같으므로
(선분 ㄱㄷ)=(선분 ㄴㄹ)=50(m)입니다.
따라서 학교와 문방구 사이의 거리는 50 m입니다.

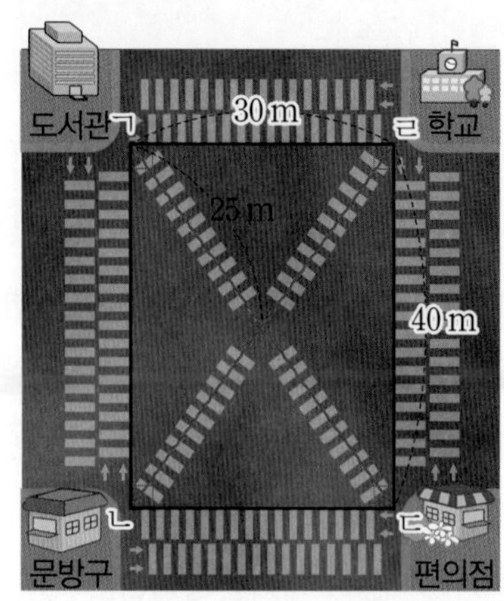

12 표시된 부분의 길이는 각각 마름모의 한 대각선과 다른 대각선의 길이의 반입니다. 필요한 나무 지지대의 전체 길이는 표시된 부분의 2배이므로
$40\times2+30\times2=140$(cm)입니다.

수해력을 완성해요

143쪽

대표 응용 1 2, 10, 2, 12, 22

1-1 9	**1-2** 25
1-3 25 cm	**1-4** 16 cm

1-1 정사각형의 두 대각선은 길이가 같고 서로를 둘로 똑같이 나눕니다. 주어진 정사각형의 대각선의 길이의 합이 36 cm이므로 한 대각선의 길이는
$36\div2=18$(cm)입니다. 표시된 부분은 한 대각선 길이의 반이므로 □ 안에 알맞은 수는
$18\div2=9$(cm)입니다.

해설 나침반
정사각형과 직사각형은 두 대각선의 길이가 같고 한 대각선이 다른 대각선을 똑같이 둘로 나눕니다.

1-2 정사각형에서 표시된 부분은 한 대각선의 길이의 반이므로 □ 안에 들어갈 수는 $10\div2=5$(cm)입니다. 직사각형에서 표시된 부분은 한 대각선과 길이가 같은 다른 대각선인 부분으로 □ 안에 들어갈 수는 20(cm)입

니다. 따라서 □ 안에 들어갈 수의 합은 $5+20=25$입니다.

1-3 평행사변형의 한 대각선은 다른 대각선을 똑같이 둘로 나누므로 선분 ㄴㅇ의 길이는 $14\div2=7$ (cm)입니다. 따라서 삼각형 ㄱㅇㄴ의 세 변의 길이의 합은 $10+8+7=25$ (cm)입니다.

1-4 마름모는 네 변의 길이가 같은 사각형이므로 변 ㄱㄹ의 길이는 10 cm입니다.
마름모의 한 대각선은 다른 대각선을 똑같이 둘로 나누므로 선분 ㄱㅇ의 길이는 $12\div2=6$ (cm)입니다.
삼각형 ㄱㅇㄹ의 세 변의 길이의 합이 24 cm이므로 선분 ㄹㅇ의 길이는 $24-10-6=8$ (cm)입니다.
선분 ㄴㄹ의 길이는 선분 ㄹㅇ의 길이의 2배이므로 $8\times2=16$ (cm)입니다.

3. 모양 만들기와 채우기

수해력을 확인해요

146~147쪽

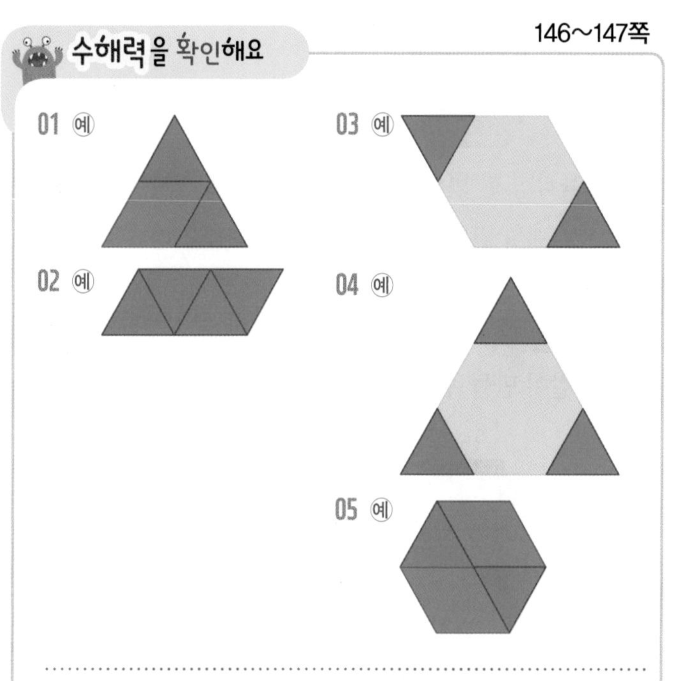

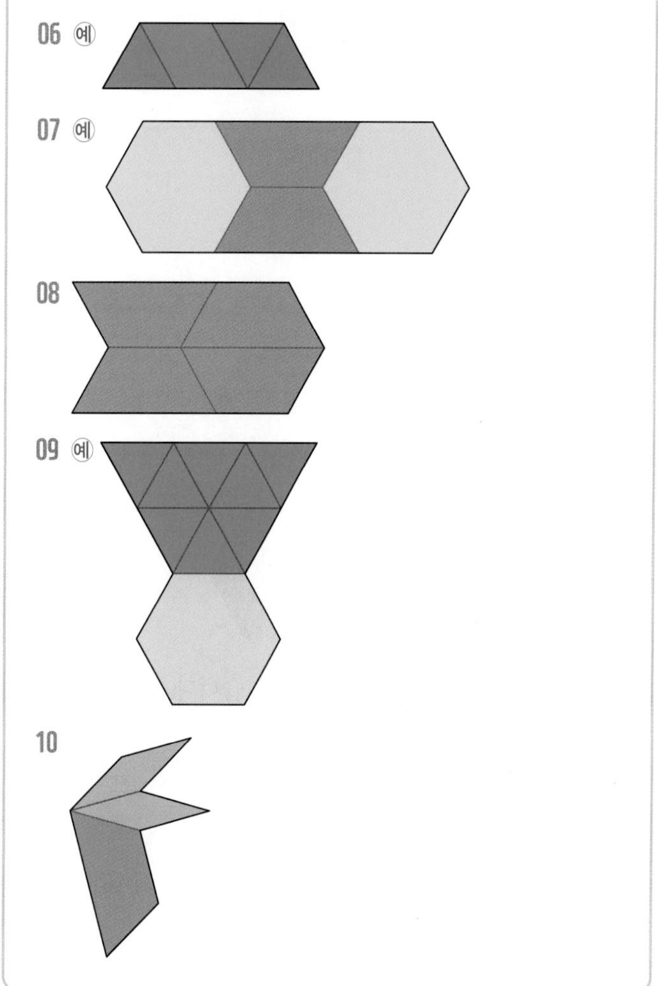

수해력을 높여요

148~149쪽

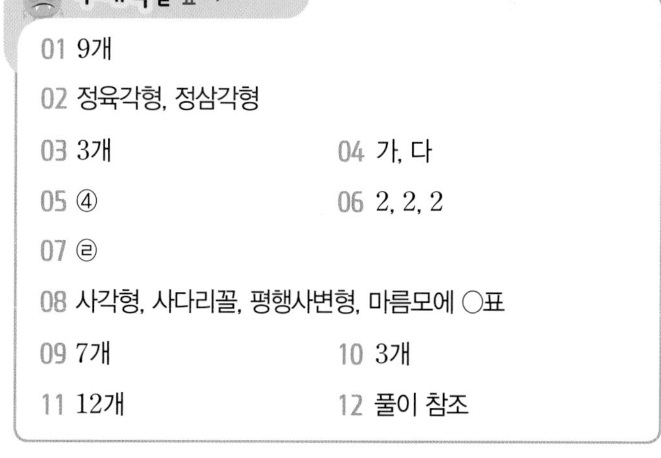

01 9개
02 정육각형, 정삼각형
03 3개
04 가, 다
05 ④
06 2, 2, 2
07 ㉣
08 사각형, 사다리꼴, 평행사변형, 마름모에 ○표
09 7개
10 3개
11 12개
12 풀이 참조

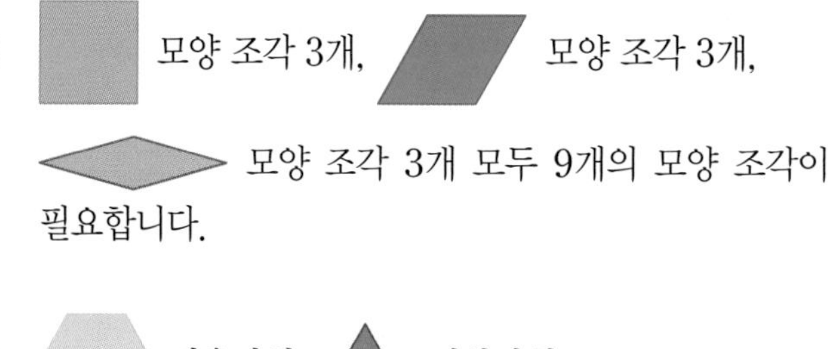

01 모양 조각 3개, 모양 조각 3개, 모양 조각 3개 모두 9개의 모양 조각이 필요합니다.

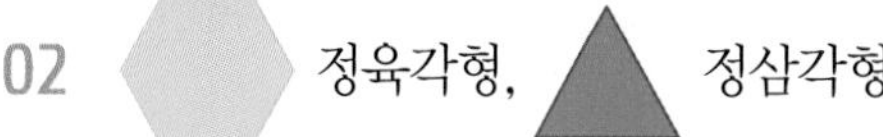

02 정육각형, 정삼각형

03

04 예

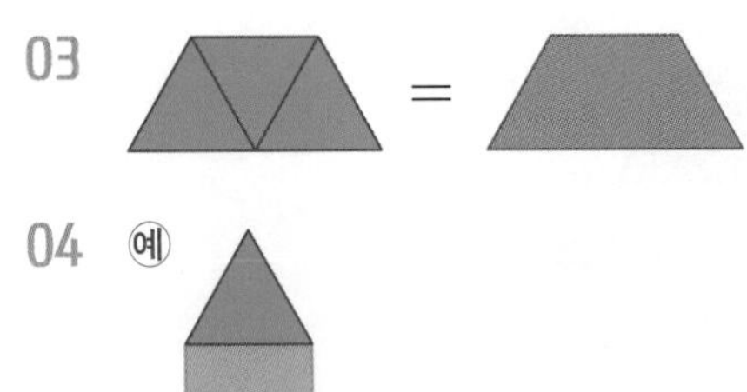

05 예

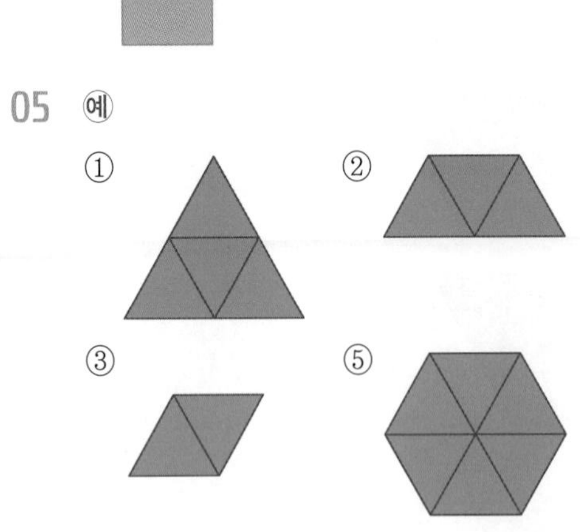

07 ㉣ 길이가 같은 변끼리 이어 붙였습니다.

09 주어진 모양을 모양 조각으로만 채우려면 다음과 같이 7개의 조각이 필요합니다.

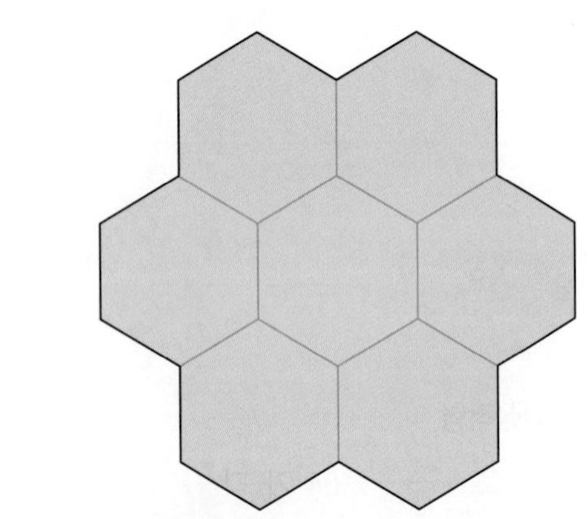

10

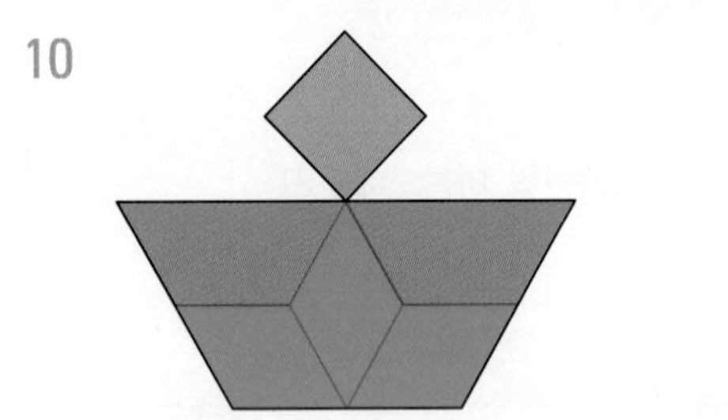

모양 조각 3개를 사용하였습니다.

11 깨진 타일 모양 1개는 바꾼 타일 모양 2개와 같습니다.

따라서 깨진 타일 6개를 새로운 타일로 바꾸려면
$6 \times 2 = 12$(개)의 새 타일이 필요합니다.

12

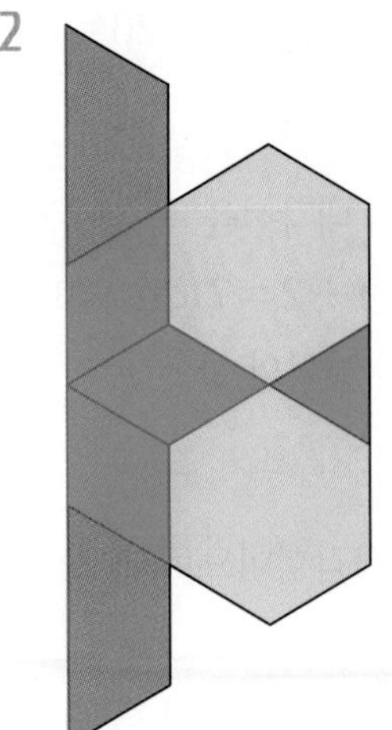

수해력을 완성해요 150~151쪽

대표 응용 1 3, 3, 3, 9, 9, 9, 9, 27

1-1 12 cm **1-2** 30 cm

1-3 56 cm **1-4** 78 cm

대표 응용 2 3, 9, 12

2-1 10개 **2-2** 18개

2-3 4개

1-1 모양 조각 2개와 모양 조각 2개를 사용하여 정육각형을 만들면 아래와 같습니다.

예

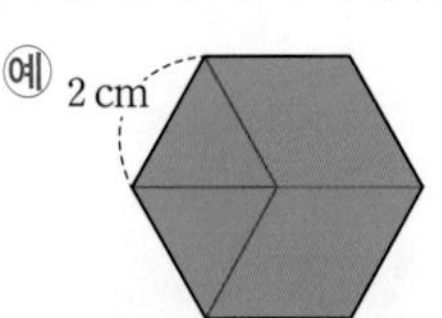

정육각형 한 변의 길이가 2 cm이므로 만든 정육각형의 여섯 개의 변의 길이의 합은 $2 \times 6 = 12$(cm)입니다.

1-2 모양 조각 4개를 사용하여 평행사변형을 아래와 같이 만들 수 있습니다.

예

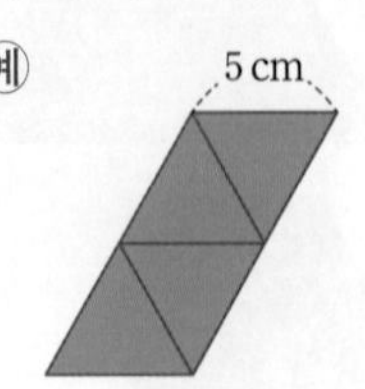

만든 평행사변형의 짧은 변은 5 cm,
긴 변은 $5 \times 2 = 10$(cm)이므로 평행사변형의 네 변의

길이의 합은 $(5+10)\times 2=30$ (cm)입니다.

1-3 빨간색 선의 전체 길이는 모양 조각의 한 변의 길이가 8개 합쳐진 것이므로 빨간색 선의 길이의 합은 $7\times 8=56$ (cm)입니다.

해설 플러스

모양 조각의 한 변의 길이가 빨간색 선에 몇 번이나 포함되었는지 빠짐없이 세어 보아야 합니다.

1-4 빨간색 선의 전체 길이는 모양 조각의 한 변의 길이가 13개 합쳐진 것이므로 빨간색 선의 전체 길이는 $6\times 13=78$ (cm)입니다.

2-1 모양 조각으로만 주어진 도형을 채우면 모양 조각이 6개 필요합니다. 모양 조각으로만 주어진 도형을 채우면 모양 조각이 4개 필요합니다.

예

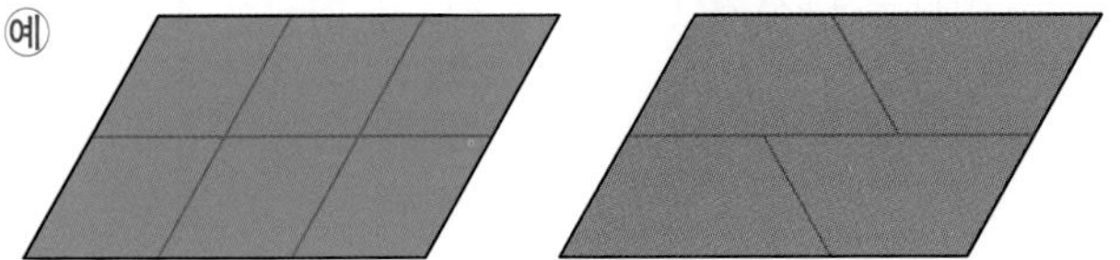

두 도형을 채우는 데 필요한 모양 조각은 모두 10개입니다.

2-2 모양 조각으로만 주어진 도형을 채우면 모양 조각 12개가 필요합니다. 모양 조각으로만 주어진 도형을 채우면 모양 조각 6개가 필요합니다.

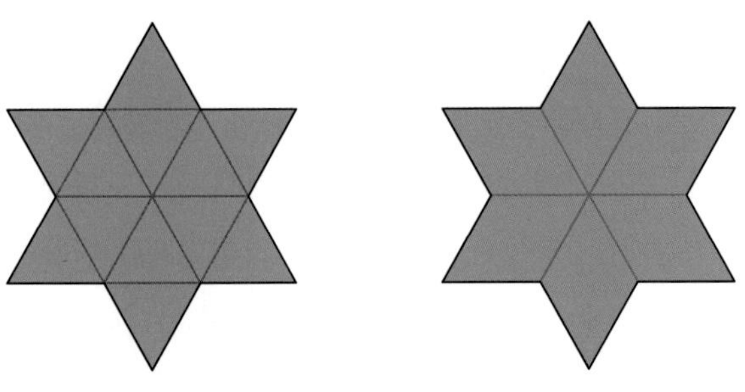

두 도형을 채우는 데 필요한 모양 조각은 모두 18개입니다.

2-3 남은 부분을 모양 조각을 사용하여 채우면 아래와 같이 채울 수 있습니다.

예

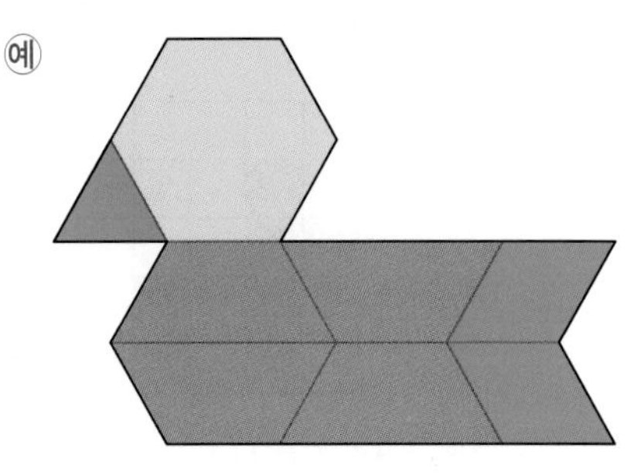

주어진 모양을 채우는 데 필요한 모양 조각은 4개입니다.

4. 도형의 배열에서 규칙 찾기

수해력을 확인해요 154쪽

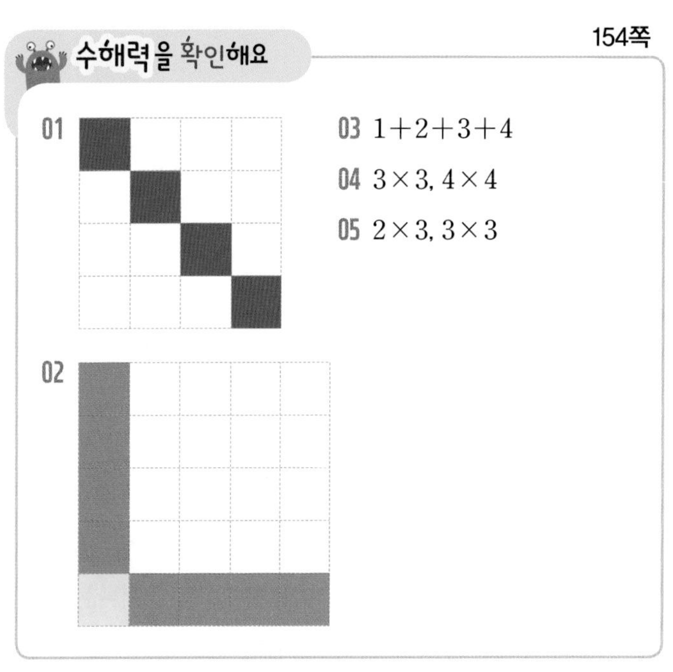

01

02

03 $1+2+3+4$

04 3×3, 4×4

05 2×3, 3×3

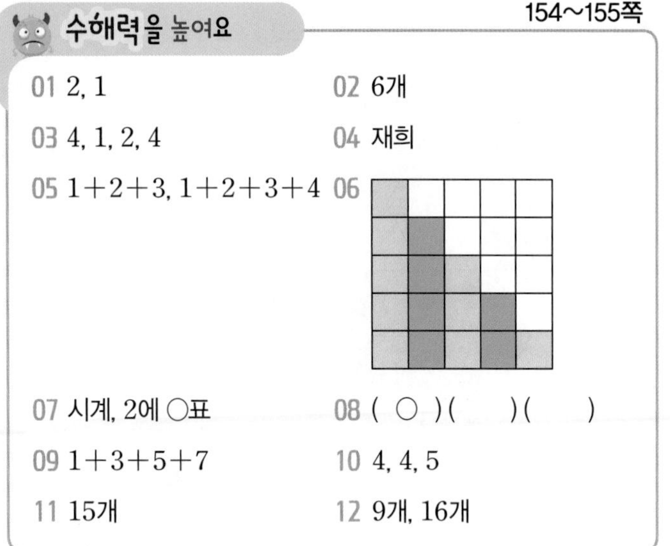

수해력을 높여요 154~155쪽

01 2, 1　　02 6개

03 4, 1, 2, 4　　04 재희

05 $1+2+3$, $1+2+3+4$　　06

07 시계, 2에 ○표　　08 (○)(　)(　)

09 $1+3+5+7$　　10 4, 4, 5

11 15개　　12 9개, 16개

02 다섯째 모양은 넷째 모양에서 오른쪽으로 1개 더 늘어난 모양입니다. 따라서 다섯째 모양은 사각형이 $5+1=6$(개)입니다.

04 왼쪽으로 사각형이 2개, 3개, 4개, … 늘어나는 규칙입니다. 다섯째에서는 노란색 사각형의 수가 늘어납니다.

05 사각형이 늘어나는 수의 규칙에 따라 식으로 나타내면 셋째는 $1+2+3$, 넷째는 $1+2+3+4$로 나타낼 수 있습니다.

06 다섯째 모양은 넷째 모양에서 왼쪽으로 사각형 1개가 더 늘어나고, 색깔은 노란색입니다.

07 도형의 배열을 살펴보면 빨간색 사각형을 중심으로 시계 방향으로 노란색 사각형이 2개씩 늘어나는 규칙입니다.

08 도형의 배열을 살펴보면 노란색 원을 중심으로 시계 방향으로 90°씩 돌리기를 하고 있으며, 분홍색 사각형은 1개, 2개, 3개, …로 1개씩 늘어나는 규칙입니다. 따라서 다섯째 모양은 넷째에서 시계 방향으로 90° 돌리기 한 모양에 분홍색 사각형 5개가 있는 모양입니다.

09 구슬의 배열을 살펴보면 아래쪽으로 3개, 5개, 7개, … 늘어나는 규칙입니다. 따라서 넷째 모양을 식으로 나타내면 $1+3+5+7$입니다.

10 쌓기나무를 쌓은 모양을 살펴보면 한 층에 쌓기나무가 1개씩 늘어나고, 쌓기나무의 층도 1층씩 늘어나는 규칙입니다. 셋째 모양은 3개씩 4층으로 쌓여 있으므로 3×4로 나타낼 수 있고, 넷째 모양은 4개씩 5층으로 쌓여 있으므로 4×5로 나타낼 수 있습니다.

11 바둑돌의 배열을 살펴보면 아래쪽으로 2개, 3개, 4개, … 늘어나는 규칙입니다. 따라서 다섯째 모양은 넷째 모양에 아래쪽으로 5개 더 놓은 모양입니다.
따라서 다섯째에 놓을 바둑돌의 수는 $1+2+3+4+5=15$(개)입니다.

12 빨간색 타일은 위쪽, 오른쪽으로 1개씩 늘어나는 규칙이고, 초록색 타일은 위쪽, 오른쪽으로 1줄씩 늘어나는 규칙입니다.
빨간색 타일의 규칙을 식으로 나타내면

첫째	둘째	셋째	넷째
1	$1+2$	$1+2+2$	$1+2+2+2$

이므로 다섯째 모양에서 빨간색 타일은 $1+2+2+2+2=9$(개) 필요합니다.
초록색 타일의 규칙을 식으로 나타내면

첫째	둘째	셋째	넷째
—	1×1	2×2	3×3

이므로 다섯째 모양에서 초록색 타일은 $4\times4=16$(개) 필요합니다.

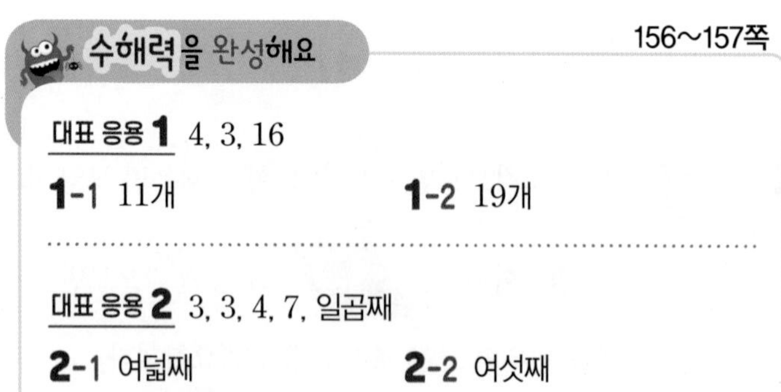

수해력을 완성해요 156~157쪽

대표 응용 **1** 4, 3, 16

1-1 11개　　**1-2** 19개

대표 응용 **2** 3, 3, 4, 7, 일곱째

2-1 여덟째　　**2-2** 여섯째

1-1 첫째 정삼각형을 만드는 데 필요한 성냥개비는 3개입니다. 정삼각형 2개를 만들려면 첫째 정삼각형에 성냥개비 2개를 더 놓으면 되고, 정삼각형 3개를 만들려면 둘째 모양에 성냥개비 2개를 더 놓으면 됩니다.

정삼각형의 수	1개	2개	3개	4개
성냥개비의 수	3	$3+2$	$3+2+2$	$3+2+2+2$

정삼각형 5개를 만들려면 넷째 모양에 성냥개비를 2개 더 놓아야 하므로 필요한 성냥개비의 수는
$3+2+2+2+2=11$(개)입니다.

1-2 첫째 정사각형을 만드는 데 필요한 성냥개비는 4개입니다. 정사각형이 하나씩 늘어날 때마다 성냥개비가 3개씩 더 필요합니다. 정사각형의 수에 따라 성냥개비의 수를 식으로 나타내면 다음과 같습니다.

정사각형의 수	1개	2개	3개	4개
성냥개비의 수	4	$4+3$	$4+3+3$	$4+3+3+3$

정사각형 6개를 만드는 데 필요한 성냥개비의 수는
$4+3+3+3+3+3=19$(개)입니다.

2-1 사각형의 배열을 살펴보면 첫째는 사각형 1개 놓여 있고, 둘째는 2개씩 2줄, 셋째는 3개씩 3줄 놓여 있습니다. 사각형의 수의 규칙을 식으로 나타내면 다음과 같습니다.

첫째	둘째	셋째	넷째
1×1	2×2	3×3	4×4

$\square\times\square=64$가 되는 $\square$의 값을 찾으면 8입니다.
따라서 사각형 수가 64개인 것은 여덟째 모양입니다.

2-2 쌓기나무의 배열을 살펴보면 첫째는 2개, 둘째는 첫째의 오른쪽에 3개를 더 놓았고, 셋째는 둘째의 오른쪽에 3개를 더 놓았으므로 3개씩 늘어나는 규칙입니다.
쌓기나무 수의 규칙을 식으로 나타내면 다음과 같습니다.

첫째	둘째	셋째	넷째
2	$2+3$	$2+3+3$	$2+3+3+3$

다섯째에 필요한 쌓기나무의 수는
$2+3+3+3+3=14$(개)
여섯째에 필요한 쌓기나무의 수는
$2+3+3+3+3+3=17$(개)
따라서 쌓기나무의 수가 17개인 것은 여섯째 모양입니다.

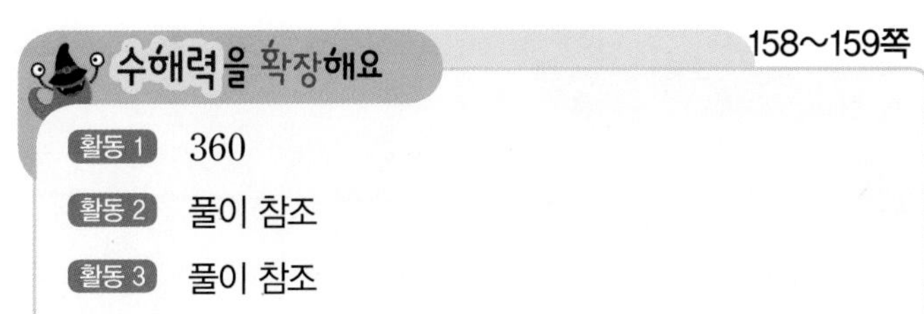

수해력을 확장해요

158~159쪽

활동 1 360
활동 2 풀이 참조
활동 3 풀이 참조

활동2 예

정삼각형으로만 이루어진 테셀레이션	정사각형으로만 이루어진 테셀레이션	정육각형으로만 이루어진 테셀레이션

활동3 예

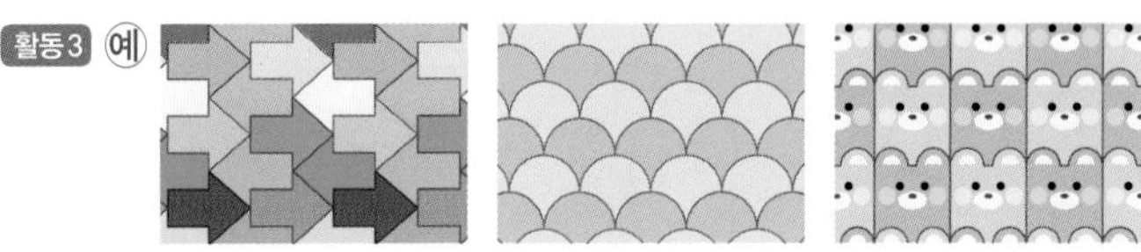

MEMO

초등 수해력 4단계

수·연산 도형·측정

EBS

'초등 수해력'과 함께하면
다음 학년 수학이 쉬워지는 이유

1 기초부터 응용까지 체계적으로 구성된
문제 해결 능력을 키우는 단계별 문항 체제

2 학교 선생님들이 모여 교육과정을 기반으로
학습자가 걸려 넘어지기 쉬운 내용 요소 선별

3 모든 수학 개념을 이전에 배운 개념과 연결하여
새로운 개념으로 확장 학습 할 수 있도록 구성

정답과 풀이